U0321908

编审委员会

中国科学技术大学精品教材

计算力学基础

JISUAN LIXUE JICHU

王秀喜　吴恒安　编著

中国科学技术大学出版社

内 容 简 介

本书以二维问题为例，用统一、综合的观点讨论求解复杂力学和工程技术问题各种计算机数值方法的基本概念、特点及其内在联系.

全书由四个部分组成.第一部分比较详细地讨论离散模型的求解方法、步骤和计算机程序实现；第二部分简要地讨论求解连续模型的各种传统近似方法，以及它们之间的相互关联和特点；第三部分讨论建立有限元法和边界元法列式的基本思想和步骤，讨论推导分片试函数的统一方法；第四部分讨论抛物线型、双曲线型和椭圆型偏微分方程的各种有限差分格式、特点和适用范围，分析它们的稳定性和精度等基本问题.本书的最后一章简要讨论分子动力学模拟的基本原理和方法.

本书适用于力学专业本科生教学，可作为机械、土木、航空航天、材料设计、环境工程和交通运输等理工科专业的研究生教材，也可作为相关专业高等学校教师和工程技术人员的参考书.

图书在版编目(CIP)数据

计算力学基础/王秀喜，吴恒安编著.—合肥：中国科学技术大学出版社，2009.1
(2020.7 重印)
(中国科学技术大学精品教材)
“十一五”国家重点图书
ISBN 978-7-312-02246-3

Ⅰ.计…　Ⅱ.①王…　②吴…　Ⅲ.计算力学—高等学校—教材　Ⅳ.O302

中国版本图书馆 CIP 数据核字(2008)第 198619 号

中国科学技术大学出版社出版发行
安徽省合肥市金寨路 96 号，230026
http://press.ustc.edu.cn
https://zgkxjsdxcbs.tmall.com
合肥市宏基印刷有限公司印刷
全国新华书店经销

开本：710 mm×960 mm 1/16　印张：20.75　插页：2　字数：390 千
2009 年 1 月第 1 版　2020 年 7 月第 2 次印刷
定价：50.00 元

总　序

2008年是中国科学技术大学建校五十周年.为了反映五十年来办学理念和特色,集中展示教材建设的成果,学校决定组织编写出版代表中国科学技术大学教学水平的精品教材系列.在各方的共同努力下,共组织选题281种,经过多轮、严格的评审,最后确定50种入选精品教材系列.

1958年学校成立之时,教员大部分都来自中国科学院的各个研究所.作为各个研究所的科研人员,他们到学校后保持了教学的同时又作研究的传统.同时,根据"全院办校,所系结合"的原则,科学院各个研究所在科研第一线工作的杰出科学家也参与学校的教学,为本科生授课,将最新的科研成果融入到教学中.五十年来,外界环境和内在条件都发生了很大变化,但学校以教学为主、教学与科研相结合的方针没有变.正因为坚持了科学与技术相结合、理论与实践相结合、教学与科研相结合的方针,并形成了优良的传统,才培养出了一批又一批高质量的人才.

学校非常重视基础课和专业基础课教学的传统,也是她特别成功的原因之一.当今社会,科技发展突飞猛进、科技成果日新月异,没有扎实的基础知识,很难在科学技术研究中作出重大贡献.建校之初,华罗庚、吴有训、严济慈等老一辈科学家、教育家就身体力行,亲自为本科生讲授基础课.他们以渊博的学识、精湛的讲课艺术、高尚的师德,带出一批又一批杰出的年轻教员,培养了一届又一届优秀学生.这次入选校庆精品教材的绝大部分是本科生基础课或专业基础课的教材,其作者大多直接或间接受到过这些老一辈科学家、教育家的教诲和影响,因此在教材中也贯穿着这些先辈的教育教学理念与科学探索精神.

改革开放之初,学校最先选派青年骨干教师赴西方国家交流、学习,他们在带回先进科学技术的同时，也把西方先进的教育理念、教学方法、教学内容等带回到中国科学技术大学，并以极大的热情进行教学实践，使“科学与技术相结合、理论与实践相结合、教学与科研相结合”的方针得到进一步深化，取得了非常好的效果，培养的学生得到全社会的认可.这些教学改革影响深远，直到今天仍然受到学生的欢迎，并辐射到其他高校.在入选的精品教材中，这种理念与尝试也都有充分的体现.

中国科学技术大学自建校以来就形成的又一传统是根据学生的特点，用创新的精神编写教材.五十年来，进入我校学习的都是基础扎实、学业优秀、求知欲强、勇于探索和追求的学生，针对他们的具体情况编写教材，才能更加有利于培养他们的创新精神.教师们坚持教学与科研的结合，根据自己的科研体会，借鉴目前国外相关专业有关课程的经验，注意理论与实际应用的结合，基础知识与最新发展的结合，课堂教学与课外实践的结合，精心组织材料、认真编写教材，使学生在掌握扎实的理论基础的同时，了解最新的研究方法，掌握实际应用的技术.

这次入选的50种精品教材，既是教学一线教师长期教学积累的成果，也是学校五十年教学传统的体现，反映了中国科学技术大学的教学理念、教学特色和教学改革成果.该系列精品教材的出版，既是向学校五十周年校庆的献礼，也是对那些在学校发展历史中留下宝贵财富的老一代科学家、教育家的最好纪念.

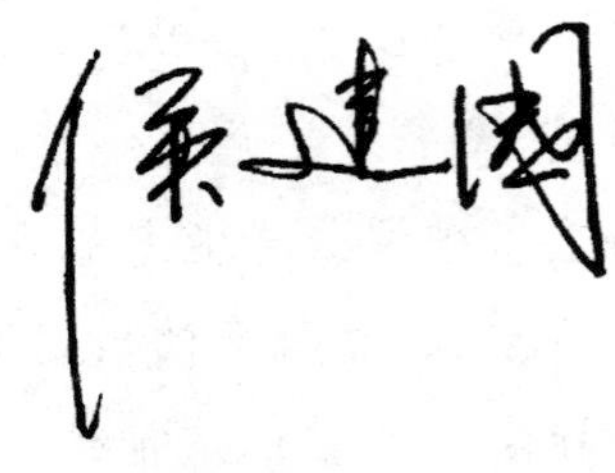

2008年8月

前　　言

科学家和工程师通常将他们所面临的自然现象或工程问题用数学模型来描述,正确、有效地求解这些数学模型是学术界和工程界长期以来的执着追求.解析方法和传统的近似方法都只能求解相对比较简单的问题,远远不能适应科学和工程技术发展的需要.

计算机技术和科学计算的兴起和迅猛发展是20世纪最重要的科技进步之一,科学计算的核心是计算方法,力学工作者对此做出了极其敏捷的响应.有限元法概念的提出和理论上的日臻成熟先是促使传统的结构分析发生了革命性的变化,然后成功地推广应用于其他领域.有限元法的发展也激励了传统差分法的觉醒,诱导了边界元法.这些方法和其他各种数值方法相互结合,协调发展,逐步形成了一个完整的计算力学体系.计算力学已经成为解决工程和应用科学问题的一种有效途径,它不仅可以用来解决复杂的工程技术问题,也能解释和发现一些自然现象.计算力学作为现代力学的一个重要分支,对应用科学和工程技术的发展起着巨大的推动作用.计算机数值模拟、理论分析和实验测试已经成为科学研究和工程应用实践的三个相互依存、不可或缺的手段.著名科学家钱学森在1994年展望21世纪力学的发展方向时曾经指出:"今日力学是一门用计算机去回答一切宏观的实际科学技术问题,计算方法非常重要;另一个辅助手段是巧妙设计的实验."

计算力学以力学和应用数学为基础,以计算机为工具,用数值方法模拟工程和科学中的复杂问题.它不但能给出问题的数值结果,还可以通过图形形象地显示问题的发展、演化过程,便于更为深刻和细致地探讨和分析其内在的机理.在很多情况下,计算机数值模拟能够实现实验方法很难或者无法实施的工作.在做实验之前,可以先用计算力学方法对实验系统和过程进行数值模拟,为实验方案的设计提供更可靠的依据.另一方面,计算机模拟结果也需要实验测试数据的验证和支持.计算力学也推动了变分法和计算数学等领域的研究和发展.

计算力学方法和相应的大型通用计算机软件在工程和应用科学的各个领域都取得了巨大的成就,发挥了巨大的作用.为了适应科学和工程技术的需要,反映近代数值方法的发展，国内外力学专业和相关理工科专业（如：机械、土木、航空航天、材料设计、环境工程以及交通运输等）都相继把计算力学列为重要的专业基础课，其教学内容、教学方法和教材也都在不断改进．这些课程和教材根据自己的专业特点、教育层次，针对不同的读者群，具有各自的特色．随着高等教育体系和结构的变化和发展，力学和理工科专业本科人才培养应该强调“通才教育”，拓宽基础，扩大知识面，加强力学学科内各专业及与其他学科的互相交叉、互相渗透，增强学生的适应能力．克服以往本科教育目标定得过窄、过专、过高的弊端．我们尝试编写一本符合上述原则的计算力学教材，以二维问题为例讨论计算力学中各种数值方法（加权余量法、变分原理、有限元法、有限差分法和边界元法等）的基本概念、基本特点以及各种方法之间的内在联系，用统一和综合的观点讨论各种方法．强调应用性，着重讨论各种方法的基本原理、特点及应用范围．强调讲清基本概念，不强求数学上的严密性．

工程实际问题和自然现象的数学模型大致分为两类，即离散模型和连续模型．

本教材的第一部分比较详细地讨论离散模型的求解方法、步骤和计算机程序实现．离散模型由有限多个元件在有限多个节点上连接而成，用有限多个节点参数表征问题的状态（或过程），通常是一组代数方程组（或关于时间的常微分方程组）．对于大型、复杂问题很难，或不可能一下子从整体上把握问题的特征，列出相应的方程组．一个很自然的想法是把组成整个系统的元件分开，由于元件一般都比较简单，很容易按照力学原理（平衡、连续和物理性质等方程）对单个元件进行分析，建立相应的方程；然后，再利用力学原理把所有的元件组装起来，得到系统的总体方程；最后，施加适当的边界条件（和初始条件），求解方程组得到问题的解．上述过程特别适合在计算机上编程实现，并且具有通用性，为一类问题编写的程序很容易改写成求解其他类型问题的程序．在这一部分还形式逻辑地把连续问题化为离散模型（弹性力学平面问题和二维热传导问题的三节点三角形单元），从而可以用求解离散问题的步骤分析连续问题，这就是有限元法的雏形．

本教材的第二部分简要地讨论求解连续模型的各种传统近似方法，以及它们之间的相互关联和特点．连续模型描述在一定空间（和时间）中的现象，归结为一个（组）偏微分方程、边界条件（和初始条件），表征问题状态（或过程）的量是一个（组）具有一定连续性的函数．用数学推导的方法解析求解偏微分方程一般来说是非常困难的，寻找近似方法求解偏微分方程是力学和应用数学工作者长期以来重要的研究课题之一．传统近似方法的基本思想是把偏微分方程中的未知函数用一组选定的试函数和待定参数的组合表示出来，采用不同的方法近似满足偏微分方程，从而得到一组关于待定参数的代数方程组，求解方程组计算出这些参数，就得到了问题的近似解．这类方法中选择的试函数遍及整个求解区域，可选的试函数不多，还要求满足一定的边界条件，求解复杂问题的能力仍然十分有限．另外，与试函数相对应的待定参数一般没有明确的物理意义．这类方法主要包括加权余量法，变分原理以及它们的各种派生形式．

本教材的第三部分讨论怎样把第一部分和第二部分的方法结合起来，建立一类系统的、具有可靠数学基础的、能够求解复杂连续问题的近似方法，主要包括有限元法和边界元法等．有限元法的基本思想是把整个求解区域划分为相互之间既不重叠也没有缝隙的单元之和．由于单元的形状通常都比较简单，比较规则，易于选取试函数，可用加权余量法、变分原理等近似方法建立单元的方程．得到单元的方程后，就可以用第一部分中讨论的离散问题的标准步骤近似求解连续问题．进行单元分析时，一般选择有明确物理意义的节点变量作为待定参数，由这些节点参数与具有一定性质的试函数的组合近似表示单元内的未知函数．因此，需要讨论推导试函数的统一方法．有限元法是对每一个单元分别设定近似未知函数，必须针对不同问题考虑这样分片选择的试函数在单元之间公共边界上的连续性要求．同时，还要讨论不同单元类型的精度和收敛性．有限元法是对求解的区域进行离散，在单元中分片选择试函数，试函数一般是多项式，形式简单，待定参数都有明确的物理意义，形成的总系数矩阵是带状（在很多情况下是对称）的．有限元法的通用性很强，国内外都研发了很多应用范围很广的商业软件．边界元法是对区域的边界进行离散，把要求解的问题的维数降低了一阶，使得最后形成的代数方程组的规模较小，减少了求解的计算量．但是，代数方程组的系数矩阵一般不是带状、对称的．寻找每一个问题相应的基本解，边界元公式（含有奇异性的基本解）的数值积分计算等都是比较困难的问题．边界元法的通用性不如有限元法，成熟的商业软件也较少．但是，边界元法对于带奇异性的、无限区域等特殊问题能提高计算精度和效率，具有明显的优势．针对具体问题的特点，适当地把有限元法和边界元法结合起来是一种有效的途径．

有限元法和边界元法都是在某种意义上近似满足偏微分方程，对区域或区域的边界进行离散求解．另一种方法是直接离散微分方程，即在区域的若干离散点上用差分运算近似表示未知函数的微分，这就是有限差分法的基本思想．有限差分法得到了以未知函数在差分点上的值为参数的代数方程组．待定参数有明确的物理意义，方程组的系数矩阵是带状的. 有限差分法处理复杂形状的边界条件比较困难. 本教材的第四部分讨论了抛物线型、双曲线型和椭圆型偏微分方程的各种有限差分格式、特点和适应范围，分析了它们的稳定性和精度等基本问题.

从 20 世纪 50 年代末开始，纳米科学技术逐步发展成为一门崭新的前沿交叉性学科. 计算机模拟是研究纳米力学的有效途径之一，可能实现用实验方法很难或无法完成的研究. 分子动力学方法是一种有效的原子模拟方法，可以提供材料和器件等在变形过程中原子运动的细节，深入揭示纳米尺度材料和器件的复杂力学机制. 本教材的最后一章简要讨论了分子动力学模拟的基本原理和方法.

倪向贵高级工程师和王宇副教授对本教材提出了许多宝贵建议. 倪向贵高级工程师调试了第 3 章的程序. 周焕林副教授为第 10 章计算了例题. 王翰、吴士玉、申华等同学绘制了书中的图表. 使用本教材的历届同学都提出过不少有益的意见. 中国科学技术大学出版社给予了大力的支持和帮助. 在此一并表示衷心的感谢.

本教材的内容适用于理科力学专业本科高年级专业基础课教学，同时也适用于理工科力学专业和其他相关专业的硕士学位研究生教学，对其他学科的科研人员和工程技术人员也有参考价值.

由于时间紧迫，编者水平有限，书中疏漏和不当之处在所难免，热忱欢迎读者批评指正.

编者

2008 年 3 月

目　　次

第1章 绪 论

1.1 自然现象的数学模型

虽然科学家、应用数学家、工程师等考虑问题的观点、角度不同,但他们都是面对着自然现象或实际工程问题.在大多数情况下,他们都是用数学模型来定义、描述和分析一个自然现象或工程问题.

用物理量来描述一个自然现象或工程问题的状态,有些物理量的值是指定的、固定不变的,有些量是未知的、变化的.这些物理量叫做变量或参数.

完全描述一个问题的最小数目的一组变量,叫做独立变量.其他描述这个问题的变量依赖于这些独立变量,叫做因变量.在很多情况下,还会有些约束条件,它们是指定的,或从物理意义上施加的条件.

对一个问题,如果不考虑时间这一变量,其他的物理量统称为广义坐标.独立的广义坐标的最大数就是这一问题的自由度数.自由度就是在不违背约束条件情况下,能任意独立变化的广义坐标.

自然现象或工程问题是如此的复杂,以至我们很难甚至不可能一下子就能从整体上把握、分析一个问题,一种很自然的方法是把整个系统划分成若干单独的元件(单元、元素).这些元件比较简单,对其进行分析较为容易,然后再把这些元件进行组合,恢复成(或近似恢复成)原来的系统.

很多情况下,用有限多个元件组合起来,就能得到一个问题的分析模型.这种问题叫做离散问题.如图1.1所示的平面桁架结构和电路问题.这是由有限个杆件(电阻)在若干个节点上连接起来的问题.各节点的位移(电压)就是该问题的独立的广义坐标(自由度),它们是有限多个离散的参数.求得各节点的位移(电压)后,就能进一步求出杆件(电阻)中的内力(电流)等.离散问题的数学模型通常都是代数方程组(或者是关于时间的常微分方程组).

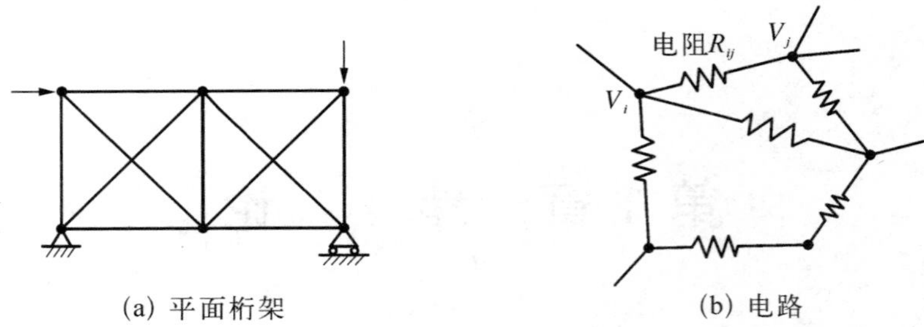

(a) 平面桁架　　(b) 电路

图 1.1　离散问题模型

自然现象或实际工程中另一类问题是在一个区域中发生的，研究这类问题的方法通常是对整个区域进行无限细分，取出其中任一无限小的微元进行分析，最后得到的是微分方程组.在这个过程中隐含着把整个求解区域分成无限多个单元，这类问题叫做连续问题.描述连续问题的变量的是一组场变量，是一组具有一定连续性的函数，不再是有限多个离散的参数，它们可能取无限多个值，具有无限多个自由度.如图 1.2 所示的二维热传导问题.

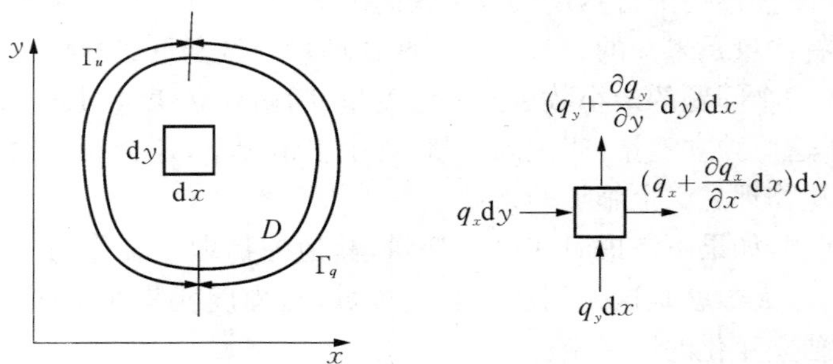

图 1.2　二维热传导问题

由图 1.2 所示的微元分析可以得到如下微分方程和边界条件

$$\begin{cases} \dfrac{\partial q_x}{\partial x} + \dfrac{\partial q_y}{\partial y} - Q = 0 \\ q_x = -k\dfrac{\partial u}{\partial x} \\ q_y = -k\dfrac{\partial u}{\partial y} \end{cases} \quad \text{在区域 } D \text{ 内} \tag{1.1a}$$

$$\left.\begin{aligned} u &= \bar{u} && \text{在边界 } \Gamma_u \text{ 上} \\ q_n &= \bar{q} && \text{在边界 } \Gamma_q \text{ 上} \end{aligned}\right\} \tag{1.1b}$$

将(1.1a)的第 2 式和第 3 式代入第 1 式，以上方程可写成

$$\left(\frac{\partial}{\partial x}\left(k\frac{\partial u}{\partial x}\right)+\frac{\partial}{\partial y}\left(\frac{\partial u}{\partial y}\right)\right)+Q=0 \qquad \text{在区域 } D \text{ 内} \tag{1.2a}$$

$$\left.\begin{aligned} u &= \bar{u} && \text{在边界 } \Gamma_u \text{ 上} \\ q_n &= \bar{q} && \text{在边界 } \Gamma_q \text{ 上} \end{aligned}\right\} \tag{1.2b}$$

在这个问题中温度场 $u(x, y)$是描述热传导的基本变量，它是坐标(x, y)的连续函数. 在这里(x, y)是连续变量，独立的广义坐标，它们可能取无限多个值.

用解析方法求连续问题（微分方程）的精确解，只能解为数不多的简单问题，远远不能满足科学研究和工程实际的需要. 因此，连续问题常常被近似地化为离散问题，把微分方程（组）化为代数方程组，求得连续问题的近似解. 当然，一个最基本的要求是随着离散变量数目的不断增加，离散系统的解越来越趋于原来连续问题的解析解.

1.2 问题的提法和分类

根据现象的物理特点，离散问题和连续问题分别可以分为三类，它们是：

(1) 平衡问题. 描述这类问题的变量不随时间变化，保持常量，通常也称为稳态问题. 如结构静力学问题、稳态可压缩流动问题、静电场问题、网络中静态电压分布问题等；

(2) 特征值问题. 这类问题可以理解为平衡问题的扩展，其中除要求解一个相应的稳态状态外，还要确定一类参数的临界值. 如结构的屈曲和稳定问题、机械系统的固有频率问题、电路中的谐振问题等；

(3) 传播问题. 系统的状态随时间变化，并与已知的初始状态有关. 如弹性介质中的应力波问题、振动问题、非稳态的热传导问题等.

描述一个问题，不管是离散问题还是连续问题，通常需要场方程和边界条件，其最一般的形式可以写成

$$f_D(u_1, u_2, \cdots, u_m; x_1, x_2, \cdots, x_n) = 0 \qquad \text{在区域 } D \text{ 内} \tag{1.3}$$

$$f_\Gamma(u_1, u_2, \cdots, u_m; x_1, x_2, \cdots, x_n) = 0 \qquad \text{在边界 } \Gamma \text{ 上} \tag{1.4}$$

其中 $u_1, u_2, \cdots, u_m$ 是因变量，$x_1, x_2, \cdots, x_n$ 是独立变量，D 是求解区域，Γ 是求解区域的边界，f_D、f_Γ 是作用在变量上的算子，如代数算子、微分算子等.

方程(1.3)和(1.4)称为描述一个问题的控制方程，不同类型的问题具有不同的控制方程，归纳列在表 1.1 中.

表 1.1　各种问题及对应的控制方程

问 题 分 类	控 制 方 程	
	离 散 问 题	连 续 问 题
平衡问题	代数方程组	常微分方程或偏微分方程(组)，边界条件
特征值问题	代数方程组，或常微分方程组	常微分方程或偏微分方程(组)，边界条件
传播问题	常微分方程组，初始条件，边界条件	偏微分方程(组)，初始条件，边界条件

对于传播问题，初始条件可以理解为在时刻 $t = 0$ 时的场方程.

对于一个问题，如果方程(1.3)和(1.4)的因变量不但有解，而且解是唯一的，解的显式表达式可写为

$$u_i = u_i(x_1, x_2, \cdots, x_n) \quad i = 1, 2, \cdots, m \tag{1.5}$$

一般来说，如果场方程的个数多于因变量的个数，则方程无解，并称这组方程是不相容的；如果场方程的个数少于因变量的个数，则方程的解不唯一，不能得到如(1.5)式所示的显式表达式的解；如果场方程的个数等于因变量的个数，这是一个完整的方程组，方程的解仍可能存在如下几种情况：

a) 解不存在；

b) 存在唯一解；

c) 解不唯一(存在多于一个解).

很明显，对于一个物理问题，只能有一个解，造成描述它的数学模型(方程)出现解不存在或者解不唯一的原因可能是描述这一现象的物理模型不够精确，在数值计算中误差(舍入误差，截断误差)积累，某些应该满足的物理准则，在数学模型

或求解过程中没有体现出来，等等.如图 1.3 所示，一条连续的导数$\frac{\mathrm{d}u}{\mathrm{d}x}$曲线可能对应若干条不同的不连续曲线和一条唯一的连续曲线 $u(x)$.如果一个问题的场方程是用$\frac{\mathrm{d}u}{\mathrm{d}x}$表示的，并且它本身是连续的.求解这个方程可能得到不唯一的解 $u(x)$.只有施加一个附加条件(方程)，即 $u(x)$也是连续的，才能得到唯一解.这类附加的条件，在力学中通常称为连续性、协调性或可积性.

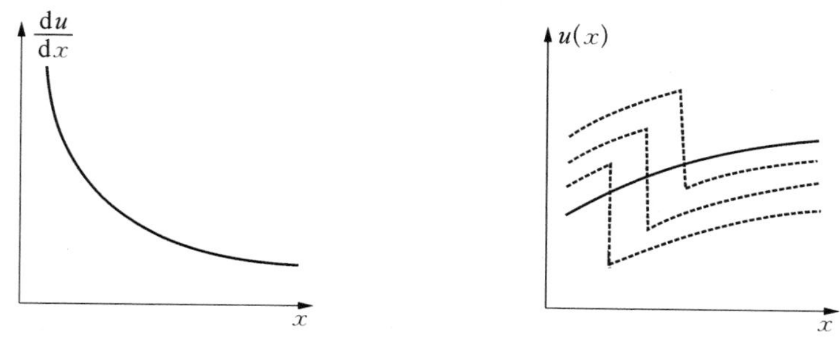

图 1.3 同一导数对应不同曲线

存在显式解所需要的边界条件的个数与因变量的个数和场微分方程的性质有关.一组充分的边界条件称为是完整的.应该注意，一个边界条件方程，沿区域不同边界部分可能表示不同的边界条件.例如，边界条件

$$a\frac{\partial u}{\partial n}+bu=c$$

在边界的不同部分，a，b，c 可能取不同的值(包括 0)，还要指出，在只有一个因变量的条件下，如果场方程的微分阶量高于 1，则需要多于一个边界条件.

通常连续问题的场方程和边界条件可写成如下形式

$$a_1\mathrm{L}_1u_1+a_2\mathrm{L}_2u_2+\cdots+a_m\mathrm{L}_mu_m=p \qquad \text{在区域 } D \text{ 内} \tag{1.6}$$

$$b_1\mathrm{M}_1u_1+b_2\mathrm{M}_2u_2+\cdots+b_m\mathrm{M}_mu_m=\gamma \qquad \text{在边界 } \Gamma \text{ 上} \tag{1.7}$$

其中 a_1，a_2，…，a_m；b_1，b_2，…，b_m；p，γ 是因变量 u_i 和独立变量 x_j 的函数；L_1，L_2，…，L_m；M_1，M_2，…，M_m 是微分算子，算子是对独立变量 x_j 进行微分，上式可写成如下矩阵形式

$$(\mathrm{L})\boldsymbol{u}=p \qquad \text{在区域 } D \text{ 内} \tag{1.8}$$

$$(\mathrm{M})\boldsymbol{u} = \gamma \qquad \text{在边界}\ \Gamma\ \text{上} \tag{1.9}$$

其中

$$(\mathrm{L}) = (a_1\mathrm{L}_1, a_2\mathrm{L}_2, \cdots, a_m\mathrm{L}_m)$$

$$(\mathrm{M}) = (b_1\mathrm{M}_1, b_2\mathrm{M}_2, \cdots, b_m\mathrm{M}_m)$$

而

$$\boldsymbol{u} = \begin{Bmatrix} u_1 \\ u_2 \\ \vdots \\ u_m \end{Bmatrix} \tag{1.10}$$

与(1.8),(1.9)相对应的方程组可写成

$$\boldsymbol{Lu} = \boldsymbol{p} \qquad \text{在区域}\ D\ \text{内} \tag{1.11}$$

$$\boldsymbol{Mu} = \boldsymbol{\gamma} \qquad \text{在边界}\ \Gamma\ \text{上} \tag{1.12}$$

其中 $\boldsymbol{L}$, $\boldsymbol{M}$ 是矩阵,$\boldsymbol{p}$, $\boldsymbol{\gamma}$ 是向量.如果场方程是完整的,则 $\boldsymbol{L}$ 变成方阵.

平衡问题可写成如下一般形式

$$\boldsymbol{Lu} = \boldsymbol{p} \qquad \text{在区域}\ D\ \text{内} \tag{1.13}$$

$$\boldsymbol{Mu} = \boldsymbol{\gamma} \qquad \text{在边界}\ \Gamma\ \text{上} \tag{1.14}$$

求解因变量 $\boldsymbol{u}$,它们只是空间坐标的函数,不随时间变化.

特征值问题可写成如下一般形式

$$\boldsymbol{Lu} = \lambda\boldsymbol{Eu} \qquad \text{在区域}\ D\ \text{内} \tag{1.15}$$

$$\boldsymbol{Mu} = \boldsymbol{\gamma} \qquad \text{在边界}\ \Gamma\ \text{上} \tag{1.16}$$

求解特征向量 $\boldsymbol{u}$ 和对应的特征值 λ,它们都不随时间变化.

传播问题可写成如下一般形式

$$\boldsymbol{Lu} = \boldsymbol{p} \qquad \text{在区域}\ D\ \text{内}, t > t_0 \tag{1.17}$$

$$\boldsymbol{Iu} = \boldsymbol{h} \qquad \text{在区域}\ D\ \text{内}, t = t_0 \tag{1.18}$$

$$\boldsymbol{Mu} = \boldsymbol{\gamma} \qquad \text{在边界}\ \Gamma\ \text{上}, t \geqslant t_0 \tag{1.19}$$

求解未知向量 $\boldsymbol{u}$,它们是空间坐标(独立变量)的函数,也是时间的函数.(1.18)是初始条件.

1.3　偏微分方程的分类

如上所述，很多自然现象或工程问题被抽象为连续模型，问题发生在一个连续的区域中. 描述这类问题的数学模型通常都是偏微分方程（组），例如，(1.2)式表述二维稳态热传导问题，这是一个求解带有边界条件的二阶线性偏微分方程问题.

偏微分方程的阶数取决于方程中出现的最高阶导数的阶数. 偏微分方程的主项就是所有与方程阶数同阶的导数项. 例如，$u = u(x, y)$ 是两个独立变量 x 和 y 的函数，方程

$$\frac{\partial u}{\partial x} + \frac{\partial u}{\partial y} + u = 0 \tag{1.20}$$

就是一阶偏微分方程，其主项为

$$\frac{\partial u}{\partial x} + \frac{\partial u}{\partial y}$$

有时为了书写更紧凑，偏导数采取下标记法，上面的偏微分方程可写作

$$u_x + u_y + u = 0 \tag{1.21}$$

如果一个偏微分方程由未知函数本身项、各阶导数项、独立变量函数项线性组合而成，并且系数与未知函数无关，则该偏微分方程被称做线性的，否则就是非线性的. 线性微分方程的一般定义如下

$$\mathrm{L}(cu) = c\mathrm{L}(u)$$

$$\mathrm{L}(u_1 + u_2) = \mathrm{L}(u_1) + \mathrm{L}(u_2)$$

其中 L 是微分算子，u、u_1 和 u_2 是未知函数，c 是常数.

例如，$u_{xx} - 2u_{xy} + u_{yy} + u_y - u = \mathrm{e}^{x+y^2}$ 是常系数线性偏微分方程.

$\sin(x + y)u_{xx} - 2u_{xy} + 3y^2 u_{yy} + u_y - (x^y)u = \mathrm{e}^{x+y^2}$ 是变系数线性偏微分方程.

$u_{xx}-u_{xy}+u_{yy}+u_x u_y-u=0$是非线性偏微分方程,等.

在计算科学领域,线性偏微分方程和非线性偏微分方程存在根本的区别.对于一些比较简单的线性偏微分方程能够求得解析解,一般用这些解析解来验证数值算法和程序的正确性.然而,数值方法和相应的程序可以用来求解复杂偏微分方程问题.一般来说,非线性方程很难得到解析解.有时候,从求解线性方程中得到的规律和认识可以帮助发展非线性方程的数值求解方法.

用偏微分方程来建立自然现象和工程问题的数学模型包括三部分,即:偏微分方程、空间和时间定义域、边界条件以及初始条件.如果一个偏微分方程问题存在唯一的解,并且该解连续依赖于问题参数(问题参数是指方程中的系数,边界条件和初始条件参数以及时间域和空间域参数),则称该偏微分方程问题是适定的.

采用特征值判断方法,偏微分方程可划分为三类:抛物线型、双曲线型和椭圆型.不同类型的方程用于描述不同的问题,而数值方法的选取也与所研究的偏微分方程的类型密切相关.从物理上问题可分为平衡问题、特征值问题和传播问题.平衡问题一般对应于椭圆型偏微分方程,传播问题对应于抛物线型或双曲线型偏微分方程.

判断一个偏微分方程的类型有时不是显而易见的,下面讨论如何判断偏微分方程的类型.考虑如下两个(x, y)独立变量的二阶线性偏微分方程

$$\begin{aligned} & a(x, y)u_{xx}+b(x, y)u_{xy}+c(x, y)u_{yy} \\ & \quad +d(x, y)u_x+e(x, y)u_y+f(x, y)u=g(x, y) \end{aligned} \tag{1.22}$$

其判别式为

$$P(x, y)=b^2-4ac \tag{1.23}$$

判别式大于、等于、小于零分别对应偏微分方程类型为双曲线型、抛物线型和椭圆型.需要特别指出的是,判别式只取决于主项系数,并且当主项系数不是常数的时候,偏微分方程类型与独立变量取值有关.例如,Laplace 方程 $u_{xx}+u_{yy}=0$是椭圆型的,因为其判别式 $b^2-4ac=0^2-4\cdot1\cdot1=-4<0$;扩散方程 $u_t-u_{xx}=0$是抛物线型的,因为其判别式 $b^2-4ac=0^2-4\cdot(-1)\cdot0=0$;一维波动方程 $u_{xx}-u_{tt}=0$是双曲线型的,因为其判别式 $b^2-4ac=0^2-4\cdot(-1)\cdot1=4>0$.

以上是两个独立变量的情况,对于多独立变量的偏微分方程,类型的判断更加复杂.n个独立变量的二阶线性偏微分方程的一般形式为

$$\sum_{i, j=1}^{n} a_{ij}u_{x_i x_j}+\sum_{i=1}^{n} b_i u_{x_i}+cu=d \tag{1.24}$$

因为 $u_{x_ix_j} = u_{x_jx_i}$，所以可以令 $a_{ij} = a_{ji}$，从而 n 阶方阵 $\boldsymbol{A} = [a_{ij}]$ 是对称的.一个对称 n 阶实数方阵具有 n 个实数特征值.其中正特征值的个数记为 P，零特征值的个数记为 Z.判别偏微分方程(1.24)类型的法则是

如果 $Z = 0$，$P = 1$ 或者 $Z = 0$，$P = n - 1$，则方程是双曲线型的；

如果 $Z = 0$，$1 < P < n - 1$，则方程是超双曲线型的；

如果 $Z > 0$，则方程是抛物线型的；

如果 $Z = 0$，$P = 0$ 或者 $Z = 0$，$P = n$，则方程是椭圆型的.

例如，判别如下偏微分方程的类型

$$u_{xx} + 2u_{yy} + 4u_{yz} + 2u_{zz} + 2u_x + (x + y^2)u = 0$$

这个方程有三个独立变量，依据方程(1.24)，有如下矩阵

$$\boldsymbol{A} = \begin{bmatrix} 1 & 0 & 0 \\ 0 & 2 & 2 \\ 0 & 2 & 2 \end{bmatrix}$$

特征值 λ 为方程 $\det|\boldsymbol{A} - \lambda \boldsymbol{I}| = 0$ 的根，展开后得到 $(\lambda - 1)(\lambda - 4)\lambda = 0$，其根为 $\lambda_1 = 0$，$\lambda_2 = 1$，$\lambda_3 = 4$，即有一个零特征值，两个正特征值.对照上述判别法则，这个偏微分方程是抛物线型的.

有时我们也会遇到一阶偏微分方程组.例如，一维导线中电流和电压的控制方程

$$\frac{\partial i}{\partial x} + C\frac{\partial \upsilon}{\partial t} = -G\upsilon, \quad \frac{\partial \upsilon}{\partial x} + L\frac{\partial i}{\partial t} = -Ri \tag{1.25}$$

其中 R，L，C，G 是介质的材料常数，分别表示阻抗、感应系数、电容和漏电导.

又如，一维理想气体流动控制方程

$$\left.\begin{aligned} &(\rho\upsilon)_x + \rho_t = 0 \\ &\upsilon\upsilon_x + \upsilon_t = -\frac{1}{\rho}p_x \\ &\upsilon p_x + p_t = -\gamma p\upsilon_x \end{aligned}\right\} \tag{1.26}$$

其中 $\upsilon = \upsilon(x, t)$、$\rho = \rho(x, t)$ 和 $p = p(x, t)$ 分别表示速度、密度和压力，γ 是理想气体的热物理常数，并有 $p = \rho^\gamma$.

n 个未知函数包含两独立变量 (x, t) 的一阶准线性偏微分方程组的一般形式为

$$\sum_{j=1}^{n} a_{ij} \frac{\partial u_j}{\partial x} + \sum_{j=1}^{n} b_{ij} \frac{\partial u_j}{\partial t} = c_i \quad i = 1, 2, \cdots, n \tag{1.27}$$

其中 a_{ij}, b_{ij}, c_{ij}只与x, t, u_1, u_2, …, u_n 有关.如果 a_{ij}, b_{ij}与u_1, u_2, …, u_n 无关,则称方程组(1.27)为近似线性的.方程组(1.27)是线性的条件为

$$c_i = \sum_{j=1}^{n} r_{ij} u_j + \boldsymbol{F}_i \tag{1.28}$$

其中 r_{ij}、$\boldsymbol{F}_i$ 是常数或者是x 和 t 的函数.可以看出,(1.25)式所示的导线方程是线性的,而(1.26)式所示的理想气体方程是准线性的.

方程(1.27)也可以表达为如下矩阵形式

$$\boldsymbol{A}\boldsymbol{u}_x + \boldsymbol{B}\boldsymbol{u}_t = \boldsymbol{c} \tag{1.29}$$

其中 $\boldsymbol{A} = [a_{ij}]$, $\boldsymbol{B} = [b_{ij}]$, $\boldsymbol{u} = [u_1, u_2, \cdots, u_n]^{\mathrm{T}}$, $\boldsymbol{c} = [c_1, c_2, \cdots, c_n]^{\mathrm{T}}$.

一般情况下,我们假定矩阵 $\boldsymbol{B}$ 是非奇异的.方程(1.29)对应的特征多项式为

$$F(\lambda) = \det(\boldsymbol{A} - \lambda \boldsymbol{B}) \tag{1.30}$$

如果 $F(\lambda) = 0$ 有 n 个不相同的实根,或者 $F(\lambda) = 0$ 有 n 个实根并且特征值问题 $(\boldsymbol{A} - \lambda \boldsymbol{B})\boldsymbol{u} = 0$ 有 n 个线性无关的特征向量,则称该一阶线性偏微分方程组是双曲线型的;如果 $F(\lambda) = 0$ 没有实根,则称其为椭圆型的;如果 $F(\lambda) = 0$ 有 n 个实根但特征值问题 $(\boldsymbol{A} - \lambda \boldsymbol{B})\boldsymbol{u} = 0$ 没有 n 个线性无关的特征向量,则称其为抛物线型的.如果 $F(\lambda) = 0$ 同时存在实根和复根,无法进行分类.

例如上面的导线方程(1.25)式,特征多项式为

$$F(\lambda) = \det(\boldsymbol{A} - \lambda \boldsymbol{B}) = \det\left[\begin{bmatrix} 1 & 0 \\ 0 & 1 \end{bmatrix} - \lambda \begin{bmatrix} 0 & \boldsymbol{C} \\ \boldsymbol{L} & 0 \end{bmatrix}\right] = 1 - \boldsymbol{C}\boldsymbol{L}\lambda^2$$

$F(\lambda) = 0$有两个不同的实根,$\lambda_1 = \sqrt{1/(\boldsymbol{CL})}$ 和 $\lambda_2 = -\sqrt{1/(\boldsymbol{CL})}$,按照上述判断法则,导线方程是双曲线型的.

第 2 章　自然离散问题

我们已经知道，自然现象或工程问题的数学模型基本可分为两大类.

（1）离散问题.整个问题由有限多个元件组成，问题的状态由有限多个离散参数描述，其控制方程是代数方程组或者是这些参数关于时间的常微分方程组；

（2）连续问题.整个问题在空间一定区域内发生，问题的状态由一组连续函数描述，其控制方程是偏微分方程(组).

随着计算机的出现和发展，离散问题的求解变得比较容易，即便离散问题的规模很大(元件数很大，离散参数——自由度很多)也能求解，但求解描述连续问题的偏微分方程的精确解，只能用数学运算、推导的方法.目前的数学工具还只能求解少数相当简单的问题，但是描述实际现象的连续问题都相当复杂，因此，通常都是用离散方法近似求解.

近似求解的基本思想是把连续问题化为离散问题，即把求解连续函数问题化为求解离散参数问题，当然其基本的要求是随着离散参数选取得越来越多，所得的近似解逐渐趋近于原来连续问题的精确解.

各种不同的离散方法不断出现和发展，如从数学角度出发的有限差分法、加权余量法、变分法等等.从工程角度出发，McHenry，Hrenikoff 和 Newmark 等在 20 世纪 40 年代提出的替代结构法曾成功地分析了一些结构中的连续问题.50 年代中期 Argyris 和 Turner 等人推广和发展了这种方法，为有限元法的发展奠定了基础，我们将讨论各种不同的离散方法.

多年来，已经发展、形成了分析离散问题的标准步骤、过程，可用于求解各种不同的离散问题.本章首先分析几个简单的离散问题，从中归纳分析离散问题的一般步骤.

2.1 几个简例

2.1.1 线性弹簧系统

考虑如图 2.1 所示由 6 个线性弹簧在 5 个节点上连接而成的系统，在各个节点上受水平方向的外力 P_i，各节点沿水平方向产生位移 u_i，节点 1 固定不动.

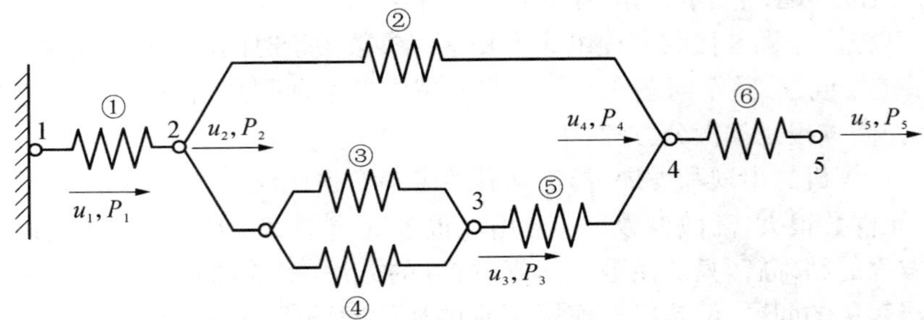

图 2.1 弹簧系统

(1) 这个问题是由 6 个元件(线性弹簧)在 5 个节点上连接组成的，各节点受有水平方向的外力，各节点的位移是描述这一系统状态的变量(参数)，共有 5 个节点位移，所以这个问题共有 5 个自由度，其中节点 1 固定不动，即 $u_1 = 0$，建立水平方向的 x 坐标，节点位移以 x 方向为正；

(2) 从整个系统中，取出一个典型的元件进行分析.这个元件记为 e，端节点号记为 i, j，该元件的弹簧系数为 r^e，如图 2.2 所示；

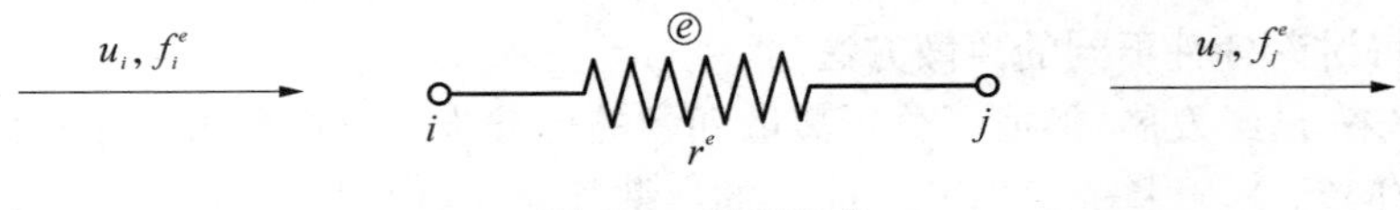

图 2.2 弹簧元件

单元的节点位移本来应该记为 u_i^e, u_j^e，其中下标 i, j 表示节点号，e 表示元件号，但因为会交于同一节点的不同元件在该节点的位移必须取相同的数值，才能保证整个系统保持完整，不散开(即这个问题在几何上的协调条件)，所以表示节点

位移时，标识元件号的上标可以省去，例如：有4个元件会交于节点2，各元件在该节点的位移必须取相同的值，即

$$u_2^1 = u_2^2 = u_2^3 = u_2^4 = u_2 \tag{2.1a}$$

同理有

$$u_3^3 = u_3^4 = u_3^5 = u_3 \tag{2.1b}$$

$$u_4^2 = u_4^5 = u_4^6 = u_4 \tag{2.1c}$$

由于两节点的位移，在节点 j 处产生的节点内力为（节点力也以 x 为正方向）

$$f_j^e = r^e(u_j - u_i) \tag{2.2a}$$

考虑整个元件在系统中处于平衡状态，则有

$$f_i^e = -f_j^e = -r^e(u_j - u_i) \tag{2.2b}$$

将以上二式合并，写成矩阵形式有

$$r^e\begin{bmatrix} 1 & -1 \\ -1 & 1 \end{bmatrix}\begin{Bmatrix} u_i \\ u_j \end{Bmatrix} = \begin{Bmatrix} f_i^e \\ f_j^e \end{Bmatrix} \tag{2.3a}$$

在上式中，表示弹簧系数 r^e 以及节点力 f_i^e 和 f_j^e 时，标识元件号的上标 e 不能省略，因为不同的元件有不同的弹簧系数，不同的元件在同一节点的节点力不同，写成一般形式为

$$\boldsymbol{K}^e\boldsymbol{U}^e = \boldsymbol{F}^e \tag{2.3}$$

(2.3)式通常称为元件的刚度方程，它表示了元件的基本特点，包括

1) 元件的节点位移和节点力之间的关系，反映了元件的物理特性（材料性质），即 $f_j^e = r^e(u_j - u_i)$；

2) 反映了元件本身的平衡（力学性质），即 $f_i^e = -f_j^e$；

3) 元件本身没有破坏，元件内部位移是连续的（几何性质）.

式中 $\boldsymbol{K}^e$ 称为元件的刚度矩阵，$\boldsymbol{U}^e$，$\boldsymbol{F}^e$ 分别称为元件的节点位移向量和节点力向量.

(3) 把所有元件组合成整个系统；

1) 在元件分析中，表示节点位移时，省去了标识不同元件的上标，这就意味着会交于同一节点的所有元件在该节点上产生相同位移，它表示了系统的连续性（几何性质）；

2) 节点的平衡．考虑系统中任意节点 i，作用在该节点上的力除去外力 P_i 外，

还有会交于该节点的所有元件在该节点的力 $-\sum_e f_i^e$，如图 2.3 所示，可写成

$$P_i - \sum_e f_i^e = 0 \tag{2.4}$$

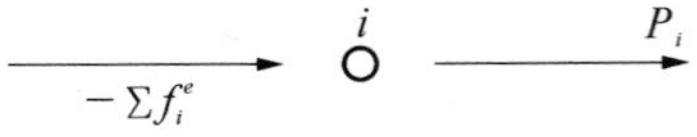

$\longrightarrow$ $-\Sigma f_i^e$ $\quad \circ\, i \quad \longrightarrow P_i$

图 2.3　节点平衡

对各节点写出平衡方程如下

$$\begin{aligned}
&f_1^1 &&= P_1\\
&f_2^1 + f_2^2 + f_2^3 + f_2^4 &&= P_2\\
&f_3^3 + f_3^4 + f_3^5 &&= P_3\\
&f_4^2 + f_4^5 + f_4^6 &&= P_4\\
&f_5^6 &&= P_5
\end{aligned}$$

代入各元件在各节点的节点力的表达式，即(2.3)式，上式可写成

$$\begin{aligned}
&r^1(u_1 - u_2) &&= P_1\\
&r^1(-u_1 + u_2) + r^2(u_2 - u_4) + r^3(u_2 - u_3) + r^4(u_2 - u_3) &&= P_2\\
&r^3(-u_2 + u_3) + r^4(-u_2 + u_3) + r^5(u_3 - u_4) &&= P_3\\
&r^2(-u_2 + u_4) + r^5(-u_3 + u_4) + r^6(u_4 - u_5) &&= P_4\\
&r^6(-u_4 + u_5) &&= P_5
\end{aligned}$$

经整理后，上式写成矩阵形式为

$$\begin{bmatrix}
r^1 & -r^1 & 0 & 0 & 0\\
-r^1 & (r^1 + r^2 + r^3 + r^4) & -(r^3 + r^4) & -r^2 & 0\\
0 & -(r^3 + r^4) & (r^3 + r^4 + r^5) & -r^5 & 0\\
0 & -r^2 & -r^5 & (r^2 + r^5 + r^6) & -r^6\\
0 & 0 & 0 & -r^6 & r^6
\end{bmatrix}
\begin{Bmatrix} u_1\\ u_2\\ u_3\\ u_4\\ u_5 \end{Bmatrix}
=
\begin{Bmatrix} P_1\\ P_2\\ P_3\\ P_4\\ P_5 \end{Bmatrix}
\tag{2.5a}$$

可以看出上式中系数矩阵是对称的，带状的，可写成如下一般形式

$$\boldsymbol{KU}=\boldsymbol{P} \tag{2.5}$$

其中 $\boldsymbol{K}$ 是系统的刚度矩阵，$\boldsymbol{U}$ 是系统的节点位移向量，$\boldsymbol{P}$ 是系统的节点外力向量，它们分别是系统所有位移、外力按顺序排列的向量.

(2.5)式表示整个系统各节点的平衡，也就是整个系统的平衡. 在以上元件分析和整个系统组合的讨论中满足了元件、系统的平衡和连续(协调)性，也满足了系统的物理特征(材料性质).

把所有元件的刚度方程分列如下

① $r^1\begin{bmatrix}1 & -1\\ -1 & 1\end{bmatrix}\begin{Bmatrix}u_1\\ u_2\end{Bmatrix}=\begin{Bmatrix}f_1^1\\ f_2^1\end{Bmatrix}$　　② $r^2\begin{bmatrix}1 & -1\\ -1 & 1\end{bmatrix}\begin{Bmatrix}u_2\\ u_4\end{Bmatrix}=\begin{Bmatrix}f_2^2\\ f_4^2\end{Bmatrix}$

③ $r^3\begin{bmatrix}1 & -1\\ -1 & 1\end{bmatrix}\begin{Bmatrix}u_2\\ u_3\end{Bmatrix}=\begin{Bmatrix}f_2^3\\ f_3^3\end{Bmatrix}$　　④ $r^4\begin{bmatrix}1 & -1\\ -1 & 1\end{bmatrix}\begin{Bmatrix}u_2\\ u_3\end{Bmatrix}=\begin{Bmatrix}f_2^4\\ f_3^4\end{Bmatrix}$

⑤ $r^5\begin{bmatrix}1 & -1\\ -1 & 1\end{bmatrix}\begin{Bmatrix}u_3\\ u_4\end{Bmatrix}=\begin{Bmatrix}f_3^5\\ f_4^5\end{Bmatrix}$　　⑥ $r^6\begin{bmatrix}1 & -1\\ -1 & 1\end{bmatrix}\begin{Bmatrix}u_4\\ u_5\end{Bmatrix}=\begin{Bmatrix}f_4^6\\ f_5^6\end{Bmatrix}$

在这个问题中，每个元件的系数矩阵是 2×2 的，总系数矩阵是 5×5 的.

建立一个 5×5 的 0 矩阵，把上述所有元件刚度矩阵的系数按照它们所对应的节点号码放入相应位置(例如，元件⑤的 2 个节点号是 3、4，这个元件刚度矩阵的各个系数应该分别累加到总体刚度阵的第 3、4 行，第 3、4 列)，并相加，得到

$$\begin{array}{c} \begin{array}{ccccc} 1 & 2 & 3 & 4 & 5 \end{array} \\ \begin{bmatrix} r^1 & -r^1 & 0 & 0 & 0\\ -r^1 & (r^1+r^2+r^3+r^4) & -(r^3+r^4) & -r^2 & 0\\ 0 & -(r^3+r^4) & (r^3+r^4+r^5) & -r^5 & 0\\ 0 & -r^2 & -r^5 & (r^2+r^5+r^6) & -r^6\\ 0 & 0 & 0 & -r^6 & r^6 \end{bmatrix} \begin{array}{c} 1\\ 2\\ 3\\ 4\\ 5 \end{array} \end{array} \tag{2.6}$$

显然，这一结果与(2.5a)式中的 $\boldsymbol{K}$ 完全相同. 采用这种“对号入座”的方式可以方便地由各单元刚度矩阵组装出系统的总体刚度矩阵.

把所有元件的刚度矩阵都扩充为 5×5 的矩阵，元件刚度矩阵中各系数按节点号码放到相应位置，其他元素都是 0，如元件②有

$$\begin{array}{ccccc} 1 & 2 & 3 & 4 & 5 \end{array}$$

$$\begin{bmatrix} 0 & 0 & 0 & 0 & 0 \\ 0 & r^2 & 0 & -r^2 & 0 \\ 0 & 0 & 0 & 0 & 0 \\ 0 & -r^2 & 0 & r^2 & 0 \\ 0 & 0 & 0 & 0 & 0 \end{bmatrix} \begin{array}{c} 1 \\ 2 \\ 3 \\ 4 \\ 5 \end{array}$$

把扩充后的所有元件刚度矩阵相加能得到与(2.6),(2.5a)完全相同的结果.所以系统的刚度矩阵可由组成该系统的全部元件刚度矩阵之和得到,形式上可写成

$$\boldsymbol{K} = \sum_e \boldsymbol{K}^e \tag{2.7}$$

其中 $K_{ij} = \sum_e K_{ij}^e$.

以上所述形成总系数矩阵的三种方法中"对号入座"组装方法更容易在计算机上编程实现.

(4) 施加边界条件,求解方程;

对该系统施加适当、充分的边界条件($u_1 = 0$),求解方程组,得到各节点位移 u_2, u_3, u_4, u_5.

(5) 利用 $f^e = r^e(u_j - u_i)$ 求解各元件(弹簧)的内力,利用 $R_1 = r^1(u_2 - u_1)$ 求出固定点的支反力,等.

至此,整个问题求解完毕.

2.1.2 电路网络

图 2.1 也可以表示一个电路网络问题,系统中各元件不再是弹簧,而是电阻 R^e,各电阻在节点上连接而成.

类似的元件分析得到

$$\frac{1}{R^e}\begin{bmatrix} 1 & -1 \\ -1 & 1 \end{bmatrix}\begin{Bmatrix} V_i \\ V_j \end{Bmatrix} = \begin{Bmatrix} I_i^e \\ I_j^e \end{Bmatrix} \tag{2.8}$$

其中 R^e 是元件的电阻,V_i, V_j是节点电压值,I_i^e, I_j^e 是在端点i, j 流入元件e 的电流值.上述方程的推导利用了欧姆定律(物理特性)

$$R^e I_i^e = V_i - V_j$$

和元件中电流的平衡

$$I_j^e = - I_i^e = - \frac{1}{R^e}(V_i - V_j)$$

因为会交于同一节点的不同元件在该节点上电压必须取同一数值，所以表示节点电压时，标识元件号的上标可以省略. 这就隐含了整个系统电压的连续性.

由各节点电流的平衡，可得到与(2.5)形式上类似的方程

$$\boldsymbol{KV} = \boldsymbol{P} \tag{2.9}$$

其中 $\boldsymbol{K}$ 是系统矩阵，是各元件系数矩阵之和，$\boldsymbol{V}$ 是节点电压向量，$\boldsymbol{P}$ 是外部输入到各节点的电流向量.

施加适当边界条件，求解方程组可得各节点电压值，再用欧姆定律可求出各元件中的电流.

如果是一个交流电路，各元件是复数阻抗，所有的关系式、方程都是复数形式. 分别考虑方程的实部、虚部可以求解，或者直接进行复数运算.

2.1.3　管道中的流动问题

实际上图 2.1 也可以表示管道中流体的流动问题，图 2.4 是与其类似的示意图. 该系统可理解为由 6 段管道在 5 个节点上连接而成.

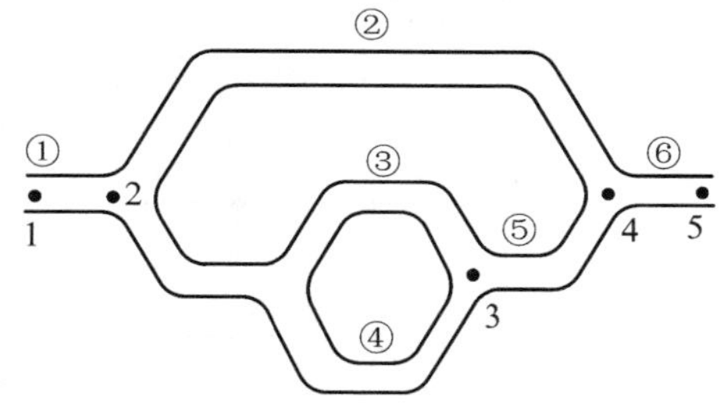

图 2.4　管道流动问题

每个元件两端节点的号码如下表所示.

元件号 e	1	2	3	4	5	6
节点 i	1	2	2	2	3	4
节点 j	2	4	3	3	4	5

描述这个问题状态的变量是各节点的压力值，由元件(一段管道)二端节点的压力差可计算该段管道内的流量.

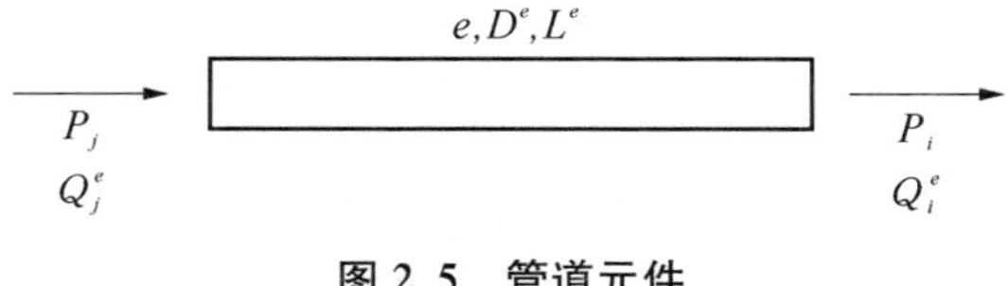

图 2.5　管道元件

从系统中取出任一元件(一段管道)如图 2.5 所示. 考虑不可压缩，无旋流动问题，很容易求出该元件 i 节点的流量为

$$Q_i^e = \frac{\pi D^{e4}}{128\mu L^e}(P_i - P_j) \tag{2.10a}$$

此式表示从 i 点流入管道的流量，D^e 是管道的直径，L^e 是元件的长度，μ 是动力粘性系数.由流入管道流体的平衡条件得到

$$Q_j^e = -Q_i^e = -\frac{\pi D^4}{128\mu L^e}(P_i - P_j) \tag{2.10b}$$

写成矩阵形式为

$$\kappa^e \begin{bmatrix} 1 & -1 \\ -1 & 1 \end{bmatrix} \begin{Bmatrix} p_i \\ p_j \end{Bmatrix} = \begin{Bmatrix} Q_i^e \\ Q_j^e \end{Bmatrix} \tag{2.10}$$

其中 $\kappa^e = \pi D^4/128\mu L^e$.

显然，此式与(2.3a)式形式相同，只是其中各量的物理意义不同.由各节点的流量平衡，或元件系数矩阵相加可得到系统的总体方程.

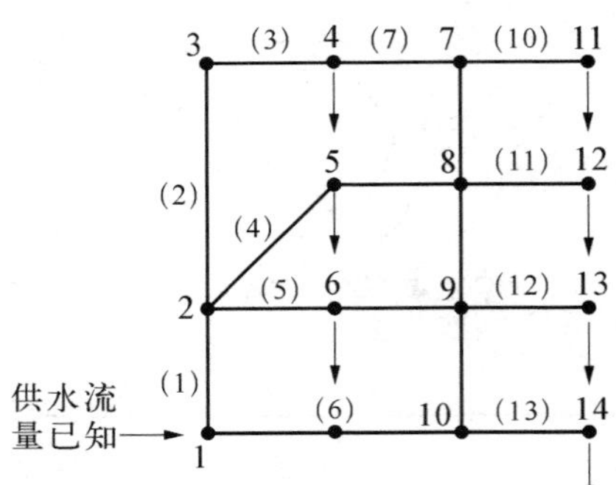

图 2.6　建筑物中供水系统示意图

施加适当边界条件后，求解方程组后得到各节点压力，再由方程(2.10)求得各元件(管道内)的流量.由这种模型可以分析复杂管道系统(如建筑物)中的流动问题，如图 2.6 所示.

以上几个简单离散问题，虽然其物理意义完全不同，但它们的分析求解步骤，过程却十分相似.

2.2　平面桁架问题

考虑一个平面桁架结构，如图 2.7 所示.该结构由 4 个杆件在 4 个节点处连接而成.在节点处铰接，不承受(传递)弯矩，每个杆内只产生均匀分布的轴向力.

1. 鉴于上述假设，每个节点处只有两个位移分量，即 x，y 方向的位移 u_i，v_i，它们是描述这一问题的变量(参数). 整个问题的自由度数是节点数的二倍；

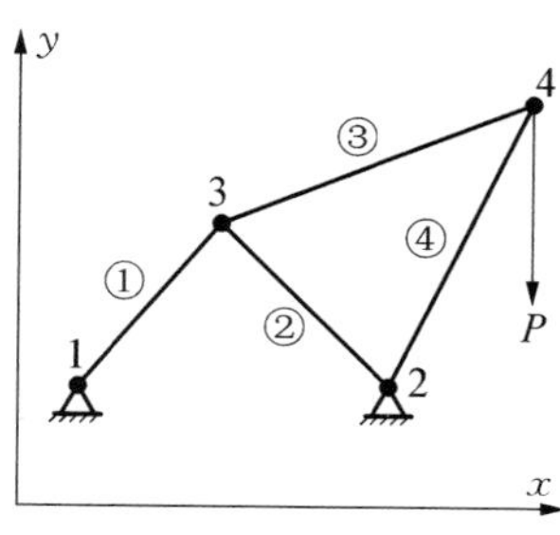

图 2.7　平面桁架结构

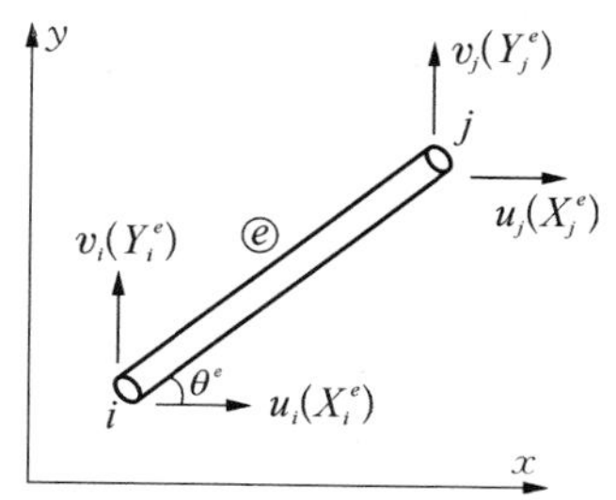

图 2.8　轴力杆元件

2. 元件分析，考虑结构中任一杆件，如图 2.8 所示. 如前所述，会交于同一节点的不同元件在该节点的位移必须有相同的值，才能保证变形后结构保持完整. 所以表示节点位移时，标志元件号的上标省略. 节点位移在 x，y 方向的位移分量记为 u_i，v_i，和 u_j，v_j，对应的端点力为 X_i^e，Y_i^e 和 X_j^e，Y_j^e，每个元件的信息列表如下：

元件号	节点号	节点坐标	弹性模量	横截面积
e	i，j	(x_i, y_i)，(x_j, y_j)	E^e	A^e

杆件的长度和方向可由下式计算

$$L^e = \sqrt{(\Delta x^e)^2 + (\Delta y^e)^2} = \sqrt{(x_j - x_i)^2 + (y_j - y_i)^2} \tag{2.11}$$

$$\mathrm{tg}\,\theta^e = \frac{y_j - y_i}{x_j - x_i}$$

其中 θ^e 是杆件的轴向与 x 轴正方向的夹角.

对于图 2.8 所示的结构，每个元件的节点号如下所示.

e	1	2	3	4
i	1	2	3	2
j	3	3	4	4

杆件产生节点位移 u_i，v_i，u_j，v_j 后，杆的长度变化为(以受拉为正，受压为负)

$$\Delta L^e = (u_j\cos\theta^e + v_j\sin\theta^e) - (u_i\cos\theta^e + v_i\sin\theta^e) \tag{2.12}$$

在节点 j 处的端点轴向力为

$$F_j^e = E^e A^e \frac{\Delta L^e}{L^e} = \frac{E^e A^e}{L^e} \Delta L^e = \kappa^e \Delta L^e \tag{2.13}$$

其中 $\kappa^e = E^e A^e / L^e$.

该力在 x，y 方向的分量就是 X_j^e 和 Y_j^e，其表达式为

$$\begin{aligned} X_j^e = F_j^e \cos\theta^e &= \kappa^e \Delta L^e \cos\theta^e \\ &= -\kappa^e \cos^2\theta^e u_i - \kappa^e \sin\theta^e \cos\theta^e v_i \\ &\quad + \kappa^e \cos^2\theta^e u_j + \kappa^e \cos\theta^e \sin\theta^e v_j \end{aligned} \tag{2.14a}$$

$$\begin{aligned} Y_j^e = F_j^e \sin\theta^e &= \kappa^e \Delta L^e \sin\theta^e \\ &= -\kappa^e \cos\theta^e \sin\theta^e u_i - \kappa^e \sin^2\theta^e v_i \\ &\quad + \kappa^e \sin\theta^e \cos\theta^e u_j + \kappa^e \sin^2\theta^e v_j \end{aligned} \tag{2.14b}$$

由杆件本身的平衡得到

$$F_i^e = -F_j^e$$

即

$$\begin{aligned} X_i^e = -X_j^e = & \kappa^e \cos^2\theta^e u_i + \kappa^e \sin\theta^e \cos\theta^e v_i - \kappa^e \cos^2\theta^e u_j \\ & - \kappa^e \cos\theta^e \sin\theta^e v_j \end{aligned} \tag{2.14c}$$

$$\begin{aligned} Y_i^e = -Y_j^e = & \kappa^e \cos\theta^e \sin\theta^e u_i + \kappa^e \sin^2\theta^e v_i - \kappa^e \sin\theta^e \cos\theta^e u_j \\ & - \kappa^e \sin^2\theta^e v_j \end{aligned} \tag{2.14d}$$

把以上 4 式合并起来，写成矩阵形式如下

$$\begin{Bmatrix} X_i^e \\ Y_i^e \\ X_j^e \\ Y_j^e \end{Bmatrix} = \kappa^e \begin{bmatrix} \cos^2\theta^e & \sin\theta^e\cos\theta^e & -\cos^2\theta^e & -\sin\theta^e\cos\theta^e \\ \sin\theta^e\cos\theta^e & \sin^2\theta^e & -\sin\theta^e\cos\theta^e & -\sin^2\theta^e \\ -\cos^2\theta^e & -\sin\theta^e\cos\theta^e & \cos^2\theta^e & \sin\theta^e\cos\theta^e \\ -\sin\theta^e\cos\theta^e & -\sin^2\theta^e & \sin\theta^e\cos\theta^e & \sin^2\theta^e \end{bmatrix} \begin{Bmatrix} u_i \\ v_i \\ u_j \\ v_j \end{Bmatrix} \tag{2.14}$$

上式写成按节点分块形式为

$$\begin{Bmatrix} \boldsymbol{F}_i^e \\ \boldsymbol{F}_j^e \end{Bmatrix} = \begin{bmatrix} \boldsymbol{K}_{ii}^e & \boldsymbol{K}_{ij}^e \\ \boldsymbol{K}_{ji}^e & \boldsymbol{K}_{jj}^e \end{bmatrix} \begin{Bmatrix} \boldsymbol{d}_i \\ \boldsymbol{d}_j \end{Bmatrix} \tag{2.15}$$

上式中各子矩阵，各子向量的意义是很明确的；

3. 组装各元件的方程得到结构各节点的平衡方程. 根据前面所述方法，可组装成整个结构的方程如下：

$$\begin{bmatrix} \boldsymbol{K}_{11}^{1} & 0 & \boldsymbol{K}_{13}^{1} & 0 \\ 0 & (\boldsymbol{K}_{22}^{3}+\boldsymbol{K}_{22}^{4}) & \boldsymbol{K}_{23}^{2} & \boldsymbol{K}_{24}^{4} \\ \boldsymbol{K}_{31}^{1} & \boldsymbol{K}_{32}^{2} & (\boldsymbol{K}_{33}^{1}+\boldsymbol{K}_{33}^{2}+\boldsymbol{K}_{33}^{3}) & \boldsymbol{K}_{34}^{3} \\ 0 & \boldsymbol{K}_{42}^{4} & \boldsymbol{K}_{43}^{3} & (\boldsymbol{K}_{44}^{3}+\boldsymbol{K}_{44}^{4}) \end{bmatrix} \begin{Bmatrix} \boldsymbol{d}_1 \\ \boldsymbol{d}_2 \\ \boldsymbol{d}_3 \\ \boldsymbol{d}_4 \end{Bmatrix} = \begin{Bmatrix} \boldsymbol{P}_1 \\ \boldsymbol{P}_2 \\ \boldsymbol{P}_3 \\ \boldsymbol{P}_4 \end{Bmatrix} \tag{2.16}$$

上述方程中各项都是子矩阵或子向量，此方程表示结构各节点的平衡；

4. 施加边界条件 $\boldsymbol{d}_1 = \boldsymbol{d}_2 = \{0\}$. 施加这种边界条件最简单的方法是从总体方程中划去对应的行和列，得到：

$$\begin{bmatrix} \boldsymbol{K}_{33} & \boldsymbol{K}_{34} \\ \boldsymbol{K}_{43} & \boldsymbol{K}_{44} \end{bmatrix} \begin{Bmatrix} \boldsymbol{d}_3 \\ \boldsymbol{d}_4 \end{Bmatrix} = \begin{Bmatrix} \boldsymbol{P}_3 \\ \boldsymbol{P}_4 \end{Bmatrix} \tag{2.17}$$

5. 已知外载荷 $\boldsymbol{P}_3 = \begin{Bmatrix} 0 \\ 0 \end{Bmatrix}$，$\boldsymbol{P}_4 = \begin{Bmatrix} 0 \\ -\boldsymbol{P} \end{Bmatrix}$，求解方程组得到 $\boldsymbol{d}_3$，$\boldsymbol{d}_4$；

6. 由求解得到的节点位移，可求解各杆件的内力，以及各固定点的支反力

$$\boldsymbol{R}_1 = \begin{Bmatrix} R_{x1} \\ R_{y1} \end{Bmatrix} \text{和}\ \boldsymbol{R}_2 = \begin{Bmatrix} R_{x2} \\ R_{y2} \end{Bmatrix}$$

$\boldsymbol{R}_1$，$\boldsymbol{R}_2$ 也就是式(2.16)中的 $\boldsymbol{P}_1$，$\boldsymbol{P}_2$.

2.3　坐标转换、边界条件、求解离散问题的步骤

2.3.1　坐标转换

在上面分析平面桁架结构的元件时，在 xoy 坐标系中每个节点有两个自由度，每个元件有 4 个自由度，元件的刚度矩阵是 4×4 的. 如果我们沿元件的轴向建

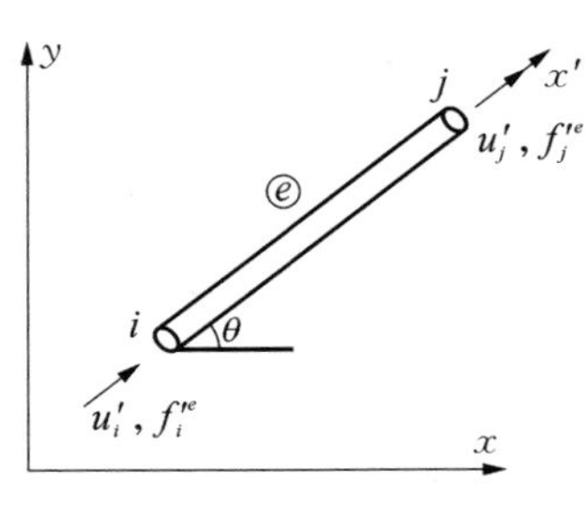

图 2.9 元件的局部坐标

立一个坐标系 $x'o'y'$,如图 2.9 所示,x'轴与 x 轴的夹角为θ.

在坐标系 $x'o'y'$中元件每个节点只有一个自由度,即沿轴向的位移,所以每个元件只有 2 个自由度 u'_i, u'_j,每个节点对应的端点力也只有一个分量,即 f'^e_i, f'^e_j. 推导元件的刚度方程变得十分简单,即

$$f'^e_j = \frac{AE}{L^e}(u'_j - u'_i)$$

$$f'^e_i = -f'^e_j = -\frac{AE}{L^e}(u'_j - u'_i)$$

写成矩阵形式有

$$\frac{AE}{L^e}\begin{bmatrix} 1 & -1 \\ -1 & 1 \end{bmatrix}\begin{Bmatrix} u'_i \\ u'_j \end{Bmatrix} = \begin{Bmatrix} f'^e_i \\ f'^e_j \end{Bmatrix} \tag{2.18a}$$

即

$$\boldsymbol{K}'^e\boldsymbol{U}'^e = \boldsymbol{F}'^e \tag{2.18}$$

(2.18)式是元件在坐标系 $x'o'y'$中的刚度方程,$\boldsymbol{U}'^e$, $\boldsymbol{F}'^e$, $\boldsymbol{K}'^e$ 分别是元件在坐标系 $x'o'y'$中的节点位移向量,节点力向量和刚度矩阵,这一方程与前面讨论的弹簧元件的方程在形式上是一样的.

每个元件的轴线方向不同,所以各自的轴向位移和端点力方向不同.如图 2.7 中的节点 3 有三个元件会交于该点,各自的轴向位移和轴向端力的方向如图 2.10 所示.

在元件各自的坐标系中,建立刚度方程比较容易,形式比较简单,但在组装整个系统时遇到困难,元件组装成整个系统就是建立各节点的平衡方程.在一个统一的坐标系中建立节点平衡方程比较容易,因此需要把各节点的轴向位移、端点力转换到一个统一坐标系xoy 中的x、y 方向上的分量.元件各自的坐标系称为元件的局部坐标系,整个系统的统一坐标系称为系统的总体坐标系.一个元件的节点位移、端点力在局部坐标系和总体坐标系中的分量如图 2.11 所

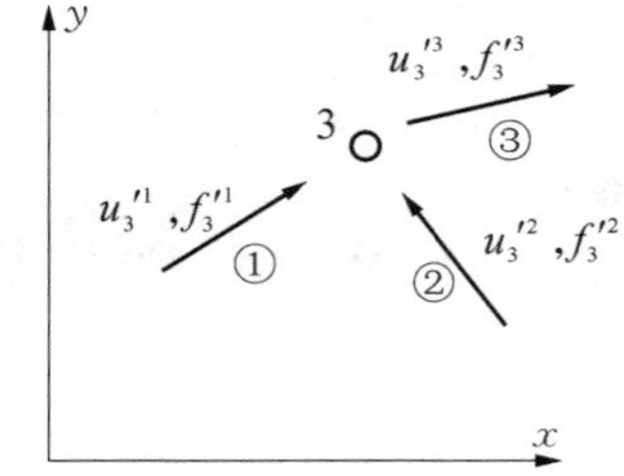

图 2.10 交于一点的各元件位移和端点力

示.在局部坐标和总体坐标中元件的刚度方程可以写成

$$K'^e U'^e = F'^e \tag{2.19}$$

$$K^e U^e = F^e \tag{2.20}$$

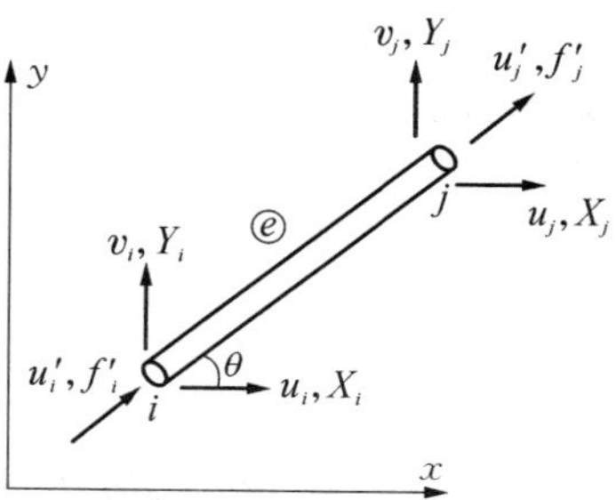

图 2.11 局部坐标和总体坐标

其中$\boldsymbol{K}'^e$和$\boldsymbol{K}^e$分别是元件在局部坐标系和总体坐标系中的刚度矩阵,其阶数分别是2×2和4×4,$\boldsymbol{U}'^e$,$\boldsymbol{F}'^e$,$\boldsymbol{U}^e$,$\boldsymbol{F}^e$分别是元件在局部坐标系和总体坐标系中的节点位移向量和节点力向量.即

$$\boldsymbol{U}'^e = \begin{Bmatrix} u'_i \\ u'_j \end{Bmatrix}, \qquad \boldsymbol{F}'^e = \begin{Bmatrix} f'^e_i \\ f'^e_j \end{Bmatrix}$$

$$\boldsymbol{U}^e = \begin{Bmatrix} u_i \\ v_i \\ u_j \\ v_j \end{Bmatrix}, \qquad \boldsymbol{F}^e = \begin{Bmatrix} X^e_i \\ Y^e_i \\ X^e_j \\ Y^e_j \end{Bmatrix}$$

局部坐标系和总体坐标系中节点位移之间的关系有

$$u'_i = u_i \cos\theta + v_i \sin\theta$$

$$u'_j = u_j \cos\theta + v_j \sin\theta$$

写成矩阵形式为

$$\begin{Bmatrix} u'_i \\ u'_j \end{Bmatrix} = \begin{bmatrix} \cos\theta & \sin\theta & 0 & 0 \\ 0 & 0 & \cos\theta & \sin\theta \end{bmatrix} \begin{Bmatrix} u_i \\ v_i \\ u_j \\ v_j \end{Bmatrix} \tag{2.21a}$$

即

$$\boldsymbol{U}'^e = \boldsymbol{T}\boldsymbol{U}^e \tag{2.21}$$

同样有

$$\boldsymbol{F}'^e = \boldsymbol{T}\boldsymbol{F}^e \tag{2.22}$$

$\boldsymbol{T}$称为坐标转换矩阵.

由物理意义可知,在两个不同坐标系中元件端点力在相应节点位移上所做的功相等,即

$$\boldsymbol{F}^{e\mathrm{T}}\boldsymbol{U}^{e} = \boldsymbol{F}'^{e\mathrm{T}}\boldsymbol{U}'^{e} \tag{2.23}$$

代入式(2.21),得

$$\boldsymbol{F}^{e\mathrm{T}}\boldsymbol{U}^{e} = \boldsymbol{F}'^{e\mathrm{T}}\boldsymbol{T}\boldsymbol{U}^{e}$$

上式对任意的 $\boldsymbol{U}^{e}$ 成立,得到

$$\boldsymbol{F}^{e\mathrm{T}} = \boldsymbol{F}'^{e\mathrm{T}}\boldsymbol{T} \tag{2.24a}$$

即

$$\boldsymbol{F}^{e} = \boldsymbol{T}^{\mathrm{T}}\boldsymbol{F}'^{e} \tag{2.24}$$

把(2.19)式代入(2.24)式,再代入(2.21)式得

$$\boldsymbol{F}^{e} = \boldsymbol{T}^{\mathrm{T}}\boldsymbol{K}'^{e}\boldsymbol{U}'^{e} = \boldsymbol{T}^{\mathrm{T}}\boldsymbol{K}'^{e}\boldsymbol{T}\boldsymbol{U}^{e} \tag{2.25}$$

与(2.20)式比较得到

$$\boldsymbol{K}^{e} = \boldsymbol{T}^{\mathrm{T}}\boldsymbol{K}'^{e}\boldsymbol{T} \tag{2.26}$$

这就在局部坐标系和总体坐标系中元件刚度矩阵之间的坐标转换关系.在局部坐标系中推导元件刚度矩阵 $\boldsymbol{K}'^{e}$ 后(比较容易,形式简单),由二个坐标系之间的几何关系(用坐标转变矩阵 $\boldsymbol{T}$ 表示)就可得到在总体坐标系中的刚度矩阵.

在很多复杂情况下,直接在总体坐标下建立元件刚度方程十分困难,甚至几乎是不可能的.通常在元件各自的局部坐标系中建立方程,再进行坐标转换.坐标转换是离散问题求解过程中的一个重要步骤.

上面讨论的方法具有更一般的意义和应用.例如,原来系统的方程是

$$\boldsymbol{K}\boldsymbol{a} = \boldsymbol{f} \tag{2.27}$$

$\boldsymbol{a}$ 是系统的变量,我们可以用一组新的变量 $\boldsymbol{b}$ 来描述这一问题,它们与原来变量 $\boldsymbol{a}$ 之间的关系可以写成

$$\boldsymbol{a} = \boldsymbol{T}\boldsymbol{b} \tag{2.28}$$

把(2.28)式代入(2.27)式得到

$$\boldsymbol{K}\boldsymbol{T}\boldsymbol{b} = \boldsymbol{f}$$

上式两端同时前乘矩阵 $\boldsymbol{T}^{\mathrm{T}}$ 得到

$$\boldsymbol{T}^{\mathrm{T}}\boldsymbol{K}\boldsymbol{T}\boldsymbol{b} = \boldsymbol{T}^{\mathrm{T}}\boldsymbol{f} \tag{2.29}$$

即

$$\overline{\boldsymbol{K}}\boldsymbol{b} = \overline{\boldsymbol{f}} \tag{2.30}$$

其中

$$\overline{\boldsymbol{K}} = \boldsymbol{T}^{\mathrm{T}}\boldsymbol{K}\boldsymbol{T} \tag{2.31a}$$

$$\overline{\boldsymbol{f}} = \boldsymbol{T}^{\mathrm{T}}\boldsymbol{f} \tag{2.31b}$$

显然(2.30)式是关于变量 $\boldsymbol{b}$ 的方程组，求解方程得到 $\boldsymbol{b}$ 后可用(2.28)式得到系统原来的变量 $\boldsymbol{a}$. 通常向量 $\boldsymbol{b}$ 的阶数比 $\boldsymbol{a}$ 小得多，这就使最后求解的方程阶数大大降低. 这个过程中隐含着通过(2.29)式引入进一步的近似，用较少的参数来近似原来的参数. 结构动力学问题中的振型叠加法就是一个应用的例子.

还要指出，从方程(2.31a)可以看出，如果原来的矩阵 $\boldsymbol{K}$ 是对称的，那么变换后的矩阵 $\overline{\boldsymbol{K}}$ 仍是对称的.

2.3.2　边界条件

由元件组装而成的总体方程不能直接求解，因为如果不施加适当的边界条件，方程组的解是不唯一的，或者说总体刚度矩阵是奇异的，用力学的语言说就是结构存在刚体运动. 必须施加适当的边界条件，消除可能的刚体运动，才能得到唯一解. 对于一个平面结构至少需要三个相互独立的位移约束.

如图 2.7 所示的平面桁架结构，位移约束是

$$\boldsymbol{d}_1 = \begin{Bmatrix} u_1 \\ v_1 \end{Bmatrix} = \begin{Bmatrix} 0 \\ 0 \end{Bmatrix}$$

和

$$\boldsymbol{d}_2 = \begin{Bmatrix} u_2 \\ v_2 \end{Bmatrix} = \begin{Bmatrix} 0 \\ 0 \end{Bmatrix}$$

施加这种边界条件最直观的方法就是把总刚度方程(2.16)中 $\boldsymbol{d}_1$，$\boldsymbol{d}_2$ 所对应的行和列(即前四行，前四列)划去，把原来的 8 阶方程组，化为 4 阶方程组. 即

$$\begin{bmatrix} \boldsymbol{K}_{33} & \boldsymbol{K}_{34} \\ \boldsymbol{K}_{43} & \boldsymbol{K}_{44} \end{bmatrix} \begin{Bmatrix} \boldsymbol{d}_3 \\ \boldsymbol{d}_4 \end{Bmatrix} = \begin{Bmatrix} \boldsymbol{P}_3 \\ \boldsymbol{P}_4 \end{Bmatrix} \tag{2.32}$$

这种方法可以降低求解方程组的阶数，但要改变方程的编号，不便于程序设计.

下面介绍施加边界条件的另一种方法. 例如，节点 1 的位移取指定的值，即

$$\boldsymbol{d}_1 = \bar{\boldsymbol{d}}_1 \tag{2.33}$$

我们知道如果一个节点的位移是已知值，对应的节点外力就是未知的，即是支反力.

取一个很大的数 α，把 $\alpha\boldsymbol{I}$ 加到总体刚度矩阵的 $\boldsymbol{K}_{11}$ 子阵上，对应的方程右端改写为 $\alpha\bar{\boldsymbol{d}}_1$，则这个节点对应的方程可写成

$$(\boldsymbol{K}_{11} + \alpha\boldsymbol{I})\boldsymbol{d}_1 + \boldsymbol{K}_{12}\boldsymbol{d}_2 + \cdots + \boldsymbol{K}_{14}\boldsymbol{d}_4 = \alpha\bar{\boldsymbol{d}}_1 \tag{2.34}$$

如果 α 的数值比所有刚度系数大得多，上式可近似写成

$$\alpha\boldsymbol{d}_1 \cong \alpha\bar{\boldsymbol{d}}_1$$

即

$$\boldsymbol{d}_1 \cong \bar{\boldsymbol{d}}_1 \tag{2.35}$$

这就是原来的边界条件. 显然，α 值取值越大，边界条件就满足越好. 这种方法不改变求解方程的阶数，对原来方程组的改动较小，编程序比较容易.

2.3.3 求解离散问题的一般步骤

由以上几节的讨论，求解离散问题的一般步骤可归纳如下：

1）确定一组离散的参数 $\boldsymbol{a}$，它们能够描述整个系统及其中各个元件的行为特点，叫做系统的参数(变量)；

2）对元件进行分析，由元件的物理性质，连续性和平衡条件，用元件参数 $\boldsymbol{a}^e$ 表示另一组量 $\boldsymbol{q}^e$，它们之间的一般关系为

$$\boldsymbol{q}^e = \boldsymbol{q}^e(\boldsymbol{a}^e) \tag{2.36a}$$

对线性问题有

$$\boldsymbol{q}^e = \boldsymbol{K}^e\boldsymbol{a}^e \tag{2.36}$$

3）通常上述元件方程是在各自不同的局部坐标中建立起来的，在进行下一步骤之前要把元件方程转换到一个统一的总体坐标系中表示；

4）把所有元件的方程组装起来得到系统的总体方程

$$\boldsymbol{K}\boldsymbol{a} = \boldsymbol{r} \tag{2.37}$$

其中 $\boldsymbol{K}=\sum_{e}\boldsymbol{K}^{e}$，$\boldsymbol{a}$ 是系统的参数变量，$\boldsymbol{r}$ 是与 $\boldsymbol{a}$ 对应的节点外载荷向量；

5）施加适当的边界条件；

6）求解方程组，得到离散参数的值；

7）如果需要，进行附加计算，如计算元件的变形、内力、约束点的支反力等.

2.4 平面刚架问题

工程中常见的杆件模型是桁架和刚架.在桁架模型中假设杆件内只存在轴向力，不能承受弯矩，在各杆件连接的节点上只承受力，不能承受力矩，相应的在节点上只发生位移，没有转动.平面桁架每个节点有两个自由度（两个方向的位移），两个外载荷分量（两个方向的力）.平面刚架每个节点有三个自由度（两个方向的位移和一个方向的转角），三个外载荷分量（两个方向的力和一个方向的弯矩）.空间桁架每个节点有三个自由度（三个方向的位移）、三个外载荷分量（三个方向的力）；空间刚架每个节点有六个自由度（三个方向的位移和三个方向的转角）、六个外载荷分量（三个方向的力和三个方向的弯矩）.

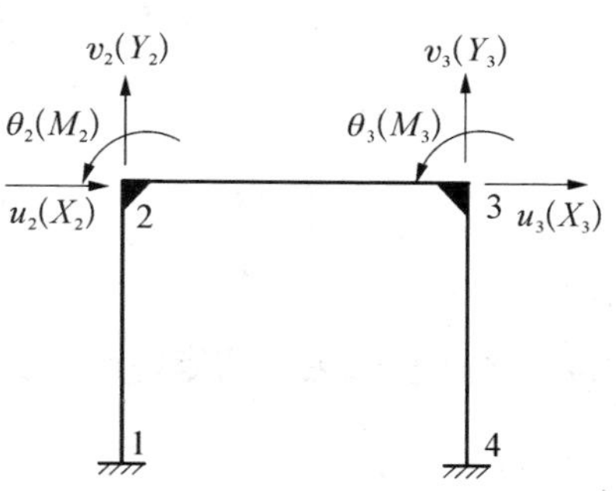

图 2.12 平面刚架

如图 2.12 所示的平面刚架，每个节点有三个自由度，即：x，y 方向的位移 u，v 和转角 θ.

从刚架中任取出一个元件，如图 2.13 所示，建立元件的刚度方程.元件在 x 方向的变形是一个轴力杆问题，很容易写出如下形式的刚度方程

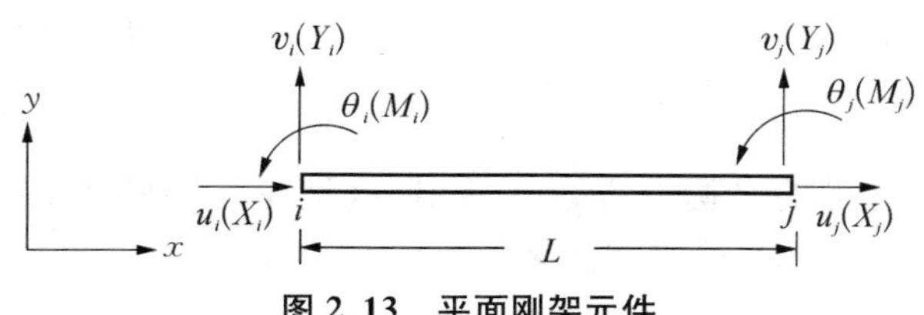

图 2.13 平面刚架元件

$$\frac{AE}{L}\begin{bmatrix} 1 & -1 \\ -1 & 1 \end{bmatrix}\begin{Bmatrix} u_i \\ u_j \end{Bmatrix} = \begin{Bmatrix} X_i \\ X_j \end{Bmatrix} \tag{2.38}$$

元件在 y 方向的变形是一个梁弯曲问题,可由元件的平衡导出其方程.由材料力学可知,在节点 i 产生 $v_i = 1$,所施加的端点力为 $Y_i = 12EI/L^3$,由元件平衡得到

$$Y_j = -\frac{12EI}{L^3},\ M_i = \frac{6EI}{L^2},\ M_j = \frac{6EI}{L^2},$$

同样对于 $\theta_i = 1$,有

$$M_i = \frac{4EI}{L},\ Y_i = \frac{6EI}{L^2},\ Y_j = -\frac{6EI}{L^2},\ M_j = \frac{2EI}{L},$$

对于 $v_j = 1$,有

$$Y_j = \frac{12EI}{L^3},\ Y_i = -\frac{12EI}{L^3},\ M_i = -\frac{6EI}{L^2},\ M_j = -\frac{6EI}{L^2},$$

对于 $\theta_j = 1$,有

$$M_j = \frac{4EI}{L},\ Y_i = \frac{6EI}{L^2},\ M_i = \frac{2EI}{L},\ Y_j = -\frac{6EI}{L^2}$$

把以上各式合起来写成矩阵形式为

$$\begin{bmatrix} EA/L & 0 & 0 & -EA/L & 0 & 0 \\ 0 & 12EI/L^3 & 6EI/L^2 & 0 & -12EI/L^3 & 6EI/L^2 \\ 0 & 6EI/L^2 & 4EI/L & 0 & -6EI/L^2 & 2EI/L \\ -EA/L & 0 & 0 & EA/L & 0 & 0 \\ 0 & -12EI/L^3 & -6EI/L^2 & 0 & 12EI/L^3 & -6EI/L^2 \\ 0 & 6EI/L^2 & 2EI/L & 0 & -6EI/L^2 & 4EI/L \end{bmatrix}\begin{Bmatrix} u_i \\ v_i \\ \theta_i \\ u_j \\ v_j \\ \theta_j \end{Bmatrix} = \begin{Bmatrix} X_i \\ Y_i \\ M_i \\ X_j \\ Y_j \\ M_j \end{Bmatrix} \tag{2.39}$$

以上元件方程,由元件的平衡方程直接导出,这是在元件局部坐标系中元件的方程,如果局部坐标与总体坐标之间的夹角为 α,如图 2.14 所示,则有

$$u'_i = u_i\cos\alpha + v_i\sin\alpha$$

$$v'_i = -u_i \sin\alpha + v_i \cos\alpha$$

$$\theta'_i = \theta_i$$

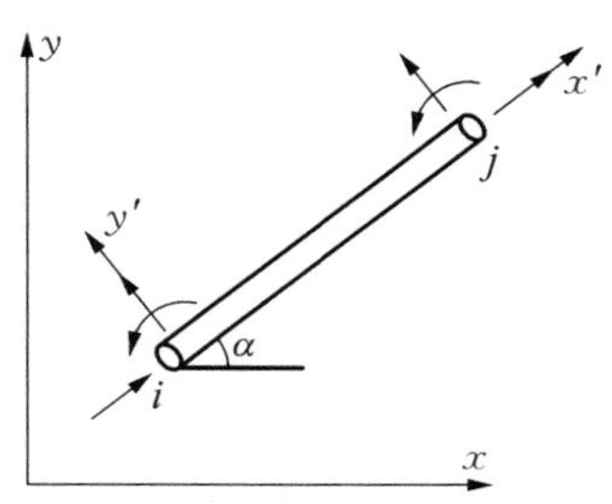

图 2.14　平面刚架元件的坐标转换

写成矩阵形式有

$$\boldsymbol{d}'_i = \boldsymbol{\lambda}\boldsymbol{d}_i$$

其中

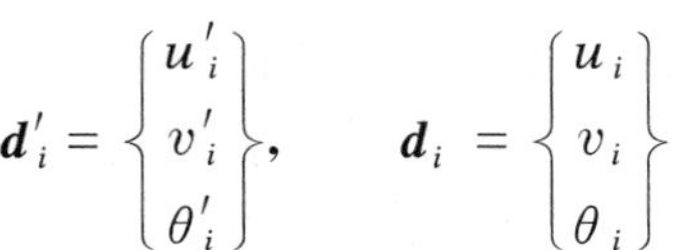

$$\boldsymbol{d}'_i = \begin{Bmatrix} u'_i \\ v'_i \\ \theta'_i \end{Bmatrix}, \qquad \boldsymbol{d}_i = \begin{Bmatrix} u_i \\ v_i \\ \theta_i \end{Bmatrix}$$

$$\boldsymbol{\lambda} = \begin{bmatrix} \cos\alpha & \sin\alpha & 0 \\ -\sin\alpha & \cos\alpha & 0 \\ 0 & 0 & 1 \end{bmatrix}$$

对于节点 j 有类似的关系式

$$\boldsymbol{d}'_j = \boldsymbol{\lambda}\boldsymbol{d}_j$$

对于一个元件则有

$$\boldsymbol{d}' = \boldsymbol{T}\boldsymbol{d} \tag{2.40}$$

其中

$$\boldsymbol{d}' = \begin{Bmatrix} \boldsymbol{d}'_i \\ \boldsymbol{d}'_j \end{Bmatrix}, \quad \boldsymbol{d} = \begin{Bmatrix} \boldsymbol{d}_i \\ \boldsymbol{d}_j \end{Bmatrix}, \quad \boldsymbol{T} = \begin{bmatrix} \boldsymbol{\lambda} & 0 \\ 0 & \boldsymbol{\lambda} \end{bmatrix}$$

(2.39)式表示在局部坐标系中的元件方程，写成矩阵形式为

$$\boldsymbol{K}'\boldsymbol{d}' = \boldsymbol{f}' \tag{2.41}$$

则在总体坐标系中元件的方程为

$$\boldsymbol{K}\boldsymbol{d} = \boldsymbol{f} \tag{2.42}$$

其中 $\boldsymbol{K} = \boldsymbol{T}^{\mathrm{T}}\boldsymbol{K}'\boldsymbol{T}$.

2.5 二维稳态热传导问题

本节讨论把二维稳态热传导(连续)问题化为离散问题的方法和步骤.

考虑二维热传导问题,把整个求解区域化为既没有缝隙也不相互重叠的三角形网格,如图 2.15 所示.每个元件是一个三角形区域,它们之间在交界线上和网格交点上连续,网格交点称为节点,节点温度取为系统的参数.

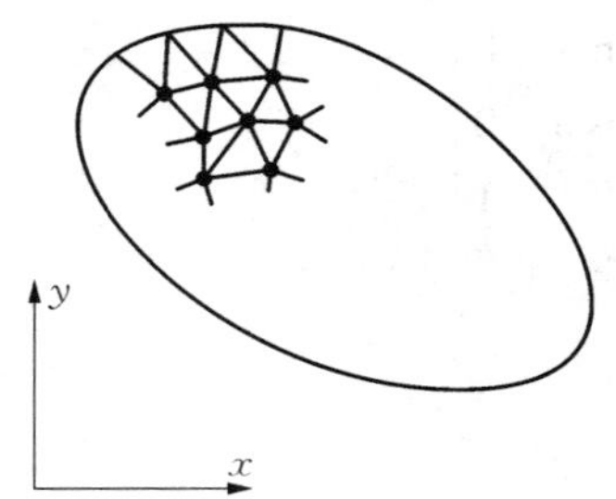

图 2.15 平面问题的三角形单元网格

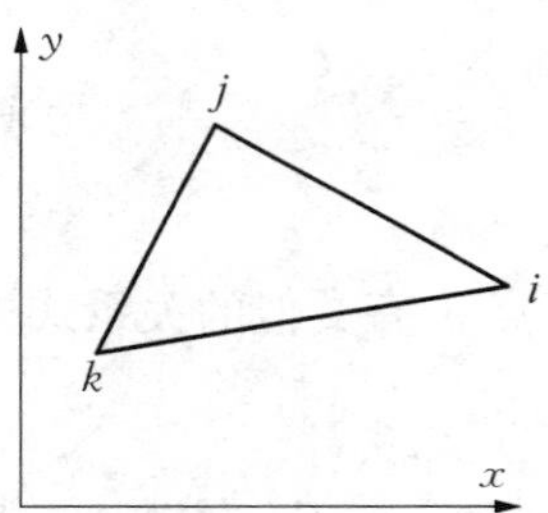

图 2.16 热传导三角形单元

一个典型的单元如图 2.16 所示,每个元件有三个节点 i, j, k,每个节点的温度值记为 $\varphi_s(s=i, j, k)$. 一个元件共有 3 个参数(自由度),元件内任一点的温度 $\varphi(x, y)$用线性多项式近似表示为

$$\varphi^e(x, y) \cong \alpha_1 + \alpha_2 x + \alpha_3 y = [1 \quad x \quad y] \begin{Bmatrix} \alpha_1 \\ \alpha_2 \\ \alpha_3 \end{Bmatrix} = \boldsymbol{P\alpha}_\varphi \tag{2.43}$$

把节点温度 φ_i, φ_j, φ_k和相应的节点坐标值代入 $\varphi^e(x, y)$表达式得到

$$\varphi_i = \alpha_1 + \alpha_2 x_i + \alpha_3 y_i$$

$$\varphi_j = \alpha_1 + \alpha_2 x_j + \alpha_3 y_j$$

$$\varphi_k = \alpha_1 + \alpha_2 x_k + \alpha_3 y_k$$

写成矩阵形式为

$$\boldsymbol{\Phi} = \boldsymbol{G}\boldsymbol{\alpha}_{\varphi}$$

其中

$$\boldsymbol{G} = \begin{bmatrix} 1 & x_i & y_i \\ 1 & x_j & y_j \\ 1 & x_k & y_k \end{bmatrix}$$

求逆后，有

$$\boldsymbol{\alpha}_{\varphi} = \boldsymbol{G}^{-1}\boldsymbol{\Phi}$$

将上式代入 φ^e 的近似表达式(2.43)得到

$$\varphi^e(x, y) \cong \boldsymbol{P}\boldsymbol{\alpha}_{\varphi} = \boldsymbol{P}\boldsymbol{G}^{-1}\boldsymbol{\Phi}$$

$$= \frac{1}{2\Delta}\left[a_i + b_i x + c_i y \quad a_j + b_j x + c_j y \quad a_k + b_k x + c_k y\right]\begin{Bmatrix} \varphi_i \\ \varphi_j \\ \varphi_k \end{Bmatrix}$$

元件内任一点的温度可用三个节点上的温度值 φ_i，φ_j，φ_k 近似表示如下：

$$\varphi(x, y) \cong \left[N_i(x, y) \quad N_j(x, y) \quad N_k(x, y)\right]\begin{Bmatrix} \varphi_i \\ \varphi_j \\ \varphi_k \end{Bmatrix} = \boldsymbol{N}\boldsymbol{\varphi} \qquad (2.44)$$

其中

$$N_i = \frac{1}{2\Delta}(a_i + b_i x + c_i y)$$

$$a_i = x_j y_k - x_k y_j,\ b_i = y_j - y_k,\ c_i = x_k - x_j$$

$$2\Delta = \begin{vmatrix} 1 & x_i & y_i \\ 1 & x_j & y_j \\ 1 & x_k & y_k \end{vmatrix} \qquad (2.45)$$

对 $N_j(x, y)$，$N_k(x, y)$可写出类似表达式，其中的系数按图 2.17 所示规律循环，节点号 i，j，k 按逆时针顺序编号，以保证行列式 2Δ 的值为正. 显然 $\varphi(x, y)$在单元内部是 x，y 的线性函数.

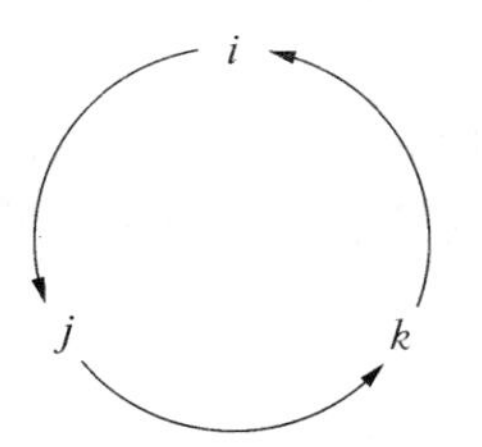

图 2.17　节点号循环规律

在 $k-i$ 边上的热流强度为(流入单元的热流)

$$q = k\frac{\partial\varphi}{\partial n} = k\left(\frac{\partial\varphi}{\partial x}n_x + \frac{\partial\varphi}{\partial y}n_y\right) = k[n_x \quad n_y]\begin{Bmatrix}\dfrac{\partial\varphi}{\partial x}\\ \dfrac{\partial\varphi}{\partial y}\end{Bmatrix} \tag{2.46}$$

其中

$$\frac{\partial\varphi}{\partial x} = \frac{1}{2\Delta}[b_i \quad b_j \quad b_k]\begin{Bmatrix}\varphi_i\\ \varphi_j\\ \varphi_k\end{Bmatrix}$$

$$\frac{\partial\varphi}{\partial y} = \frac{1}{2\Delta}[c_i \quad c_j \quad c_k]\begin{Bmatrix}\varphi_i\\ \varphi_j\\ \varphi_k\end{Bmatrix}$$

$$n_x = \frac{y_i - y_k}{l_{ik}},\quad n_y = \frac{x_k - x_i}{l_{ik}}$$

其中 l_{ik} 表示边 $k-i$ 的长度,可由 i, k 二节点的坐标值得到.显然作用在 $k-i$ 边上的热流强度是均匀的(与坐标无关),总量为

$$Q = ql_{ik} = kl_{ik}\frac{\partial\varphi}{\partial n} = k[(y_i - y_k) \quad (x_k - x_i)]\begin{Bmatrix}\dfrac{\partial\varphi}{\partial x}\\ \dfrac{\partial\varphi}{\partial y}\end{Bmatrix}$$

用相同的方法得到 $i-j$ 边上的热流总量为

$$Q = ql_{ji} = k[(y_j - y_i) \quad (x_i - x_j)]\begin{Bmatrix}\dfrac{\partial\varphi}{\partial x}\\ \dfrac{\partial\varphi}{\partial y}\end{Bmatrix}$$

把 $k-i$ 边和 $i-j$ 边上的热流总量的一半分到节点 i 上.由 $i-j$, $i-k$ 二边上热流对节点 i 的贡献总量为

$$Q_i = \frac{k}{2}[((y_i - y_k) + (y_j - y_i)) \quad ((x_k - x_i) + (x_i - x_j))]\begin{Bmatrix}\dfrac{\partial\varphi}{\partial x}\\ \dfrac{\partial\varphi}{\partial y}\end{Bmatrix}$$

$$= \frac{k}{2}\left[(y_i - y_k) \quad (x_k - x_i)\right]\begin{Bmatrix} \dfrac{\partial\varphi}{\partial x} \\ \dfrac{\partial\varphi}{\partial y} \end{Bmatrix} = \frac{k}{2}\left[b_i \quad c_i\right]\begin{Bmatrix} \dfrac{\partial\varphi}{\partial x} \\ \dfrac{\partial\varphi}{\partial y} \end{Bmatrix}$$

同样可得其他二个节点上的热流

$$Q_j = \frac{k}{2}\left[b_j \quad c_j\right]\begin{Bmatrix} \dfrac{\partial\varphi}{\partial x} \\ \dfrac{\partial\varphi}{\partial y} \end{Bmatrix}$$

$$Q_k = \frac{k}{2}\left[b_k \quad c_k\right]\begin{Bmatrix} \dfrac{\partial\varphi}{\partial x} \\ \dfrac{\partial\varphi}{\partial y} \end{Bmatrix}$$

写成矩阵形式为

$$\begin{Bmatrix} Q_i \\ Q_j \\ Q_k \end{Bmatrix} = \frac{k}{2}\begin{bmatrix} b_i & c_i \\ b_j & c_j \\ b_k & c_k \end{bmatrix}\begin{Bmatrix} \dfrac{\partial\varphi}{\partial x} \\ \dfrac{\partial\varphi}{\partial y} \end{Bmatrix}$$

$$= \frac{k}{2}\begin{bmatrix} b_i & c_i \\ b_j & c_j \\ b_k & c_k \end{bmatrix}\frac{1}{2\Delta}\begin{bmatrix} b_i & b_j & b_k \\ c_i & c_j & c_k \end{bmatrix}\begin{Bmatrix} \varphi_i \\ \varphi_j \\ \varphi_k \end{Bmatrix} = k\Delta\boldsymbol{B}^{\mathrm{T}}\boldsymbol{B}\boldsymbol{d}$$

即

$$\boldsymbol{Q} = \boldsymbol{K}\boldsymbol{d} \tag{2.47}$$

其中

$$\boldsymbol{K} = k\Delta\boldsymbol{B}^{\mathrm{T}}\boldsymbol{B}$$

$$\boldsymbol{B} = \frac{1}{2\Delta}\begin{bmatrix} b_i & b_j & b_k \\ c_i & c_j & c_k \end{bmatrix} = \left[B_i \quad B_j \quad B_k\right] \tag{2.48}$$

很容易得到，矩阵 $\boldsymbol{K}$ 中的系数为

$$k_{li} = \frac{k}{(2\Delta)^2}(b_l b_i + c_l c_i)\int_{D^e} \mathrm{d}D = \frac{k}{(2\Delta)^2}(b_l b_i + c_l c_i)\Delta = \frac{k}{4\Delta}(b_l b_i + c_l c_i) \tag{2.48a}$$

公式(2.47)就是二维热传导问题的元件方程,是由元件的热流平衡得到的.

至此得到了元件方程,可用标准的方法把所有元件的方程组装起来得到总体方程,它们表示节点处的热流平衡,考虑节点处输入的热流和施加适当的边界条件后,求解方程组,得到节点温度,然后可利用上面的有关公式计算任一元件内任意点的温度,元件内的热流等.

2.6 弹性力学平面问题

考虑如图 2.18 所示在 xoy 平面内,厚度为 t 的薄板,在外载荷作用下产生变形后处于平衡状态.在外载荷作用下,板内各点(x, y)的运动可用在 x, y 方向的位移 $u(x, y)$, $v(x, y)$ 表示,它们是 x, y 的连续函数,写成矩阵形式为

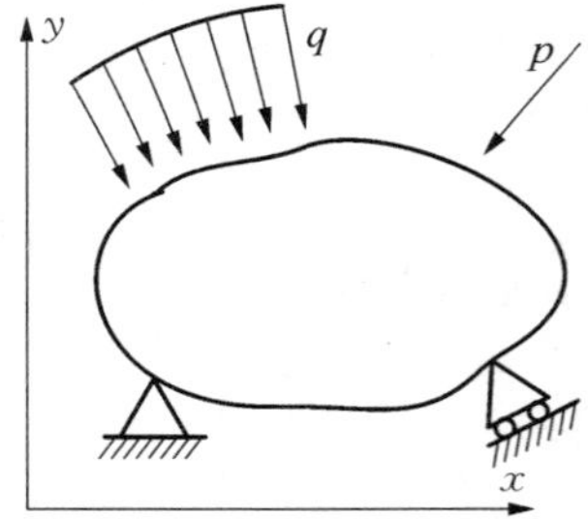

图 2.18 弹性力学平面问题

$$\boldsymbol{\varphi} = \begin{Bmatrix} u \\ v \end{Bmatrix}$$

2.6.1 弹性力学平面问题基本关系

1) 应变 - 位移关系,写成矩阵形式为

$$\begin{Bmatrix} \varepsilon_x \\ \varepsilon_y \\ \gamma_{xy} \end{Bmatrix} = \begin{bmatrix} \frac{\partial}{\partial x} & 0 \\ 0 & \frac{\partial}{\partial y} \\ \frac{\partial}{\partial y} & \frac{\partial}{\partial x} \end{bmatrix} \begin{Bmatrix} u \\ v \end{Bmatrix} \tag{2.49a}$$

记为

$$\boldsymbol{\varepsilon} = \boldsymbol{L}\boldsymbol{\varphi} \tag{2.49}$$

2）平面应力状态的应力－应变关系，写成矩阵形式为

$$\begin{Bmatrix}\sigma_x \\ \sigma_y \\ \tau_{xy}\end{Bmatrix} = \frac{E}{1-\nu^2}\begin{bmatrix}1 & \nu & 0 \\ \nu & 1 & 0 \\ 0 & 0 & \dfrac{1-\nu}{2}\end{bmatrix}\begin{Bmatrix}\varepsilon_x \\ \varepsilon_y \\ \gamma_{xy}\end{Bmatrix} \tag{2.50a}$$

记为

$$\boldsymbol{\sigma} = \boldsymbol{D\varepsilon} \tag{2.50b}$$

把(2.49)代入上式得到

$$\boldsymbol{\sigma} = \boldsymbol{D\varepsilon} = \boldsymbol{DL\varphi} \tag{2.50}$$

其中 $\boldsymbol{\sigma}$，$\boldsymbol{\varepsilon}$，$\boldsymbol{D}$ 分别称为应力向量、应变向量、材料性质矩阵. 对于平面应变问题，只要把 $\boldsymbol{D}$ 中的 E 换成 $\dfrac{E}{1-\nu^2}$，ν 换成 $\dfrac{\nu}{1-\nu}$ 即可.

3）弹性力学平面问题的平衡方程可写成

$$\left.\begin{aligned}\frac{\partial\sigma_x}{\partial x} + \frac{\partial\tau_{xy}}{\partial y} + b_x = 0 \\ \frac{\partial\tau_{xy}}{\partial x} + \frac{\partial\sigma_y}{\partial y} + b_y = 0\end{aligned}\right\} \tag{2.51a}$$

写成矩阵形式为

$$\boldsymbol{L}^{\mathrm{T}}\boldsymbol{\sigma} + \boldsymbol{b} = \boldsymbol{0} \tag{2.51b}$$

把(2.50)代入上式，得到用位移表示的平衡方程

$$\boldsymbol{L}^{\mathrm{T}}\boldsymbol{DL\varphi} + \boldsymbol{b} = \boldsymbol{0} \tag{2.51}$$

4）用位移表示的边界条件可以写为

在位移边界 Γ_u 上

$$\boldsymbol{\varphi} = \overline{\boldsymbol{\varphi}} \tag{2.52}$$

在力边界 Γ_σ 上

$$\left.\begin{aligned}T_x = \sigma_x n_x + \tau_{xy} n_y = \overline{T}_x \\ T_y = \tau_{xy} n_x + \sigma_y n_y = \overline{T}_y\end{aligned}\right\} \tag{2.53a}$$

或写成矩阵形式

$$\boldsymbol{n\sigma} = \overline{\boldsymbol{T}} \tag{2.53b}$$

其中 $\boldsymbol{n} = \begin{bmatrix} n_x & 0 & n_y \\ 0 & n_y & n_x \end{bmatrix}$，$n_x$ 和 n_y 分别是边界表面外法线的方向余弦.

将(2.50)式代入上式得到用位移表示的力边界条件

$$\boldsymbol{nDL\varphi} = \overline{\boldsymbol{T}} \tag{2.53}$$

2.6.2 区域离散和元件分析

把整个求解区域化为如图 2.15 所示的既没有缝隙也不相互重叠的三角形网格.每个元件是一个三角形区域，它们之间在交界线上和网格交点上连续，网格交点称为节点，节点位移取为系统的参数.

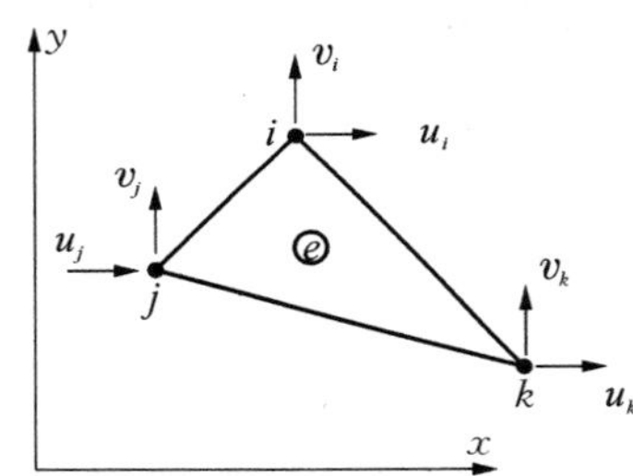

图 2.19 弹性力学平面问题三角形元

从网格中取出任一个三角形元件，分析步骤如下：

1) 近似表示元件内任一点的位移

一个典型的三角形元如图 2.19 所示.每个元件有三个节点 i，j，k，每个节点有两个位移分量 u_s，$v_s(s=i, j, k)$.一个元件共有 6 个参数(自由度)，元件内任一点的位移 $u(x, y)$，$v(x, y)$用线性多项式近似表示为

$$u^e(x, y) \cong \alpha_1 + \alpha_2 x + \alpha_3 y = [1 \quad x \quad y] \begin{Bmatrix} \alpha_1 \\ \alpha_2 \\ \alpha_3 \end{Bmatrix} = \boldsymbol{P\alpha}_u$$

$$v^e(x, y) \cong \alpha_4 + \alpha_5 x + \alpha_6 y = [1 \quad x \quad y] \begin{Bmatrix} \alpha_4 \\ \alpha_5 \\ \alpha_6 \end{Bmatrix} = \boldsymbol{P\alpha}_v$$

写成矩阵形式为

$$\boldsymbol{\varphi}^e = \begin{Bmatrix} u^e \\ v^e \end{Bmatrix} = \begin{bmatrix} \boldsymbol{P} & \boldsymbol{0} \\ \boldsymbol{0} & \boldsymbol{P} \end{bmatrix} \begin{Bmatrix} \boldsymbol{\alpha}_u \\ \boldsymbol{\alpha}_v \end{Bmatrix}$$

其中

$$\boldsymbol{P} = [1 \quad x \quad y],\ \boldsymbol{\alpha}_u = \begin{Bmatrix} \alpha_1 \\ \alpha_2 \\ \alpha_3 \end{Bmatrix}, \boldsymbol{\alpha}_v = \begin{Bmatrix} \alpha_4 \\ \alpha_5 \\ \alpha_6 \end{Bmatrix}$$

采用与二维热传导问题中类似的步骤，把节点位移 u_i，u_j，u_k 和相应的节点坐标值代入 $u^e(x, y)$表达式有

$$u_i = \alpha_1 + \alpha_2 x_i + \alpha_3 y_i$$

$$u_j = \alpha_1 + \alpha_2 x_j + \alpha_3 y_j$$

$$u_k = \alpha_1 + \alpha_2 x_k + \alpha_3 y_k$$

写成矩阵形式为

$$\boldsymbol{U} = \boldsymbol{G}\boldsymbol{\alpha}_u$$

其中

$$\boldsymbol{G} = \begin{bmatrix} 1 & x_i & y_i \\ 1 & x_j & y_j \\ 1 & x_k & y_k \end{bmatrix}$$

求逆后，有

$$\boldsymbol{\alpha}_u = \boldsymbol{G}^{-1}\boldsymbol{U}$$

将上式代入 u^e 的近似表达式有

$$u^e(x, y) \cong \boldsymbol{P}\boldsymbol{\alpha}_u = \boldsymbol{P}\boldsymbol{G}^{-1}\boldsymbol{U}$$

$$= [N_i \quad N_j \quad N_k]\begin{Bmatrix} u_i \\ u_j \\ u_k \end{Bmatrix}$$

其中 N_i，N_j，N_k 及其表达式与二维热传导问题中的相同.

对位移 $v^e(x, y)$同样可以得到

$$v^e \cong [N_i \quad N_j \quad N_k]\begin{Bmatrix} v_i \\ v_j \\ v_k \end{Bmatrix}$$

把 u^e，v^e 表达式合在一起，写成矩阵形式有

$$\boldsymbol{\varphi}^e = \begin{Bmatrix} u^e(x, y) \\ v^e(x, y) \end{Bmatrix} \cong [N_i\boldsymbol{I} \quad N_j\boldsymbol{I} \quad N_k\boldsymbol{I}] \begin{Bmatrix} d_i \\ d_j \\ d_k \end{Bmatrix} \tag{2.54a}$$

即

$$\boldsymbol{\varphi}^e = \boldsymbol{N}\boldsymbol{d}^e \tag{2.54}$$

其中 $\boldsymbol{d}_i = \begin{Bmatrix} u_i \\ v_i \end{Bmatrix}$, $\boldsymbol{I} = \begin{bmatrix} 1 & 0 \\ 0 & 1 \end{bmatrix}$是二阶单位矩阵.

这样三角形元件内任一点的位移就可近似地用节点位移通过线性插值函数表示出来.无穷多自由度问题,化为有限多自由度的离散问题.只要能建立起节点位移和节点端力之间的关系,就可像一般离散问题那样近似求解弹性力学连续问题.

2）应变和应力

把位移的近似表达式代入应变－位移关系式得到

$$\varepsilon_x^e = \frac{\partial u^e}{\partial x} \cong \frac{1}{2\Delta}[b_i \quad b_j \quad b_k] \begin{Bmatrix} u_i \\ u_j \\ u_k \end{Bmatrix} \tag{2.55a}$$

$$\varepsilon_y^e = \frac{\partial v^e}{\partial y} \cong \frac{1}{2\Delta}[c_i \quad c_j \quad c_k] \begin{Bmatrix} v_i \\ v_j \\ v_k \end{Bmatrix}$$

$$\gamma_{xy}^e = \frac{\partial u^e}{\partial y} + \frac{\partial v^e}{\partial x} \cong \frac{1}{2\Delta}[c_i \quad c_j \quad c_k] \begin{Bmatrix} u_i \\ u_j \\ u_k \end{Bmatrix} + \frac{1}{2\Delta}[b_i \quad b_j \quad b_k] \begin{Bmatrix} v_i \\ v_j \\ v_k \end{Bmatrix}$$

即

$$\begin{Bmatrix} \varepsilon_x^e \\ \varepsilon_y^e \\ \gamma_{xy}^e \end{Bmatrix} = \frac{1}{2\Delta} \begin{bmatrix} b_i & 0 & b_j & 0 & b_k & 0 \\ 0 & c_i & 0 & c_j & 0 & c_k \\ c_i & b_i & c_j & b_j & c_k & b_k \end{bmatrix} \begin{Bmatrix} d_i \\ d_j \\ d_k \end{Bmatrix}$$

$$\boldsymbol{\varepsilon}^e = [\boldsymbol{B}_i \quad \boldsymbol{B}_j \quad \boldsymbol{B}_k] \begin{Bmatrix} \boldsymbol{d}_i \\ \boldsymbol{d}_j \\ \boldsymbol{d}_k \end{Bmatrix} = \boldsymbol{B}\boldsymbol{d}^e \tag{2.55}$$

其中 $\boldsymbol{B}$ 称为元件的几何矩阵,它的表达式是显而易见的.

元件内的应力为

$$\boldsymbol{\sigma}^e = \boldsymbol{D\varepsilon}^e = \boldsymbol{DBd}^e \tag{2.56}$$

由于元件内的位移采用线性插值函数近似,应变、应力在一个三角形元件内都是常数.

3）等效端点力,元件刚度方程

把元件各边上的应力化为边界力,其公式是

$$T_x = \sigma_x n_x + \tau_{xy} n_y$$

$$T_y = \tau_{xy} n_x + \sigma_y n_y$$

其中 n_x, n_y 是该边外法线方向的方向余弦,如图2.20所示.

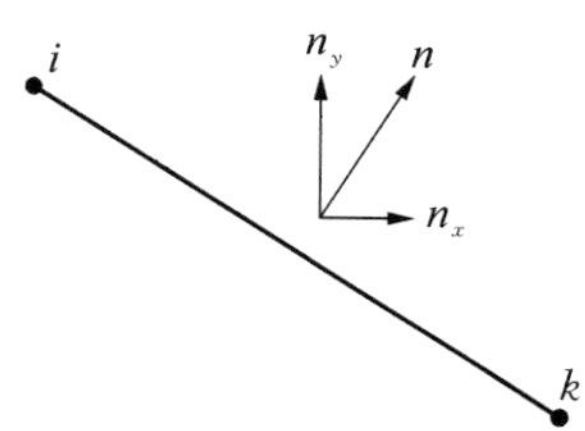

图2.20　边界外法线方向

在 $k-i$ 边上有

$$n_x = \frac{y_i - y_k}{l_{ik}}, \quad n_y = \frac{x_k - x_i}{l_{ik}}$$

把一个边上均匀分布的边界力之和化为作用在该边中点的集中力,其表达式如图2.21所示.

$(\tau_{xy}^e(y_j-y_i)+\sigma_y^e(x_i-x_j))t$

$(\sigma_x^e(y_j-y_i)+\tau_{xy}^e(x_i-x_j))t$

$(\tau_{xy}^e(y_i-y_k)+\sigma_y^e(x_k-x_i))t$

$(\sigma_x^e(y_i-y_k)+\tau_{xy}^e(x_k-x_i))t$

$(\sigma_x^e(y_k-y_j)+\tau_{xy}^e(x_j-x_k))t$

$(\tau_{xy}^e(y_k-y_j)+\sigma_y^e(x_j-x_k))t$

i　j　k

图2.21　三角形元件的边界合力

把各边界中点处的合力平分到各节点上,叠加起来得到

$$\boldsymbol{F}^e = \begin{Bmatrix} X_i^e \\ Y_i^e \\ X_j^e \\ Y_j^e \\ X_k^e \\ Y_k^e \end{Bmatrix} = \frac{t}{2} \begin{bmatrix} y_j - y_k & 0 & x_k - x_j \\ 0 & x_k - x_j & y_j - y_k \\ y_k - y_i & 0 & x_i - x_k \\ 0 & x_i - x_k & y_k - y_i \\ y_i - y_j & 0 & x_j - x_i \\ 0 & x_j - x_i & y_i - y_j \end{bmatrix} \begin{Bmatrix} \sigma_x^e \\ \sigma_y^e \\ \tau_{xy}^e \end{Bmatrix}$$

$$
= \frac{t}{2}\begin{bmatrix} b_i & 0 & c_i \\ 0 & c_i & b_i \\ b_j & 0 & c_j \\ 0 & c_j & b_j \\ b_k & 0 & c_k \\ 0 & c_k & b_k \end{bmatrix}\begin{Bmatrix} \sigma_x^e \\ \sigma_y^e \\ \tau_{xy}^e \end{Bmatrix} = \frac{t}{2} 2\Delta \boldsymbol{B}^{\mathrm{T}} \boldsymbol{\sigma}^e \tag{2.57a}
$$

即

$$
\boldsymbol{F}^e = \Delta t \, \boldsymbol{B}^{\mathrm{T}} \boldsymbol{\sigma}^e \tag{2.57}
$$

把(2.56)式代入上式得到

$$
\boldsymbol{F}^e = \Delta t \, \boldsymbol{B}^{\mathrm{T}} \boldsymbol{D} \boldsymbol{B} \, \boldsymbol{d}^e = \boldsymbol{K} \boldsymbol{d}^e \tag{2.58}
$$

显然

$$
\boldsymbol{K}^e = \Delta t \, \boldsymbol{B}^{\mathrm{T}} \boldsymbol{D} \boldsymbol{B} \tag{2.59}
$$

这就是弹性力学平面问题三角形元件的刚度矩阵，写成按节点分块的形式有

$$
\boldsymbol{K}^e = \begin{bmatrix} \boldsymbol{K}_{ii} & \boldsymbol{K}_{ij} & \boldsymbol{K}_{ik} \\ \boldsymbol{K}_{ji} & \boldsymbol{K}_{jj} & \boldsymbol{K}_{jk} \\ \boldsymbol{K}_{ki} & \boldsymbol{K}_{kj} & \boldsymbol{K}_{kk} \end{bmatrix} \tag{2.60}
$$

其中

$$
\boldsymbol{K}_{rs} = \Delta t \boldsymbol{B}_r^{\mathrm{T}} \boldsymbol{D} \boldsymbol{B}_s \quad (r,\ s = i,\ j,\ k) \tag{2.61}
$$

至此得到元件刚度方程，可用标准的方法把所有元件的刚度矩阵组装起来得到总体平衡方程，它们表示节点的平衡，考虑节点外载荷和施加边界条件后，求解方程组，得到节点位移，然后可利用上面的有关公式计算任一元件内任意点的位移，元件内的应变、应力等.

4）节点外载荷计算

在平面内的分布载荷记为 b_x，b_y，假设在每一个三角形单元内载荷是均匀分布的，即在每一个单元内 b_x^e，b_y^e 是常数，作用在整个单元上的载荷为 Δb_x^e，Δb_y^e（Δ 是三角形单元的面积），作用点是单元的重心. 这一载荷可以静力等效地化到三个节点上，所以节点载荷向量可表示为

$$\begin{Bmatrix} P_{xi} \\ P_{yi} \\ P_{xj} \\ P_{yj} \\ P_{xk} \\ P_{yk} \end{Bmatrix} = \frac{\Delta}{3} \begin{Bmatrix} b_x^e \\ b_y^e \\ b_x^e \\ b_y^e \\ b_x^e \\ b_y^e \end{Bmatrix} \tag{2.62}$$

很多情况下，分布载荷是由势函数给出的，即

$$b_x = -\frac{\partial \psi}{\partial x}, \quad b_y = -\frac{\partial \psi}{\partial y} \tag{2.63}$$

假设在一个单元内势函数是线性变化的，单元内任一点的势函数可用节点上的值表示出来，即

$$\psi^e(x, y) \cong [N_i \quad N_j \quad N_k] \begin{Bmatrix} \psi_i \\ \psi_j \\ \psi_k \end{Bmatrix} = \boldsymbol{N\varphi}$$

由此得到

$$b_x^e = -\frac{1}{2\Delta}[b_i \quad b_j \quad b_k]\boldsymbol{\psi}, \quad b_y^e = -\frac{1}{2\Delta}[c_i \quad c_j \quad c_k]\boldsymbol{\psi}$$

则有

$$\begin{Bmatrix} P_{xi} \\ P_{yi} \\ P_{xj} \\ P_{yj} \\ P_{xk} \\ P_{yk} \end{Bmatrix} = -\frac{1}{6} \begin{bmatrix} b_i & b_j & b_k \\ c_i & c_j & c_k \\ b_i & b_j & b_k \\ c_i & c_j & c_k \\ b_i & b_j & b_k \\ c_i & c_j & c_k \end{bmatrix} \begin{Bmatrix} \psi_i \\ \psi_j \\ \psi_k \end{Bmatrix} \tag{2.64}$$

第 3 章　计算程序结构

3.1 引　言

在计算机上实现第 2 章讨论的离散问题分析步骤，就要编制计算程序. 如果一切从零开始编制程序，则工作量很大，十分困难，也没有必要，我们应尽量多地了解、学习、利用前人已有的程序工作的成果.

为了使程序工作具有连续性、继承性、高效性，对程序的基本要求是：

a）具有通用性；

b）易于修改和更新；

c）尽可能利用计算机中的内部子程序和内部函数.

满足上述要求的方法是把程序模块化，一个程序由若干个模块组成. 对某一种（或一些）指定的运算编制一个子程序. 由若干个子程序组成一个程序库，需要对某一个（或某一类）问题进行分析时，可以从子程序库中取出所需要的子程序，如果不够，再编一些特别需要的子程序，并适当地组合起来，就能得到所需要的程序，这种组合通常用一个主程序来实现.

程序模块化有以下优点：

1）易于修改和更新. 一个新的用户可以对别人编制的程序加以修改，并入新的元件，新的求解方法，新的输入（输出）内容、格式和其他内容，以适应自己的需要；

2）易于把一个程序用于分析不同领域的问题. 如结构力学、热传导、流体力学等；

3）易学. 可以一个模块，一个模块地学习，然后从总体上理解和掌握整个程序.

一个程序一般可以分为如图 3.1 所示三大部分，每一部分实际上可能十分复杂，由若干模块(或子程序)组成.

本章以一个求解二维平面应力弹性力学问题的程序STRESS为例，分节介绍程序各个模块的基本内容和功能，讨论计算程序的结构特点.程序比较简单，功能也较少，只有简单三角形一种元件，以此为基础进行扩展，可以编制功能更加强大，通用性更好的程序.

开　　始
数据输入模块
分析模块
结果输出模块
结　　束

图 3.1　程序模块示意图

程序文本如下

```
! 本程序计算弹性力学平面应力问题(带厚度)，在 F90 上调试通过
! 包含主程序 STRESS 和四个子程序 ELSTMX(KK)、MODIFY、
! DCMPBD和 SLVBD
! 主程序主要进行数据输入、结果输出、最大半带宽的计算、组装总体刚度矩阵以及计算单元内
! 的应力、应变值
! 子程序 ELSTMX(KK)计算刚度系数矩阵，生成第 KK 单元的刚度矩阵 K
! 子程序 MODIFY 输入载荷节点处的载荷值、位移边界节点处的位移值 ，对总体刚度矩阵、位
! 移数组和节点力数组作修改
! 子程序 DEMPBD 用高斯消元法将对称等带宽总刚度的上半部分化为上三角矩阵
! 子程序 SLVBD 对子程序 DEMPBD 得到的上三角矩阵进行回代计算，得到节点位移向量 DD
!
      PROGRAM STRESS
      COMMON /ELMATX/ ESM(6,6),X(3),Y(3),D(3,3)
      COMMON / GRAD/ B(3,6),AR2
      COMMON /MTL/ EM,PR,TH
      COMMON /AV/A(8500),JGF,JGSM,NP,NBW,JEND
      DIMENSION NS(6),U(6),STRA(3),STRE(3)
      DATA IN/60/,IO/61/
!
! 将单元以及组成单元的节点数组按照动态数组分配方法
      REAL,ALLOCATABLE::XC(:),YC(:)
      INTEGER,ALLOCATABLE::NEL(:,:)
!
! ESM(6,6)—单元刚度矩阵，X(3)，Y(3)—单元节点坐标，D(3,3)—材料性质矩阵
! B(3,6)—几何矩阵，AR2—三角形面积的二倍，NP—自由度总数，NBW—最大半带宽
! A(8500)—存储节点位移向量、节点力向量和总体刚度矩阵的数组 A
! JGF、JGSM、JEND 为计数单元
! JGF = NP - 节点位移向量在数组 A 中的位置，JGSM = JGF + NP - 节点力向量在数组 A 中的
! 位置
```

```
! JEND = JGSM + NP * NBW—刚度矩阵在数组 A 中的位置,数组 A 总长度
! NS(6)——一个单元的节点自由度编号数组,U(6)——一个单元的节点自由度
! IN/60/,IO/61/—输入输出文件设备号,STRA(3),STRE(3)—存储单元的应变、应力
!
! ----------------------------- 程序的输入段 -----------------------------
! TITLE—存储计算内容标题的字符数组
! NN—节点总数,NE—单元总数 ,EM—杨氏模量,PR—泊松比, TH—板的厚度,N—单元编号
! XC(I)—节点的 X 轴的坐标, YC(I)—节点的 Y 轴的坐标
! NEL(N,I)—组成第 N 个三角形单元的第 I 节点的编号(I = 1,2,3)
!
      OPEN(60,FILE = 'INPUT.DAT',STATUS = 'UNKNOWN')
      OPEN(61,FILE = 'OUTPUT.DAT',STATUS = 'UNKNOWN')
      READ(IN,1) TITLE
1     FORMAT(900A)
      WRITE(IO,1) TITLE
      WRITE(IO, * )
!
! 输入计算模型的节点总数 NN 和单元总数 NE
      READ(IN, * )NN
      READ(IN, * )NE
      WRITE(IO,2)NN,NE
2     FORMAT(/,'输入数据为:',/,'节点数 =',I3,5X,'单元数 =',I4,/)
      NP = 2 * NN
      ALLOCATE(NEL(1: NE,1: 3),XC(NN),YC(NN))
!
! 输入材料的杨氏模量 EM,波松比 PR,平板厚度 TH,节点坐标 XC(I),
! YC(I)和组成单元的节点 NEL(N,I)
! 组成单元的节点的编号都按逆时针顺序输入
!
      READ(IN, * )EM
      READ(IN, * )PR
      READ(IN, * )TH
      READ(IN, * )(XC(I),I = 1,NN)
      READ(IN, * )(YC(I),I = 1,NN)
!
!     输出材料性质和计算模型拓扑数据便于检查时对照
!
      WRITE(IO,3)
```

```
3     FORMAT(' 材料常数为：')
      WRITE(IO,4)EM,PR,TH
4     FORMAT(' 弹性模量为：',E12.5,5X,' 波松比为：',E12.5,5X,' 厚度为：'E12.5)
      WRITE(IO, * )
      DO 6 I=1,NN
      WRITE(IO,5)I,XC(I),YC(I)
5     FORMAT(' 节点',I3,' 坐标为：X=',F8.3,3X,'Y=',F8.3)
6     CONTINUE
      WRITE(IO, * )
      DO 7 KK=1,NE
      READ(IN, * )N,(NEL(N,I),I=1,3)
      WRITE(IO,8)N,(NEL(N,I),I=1,3)
8     FORMAT('单元号码为：',I3,' 组成单元的节点号码为：',I3,I3,I3)
7     CONTINUE
      WRITE(IO, * )
!
! ----------------------------计算开始----------------------------
! 计算最大半带宽,B=MAX^e(D^e+1)*F
! D^e 是一个单元各节编点号之差的最大值,F是一个节点的自由度数
!
     INBW=0
     NBW=0
     DO 20 KK=1,NE
     DO 25 I=1,3
25   NS(I)=NEL(KK,I)
     DO 21 I=1,2
             IJ=I+1
     DO 21 J=IJ,3
             NB=IABS(NS(I)-NS(J))         ! 节点号之差的绝对值
             IF(NB.LE.NBW)GOTO 21
             INBW=KK
             NBW=NB
21   CONTINUE
20   CONTINUE
     NBW=(NBW+1)*2 ! 平面问题节点自由度F=2,NBW此时为最大半带宽
!
! 数组A中数据的安排：A(1,2,3......NP | NP+1....2NP | 2NP+1........JEND)
!                      节点位移向量 § 节点力向量 § 总体刚度矩阵
```

```
! 初始化数组 A
          JGF = NP                        ! JPF = 2 * NN
          JGSM = JGF + NP                 ! JGSM = 4 * NN
          JEND = JGSM + NP * NBW          ! JEND = 4 * NN + 2 * NN * 12
! NP 为 K 中 KNN 的 N,NBW 为最大半带宽
!    | XXXX|
!      |XXXX|
!        |XXXX|
!          |XXX * |
!            |XX ** |
!              |X *** |
! 用等带宽二维数组方法存储的刚度矩阵中包含 * 表示的位置,但在实际程序中未使用
!
              JL = JEND - JGF
              DO 24 I = 1,JEND
24   A(I) = 0.0
     GOTO 30
!
! 生成材料性质矩阵 D
! E 为材料的杨氏模量           E      | 1   V         0   |
! V 为泊松比          D = ————————    | V   1         0   |
!                      1 - V * V | 0   0 (1 - V)/2 |
!
30   R = EM/(1. - PR ** 2)
               D(1,1) = R
               D(2,2) = D(1,1)
               D(3,3) = R * (1. - PR)/2.
               D(1,2) = PR * R
               D(2,1) = D(1,2)
               D(1,3) = 0.0
               D(3,1) = 0.0
               D(2,3) = 0.0
               D(3,2) = 0.0
!
! 单元矩阵循环的开始
!
       KK = 1
! KK 为单元号
```

```
! 节点自由度的生成,节点坐标的局部化
!
32      DO 31 I = 1,3
        J = NEL(KK,I)             ! 元件 KK 的三个节点编号
        NS(2 * I - 1) = J * 2 - 1
        NS(2 * I) = J * 2         ! 元件 KK 各个自由度在总刚度矩阵中的方程号
        X(I) = XC(J)
31      Y(I) = YC(J)              ! 元件 KK 的节点坐标值
!
! 调用子程序 ELSTMX 计算单元刚度矩阵矩阵 ESM(6,6)并输出
!
  CALL ELSTMX(KK)
!
! 单元刚度矩阵组装成总体刚度矩阵
  DO 33 I = 1,6
              II = NS(I)                       ! ESM 中各行在总刚度阵中的行号
              DO 34 J = 1,6
              JJ = NS(J) + 1 - II              ! ESM 中各行在总刚度阵中的列号
              IF(JJ.LE.0)GOTO 34               ! ESM(I,J)是否在总刚度阵的下三角部分
              J1 = JGSM + (JJ - 1) * NP + II - (JJ - 1) * (JJ - 2)/2
                                               ! ESM(I,J)在 A 数组中的位置
              A(J1) = A(J1) + ESM(I,J)
34            CONTINUE
33  CONTINUE
    KK = KK + 1
               IF(KK.LE.NE) GOTO 32
!
! 调用子程序 MODIFY 输入载荷节点处的载荷值、位移边界节点处的位移值,对总体刚度
! 矩阵、位移数组和节点力数组进行相应的修改
    CALL MODIFY
              WRITE(IO,35)
35  FORMAT (/,' 计算结果为: ',/)
              WRITE(IO,36)NBW
36  FORMAT(' 最大半带宽为',I3)
              WRITE(IO,37)JEND
37  FORMAT(' 总数组大小为: ',I3)
!
! 调用子程序 DEMPBD,用高斯消元法将对称等带宽总刚度矩阵化为上三角矩阵
```

```
          CALL DCMPBD
! 调用子程序 SLVBD 对子程序 DEMPBD 得到的上三角矩阵进行回代计算,得到节点位移向量 DD
          CALL SLVBD
!
! ------------------------------ 输出各个节点的位移向量 ------------------------------
!
          WRITE(IO, * )
      DO 45 I=1,NP/2
          WRITE(IO,43)I,A(2*I-1),A(2*I)
43    FORMAT('节点号',I3,5X,'X 方向的位移 UX=',E12.5,5X,'Y 方向的位移 UY=',E12.5)
45    CONTINUE
!
! ------------------------------ 附加计算 ------------------------------
! 计算节点处的应变
!
      DO 96 KK=1,NE
! 生成节点自由度
! 节点坐标局部化
      DO 51 I=1,3
            J=NEL(KK,I)
            NS(2*I-1)=2*J-1
            NS(2*I)=2*J
            X(I)=XC(J)
51          Y(I)=YC(J)
!
! 单元节点位移局部化
!
65    DO 73 I=1,6,2
            NS1=NS(I)
            NS2=NS(I+1)
            U(I)=A(NS1)          ! 节点 X 方向位移向量
73          U(I+1)=A(NS2)        ! 节点 Y 方向位移向量
!
```

! 计算单元应变 $\boldsymbol{STRA}=[\boldsymbol{BI},\boldsymbol{BJ},\boldsymbol{BK}]\begin{Bmatrix}\boldsymbol{DI}\\ \boldsymbol{DJ}\\ \boldsymbol{DK}\end{Bmatrix}$

```
!
            CALL ELSTMX(KK)
```

```
                DO 52 I=1,3
                STRA(I)=0.0
                DO 52 K=1,6
52              STRA(I)=STRA(I)+B(I,K)*U(K)/AR2
!
! 计算单元应力值 STRE=DSTRA=DBD
!
     DO 58 I=1,3
               STRE(I)=0
               DO 58 K=1,3
58   STRE(I)=STRE(I)+D(I,K)*(STRA(K))
!
! 计算主应力 S1,S2,TM
!
               AA=(STRE(1)+STRE(2))/2.
               AB=SQRT((ABS(STRE(1)-STRE(2))/2.)**2+STRE(3)**2)
               S1=AA+AB
               S2=AA-AB
               TM=AB
!
! 计算主应力方向与 X 轴的夹角
!
               IF(ABS(STRE(1)-STRE(2)).LT.0.0001) GOTO 93
               AC=ATAN2(2*STRE(3),(STRE(1)-STRE(2)))
               THM=(180/3.1415926*AC)/2
               GOTO 94
93      THM=90
!
! ---------------------输出单元应变和应力的计算结果--------------------
!
94   WRITE(IO,57)KK
57   FORMAT(/,'单元',I4)
     WRITE(IO,95)STRA(1),STRA(2),STRA(3)
95   FORMAT('EPTOX=',E12.5,2X,'EPTOY=',E12.5,2X,'EPTOXY=',E12.5)
     WRITE(IO,97)STRE(1),STRE(2),STRE(3)
97   FORMAT('SX=',E12.5,5X,'SY=',E12.5,5X,'SXY=',E12.5)
     WRITE(IO,98)S1,S2,TM
98   FORMAT('S1=',E12.5,5X,'S2=',E12.5,5X,'TMAX=',E12.5)
```

```
      WRITE(IO,99)THM
99    FORMAT(44X,'ANGEL=',F8.2,'°')
96    CONTINUE
      CLOSE(60)
      CLOSE(61)
                STOP
                END
!
! 计算刚度系数矩阵,计算第 KK 单元的刚度矩阵 K
!
      SUBROUTINE ELSTMX(KK)
                COMMON/MTL/EM,PR,TH
                COMMON/GRAD/B(3,6),AR2
                COMMON/ELMATX/ESM(6,6),X(3),Y(3),D(3,3)
                DIMENSION C(6,3)
                DATA IO/61/ IN/60/
!
! 计算矩阵 B
!
```

! $\boldsymbol{K} = \boldsymbol{DLT} * \boldsymbol{T} * \boldsymbol{BT} * \boldsymbol{D} * \boldsymbol{B}$　　　$\mathrm{DLT} = \Delta = \dfrac{1}{2}\begin{vmatrix} 1 & \boldsymbol{XI} & \boldsymbol{YI} \\ 1 & \boldsymbol{XJ} & \boldsymbol{YJ} \\ 1 & \boldsymbol{XK} & \boldsymbol{YK} \end{vmatrix}$

```
!
                DO 20 I=1,3
                DO 20 J=1,6
20    B(I,J)=0.0
                B(1,1)=Y(2)-Y(3)
                B(1,3)=Y(3)-Y(1)
                B(1,5)=Y(1)-Y(2)
                B(2,2)=X(3)-X(2)
                B(2,4)=X(1)-X(3)
                B(2,6)=X(2)-X(1)
                B(3,1)=B(2,2)
                B(3,2)=B(1,1)
                B(3,3)=B(2,4)
                B(3,4)=B(1,3)
                B(3,5)=B(2,6)
                B(3,6)=B(1,5)
```

```
         AR2 = X(2) * Y(3) + X(3) * Y(1) + X(1) * Y(2) - X(2) * Y(1) - X(3) *
               Y(2) - X(1) * Y(3)
!
!   AR2 = 2 * DLT
!
! 计算矩阵 C = (B3 * 6) * (D3 * 3)
         DO 22 I = 1,6
         DO 22 J = 1,3
         C(I,J) = 0.0
         DO 22 K = 1,3
22   C(I,J) = C(I,J) + B(K,I) * D(K,J)
!
! 计算矩阵 ESM = BTDB = CB
!
         DO 27 I = 1,6
         DO 27 J = 1,6
         SUM = 0.0
         DO 28 K = 1,3
28     SUM = SUM + C(I,K) * B(K,J)
         ESM(I,J) = SUM * TH/(2. * AR2)
27     CONTINUE
       RETURN
         END
!!!!!!!!!!!!!!!!!!!!!!!!!!!!!!!!!!!!!!!!!!!!!!!!!!!!!!!!!!!!!!!!!!!!!!!!!!!!!!!!!
! 输入载荷节点处的载荷值、位移边界节点处的位移值，对总体刚度矩阵、位移数组和节点力数
! 组进行修改
!!!!!!!!!!!!!!!!!!!!!!!!!!!!!!!!!!!!!!!!!!!!!!!!!!!!!!!!!!!!!!!!!!!!!!!!!!!!!!!!!
    SUBROUTINE MODIFY
         COMMON/AV/A(8500),JGF,JGSM,NP,NBW,JEND
         DATA IN/60/,IO/61/
!
! 输入节点的集中载荷，放到 A 数组中节点力向量的相应位置
! IB 为施加外载荷节点的自由度(X,Y)，BV 为该自由度上的载荷值
202        READ(IN, * )IB
           IF(IB.LE.0)GOTO 208
           READ(IN, * )BV
           IF(MOD(IB,2).EQ.1)GOTO 204
           WRITE(IO,203) IB/2,BV
```

```
203  FORMAT(' 节点',I3,'载荷为：PY = ',F8.3)
       GOTO 206
204  WRITE(IO,205) IB/2+1,BV
205  FORMAT(' 节点',I3,'载荷为：PX = ',F8.3)
206        A(JGF+IB) = A(JGF+IB) + BV
           GOTO 202
!
! 输入位移边界节点处的位移值,放到 A 数组中节点位移向量的相应位置
! IB 为节点位移的自由度,BV 为位移值
!
208  READ(IN, * )IB
           IF(IB.LE.0) RETURN
           READ(IN, * )BV
           IF(MOD(IB,2).EQ.1)GOTO 214
           WRITE(IO,213) (IB+1)/2,BV
213  FORMAT(' 节点',I3,'位移约束为：V = ',F8.3)
           GOTO 209
214  WRITE(IO,215) (IB+1)/2,BV
215  FORMAT(' 节点',I3,'位移约束为：U = ',F8.3)
209        K = IB - 1
           DO 211 J = 2,NBW
           M = IB + J - 1
           IF(M.GT.NP)GOTO 210
           IJ = JGSM + (J - 1) * NP + IB - (J - 1) * (J - 2)/2
           A(JGF + M) = A(JGF + M) - A(IJ) * BV
           A(IJ) = 0.0
210  IF(K.LE.0)GOTO 211
           KJ = JGSM + (J - 1) * NP + K - (J - 1) * (J - 2)/2
           A(JGF + K) = A(JGF + K) - A(KJ) * BV
           A(KJ) = 0.0
           K = K - 1
211  CONTINUE
           A(JGF + IB) = A(JGSM + IB) * BV
221  CONTINUE
           GOTO 208
           END
!!!!!!!!!!!!!!!!!!!!!!!!!!!!!!!!!!!!!!!!!!!!!!!!!!!!!!!!!!!!
!          GUASS          消元子程序
```

```
!!!!!!!!!!!!!!!!!!!!!!!!!!!!!!!!!!!!!!!!!!!!!!!!!!!!!!!!!!
    SUBROUTINE DCMPBD
              COMMON /AV/A(8500),JGF,JGSM,NP,NBW,JEND
!
! 用高斯消元法将对称等带宽总刚度矩阵化为上三角矩阵
!
              NP1 = NP - 1
              DO 226 I = 1,NP1
              MJ = I + NBW - 1
              IF(MJ.GT.NP) MJ = NP
              NJ = I + 1
              MK = NBW
              IF((NP - I + 1).LT.NBW) MK = NP - I + 1
              ND = 0
              DO 225 J = NJ,MJ
              MK = MK - 1
              ND = ND + 1
              NL = ND + 1
              DO 225 K = 1,MK
              NK = ND + K
              JK = JGSM + (K - 1) * NP + J - (K - 1) * (K - 2)/2
              INL = JGSM + (NL - 1) * NP + I - (NL - 1) * (NL - 2)/2
              INK = JGSM + (NK - 1) * NP + I - (NK - 1) * (NK - 2)/2
              II = JGSM + I
225           A(JK) = A(JK) - A(INL) * A(INK)/A(II)
226   CONTINUE
              RETURN
              END
!!!!!!!!!!!!!!!!!!!!!!!!!!!!!!!!!!!!!!!!!!!!!!!!!!!!!!!!!!
! 回代求解子程序
!!!!!!!!!!!!!!!!!!!!!!!!!!!!!!!!!!!!!!!!!!!!!!!!!!!!!!!!!!
              SUBROUTINE SLVBD
              COMMON /AV/A(8500),JGF,JGSM,NP,NBW,JEND
              DATA IN/60/,IO/61/
              NP1 = NP - 1
!
! 对子程序 DEMPBD 得到的上三角矩阵进行回代计算,得到节点位移向量 DD
!
```

```
      DO 250 I=1,NP1
      MJ=I+NBW-1
      IF(MJ.GT.NP)MJ=NP
      NJ=I+1
      L=1
      DO 250 J=NJ,MJ
      L=L+1
      IL=JGSM+(L-1)*NP+I-(L-1)*(L-2)/2
250   A(JGF+J)=A(JGF+J)-A(IL)*A(JGF+I)/A(JGSM+I)
!
! 求解节点自由度的回代计算,从下向上迭代
!
      A(NP)=A(JGF+NP)/A(JGSM+NP)
      DO 252 K=1,NP1
      I=NP-K
      MJ=NBW
      IF((I+NBW-1).GT.NP)MJ=NP-I+1
      SUM=0.0
      DO 251 J=2,MJ
      N=I+J-1
      IJ=JGSM+(J-1)*NP+I-(J-1)*(J-2)/2
251   SUM=SUM+A(IJ)*A(N)
252   A(I)=(A(JGF+I)-SUM)/A(JGSM+I)
      RETURN
      END
```

3.2 数据输入

在数据输入模块中必须从外部读入足够的数据,供后面计算使用.不同问题需要不同的数据,但大多数问题都需要下面的数据.

1) 标题和控制参数

标题、节点总数 (NN)、元件总数 (NE)、元件种类数(本章程序中只有一种三角形元)、材料性质数(本章程序中只有一种材料).

2）材料性质

本章程序是弹性力学平面问题，需要读入杨氏模量（EM）、泊松比（PR）、板厚度（TH）.

3）节点坐标和元件关联信息

节点坐标　XC(NN)，YC(NN)

元件的关联信息　　NEL(NE ,3)

当一个问题的网格规模很大时，一个节点一个节点地准备节点坐标，元件关联信息，显然十分费时.如果网格有一定的规律，希望程序能自动生成全部，至少是一部分节点坐标和元件关联信息.考虑图 3.3 所示四边形元件网格，如果已知 1、4、16 三个节点的坐标，可自动生成其他所有节点号以及相应的坐标值.如果已知元件(1)、(4)、(7)的节点关联信息，可由程序自动形成其他所有元件的节点关联信息.

单元	节点号		
1			
2			
	⋮	⋮	⋮
e	i	j	k
	⋮	⋮	⋮
NE			

图 3.2　元件节点关联信息数组

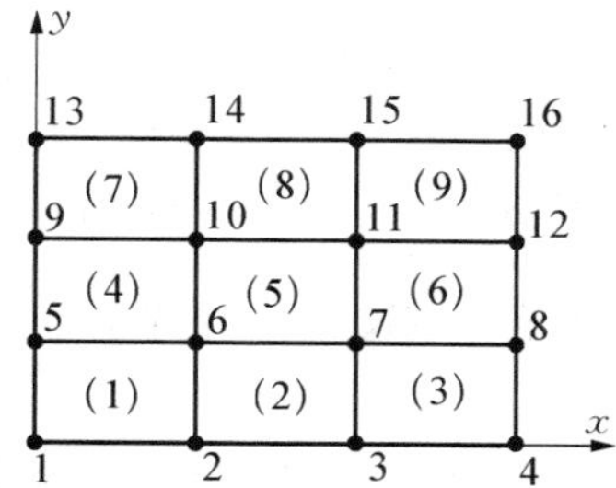

图 3.3　节点坐标和元件节点关联信息自动生成

4）边界条件信息

5）输入节点载荷，可用与节点坐标相同的方法输入节点载荷（本章程序结合边界条件输入修改后的节点力向量）.

6）数据校核

在所有必要的数据准备好了以后，就可以进行计算求解，但在开始下一步工作以前，应该把输入的数据和由它们产生的数据校核一下.最简单的办法是把输入和输出产生的数据都打印出来，进行校核，但对复杂的大型问题，这样核对很费事，另一种直观有效的办法是编制绘图程序，把数据用图形表示出来，容易进行检查.

3.3 元件分析和总体方程组装

3.3.1 元件分析

(1) 元件数据局部化

对元件进行分析,计算元件的刚度矩阵时,只需要与该元件有关的数据,与该元件无关的数据都是多余的.因此在计算元件刚度矩阵之前,要先把元件分析所必须的数据从总体数据数组中选出来,送到相应的局部数组中去,需要局部化的数据有

(a) 节点坐标

	1	2	3
X(3)	XC(i)	XC(j)	XC(k)
Y(3)	YC(i)	YC(j)	YC(k)

把一个元件 KK 的三个节点的坐标从 XC, YC 数组中抽出来送入 X(3), Y(3)数组中.

(b) 元件节点各自由度在总体刚度方程中的编号

一个元件刚度方程中各节点的刚度系数在总体刚度方程中的行、列号放在数组 NS(6)中.例如,一个元件的三个节点是 i, j, k, 则元件方程中的第 i 节点的刚度系数(在第 1, 2 行, 第 1, 2 列)在总体刚度矩阵中的行、列号(方程号)是 $2i-1$, $2i$ 行 和 $2i-1$, $2i$ 列,余类推,如图 3.4 所示.

$$
\begin{array}{r|cc|cc|cc|l}
 & 2i-1 & 2i & 2j-1 & 2j & 2k-1 & 2k & \\
 & 1 & 2 & 3 & 4 & 5 & 6 & \\
\hline
2i-1 & K_{11} & K_{12} & K_{13} & K_{14} & K_{15} & K_{16} & 1 \quad u_i \quad i \\
2i & K_{21} & K_{22} & K_{23} & K_{24} & K_{25} & K_{26} & 2 \quad v_i \\
\hline
2j-1 & K_{31} & K_{32} & K_{33} & K_{34} & K_{35} & K_{36} & 3 \quad u_j \quad j \\
2i & K_{41} & K_{42} & K_{43} & K_{44} & K_{45} & K_{46} & 4 \quad v_j \\
\hline
2k-1 & K_{51} & K_{52} & K_{53} & K_{54} & K_{55} & K_{56} & 5 \quad u_k \quad k \\
2i & K_{61} & K_{62} & K_{63} & K_{64} & K_{65} & K_{66} & 6 \quad v_k
\end{array}
$$

图 3.4 元件刚度方程中各节点的刚度系数在总体刚度方程中的位置

数组 NS 中存放的数值是

	1	2	3	4	5	6
NS	$2i-1$	$2i$	$2j-1$	$2j$	$2k-1$	$2k$

组装总体方程组时用到此数组.

(2) 计算元件刚度矩阵

子程序　ELSTMX(KK)

该子程序的输出是元件的刚度矩阵 **ESM**(6, 6),先计算单元的材料性质矩阵 **D**(3, 3),在这个子程序中计算顺序如下:

$$\boldsymbol{B}(3,6) \longrightarrow 2\Delta \longrightarrow \boldsymbol{C}(6,3) = \boldsymbol{B}^{\mathrm{T}}\boldsymbol{D} \longrightarrow \boldsymbol{ESM}(6,6) = \frac{t}{4\Delta}\boldsymbol{CB} = \boldsymbol{K}^{e}$$

3.3.2 组装系统方程

(1) 组装系统总体矩阵的步骤归纳如下:

1) 建立一个 $n \times n$ 的0矩阵 $\boldsymbol{K}_{n\times n}$, n 为系统自由度总数 NP;

2) 由元件分析得到矩阵 $\boldsymbol{K}^{e}$,用“对号入座”的方法把元件矩阵各行各列的系数累加到总体刚度矩阵的相应位置中(方程号码已准备好,在数组 NS 中);

3) 对所有元件重复上述步骤,最后得到系统的总体刚度矩阵 $\boldsymbol{K}$.

应该注意到系统总体矩阵是对称的,带状的,在施加足够的约束条件以前是奇异的.考虑到系统总体矩阵的对称、带状特点,可以大大节省计算机的存贮空间和计算量.对带状矩阵,定义最大半带宽为 b,如图3.5所示.

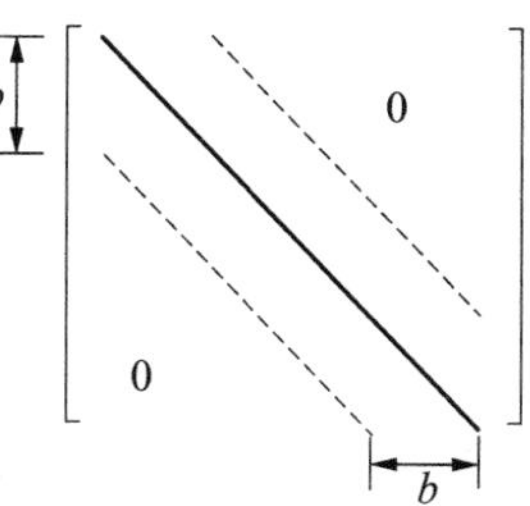

图3.5　带状对称矩阵

对于一个确定的离散模型,怎样对节点编号,使得半带宽尽量小是十分重要的.考虑如图3.6所示典型问题,由四边形元件组成,每个元件有4个节点.如果编号如图3.6(a)所示,对于每个节点只有一个自由度的问题,则总矩阵的半带宽是 $b=(6-1)+1=6$;对于每个节点有2个自由度的问题,则 $b=((6-1)+1)\times 2=12$.

对同一个模型,如果编号如图3.6(b)所示,对于每个节点有一个、两个自由度的情况其总体刚度矩阵的半带宽分别为 $b=(23-1)+1=23$ 和 $b=((23-1)+1)\times 2=46$.

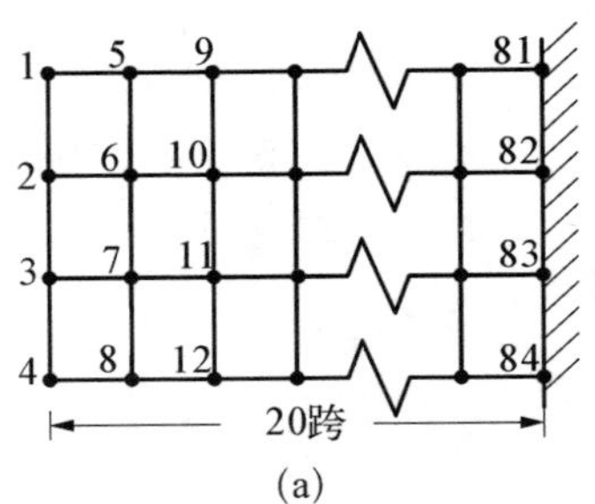

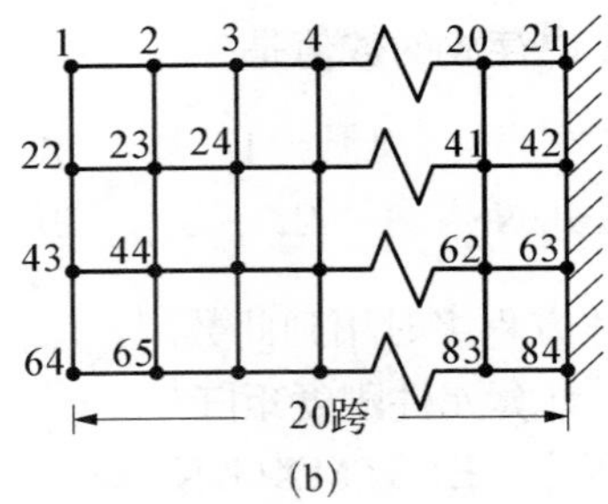

图 3.6 节点编号和总体刚度矩阵的半带宽

显然,第一种编号方法得到的半带宽小得多,它表示采用这样节点编号能使总体矩阵中的非零系数更加集中在矩阵的主角线附近,对计算十分有利.一般来说,沿结构尺寸较小的方向编号能得到较小的半带宽.

对于上述规则问题,总体矩阵中各行、各列的带宽是相同的,叫做等带宽.对于不规则网格,总体矩阵中各行、各列的带宽不同,我们就要计算最大半带宽,其公式可写成

$$b = \max_{e}(d^e + 1) \times f \tag{3.1}$$

其中 d^e 是一个元件节点号之差的最大值,f 是一个节点的自由度数.

(2) 对称、带状矩阵的存贮

对称、带状矩阵,只需要存贮包括主对角线的上三角部分带宽以内的非 0 系数.常用方法有三种.

1) 等带宽二维数组存贮

如图 3.7 所示,在 $\boldsymbol{K}$ 中第 i 行,j 列的系数存贮在 $\boldsymbol{A}$ 中的位置 A_{IJ} 是

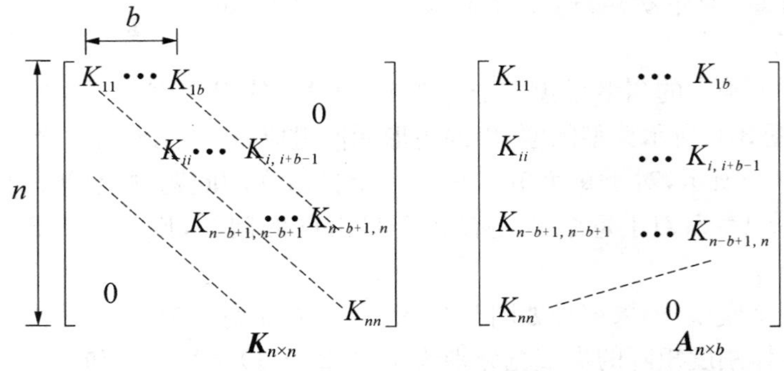

图 3.7 等带宽二维数组存贮

$$I = i,\ J = j - i + 1 \quad (j = i,\ i+1,\ \cdots,\ i + b - 1 \leqslant n) \tag{3.2}$$

2）等带宽一维数组存贮

K 中的系数在一维数组 A 中的位置如图 3.8 所示.

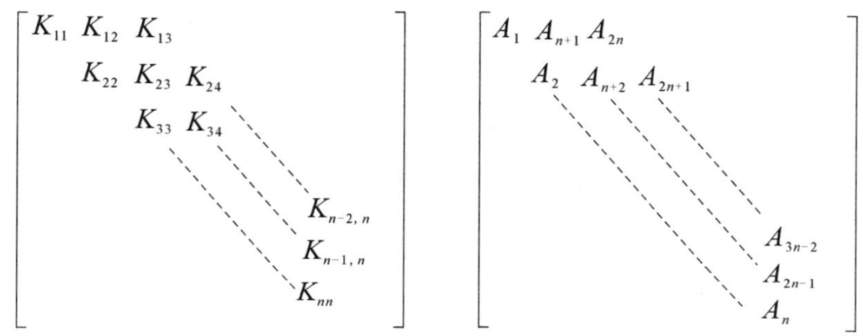

图 3.8　等带宽一维数组存贮

把 A 数组按 $\boldsymbol{K}_{ij}$ 所在的列号分段，在 $i = j$ 列为第一段，长度为 n；$j = i + 1$ 为第二段，长度为 $n - 1$，等等，如图 3.9 所示.

$$\underbrace{A_1, A_2, \cdots, A_n}_{n} \,\Big|\Big|\, \underbrace{A_{n+1}, \cdots, A_{2n-1}}_{n-1} \,\Big|\Big|\, \underbrace{A_{2n}, \cdots, A_{3n-2}}_{n-2} \,\Big|\Big|\, \cdots\cdots$$

图 3.9　一维数组分段

K 中第 i 行，第 j 列的系数 $\boldsymbol{K}_{ij}$ 在一维数组 A 中的位置如图 3.10 所示，可按下式得到

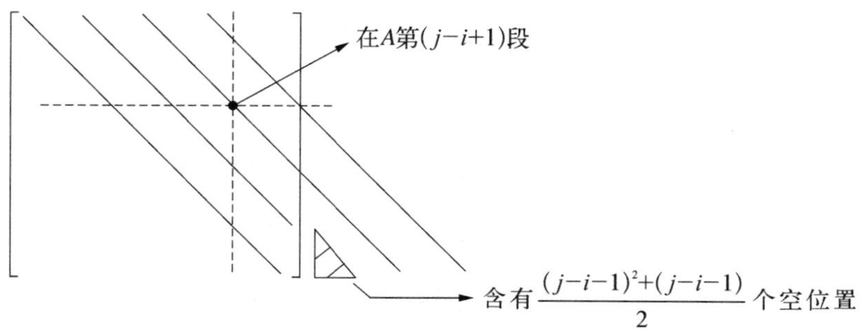

图 3.10　等带宽一维数组存储 $\boldsymbol{K}_{ij}$ 在一维数组 $\boldsymbol{A}$ 中的位置

$$IJ = (j-i)n - \frac{(j-i-1)^2 + (j-i-1)}{2} + i$$
$$= (j-i)n - \frac{(j-i-1)(j-i)}{2} + i \tag{3.3}$$

一维数组 A 的长度为 $n \times b - \frac{(b-1)^2 + (b-1)}{2} = n \times b - (b-1)b/2.$

3）变带宽一维数组存贮

K 中非 0 系数的分布如图 3.11 所示，各系数在一维数组 A 中的相应位置如图 3.12 所示.

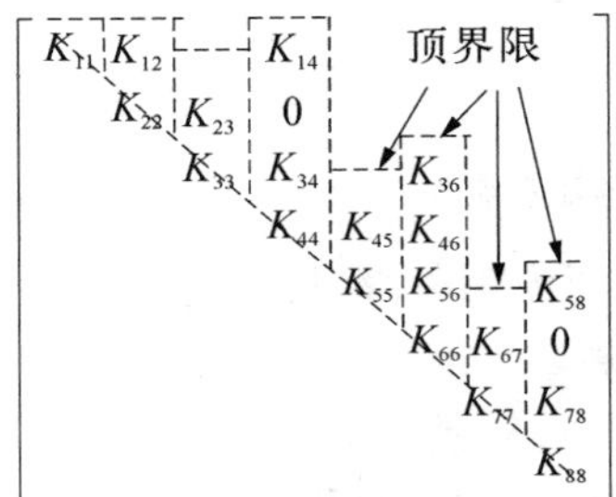

图 3.11　变带宽刚度 K_{ij} 分布

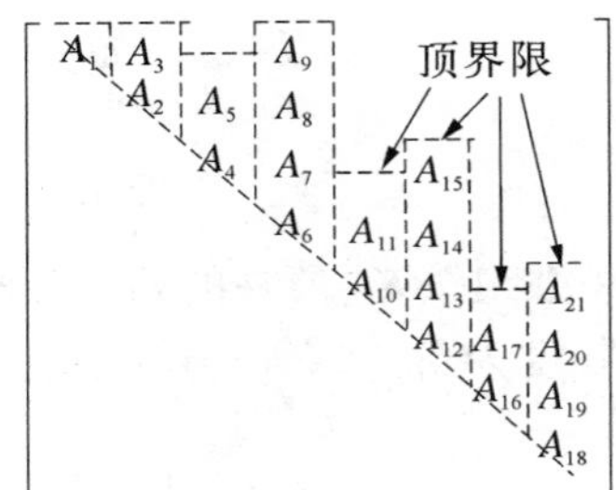

图 3.12　总体刚度矩阵中各系数 K_{ij} 在一维数组 A 中的相应位置

为了确定 **K** 中一个系数 K_{ij} 在 A 中的位置，必须采用一套标记方法（book keeping）.

a）确定 **K** 中各列的列高，即 **K** 中各列对角线以上，顶界线（skyline）以下的系数的个数，如上例中有

j	1	2	3	4	5	6	7	8
$H(j)$	0	1	1	3	1	3	1	3

各列的列高很容易由各元件的节点关联信息和每个节点的自由度算出

$$H(j) = \max_e (d^e + 1) \times f - 1$$

其中 e 是所有与第 j 个自由度有关的元件，d^e 是一个元件节点号之差的最大值，f 是一个节点的自由度数.

b）计算 **K** 中各对角线上的系数 K_{ii} 在 A 中的位置，如上例有

j	1	2	3	4	5	6	7	8
MAXA(j)	1	2	4	6	10	12	16	18

计算公式为

$$\mathrm{MAXA}(j) = \mathrm{MAXA}(j-1) + \mathrm{H}(j-1) + 1$$

$$\mathrm{MAXA}(1) = 1$$

c) 每一列由对角线上的系数向上计算各系数在数组 A 中的位置. 如 K_{ij} 在数组 A 中的位置是:

$$IJ = \mathrm{MAXA}(j) + (j - i) \tag{3.4}$$

(3) 组装程序

a) 总刚度矩阵是对称、带状的

采用等带宽一维数组存贮,总自由度数记为 NP. 考虑到弹性力学平面问题三角形元件,一个元件有三个节点,每个节点有二个自由度,元件刚度矩阵 ***ESM***(6,6)是 6×6 的矩阵,只存贮总刚度阵中上三角部分,下三角部分不存贮,元件刚度阵中各系数在总刚度阵的行、列号记为 i, j. 如果 $j-i+1<0$ 则该系数在总刚度阵中的下三角部分. 总刚度阵中第 NS(i), NS(j)的系数在一维数组中的位置是

$$IJ = (j - i) \times \boldsymbol{NP} - (j - i - 1)(j - i)/2 + i \tag{3.5}$$

b) 相关程序段和解释

```
      KK=1                   ! KK 为单元号
! 节点自由度的生成,节点坐标的局部化
32    DO 31 I=1,3
      J=NEL(KK,I)            ! 元件 KK 的三个节点编号
      NS(2*I-1)=J*2-1
      NS(2*I)=J*2            ! 元件 KK 各个自由度在总体刚度矩阵中的方程号
      X(I)=XC(J)
31    Y(I)=YC(J)             ! 元件 KK 的节点坐标值
      CALL ELSTMX(KK) ! 调用函数 ELSTMX 计算单元矩阵子程序,输出元件矩阵 ESM(6,6)
!
! 单元刚度矩阵组装为总体刚度矩阵
      DO 33 I=1,6
      II=NS(I)                           ! ESM 中各行在总刚度阵中的行号
      DO 34 J=1,6
```

```
      JJ = NS(J) + 1 - II                 ! ESM中各行在总刚度阵中的列号
      IF(JJ.LE.0)GOTO 34                  ! ESM(I,J)是否在总刚度阵的下三角部分
      J1 = JGSM + (JJ - 1) * NP + II - (JJ - 1) * (JJ - 2)/2   ! ESM(I,J)在A数组中的位置
      A(J1) = A(J1) + ESM(I,J)
34    CONTINUE
33    CONTINUE
      KK = KK + 1
IF(KK.LE.NE) GOTO 32
```

3.4 施加边界条件,方程组求解

3.4.1 施加边界条件

第 2 章中已介绍了两种施加边界条件的方法,这里给出本章程序中采用的另一种方法和相应的程序.

1. *方法介绍*

先考虑一个简单的例子,考虑如下 4 阶方程

$$\begin{bmatrix} K_{11} & K_{12} & K_{13} & K_{14} \\ K_{21} & K_{22} & K_{23} & K_{24} \\ K_{31} & K_{32} & K_{33} & K_{34} \\ K_{41} & K_{42} & K_{43} & K_{44} \end{bmatrix} \begin{Bmatrix} d_1 \\ d_2 \\ d_3 \\ d_4 \end{Bmatrix} = \begin{Bmatrix} r_1 \\ r_2 \\ r_3 \\ r_4 \end{Bmatrix} \tag{3.6}$$

如果 $d_1 = \bar{\beta}_1$,上面的方程修改成如下形式

$$\begin{bmatrix} K_{11} & 0 & 0 & 0 \\ 0 & K_{22} & K_{23} & K_{24} \\ 0 & K_{32} & K_{33} & K_{34} \\ 0 & K_{42} & K_{43} & K_{44} \end{bmatrix} \begin{Bmatrix} d_1 \\ d_2 \\ d_3 \\ d_4 \end{Bmatrix} = \begin{Bmatrix} K_{11}\bar{\beta}_1 \\ r_2 - K_{21}\bar{\beta}_1 \\ r_3 - K_{31}\bar{\beta}_1 \\ r_4 - K_{41}\bar{\beta}_1 \end{Bmatrix} = \begin{Bmatrix} K_{11}\bar{\beta}_1 \\ r_2 - K_{12}\bar{\beta}_1 \\ r_3 - K_{13}\bar{\beta}_1 \\ r_4 - K_{14}\bar{\beta}_1 \end{Bmatrix} \tag{3.7}$$

其中 $K_{21} = K_{12}$,$K_{31} = K_{13}$,$K_{41} = K_{14}$,先用 K_{ij} 修改右端载荷项,再把相应位置置 0.如果还有 $d_3 = \bar{\beta}_3$,则进一步修改成如下形式

$$
\begin{bmatrix} K_{11} & 0 & 0 & 0 \\ 0 & K_{22} & 0 & K_{24} \\ 0 & 0 & K_{33} & 0 \\ 0 & K_{42} & 0 & K_{44} \end{bmatrix} \begin{Bmatrix} d_1 \\ d_2 \\ d_3 \\ d_4 \end{Bmatrix} = \begin{Bmatrix} K_{11}\bar{\beta}_1 \\ r_2 - K_{21}\bar{\beta}_1 - K_{23}\bar{\beta}_3 \\ K_{33}\bar{\beta}_3 \\ r_4 - K_{41}\bar{\beta}_1 - K_{43}\bar{\beta}_3 \end{Bmatrix} = \begin{Bmatrix} K_{11}\bar{\beta}_1 \\ r_2 - K_{12}\bar{\beta}_1 - K_{23}\bar{\beta}_3 \\ K_{33}\bar{\beta}_3 \\ r_4 - K_{14}\bar{\beta}_1 - K_{34}\bar{\beta}_3 \end{Bmatrix} \tag{3.8}
$$

其中 $K_{21} = K_{12}$, $K_{32} = K_{23}$, $K_{41} = K_{14}$, $K_{43} = K_{34}$.

考虑到 $\boldsymbol{K}$ 的对称、带状特点,只存贮 $\boldsymbol{K}$ 的上三角部分带宽以内的系数,对第 i 个自由度施加边界条件 $d_i = \bar{\beta}_i$,需要做的修改如图 3.13 所示.

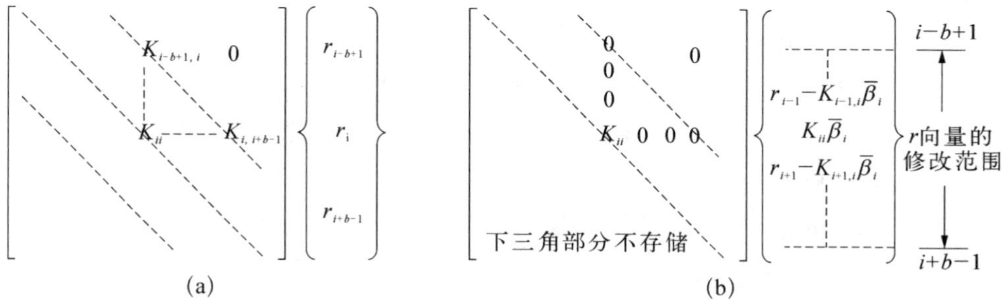

图 3.13　施加位移边界条件对需刚度矩阵和载荷向量的相应修改

如果 $i - b + 1 \leqslant 1$ 则修改到第一行,如果 $i + b - 1 \geqslant n$ 则修改到第 n 行.修改的步骤如下

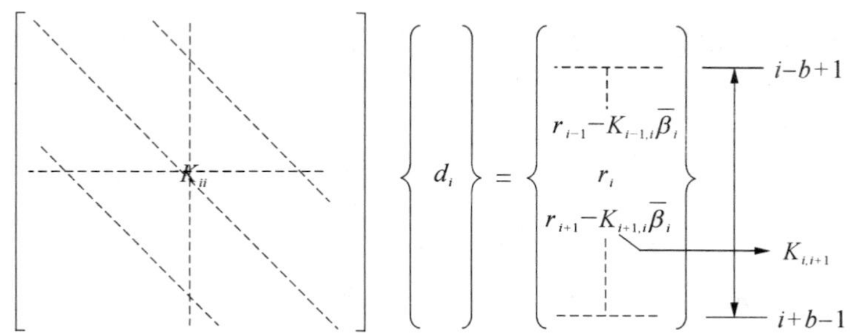

图 3.14　施加位移边界条件对刚度矩阵和载荷向量的修改步骤

(1) 修改$r_{i+1} \to r_{i+1} - K_{i,\,i+1}\,\bar{\beta}_i$

$K_{i,\,i+1} \to 0$

(2) 修改$r_{i-1} \to r_{i-1} - K_{i-1,\,i}\,\bar{\beta}_i$

$K_{i-1,\,i} \to 0$

(3) 修改$r_{i+2} \to r_{i+2} - K_{i,\,i+2}\,\bar{\beta}_i$

$K_{i,\,i+2} \to 0$

(4) 修改$r_{i-2} \to r_{i-2} - K_{i-2,\,i}\,\bar{\beta}_i$

$K_{i-2,\,i} \to 0$

…

(·) 修改 $\left.\begin{array}{l} r_{i+(b-1)} \to r_{i+(b-1)} - K_{i,\,i+(b-1)}\,\bar{\beta}_i \\ K_{i,\,i+(b-1)} \to 0, \end{array}\right\}$ 如果 $i+(b-1) \geqslant n$，就只修改到 n.

(·) 修改 $\left.\begin{array}{l} r_{i-(b+1)} \to r_{i-(b+1)} - K_{i-(b+1),\,i}\,\bar{\beta}_i \\ K_{i-(b+1),\,i} \to 0, \end{array}\right\}$ 如果 $i-(b+1) \leqslant 1$，就只修改到1.

(·) 最后修改 $r_i \to K_{ii}\,\bar{\beta}_i$.

(·) 如果 $\boldsymbol{K}_{n\times n}$ 采用等带宽一维数组存贮，K_{ij}在 $A(IJ)$ 中的位置为：

$$IJ = (j-i)\times n - (j-i-1)(j-i)/2 + i \tag{3.9}$$

2. 施加边界条件程序

用子程序施加边界条件 MODIFY

3.4.2 求解方程组(GAUSS 消元法)

用 GUASS 消元法求解线性代数方程组是各种解法的基础，求解过程分为二步.

1. 消元过程

对于一个 n 阶方程组

$$\begin{bmatrix} K_{11} & K_{12} & \cdots & K_{1j} & \cdots & K_{1n} \\ K_{21} & K_{22} & \cdots & K_{2j} & \cdots & K_{2n} \\ \vdots & \vdots & & \vdots & & \vdots \\ K_{n1} & K_{n2} & \cdots & K_{nj} & \cdots & K_{nn} \end{bmatrix} \begin{Bmatrix} d_1 \\ d_2 \\ \vdots \\ d_n \end{Bmatrix} = \begin{Bmatrix} r_1 \\ r_2 \\ \vdots \\ r_n \end{Bmatrix} \tag{3.10}$$

若 $K_{ii} \neq 0(i = 1, 2, \cdots, n)$，用 K_{11} 除上式中第一方程有

$$d_1 + \frac{K_{12}}{K_{11}} d_2 + \cdots + \frac{K_{1j}}{K_{11}} d_j + \cdots + \frac{K_{1n}}{K_{11}} d_n = \frac{r_1}{K_{11}}$$

将 d_1 代入方程组(3.10)中第 2 至 n 式中，消去其中的 d_1，原方程组变为

$$\begin{bmatrix} 1 & \alpha_{12} & \cdots & \alpha_{1j} & \cdots & \alpha_{1n} \\ 0 & K_{22}^{(1)} & \cdots & K_{2j}^{(1)} & \cdots & K_{2n}^{(1)} \\ \vdots & \vdots & & \vdots & & \vdots \\ 0 & K_{n2}^{(1)} & \cdots & K_{nj}^{(1)} & \cdots & K_{nn}^{(1)} \end{bmatrix} \begin{Bmatrix} d_1 \\ d_2 \\ \vdots \\ d_n \end{Bmatrix} = \begin{Bmatrix} \beta_1 \\ r_2^{(1)} \\ \vdots \\ r_n^{(1)} \end{Bmatrix} \tag{3.11}$$

其中

$$\left.\begin{aligned} \alpha_{1j} &= \frac{K_{1j}}{K_{11}} \\ \beta_1 &= \frac{r_1}{K_{11}} \end{aligned}\right\} \quad (j = 2, \cdots, n) \tag{3.12a}$$

$$\left.\begin{aligned} K_{ij}^{(1)} &= K_{ij} - \frac{K_{1j}}{K_{11}} K_{i1} \\ r_i^{(1)} &= r_i - K_{i1} \frac{r_1}{K_{11}} \end{aligned}\right\} \quad (i, j = 2, 3, \cdots, n) \tag{3.12b}$$

再对方程(3.11)第二项进行消元，有

$$\begin{bmatrix} 1 & \alpha_{12} & \alpha_{13} & \cdots & \alpha_{1j} & \cdots & \alpha_{1n} \\ 0 & 1 & \alpha_{23} & \cdots & \alpha_{2j} & \cdots & \alpha_{2n} \\ 0 & 0 & K_{33}^{(2)} & \cdots & K_{3j}^{(2)} & \cdots & K_{3n}^{(2)} \\ \vdots & \vdots & \vdots & & \vdots & & \vdots \\ 0 & 0 & K_{n3}^{(2)} & \cdots & K_{nj}^{(3)} & \cdots & K_{nn}^{(3)} \end{bmatrix} \begin{Bmatrix} d_1 \\ d_2 \\ d_3 \\ \vdots \\ d_n \end{Bmatrix} = \begin{Bmatrix} \beta_1 \\ \beta_2 \\ r_3^{(2)} \\ \vdots \\ r_n^{(2)} \end{Bmatrix} \tag{3.13}$$

其中

$$\left.\begin{aligned} \alpha_{2j} &= \frac{K_{2j}^{(1)}}{K_{22}^{(1)}} \\ \beta_2 &= \frac{r_2^{(1)}}{K_{22}^{(1)}} \end{aligned}\right\} \quad (j = 3, \cdots, n) \tag{3.14a}$$

$$\left.\begin{aligned} K_{ij}^{(2)} &= K_{ij}^{(1)} - \frac{K_{2j}^{(1)}}{K_{22}^{(1)}} K_{i2}^{(1)} \\ r_i^{(2)} &= r_i^{(1)} - K_{i2}^{(1)} \frac{r_2^{(1)}}{K_{22}^{(1)}} \end{aligned}\right\} \quad (i,\ j = 3,\ \cdots,\ n) \tag{3.14b}$$

则消第 s 个元的一般公式为

$$\left.\begin{aligned} \alpha_{sj} &= \frac{K_{sj}^{(s-1)}}{K_{ss}^{(s-1)}} \\ \beta_s &= \frac{r_s^{(s-1)}}{K_{ss}^{(s-1)}} \end{aligned}\right\} \quad (j = s+1,\ \cdots,\ n) \tag{3.15a}$$

$$\left.\begin{aligned} K_{ij}^{(s)} &= K_{ij}^{(s-1)} - \frac{K_{sj}^{(s-1)}}{K_{ss}^{(s-1)}} K_{is}^{(s-1)} \\ r_i^{(s)} &= r_i^{(s-1)} - K_{is}^{(s-1)} \frac{r_s^{(s-1)}}{K_{ss}^{(s-1)}} \end{aligned}\right\} \quad (i,\ j = s+1,\ \cdots,\ n) \tag{3.15b}$$

如此继续下去,将使原方程组变为

$$\begin{bmatrix} 1 & \alpha_{12} & \alpha_{13} & \cdots & \alpha_{1j} & \cdots & \alpha_{1n} \\ 0 & 1 & \alpha_{23} & \cdots & \alpha_{2j} & \cdots & \alpha_{2n} \\ 0 & 0 & 1 & \cdots & \alpha_{3j} & \cdots & \alpha_{3n} \\ 0 & 0 & 0 & \ddots & \vdots & & \vdots \\ 0 & 0 & 0 & \ddots & 1 & & \vdots \\ \vdots & \vdots & \vdots & \ddots & 0 & \ddots & \alpha_{n-1,\,n} \\ 0 & 0 & 0 & 0 & 0 & 0 & 1 \end{bmatrix} \begin{Bmatrix} d_1 \\ d_2 \\ d_3 \\ \vdots \\ d_n \end{Bmatrix} = \begin{Bmatrix} \beta_1 \\ \beta_2 \\ \beta_3 \\ \vdots \\ \beta_n \end{Bmatrix} \tag{3.16}$$

可见,刚度矩阵被化成了主对角线上所有系数均为 1 的上三角矩阵.

对于上述一般的系数矩阵,消第 s 个元的一般公式(3.15a)、(3.15b)中

$$i,\ j = s+1,\ \cdots,\ n \tag{3.17}$$

对于带状矩阵,则有

$$\begin{aligned} i &= (s+1) \sim \min\{s + (b-1),\ n\} \\ j &= (s+1) \sim \min\{s + (b-1),\ n\} \end{aligned} \tag{3.18}$$

对于带状、对称矩阵，有 $K_{is}^{(s-1)}=K_{si}^{(s-1)}$，又因为只存贮上三角部分的系数 $K_{si}^{(s-1)}$ $(i=s+1,\cdots,n)$，所以计算公式(3.15b)可写成

$$\left.\begin{aligned}K_{ij}^{(s)}&=K_{ij}^{(s-1)}-\frac{K_{sj}^{(s-1)}}{K_{ss}^{(s-1)}}K_{si}^{(s-1)}\\r_i^{(s)}&=r_i^{(s-1)}-\frac{K_{si}^{(s-1)}}{K_{ss}^{(s-1)}}r_s^{(s-1)}\end{aligned}\right\}\tag{3.19}$$

其中 $K_{si}^{(s-1)}$ 代替了原来公式(3.15b)中的 $K_{is}^{(s-1)}$，而且

$$\begin{aligned}i&=(s+1)\sim\min\{s+(b-1),\ n\}\\j&=i\sim\min\{s+(b-1),\ n\}\end{aligned}\tag{3.20}$$

其中 i 代替了原来公式(3.18)中的$(s+1)$.

对于带状、对称矩阵，只需要对图 3.15 所示的总体刚度矩阵中阴影线内的部分进行运算.进行$(n-1)$次消元运算以后，就把原来的总体刚度矩阵化为上三角形矩阵，方程右端的载荷向量同时也作了相应的改动.

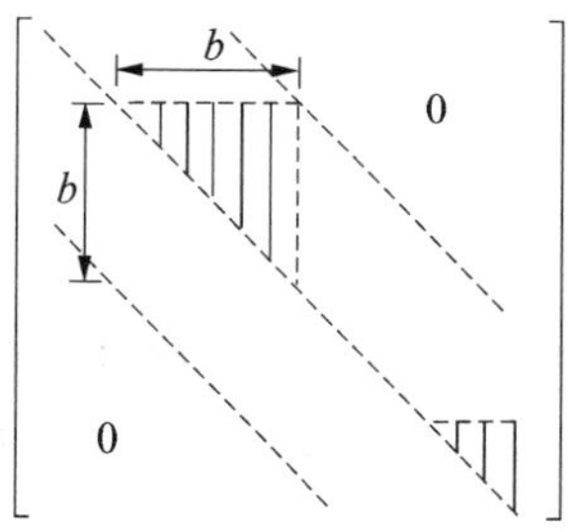

图 3.15　带状、对称矩阵消元计算

应指出以下几点：

a) 消元前后的方程组等价；

b) 消元后方程组的系数化为上三角矩阵；

c) 消元后的带宽不变，在带宽以外(或每行的顶界线以上)的 0 系数仍然为 0，但带宽以内原来的 0 系数不一定仍保持为 0；

d) 对于对称矩阵，每消一个元后，矩阵仍然是对称的；

e) 对于带状矩阵，每次消元只需计算所在行以下和所在列以右宽度为$(b-1)$的框内的系数.由 d)可知，对于带状、对称矩阵，只需计算图 3.15 中三角形阴影线内的系数；

f) 总体刚度矩阵和右端载荷向量可分别用矩阵消元程序和右端载荷向量消元程序进行消元计算，以便处理多工况情况.在本章程序中右端载荷向量消元程序模块在回代子程序的前半段应用.

2. 回代过程

对于带状矩阵，消元后的方程组形式为

$$
\begin{bmatrix}
1 & \alpha_{12} & \cdots & \alpha_{1b} & 0 & \cdots & 0 \\
0 & 1 & \alpha_{23} & \cdots & \alpha_{2,b+1} & \ddots & \vdots \\
0 & 0 & 1 & \ddots & & \ddots & 0 \\
\vdots & \vdots & \vdots & \ddots & \ddots & \cdots & \alpha_{n-b+1,n} \\
\vdots & \vdots & \vdots & \cdots & \ddots & \ddots & \vdots \\
\vdots & \vdots & \vdots & \cdots & 0 & 1 & \alpha_{n-1,n} \\
0 & \cdots & \cdots & \cdots & \cdots & 0 & 1
\end{bmatrix}
\begin{Bmatrix} d_1 \\ \vdots \\ \vdots \\ d_{n-b+1} \\ \vdots \\ d_{n-1} \\ d_n \end{Bmatrix}
=
\begin{Bmatrix} \beta_1 \\ \vdots \\ \vdots \\ \beta_{n-b+1} \\ \vdots \\ \beta_{n-1} \\ \beta_n \end{Bmatrix}
$$

（矩阵上方标注带宽 b）

图 3.16　消元后的方程组和回代计算

对方程组由下向上回代计算的递推公式是

$$
\begin{cases} d_n = \beta_n \\ d_i = \beta_i - \sum_{j=i+1}^{i+b-1} \alpha_{ij} d_j \end{cases} \tag{3.21}
$$

$$
i = n-1,\ n-2,\ \cdots,\ 1
$$
$$
j = i+1,\ \cdots,\ \min\{i+b-1,\ n\}
$$

进行$(n-1)$次回代,即可求解未知向量,即节点位移向量.

不难看出,上述消元过程和回代过程很容易在计算机上用循环语句实现.

3. 附加计算

对弹性力学问题,已知各节点位移后,可计算各元件内的应变、应力等.

(1) 元件数据局部化

计算一个元件内的应力、应变,只需要与此元件有关的数据,因此先把需要的数据从相应的总体数组中取出来,以备使用.需要的数据主要有:

1) 一个元件的节点关联信息;

2) 该元件各节点的节点坐标 $\boldsymbol{X}(3)$,$\boldsymbol{Y}(3)$;

3) 该元件各节点的位移分量在总体向量中的序号和相应的位移值

$$
U(2\mathrm{i}-1,\ 2\mathrm{i},\ 2\mathrm{j}-1, 2\mathrm{j},\ 2\mathrm{k}-1,\ 2\mathrm{k}) \rightarrow \boldsymbol{d}^e(6)
$$

(2) 计算元件中的应变、应力等

$$
\boldsymbol{\varepsilon}^e = \frac{1}{2\Delta}\boldsymbol{B}\boldsymbol{d}^e \tag{3.22}
$$

其中 $\boldsymbol{d}^e$ 是该元件的节点位移向量，$\boldsymbol{B}$ 由该元件的节点坐标计算.

$$\boldsymbol{\sigma}^e = \boldsymbol{D\varepsilon}^e = \frac{1}{2\Delta}\boldsymbol{DBd}^e \tag{3.23}$$

元件的主应力为

$$\left.\begin{aligned}&\sigma_1^e = \frac{\sigma_x^e + \sigma_y^e}{2} + R,\quad \sigma_2^e = \frac{\sigma_x^e + \sigma_y^e}{2} - R\\&\tau_{\max}^e = R = \sqrt{\left(\frac{1}{2}(\sigma_x^e - \sigma_y^e)\right)^2 + (\tau_{xy}^e)^2}\end{aligned}\right\} \tag{3.24}$$

元件的主应力方向与原来 x 轴方向之间的夹角为

$$\tan 2\beta^e = \frac{2\tau_{xy}^e}{\sigma_x^e - \sigma_y^e} \tag{3.25}$$

3.5 计算实例分析

考虑如图 3.17(a)所示的正方形薄板，沿其对角承受一对压力，载荷沿厚度为均匀分布，设板的杨氏模量 $E = 200$ GPa，泊松比 $\nu = 0.3$，厚度 $t = 5$ mm，单元离散如图 3.17(b)所示，求各节点的位移及各单元内的应力.

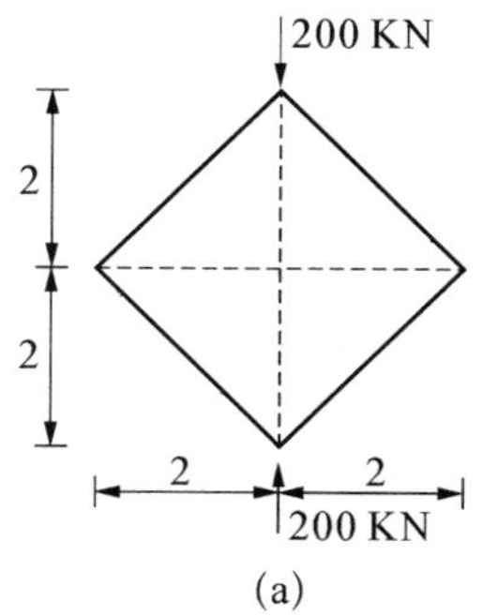

(a)

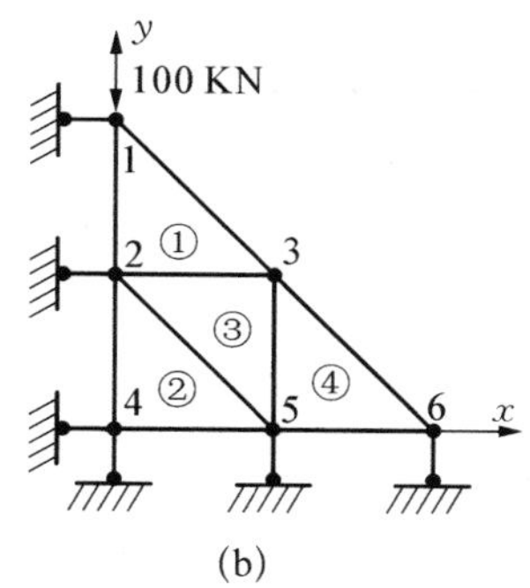

(b)

3.17 计算例题

INPUT.DAT 文件的生成步骤为

输入标题;输入节点总数,单元总数,弹性模量,波松比,厚度;顺序输入所有节点的 x 坐标,y 坐标;再输入各个单元的号码,以及组成该单元的节点的编号;最后按下面的顺序输入载荷和位移边界条件.

1. 输入节点的载荷

节点 n 施加 x 负方向的力 100 N,格式为

$2\times n-1$(这里数字 2 表示一个节点的自由度数)

-100

节点 m 施加 y 正方向的力 200 N,格式为

$2\times m$

200

当所有的节点载荷输入完毕后,再输入 0,作为输入结束的标志.

2. 输入节点的位移边界条件

如果节点 n 受到 x 方向的固定约束,格式为

$2\times n-1$

0

如果节点 m 受到 y 方向的位移约束值等于 3,格式为

$2\times m$

3

当所有的位移边界条件输入完毕后,再输入 0,作为输入结束的标志.

输入文件 INPUT.DAT

INPUT.DAT	参 数 解 释
计算对角受压正方形薄板的应力分布	TITLE 数组读入的标题
6	节点总数 NN
4	单元总数 NE
200000000000	杨氏模量 EM
0.3	波松比 PR
0.005	平板厚度 TH
0 0 1 0 1 2	节点坐标 XC(I)
2 1 1 0 0 0	节点坐标 YC(I)
1 1 2 3	单元 1 的节点号 NEL(N,I)
2 2 4 5	单元 2 的节点号 NEL(N,I)

续表

INPUT. DAT				参 数 解 释
3	2	5	3	单元3的节点号 NEL(N,I)
4	5	6	3	单元4的节点号 NEL(N,I)
2				施加节点力的自由度 IB=2
-100000				该自由度上的力 BV=-10
0				输入结束的标志
1				约束节点位移的自由度 IB=1
0				约束位移值 BV=0
3				约束节点位移的自由度 IB=3
0				约束位移值 BV=0
7				约束节点位移的自由度 IB=7
0				约束位移值 BV=0
8				约束节点位移的自由度 IB=8
0				约束位移值 BV=0
10				约束节点位移的自由度 IB=10
0				约束位移值 BV=0
12				约束节点位移的自由度 IB=12
0				约束位移值 BV=0
0				输入结束的标志

输出文件 OUTPUT. DAT

```
计算对角受压正方形薄板的应力分布
输入数据为:
节点数=   6          单元数=   4
材料常数为:
杨氏模量为:  .20000E+12   波松比为:.30000E+00   厚度为:.50000E-02
节点   1坐标为:X=   0.000   Y=   2.000
节点   2坐标为:X=   0.000   Y=   1.000
节点   3坐标为:X=   1.000   Y=   1.000
节点   4坐标为:X=   0.000   Y=   0.000
节点   5坐标为:X=   1.000   Y=   0.000
节点   6坐标为:X=   2.000   Y=   0.000
单元号码为:   1组成单元的节点号码为:1  2  3
单元号码为:   2组成单元的节点号码为:2  4  5
单元号码为:   3组成单元的节点号码为:2  5  3
```

续表

单元号码为：　4 组成单元的节点号码为：5　6　3

节点　1 力载荷为：PY = －100000.000
节点　1 位移载荷为：U =　0.000
节点　2 位移载荷为：U =　0.000
节点　4 位移载荷为：U =　0.000
节点　4 位移载荷为：V =　0.000
节点　5 位移载荷为：V =　0.000
节点　6 位移载荷为：V =　0.000

计算结果为：

最大半带宽为　8
总数组大小为：120

节点　1　位移 UX = .00000E+00　位移 UY = －.32789E－03
节点　2　位移 UX = .00000E+00　位移 UY = －.13795E－03
节点　3　位移 UX = .26479E－04　位移 UY = －.36053E－04
节点　4　位移 UX = .00000E+00　位移 UY = .00000E+00
节点　5　位移 UX = .56226E－04　位移 UY = .00000E+00
节点　6　位移 UX = .67042E－04　位移 UY = .00000E+00

单元　1
EPTOX = .26479E－04　EPTOY = －.18994E－03　EPTOXY = .10190E－03
SX = －.67042E+07　SY = －.40000E+08　SXY = .78383E+07
S1 = －.49513E+07　S2 = －.41753E+08　TMAX = .18401E+08
HANGEL = 12.61°

单元　2
EPTOX = .56226E－04　EPTOY = －.13795E－03　EPTOXY = .00000E+00
SX = .32618E+07　SY = －.26612E+08　SXY = .00000E+00
S1 = .32618E+07　S2 = －.26612E+08　TMAX = .14937E+08
HANGEL = .00°

单元　3
EPTOX = .26479E－04　EPTOY = －.36053E－04　EPTOXY = .72151E－04
SX = .34424E+07　SY = －.61778E+07　SXY = .55500E+07
S1 = .59767E+07　S2 = －.87121E+07　TMAX = .73444E+07
HANGEL = 24.54°

单元　4
EPTOX = .10816E－04　EPTOY = －.36053E－04　EPTOXY = －.29747E－04
SX = －.42330E+00　SY = －.72105E+07　SXY = －.22883E+07
S1 = .66487E+06　S2 = －.78754E+07　TMAX = .42701E+07
HANGEL = －16.20°

第 4 章　连续问题近似解法概述

本章简要讨论近似求解连续问题的几种主要方法的基本概念和特点.

4.1　有限差分法

我们用热传导问题为例,讨论有限差分法的基本思想.在第 1.1 节中已经给出了稳态二维热传导问题的控制方程,即

$$k\left(\frac{\partial^2 \varphi}{\partial x^2}+\frac{\partial^2 \varphi}{\partial y^2}\right)+Q=0 \qquad \text{在区域 } D \text{ 内} \tag{4.1}$$

边界条件可写成

$$\varphi=\bar{\varphi} \qquad \text{在边界 } \Gamma_\varphi \text{ 上} \tag{4.2}$$

$$k\frac{\partial \varphi}{\partial n}=-\bar{q} \qquad \text{在边界 } \Gamma_q \text{ 上} \tag{4.3}$$

热传导问题控制方程可以描述很多其他物理问题,例如,取 $k=1,\ Q=0$,方程化为

$$\frac{\partial^2 \varphi}{\partial x^2}+\frac{\partial^2 \varphi}{\partial y^2}=\nabla^2\varphi=0 \tag{4.4}$$

这是 Laplace 方程,它可以是描述无旋理想流动问题的势场 φ 分布的方程.又如,取 $k=1,\ Q=2G\theta$,则有

$$\nabla^2\varphi = -2G\theta \tag{4.5}$$

这是描述弹性柱体扭转的方程，φ 是应力函数，G 是剪切模量，θ 是单位长度上的扭角.

4.1.1 微分运算的差分近似

把在 x 方向上长度为 a 的部分 $0\leqslant x\leqslant a$，划分为相等的 L 份，共有 $L+1$ 个点（差分点），各点的坐标为 $x_0=0$，$x_1=\Delta x$，$x_2=2\Delta x$，…，$x_L=a$，如图 4.1 所示.

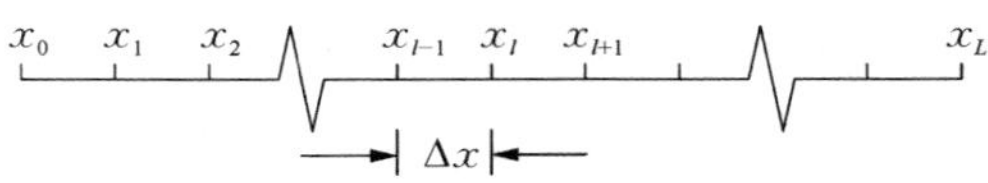

图 4.1　一维差分网格

有限差分法最基本的思想就是把原来方程中的微分运算近似表示成未知函数在差分点上的差分运算.

用 Taylor 级数可以把函数在一点附近展开成

$$\varphi(x_{l+1})=\varphi(x_l)+\Delta x\left.\frac{d\varphi}{dx}\right|_{x_l}+\frac{\Delta x^2}{2}\left.\frac{d^2\varphi}{dx^2}\right|_{x_l+\theta_1\Delta x}$$

或写成

$$\varphi_{l+1}=\varphi_l+\Delta x\left.\frac{d\varphi}{dx}\right|_l+\frac{(\Delta x)^2}{2}\left.\frac{d^2\varphi}{dx^2}\right|_{l+\theta_1} \tag{4.6}$$

其中 $0\leqslant\theta_1\leqslant 1$.

由上式得

$$\left.\frac{d\varphi}{dx}\right|_l=\frac{\varphi_{l+1}-\varphi_l}{\Delta x}-\frac{\Delta x}{2}\left.\frac{d^2\varphi}{dx^2}\right|_{l+\theta_1} \tag{4.7}$$

所以在点 x_l 处函数 φ 的一阶导数可以近似地写成如下的差分形式

$$\left.\frac{d\varphi}{dx}\right|_l\cong\frac{\varphi_{l+1}-\varphi_l}{\Delta x} \tag{4.8}$$

上式称为 φ 的一阶导数的向前差分公式，引起的误差是

$$E=-\frac{\Delta x}{2}\left.\frac{d^2\varphi}{dx^2}\right|_{l+\theta_1}$$

误差估计可写成

$$|E| \leqslant \frac{\Delta x}{2} \max_{(x_l,\ x_{l+1})} \left| \frac{\mathrm{d}^2 \varphi}{\mathrm{d} x^2} \right| \tag{4.9}$$

此误差的量级是 Δx，记为 $O(\Delta x)$. 图 4.2 给出这一近似表达式的几何解释.

用相类似的方法可得到函数一阶微分的向后差分公式，即 Taylor 级数可写成

$$\varphi_{l-1} = \varphi_l - \Delta x \frac{\mathrm{d}\varphi}{\mathrm{d}x}\bigg|_l + \frac{(\Delta x)^2}{2} \frac{\mathrm{d}^2\varphi}{\mathrm{d}x^2}\bigg|_{l-\theta_2}$$

其中 $0 \leqslant \theta_2 \leqslant 1$.

向后差分为

$$\frac{\mathrm{d}\varphi}{\mathrm{d}x}\bigg|_l \cong \frac{\varphi_l - \varphi_{l-1}}{\Delta x} \tag{4.10}$$

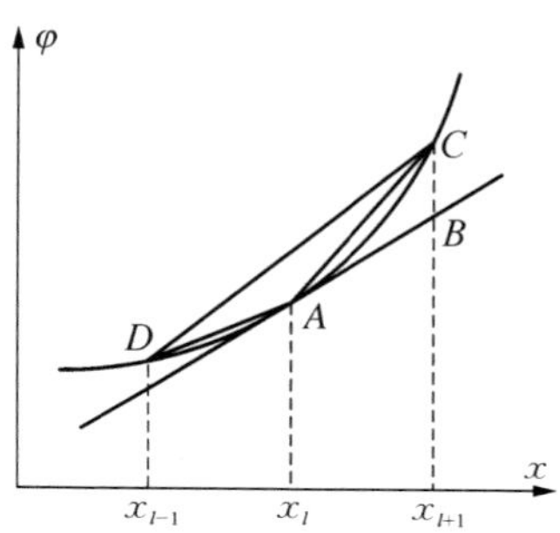

图 4.2　微分、差分的几何解释

误差估计可写成

$$|E| \leqslant \frac{\Delta x}{2} \max_{(x_{l-1},\ x_l)} \left| \frac{\mathrm{d}^2 \varphi}{\mathrm{d} x^2} \right|$$

误差的量级为 $O(\Delta x)$. 向后差分的几何意义见图 4.2.

还可导出一阶微分中心差分的公式，Taylor 级数展开有

$$\varphi_{l+1} = \varphi_l + \Delta x \cdot \varphi_l' + \frac{(\Delta x)^2}{2}\varphi_l'' + \frac{(\Delta x)^3}{6}\varphi_{l+\theta_3}'''$$

$$\varphi_{l-1} = \varphi_l - \Delta x \cdot \varphi_l' + \frac{(\Delta x)^2}{2}\varphi_l'' - \frac{(\Delta x)^3}{6}\varphi_{l-\theta_4}'''$$

以上两式相减得到

$$\frac{\mathrm{d}\varphi}{\mathrm{d}x}\bigg|_l = \frac{\varphi_{l+1} - \varphi_{l-1}}{2\Delta x} + \frac{(\Delta x)^2}{3}(\varphi_{l+\theta_3}''' + \varphi_{l-\theta_4}''') \tag{4.11}$$

中心差分公式为

$$\frac{\mathrm{d}\varphi}{\mathrm{d}x}\bigg|_l \cong \frac{\varphi_{l+1} - \varphi_{l-1}}{2\Delta x} \tag{4.12}$$

误差估计为

$$|E| \leqslant \frac{(\Delta x)^2}{3} \max_{(x_{l-1},\, x_{l+1})} \left| \frac{\mathrm{d}^3 \varphi}{\mathrm{d} x^3} \right| \tag{4.13}$$

误差量级为 $O(\Delta x^2)$. 显然,中心差分比向前差分、向后差分的误差都高一个量级,其几何意义如图 4.2 所示.

函数二阶微分的差分公式可推导如下，由 Taylor 展开得

$$\varphi_{l+1} = \varphi_l + \Delta x \cdot \varphi_l' + \frac{(\Delta x)^2}{2}\varphi_l'' + \frac{(\Delta x)^3}{6}\varphi'''_l + \frac{(\Delta x)^4}{24}\varphi^{(4)}_{l+\theta_5}$$

$$\varphi_{l-1} = \varphi_l - \Delta x \cdot \varphi_l' + \frac{(\Delta x)^2}{2}\varphi_l'' - \frac{(\Delta x)^3}{6}\varphi'''_l + \frac{(\Delta x)^4}{24}\varphi^{(4)}_{l-\theta_6}$$

其中 $0 \leqslant \theta_5, \theta_6 \leqslant 1$.

以上二式相加得到

$$\left.\frac{\mathrm{d}^2 \varphi}{\mathrm{d} x^2}\right|_l = \frac{\varphi_{l+1} - 2\varphi_l + \varphi_{l-1}}{\Delta x^2} - \frac{(\Delta x)^2}{24}\left(\varphi^{(4)}_{l+\theta_5} + \varphi^{(4)}_{l-\theta_6}\right)$$

所以有

$$\left.\frac{\mathrm{d}^2 \varphi}{\mathrm{d} x^2}\right|_l \cong \frac{\varphi_{l+1} - 2\varphi_l + \varphi_{l-1}}{\Delta x^2} \tag{4.14}$$

误差估计是

$$|E| \leqslant \frac{(\Delta x)^2}{24} \max_{(x_{l-1},\, x_{l+1})} \left| \frac{\mathrm{d}^4 \varphi}{\mathrm{d} x^4} \right| \tag{4.15}$$

误差量级是 $O(\Delta x^2)$.

同样可以推导更高阶微分方程的差分公式.

4.1.2 一维热传导问题的差分方程

一维热传导问题的微分方程是

$$k \frac{\mathrm{d}^2 \varphi}{\mathrm{d} x^2} = -Q, \quad 0 < x < L \tag{4.16}$$

边界条件是

$$\varphi = \bar{\varphi}, \quad x = 0 \text{ 或 } x = L \tag{4.17}$$

或者

$$k\,\frac{\mathrm{d}\varphi}{\mathrm{d}x} = -\,\bar{q}, \quad x = 0 \text{ 或 } x = L \tag{4.18}$$

把二阶微分方程的差分公式(4.14)代入方程(4.16)，得到

$$k\,\frac{\varphi_{l+1} - 2\varphi_l + \varphi_{l-1}}{(\Delta x)^2} = -\,Q_l$$

即

$$-\varphi_{l+1} + 2\varphi_l - \varphi_{l-1} = \frac{\Delta x^2 Q_l}{\kappa} = r_l \tag{4.19}$$

在差分网格每一个内部差分点上列出方程，共有$(L-1)$个方程. 如果在两端点都是(4.17)所示边界条件，则可把$\bar{\varphi}_0$，$\bar{\varphi}_L$分别代入第1、第$(L-1)$个方程，并把已知的$\bar{\varphi}_0$，$\bar{\varphi}_L$移到方程的右端，得到

$$\left.\begin{array}{c}
2\varphi_1 - \varphi_2 = r_1 + \bar{\varphi}_0 \\
-\varphi_1 + 2\varphi_2 - \varphi_3 = r_2 \\
\cdots\cdots\cdots\cdots \\
-\varphi_{l-1} + 2\varphi_l - \varphi_{l+1} = r_l \\
\cdots\cdots\cdots\cdots \\
-\varphi_{L-2} + 2\varphi_{L-1} = r_{L-1} + \bar{\varphi}_L
\end{array}\right\} \tag{4.20a}$$

写成矩阵的形式为

$$\boldsymbol{K\varphi} = \boldsymbol{r} \tag{4.20}$$

其中

$$\begin{bmatrix}
2 & -1 & & & & \\
-1 & 2 & -1 & & & \\
 & -1 & 2 & -1 & & \\
 & & -1 & \ddots & \ddots & \\
 & & & \ddots & \ddots & -1 \\
 & & & & -1 & 2
\end{bmatrix}$$

$$\boldsymbol{\varphi} = \begin{Bmatrix} \varphi_1 \\ \varphi_2 \\ \vdots \\ \varphi_{L-1} \end{Bmatrix}, \quad \boldsymbol{r} = \begin{Bmatrix} r_1 + \bar{\varphi}_0 \\ r_2 \\ \vdots \\ r_{L-1} + \bar{\varphi}_L \end{Bmatrix} \tag{4.21}$$

显然,**K** 是三对角对称矩阵.

在上述过程中

(1) 用一组代数方程代替了原来的微分方程,用有限个离散的参数代替原来的连续函数;

(2) 用差分公式近似表示微分,误差量级是 $O(\Delta x^2)$,随着有限差分网格的加密,得到的近似解能趋近于精确解;

(3) 只能得到函数在有限差分点上的近似值,在这些差分点之间任一位置上函数值仍然是未知的,可进一步用插值方法求得.

如果在一个端点(如 $x = x_L$ 处)边界条件如(4.18)式所示,即

$$-k\left.\frac{\mathrm{d}\varphi}{\mathrm{d}x}\right|_L = \bar{q} \tag{4.22}$$

方程(4.20)中最后一个方程是

$$-\varphi_{L-2}+2\varphi_{L-1}-\varphi_L = r_{L-1}$$

式中 φ_L 是未知的, 加上(4.20)中前($L-2$)个方程,共有($L-1$)个方程,L 个未知数 φ_1, φ_2, …, φ_L,应该用 (4.22) 补上一个方程.如果用向后差分近似(4.22)式得到

$$\varphi_L-\varphi_{L-1} = -\frac{\bar{q}\cdot\Delta x}{k} \tag{4.23}$$

上式与原有的 ($L-1$) 个方程合起来,即可求解 L 个未知参数.

但是应该注意,原来的($L-1$)个差分方程是二阶微分方程的差分方程,误差是 $O(\Delta x^2)$量级,而(4.23)式是向后差分,误差是 $O(\Delta x)$量级,合在一起整个方程组解的误差量级降为 $O(\Delta x)$,即由于(4.23)式的引入降低了整个解的精度.为解决这一问题,考虑在端 x_L 以外引入一个虚拟差分点 $x_{L+1} = x_L + \Delta x$, 在这一点上的温度值没有实际意义,它在求解区域以外,除了(4.20)式中前($L-2$)个方程外,再写出第($L-1$)和第 L 个方程

$$-\varphi_{L-2}+2\varphi_{L-1}-\varphi_L = r_{L-1}$$

$$-\varphi_{L-1}+2\varphi_L-\varphi_{L+1} = r_L$$

共有($L+1$)个参数,L 个方程,用边界条件(4.22)补上缺少的方程,用中心差分,可写成

$$\left.\frac{d\varphi}{dx}\right|_L = \frac{\varphi_{L+1} - \varphi_{L-1}}{2\Delta x} = -\frac{\bar{q}}{k}$$

即

$$\varphi_{L+1} - \varphi_{L-1} = -\frac{2\Delta x\,\bar{q}}{k} \tag{4.24}$$

这样,整个解的误差仍保持为 $O(\Delta x^2)$,但应该注意到方程组的系数矩阵不再是对称的.

例题 4.1　考虑如下问题

$$\frac{d^2\varphi}{dx^2} - \varphi = 0 \quad 0 < x < 1$$
$$\varphi(0) = 0$$
$$\varphi(1) = 1$$

这个问题的解析解的表达式是 $\dfrac{e(e^x - e^{-x})}{e^2 - 1}$.

取 $\Delta x = 1/3$ 和 $\Delta x = 1/6$ 的计算结果如表 4.1 所示.

表 4.1　例题 4.1 的数值结果

		$\varphi_{1/3}$	$\varphi_{2/3}$
有限差分解	$\Delta x = 1/3$	0.289 3	0.610 7
	$\Delta x = 1/6$	0.289 0	0.610 4
精　确　解		0.288 9	0.610 2

例题 4.2　考虑如下问题

$$\frac{d^2\varphi}{dx^2} - \varphi = 0 \quad 0 < x < 1$$
$$\varphi(0) = 0$$
$$\frac{d\varphi}{dx}(1) = 1$$

这个问题的解析解的表达式是 $\dfrac{e(e^x - e^{-x})}{e^2 + 1}$.

取 $\Delta x = 1/3$ 的计算结果如表 4.2 所示.

表 4.2 例题 4.2 的数值结果

	$\varphi_{1/3}$	$\varphi_{2/3}$	φ_1
边界点向后差分	0.247 7	0.522 9	0.856 3
边界点中心差分	0.216 8	0.457 6	0.749 3
精　确　解	0.220 0	0.464 8	0.761 6

4.1.3 二维热传导问题的差分方程

在一维问题有限差分法中讨论的基本公式都可用于二维问题差分法.考虑稳态二维热传导问题,在整个求解区域中热传导系数 k 是常数,求解区域是矩形,即 $0 \leqslant x \leqslant L_x$, $0 \leqslant y \leqslant L_y$,则有

$$k\left(\frac{\partial^2 \varphi}{\partial x^2} + \frac{\partial^2 \varphi}{\partial y^2}\right) = -Q(x, y) \quad 0 < x < L_x,\ 0 < y < L_y \tag{4.25}$$

$$\left.\begin{aligned} \varphi(0, y) = \varphi(L_x, y) = 0 \\ \varphi(x, 0) = \varphi(x, L_y) = 0 \end{aligned}\right\} \tag{4.26}$$

首先把求解区域在 x, y 方向上分别划分为 L, M 等份,在 x 方向有 $(L+1)$ 条线平行于 y 轴,在 y 方向有 $(M+1)$ 条线平行于 x 轴,这些线的交点构成有限差分网格的点.一个典型的差分点的坐标记为 (x_l, y_m),如图 4.3 所示.可用与一维问题相似的方法,用差分近似表示偏微分运算.

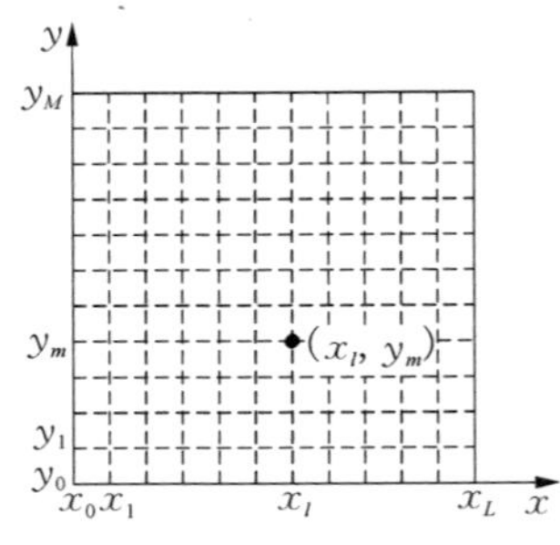

图 4.3 二维有限差分网格

一阶向前差分

$$\left.\frac{\partial \varphi}{\partial x}\right|_l \cong \frac{\varphi_{l+1,m} - \varphi_{l,m}}{\Delta x} \tag{4.27a}$$

$$\left.\frac{\partial \varphi}{\partial y}\right|_m \cong \frac{\varphi_{l,m+1} - \varphi_{l,m}}{\Delta y} \tag{4.27b}$$

误差分别为 $O(\Delta x)$, $O(\Delta y)$.

一阶向后差分

$$\left.\frac{\partial\varphi}{\partial x}\right|_{l} \cong \frac{\varphi_{l,m}-\varphi_{l-1,m}}{\Delta x} \tag{4.28a}$$

$$\left.\frac{\partial\varphi}{\partial y}\right|_{m} \cong \frac{\varphi_{l,m}-\varphi_{l,m-1}}{\Delta y} \tag{4.28b}$$

误差分别为 $O(\Delta x)$，$O(\Delta y)$.

一阶中心差分

$$\left.\frac{\partial\varphi}{\partial x}\right|_{l} \cong \frac{\varphi_{l+1,m}-\varphi_{l-1,m}}{2\Delta x} \tag{4.29a}$$

$$\left.\frac{\partial\varphi}{\partial y}\right|_{m} \cong \frac{\varphi_{l,m+1}-\varphi_{l,m-1}}{2\Delta y} \tag{4.29b}$$

误差分别为 $O(\Delta x^2)$，$O(\Delta y^2)$.

二阶中心差分

$$\left.\frac{\partial^2\varphi}{\partial x^2}\right|_{l,m} \cong \frac{\varphi_{l+1,m}-2\varphi_{l,m}+\varphi_{l-1,m}}{\Delta x^2} \tag{4.30a}$$

$$\left.\frac{\partial^2\varphi}{\partial y^2}\right|_{l,m} \cong \frac{\varphi_{l,m+1}-2\varphi_{l,m}+\varphi_{l,m-1}}{\Delta y^2} \tag{4.30b}$$

误差分别为 $O(\Delta x^2)$，$O(\Delta y^2)$.

在差分点$(x_l,\ y_m)$上，方程(4.25)可写成

$$k\left(\left.\frac{\partial^2\varphi}{\partial x^2}\right|_{l,m}+\left.\frac{\partial^2\varphi}{\partial y^2}\right|_{l,m}\right)=-Q_{l,m} \tag{4.31}$$

代入(4.30)得到

$$k\left(\frac{\varphi_{l+1,m}-2\varphi_{l,m}+\varphi_{l-1,m}}{\Delta x^2}+\frac{\varphi_{l,m+1}-2\varphi_{l,m}+\varphi_{l,m-1}}{\Delta y^2}\right)=-Q_{l,m}$$

取 $\Delta x=\Delta y=h$，得到

$$-\varphi_{l+1,m}-\varphi_{l-1,m}+4\varphi_{l,m}-\varphi_{l,m+1}-\varphi_{l,m-1}=\frac{h^2Q_{l,m}}{k} \tag{4.32}$$

上式方程左端各项的系数可写成图 4.4 所示的模板形式,有了这个模板,很容易形成总方程的系数矩阵.

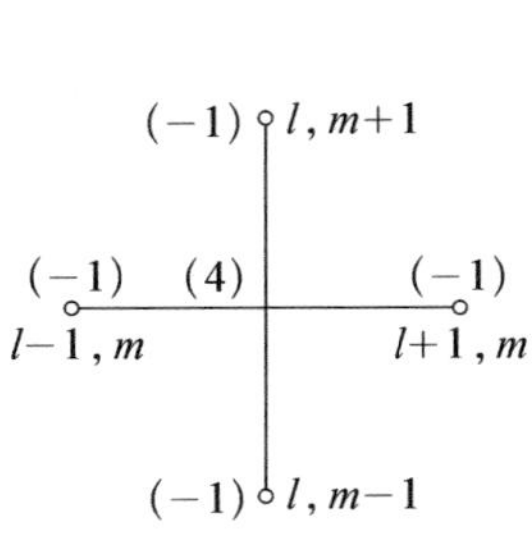

图 4.4 系数模板

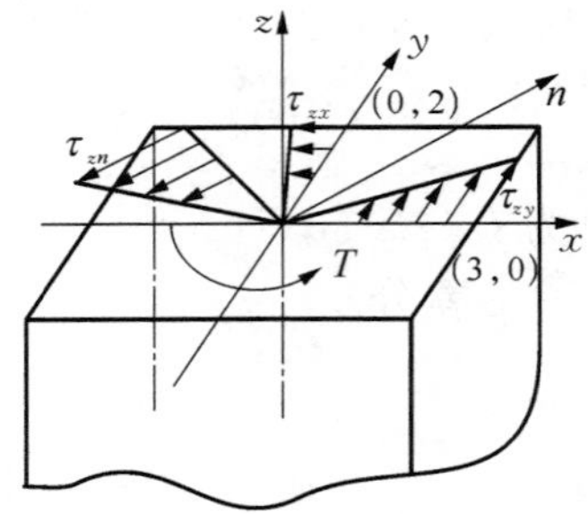

图 4.5 矩形截面柱体的自由扭转

例题 4.3 考虑图 4.5 所示的一个矩形截面柱体的自由扭转问题,其方程为

$$\frac{\partial^2 \varphi}{\partial x^2} + \frac{\partial^2 \varphi}{\partial y^2} = -2G\theta \qquad \text{在区域 } D \text{ 内} \tag{4.33}$$

$$\varphi = 0 \qquad \text{在边界 } \Gamma \text{ 上} \tag{4.34}$$

考虑对称性只需求解整个截面的 1/4,对称条件是在 y 轴上 $\partial\varphi/\partial x = 0$,在 x 轴上 $\partial\varphi/\partial y = 0$.

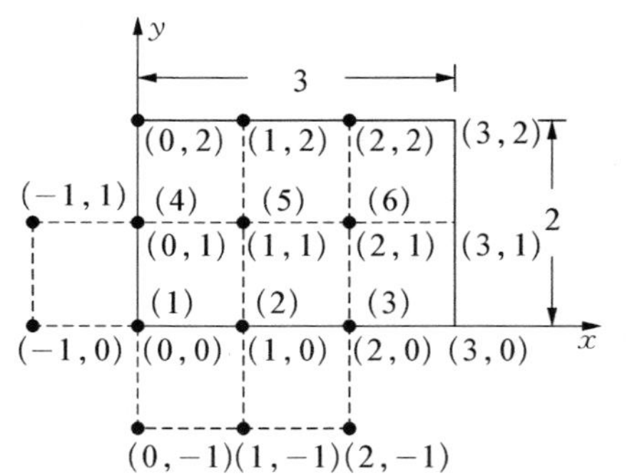

图 4.6 对称性和虚拟差分点

求解区域和有限差分网格如图 4.6 所示.为了利用对称性,引入了 5 个虚拟差分点,显然有 $\varphi(-1, 1) = \varphi(1, 1)$, $\varphi(1, -1) = \varphi(1, 1)$ 等等.取 $G\theta = 1$, $\Delta x = \Delta y = h = 1$,由(4.32)式可得到一个内部差分点的差分方程为

$$-\varphi_{l+1,m} - \varphi_{l-1,m} + 4\varphi_{l,m} - \varphi_{l,m+1} - \varphi_{l,m-1} = 2 \tag{4.35}$$

利用图 4.4 所示的系数模板,同时考虑边界条件和对称条件,容易得到 6 个内部差分点差分方程的系数矩阵如图 4.7(a)所示,经过图 4.7(b)所示的计算,得到图4.7(c)所示的系数矩阵,这个矩阵是对称的.

与图 4.7(c)对应的方程右端项为$[1/2 \quad 1 \quad 1 \quad 1 \quad 2 \quad 2]^{\mathrm{T}}$

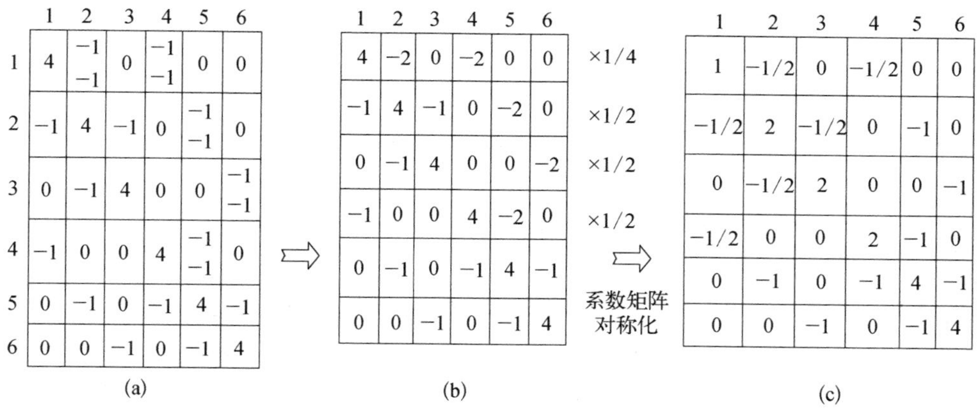

(a)

	1	2	3	4	5	6
1	4	−1 −1	0	−1 −1	0	0
2	−1	4	−1	0	−1 −1	0
3	0	−1	4	0	0	−1 −1
4	−1	0	0	4	−1 −1	0
5	0	−1	0	−1	4	−1
6	0	0	−1	0	−1	4

⇨

(b)

1	2	3	4	5	6	
4	−2	0	−2	0	0	×1/4
−1	4	−1	0	−2	0	×1/2
0	−1	4	0	0	−2	×1/2
−1	0	0	4	−2	0	×1/2
0	−1	0	−1	4	−1	
0	0	−1	0	−1	4	

⇨ 系数矩阵对称化

(c)

1	2	3	4	5	6
1	−1/2	0	−1/2	0	0
−1/2	2	−1/2	0	−1	0
0	−1/2	2	0	0	−1
−1/2	0	0	2	−1	0
0	−1	0	−1	4	−1
0	0	−1	0	−1	4

图 4.7 有限差分方程系数矩阵的形成和简化

求解方程后得到

$$
\begin{aligned}
\boldsymbol{\varphi} &= [\varphi_1 \quad \varphi_2 \quad \varphi_3 \quad \varphi_4 \quad \varphi_5 \quad \varphi_6]^{\mathrm{T}} \\
&= [3.1370 \quad 2.8866 \quad 1.9971 \quad 2.3873 \quad 2.2062 \quad 1.5508]^{\mathrm{T}}
\end{aligned}
$$

由弹性力学知,作用在整个截面上的扭矩为 $T = 2\iint_D \varphi \mathrm{d}x\mathrm{d}y$.

已知差分点上的 φ 值,在各差分点之间用二维梯形公式近似求解 φ 的数值,代入上式得到 $T = 65.4$,精确解的值为 $T = 76.4$,误差为 -14.4%.加密差分网格,可以提高精度.

在法线方向为 n 的表面上,剪应力为

$$
\tau = \frac{\partial \varphi}{\partial n}
$$

可以看出,最大斜率在(0, 2)点处,用向后差分公式得(0, 2)点处的剪应力为 $|\tau_{\max}| = 2.39$,精确解的值为 $|\tau_{\max}| = 2.96$,误差为 -19.4%.用三个点上的 φ 值计算 $\tau_{\max}$ 可以改进精度.记(0, 2),(0, 1),(0, 0)三个点分别为 A, B, C,如图 4.8 所示,则有

图 4.8 表面剪应力差分计算

$$
\varphi_B = \varphi_A - \Delta y \frac{\partial \varphi}{\partial y}\bigg|_A + \frac{1}{2}\Delta y^2 \frac{\partial^2 \varphi}{\partial y^2}\bigg|_A - \frac{1}{6}\Delta y^3 \frac{\partial^3 \varphi}{\partial y^3}\bigg|_D
$$

$$\varphi_C = \varphi_A - 2\Delta y \frac{\partial \varphi}{\partial y}\bigg|_A + \frac{1}{2}(2\Delta y)^2 \frac{\partial^2 \varphi}{\partial y^2}\bigg|_A - \frac{1}{6}(2\Delta y)^3 \frac{\partial^3 \varphi}{\partial y^3}\bigg|_E$$

D，E 分别为(A，B)，(A，C)之间的某一点.

上面第一式乘以 4,再减去第二式得到

$$\frac{\partial \varphi}{\partial y}\bigg|_A = \frac{\varphi_C - 4\varphi_B + 3\varphi_A}{2\Delta y} + O(\Delta y^2)$$

利用上式计算得到 $|\tau_{\max}| = 3.21$，误差为 8.45%，精度明显提高.

如果柱的截面是正方形的,可进一步利用对称性,只需求解整个截面的 1/8,利用图 4.4 所示的系数模板和对称性条件可直接写出对应的有限差分方程.

4.2 加权余量法

4.2.1 函数的近似表示

任一个给定的函数 φ,它在区域 D 内定义,其边界为 Γ,近似表示一个函数的方法可分为两大类.

1) 试函数近似

假设一个给定的函数是 φ,在边界 Γ 上取给定的值 $\bar{\varphi}$,总可以近似表示这一函数为如下一般形式,即

$$\varphi \cong \hat{\varphi} = \psi + \sum_{m=1}^{M} a_m N_m \tag{4.36}$$

其中,ψ 满足指定的边界条件,即:$\psi\big|_\Gamma = \bar{\varphi}$，$N_m$，($m = 1, 2, \cdots, M$) 满足齐次边界条件,即 $N_m\big|_\Gamma = 0$. 显然,这样定义的函数近似表达式,满足边界条件,即 $\hat{\varphi}\big|_\Gamma = \bar{\varphi}$. (4.36)式中的 a_m($m = 1, 2, \cdots, M$) 是待定的参数,用适当的方法确定它们的值,使得近似函数 $\hat{\varphi}$ 尽可能好地与给定函数 φ 吻合. (4.36)式中的 N_m 通常叫做试函数或基函数等.

选取的试函数应该满足下面的要求，即随着试函数项数 M 的增加，近似函数的精度不断提高，也就是说，随着 $M \to \infty$，近似函数趋向给定的函数，满足上述收敛要求的条件是随着 $M \to \infty$ 表达式 $\psi + \sum_{m=1}^{M} a_m N_m$ 能够满足 $\varphi \big|_{\Gamma} = \psi \big|_{\Gamma}$ 的任意函数. 满足这一要求的函数系 ψ, N_m,（$m = 1, 2, \cdots, M$）称做完整的函数系.

为了使近似函数 $\hat{\varphi}$ 尽可能与给定的函数 φ 吻合，必须确定参数 a_m. 确定参数 a_m 有如下常用方法.

a）点吻合法

使近似函数在任意选定的 M 个不同的点上（在区域 D 内）与给定的函数精确相等，得到一组关于参数 a_m 的线性代数方程组，形式如下

$$\varphi(x_l, y_l) = \psi(x_l, y_l) + \sum_{m=1}^{M} a_m N_m(x_l, y_l)$$

$$\boldsymbol{Ka} = \boldsymbol{f} \tag{4.37}$$

其中

$$\left.\begin{aligned} K_{lm} &= N_m(x_l, y_l) \\ f_l &= \varphi(x_l, y_l) - \psi(x_l, y_l) \end{aligned}\right\} \quad (l, m = 1, 2, \cdots, M)$$

求解上述方程组，得到 a_m.

b）Fourier 级数法

如果近似函数的试函数用正弦三角函数表示，即

$$\varphi \cong \psi + \sum_{m=1}^{M} a_m \sin \frac{m\pi x}{L_x} \tag{4.38}$$

上式给出的函数 φ 在区间 $0 \leqslant x \leqslant L_x$ 中定义，并且是连续的，ψ 取为满足 $x = 0$，$x = L_x$ 处边界条件的已知函数.

由 Fourier 定理可知，正弦三角函数系是完整的，所以随着 $M \to \infty$，式（4.38）能近似表示任意满足边界条件的函数.

利用三角函数如下形式的正交性

$$\int_0^{L_x} \sin \frac{m\pi x}{L_x} \sin \frac{l\pi x}{L_x} \mathrm{d}x = \begin{cases} 0 & m \neq l \\ \dfrac{L_x}{2} & m = l \end{cases}$$

可求出参数 a_m 的表达式如下：

$$a_m = \frac{2}{L_x}\int_0^{L_x}(\varphi - \psi)\sin\frac{m\pi x}{L_x}\mathrm{d}x$$

2）加权余量近似

把近似函数 $\hat{\varphi}$ 与函数 φ 之间的差记为 R_D，即

$$R_D = \varphi - \hat{\varphi} \qquad \text{在区域 } D \text{ 内} \tag{4.39}$$

一般来说，R_D 是域内坐标位置的函数.为了使 $\hat{\varphi}$ 尽可能好地近似函数 φ，我们使误差（余量）R_D 在求解区域内以某种平均意义上等于 0.在 $\hat{\varphi}$ 中有 M 个待定参数 a_m（$m = 1, 2, \cdots, M$），为了确定这些参数，使得近似函数 $\hat{\varphi}$ 尽可能好地近似函数 φ，我们构造 M 个积分，它们是余量 R_D 关于某种加权函数在整个区域中的积分，并使这些积分等于 0，即

$$\int_D W_l R_D \mathrm{d}D = \int_D W_l(\varphi - \hat{\varphi})\mathrm{d}D = 0 \quad l = 1, 2, \cdots, M \tag{4.40}$$

上式表示误差 R_D 在某种加权平均意义上等于 0，式中 W_l 是一组独立的加权函数.随着 $M \to \infty$，如果（4.40）式成立，则在整个区域中 $R_D = 0$，即 $\hat{\varphi} \to \varphi$，$\hat{\varphi}$ 收敛于 φ.把（4.36）式代入（4.40）式得

$$\boldsymbol{K a} = \boldsymbol{f} \tag{4.41}$$

其中

$$K_{lm} = \int_D W_l N_m \mathrm{d}D \qquad 1 \leqslant l, m \leqslant M$$

$$f_l = \int_D W_l(\varphi - \psi)\mathrm{d}D \qquad 1 \leqslant l \leqslant M$$

$$\boldsymbol{a} = [a_1 \quad a_2 \quad \cdots \quad a_l \quad \cdots \quad a_M]^{\mathrm{T}}$$

3）常用的加权函数

在实际应用中，可采用不同的加权函数.不同的加权函数得到不同的加权近似法，常用的加权函数如下.

a）点配置法（Point Collocation）

取加权函数为 Dirac δ 函数，即

$$W_l = \delta(x - x_l)$$

其中 $\delta(x - x_l) = \begin{cases} 0 & x \neq x_l \\ \infty & x = x_l \end{cases}$，且

$$\int_{x<x_l}^{x>x_l} R(x)\delta(x-x_l)\mathrm{d}x = R(x_l)$$

由 δ 函数的上述定义可以看出，取这种加权函数，就意味着使得 R_D 在若干选定的点上等于0，即在这些点上有 $\hat{\varphi}=\varphi$. 这就是前面讲的点吻合法，即

$$K_{lm} = N_m\Big|_{x_l}, \quad f_l = (\varphi-\psi)\Big|x_l$$

b）子域配置法（Subdomain Collocation）

取

$$W_l = \begin{cases} 1 & x_l < x < x_{l+1} \\ 0 & x < x_l,\ x > x_{l+1} \end{cases}$$

这种加权函数意味着，要求误差 R_D 在 M 个子域内积分等于0，则有

$$K_{lm} = \int_{x_l}^{x_{l+1}} N_m\,\mathrm{d}x, \quad f_l = \int_{x_l}^{x_{l+1}} (\varphi-\psi)\mathrm{d}x$$

c）伽辽金法（Galerkin Method）

在实际应用中，最常用的加权函数是试函数本身，即 $W_l = N_l$，则有

$$K_{lm} = \int_D N_l N_m\,\mathrm{d}D$$

$$f_l = \int_D N_l(\varphi-\psi)\mathrm{d}D$$

如果对满足 $0 \leqslant x \leqslant L_x$ 的一维问题，试函数取为 $N_m = \sin(m\pi x/L_x)$，由伽辽金法可以得到

$$K_{lm} = \int_0^{L_x} \sin\frac{l\pi x}{L_x}\sin\frac{m\pi x}{L_x}\,\mathrm{d}x$$

$$f_l = \int_0^{L_x} (\varphi-\psi)\sin\frac{l\pi x}{L_x}\mathrm{d}x$$

利用正弦函数的正交性，有

$$K_{lm} = \begin{cases} 0 & l \neq m \\ \dfrac{L_x}{2} & l = m \end{cases}$$

所以 **K** 是一个对角线矩阵,很容易求出待定参数,即

$$a_m = \frac{2}{L_x}\int_0^{L_x} (\varphi - \psi)\sin\frac{m\pi x}{L_x}\,\mathrm{d}x$$

显然,这与前面讲的 Fourier 级数法的结果一样,所以 Fourier 级数法可以看作是加权余量法中伽辽金法的一种特殊形式.

d) 矩法(Method of Moments)

取 $W_l = x^{l-1}(l = 1, 2, \cdots, M)$. 这种方法要求,误差的面积($l=1$)和它关于坐标轴的各阶矩($l>1$)等于 0.

e) 最小平方法(Method of Least Squares)

最小平方法要求误差 R_D 的平方在求解域内积分取最小值,也就是使下面的积分取最小值,即

$$I = \int_D (\varphi - \hat{\varphi})^2 \mathrm{d}D$$

代入 $\hat{\varphi}$ 的表达式(4.36)后,I 变成参数 a_m 的函数,所以极值条件可写成 $\partial I/\partial a_l = 0$. 我们有 $\partial\hat{\varphi}/\partial a_l = N_l$,由极值条件得到

$$\frac{\partial I}{\partial a_l} = 2\int_D (\varphi - \hat{\varphi})\frac{\partial\hat{\varphi}}{\partial a_l}\mathrm{d}D = 2\int_D N_l(\varphi - \hat{\varphi})\mathrm{d}D = 0$$

即 $\int_D N_l(\varphi - \hat{\varphi})\mathrm{d}D = 0$.

也就是有 $W_l = N_l$. 在这种情况下,最小平方法的表达式与伽辽金法一样.

4.2.2 微分方程的加权余量法

一个边值问题可写成如下形式

$$A(\varphi) = \mathrm{L}\varphi + p = 0 \qquad \text{在区域 } D \text{ 内} \tag{4.42}$$

$$B(\varphi) = \mathrm{M}\varphi + \gamma = 0 \qquad \text{在边界 } \Gamma \text{ 上} \tag{4.43}$$

式中 p，γ 是方程的非齐次项与未知函数 φ 无关，L，M 是线性微分算子.

例如，二维定常热传导问题，有

$$\mathrm{L} = k\left(\frac{\partial^2}{\partial x^2} + \frac{\partial^2}{\partial y^2}\right),\ p = Q \qquad \text{在区域 } D \text{ 内}$$

$$\mathrm{M} = 1,\ \gamma = -\bar{\varphi} \qquad \text{在边界 } \Gamma_\varphi \text{ 上}$$

$$\mathrm{M} = -k\frac{\partial}{\partial n},\ \gamma = -\bar{q} \qquad \text{在边界 } \Gamma_q \text{ 上}$$

近似解写成 $\varphi \cong \hat{\varphi} = \psi + \sum_{m=1}^{M} a_m N_m$，其导数可写成

$$\frac{\partial \varphi}{\partial x} \cong \frac{\partial \hat{\varphi}}{\partial x} = \frac{\partial \psi}{\partial x} + \sum_{m=1}^{M} a_m \frac{\partial N_m}{\partial x}$$

$$\frac{\partial^2 \varphi}{\partial x^2} \cong \frac{\partial^2 \hat{\varphi}}{\partial x^2} = \frac{\partial^2 \psi}{\partial x^2} + \sum_{m=1}^{M} a_m \frac{\partial^2 N_m}{\partial x^2}$$

近似解中选择 ψ 满足非齐次边界条件，N_m 满足齐次边界条件，即

$$\left.\begin{aligned} \mathrm{M}\psi &= -\gamma \\ \mathrm{M}N_m &= 0 \end{aligned}\right\} \text{在边界 } \Gamma \text{ 上}$$

则 $\hat{\varphi}$ 自动满足边界条件(4.43). 剩下的问题就是确定近似解的参数 a_m，使得 $\hat{\varphi}$ 尽可能好地近似满足微分方程(4.42). 把近似解代入(4.42)得到如下形式的余量

$$R_D = A(\hat{\varphi}) = \mathrm{L}\hat{\varphi} + p = \mathrm{L}\psi + \sum_{m=1}^{M} a_m \mathrm{L}N_m + p \neq 0 \tag{4.44}$$

利用上面讨论的加权余量法，使得余量 R_D 在整个区域中在某种意义上加权积分为 0，也就是使微分方程在整个区域中加权积分满足，上述要求可写成如下形式

$$\int_D W_l R_D \mathrm{d}D = \int_D W_l \left(\mathrm{L}\psi + \sum_{m=1}^{M} a_m \mathrm{L}N_m + p\right)\mathrm{d}D = 0 \quad (l = 1, 2, \cdots, M) \tag{4.45}$$

由上式得到一个线性代数方程组

$$\boldsymbol{Ka} = \boldsymbol{f} \tag{4.46}$$

其中

$$K_{lm} = \int_D W_l \, \mathrm{L} N_m \mathrm{d} D$$

$$f_l = -\int_D W_l \, p \mathrm{d} D - \int_D W_l \, \mathrm{L} \psi \mathrm{d} D$$

计算出这些系数后，求解方程(4.46)得到参数 $\boldsymbol{a}$，代回(4.36)式得到原方程的近似解.

可以利用上面讲的各种加权函数近似求解，也可以把最小平方法写成加权余量法的形式，有

$$I(a_1, a_2, \cdots, a_M) = \int_D R_D^2 \, \mathrm{d} D = \int_D \left(\mathrm{L}\psi + \sum_{m=1}^{M} a_m \, \mathrm{L} N_m + p\right)^2 \mathrm{d} D \quad (4.47)$$

最小平方法要求

$$\frac{\partial I}{\partial a_l} = 0 \quad (l = 1, 2, \cdots, M)$$

所以有

$$\int_D R_D \frac{\partial R_D}{\partial a_l} \mathrm{d} D = 0$$

显然，这就是加权函数取为 $W_l = \partial R_D / \partial a_l = \mathrm{L} N_l$ 的加权余量公式. 在这种情况下，最小平方法与伽辽金法的形式不同.

例题 4.4 用加权余量法求解下面的二阶常微分方程.

$$\begin{cases} \dfrac{\mathrm{d}^2 u}{\mathrm{d} x^2} + u + x = 0 & (0 \leqslant x \leqslant 1) \\ u = 0 & (x = 0, \; x = 1) \end{cases}$$

取近似解 $\hat{u} = x(1 - x)(a_1 + a_2 x + \cdots)$，$\hat{u}$ 满足边界条件，但不满足微分方程. 将 $\hat{u}$ 代入微分方程，得到余量 R

$$R = \frac{\mathrm{d}^2 \hat{u}}{\mathrm{d} x^2} + \hat{u} + x \neq 0$$

使上述余量在 D 内加权平均为零，得到

$$\int_0^1 W_i R \mathrm{d}x = 0 \quad (i = 1, \cdots, n)$$

近似函数$\hat{u}$中取项数越多,精度就越高.这里只讨论$n = 1$和$n = 2$两种情况.

对于$n = 1$, $\hat{u} = a_1 x(1 - x)$,将$\hat{u}$代入微分方程得到余量表达式为

$$R_1(x) = -2a_1 + a_1 x(1 - x) + x = x + a_1(-2 + x - x^2)$$

对于$n = 2$, $\hat{u} = x(1 - x)(a_1 + a_2 x)$,将$\hat{u}$代入微分方程得到余量表达式为

$$R_2(x) = x + a_1(-2 + x - x^2) + a_2(2 - 6x + x^2 - x^3)$$

下面取不同的加权函数进行求解并加以比较.

1) 配点法,取$W_i = \delta(x - x_i)$

对$n = 1$,取$x_1 = \dfrac{1}{2}$,将R_1和W_1代入加权余量公式得到$\int_0^1 \delta\left(x - \dfrac{1}{2}\right) \times R_1(x)\mathrm{d}x = 0$,计算得到$a_1 = 2/7$,方程的近似解为$\hat{u} = 2x(1 - x)/7$.

对$n = 2$,取$x_1 = \dfrac{1}{3}$, $x_2 = \dfrac{2}{3}$,代入加权余量公式有$\int_0^1 \delta\left(x - \dfrac{1}{3}\right) \times R_2(x)\mathrm{d}x = 0$和$\int_0^1 \delta\left(x - \dfrac{2}{3}\right) R_2(x)\mathrm{d}x = 0$,计算得到方程的近似解为$\hat{u} = x(1 - x)(0.194\,8 + 0.173\,1x)$.

2) 子域法,取$W_i = 1$

对$n = 1$,有$\int_0^1 R_1(x)\mathrm{d}x = 0$,计算得到$\hat{u} = 3x(1 - x)/11$.

对$n = 2$,取

$$W_1 = \begin{cases} 1 & 0 \leqslant x \leqslant 1/2 \\ 0 & 1/2 \leqslant x \leqslant 1 \end{cases}, \quad W_2 = \begin{cases} 0 & 0 \leqslant x \leqslant 1/2 \\ 1 & 1/2 \leqslant x \leqslant 1 \end{cases}$$

代入加权余量公式得到$\int_0^{1/2} R_2(x)\mathrm{d}x = 0$和$\int_{1/2}^1 R_2(x)\mathrm{d}x = 0$,计算得到

$$\hat{u} = x(1 - x)(0.187\,6 + 0.170\,2x)$$

3) 最小平方法

取$I = \int_D R^2 \mathrm{d}D$,将$I = I(a_i)$视为$a_i$的函数,使$I$取最小值的一组$a_i$为问

题的近似解.

由 $\partial I/\partial a_i = 0$ 得到 $\int_D R \dfrac{\partial R}{\partial a_i} \mathrm{d}D = 0$，即等价于权函数为 $W_i = \partial R/\partial a_i$ 的加权余量法.

对 $n = 1$，$R_1(x) = x + a_1(-2 + x - x^2)$，$\dfrac{\partial R_1}{\partial a_1} = -2 + x - x^2$，代入 $\int_0^1 R_1 \dfrac{\partial R_1}{\partial a_1} \mathrm{d}x = 0$，计算得到 $\hat{u} = 0.2723x(1-x)$.

对 $n = 2$，$R_2 = x + a_1(-2 + x - x^2) + a_2(2 - 6x + x^2 - x^3)$，$W_2 = \dfrac{\partial R_2}{\partial a_2} = 2 - 6x + x^2 - x^3$，代入 $\int_0^1 R_2 \dfrac{\partial R_2}{\partial a_1} \mathrm{d}x = 0$，$\int_0^1 R_2 \dfrac{\partial R_2}{\partial a_2} \mathrm{d}x = 0$，计算得到 $\hat{u} = x(1-x)(0.1875 + 0.1695x)$.

4）矩法，取 $W_i = 1, x, x^2, \cdots$

$n = 1$，$W_1 = 1$，由 $\int_0^1 R_1(x)\mathrm{d}x = 0$，计算得到 $\hat{u} = 3x(1-x)/11$.

$n = 2$，$W_1 = 1$，$W_2 = x$，代入加权余量公式有 $\int_0^1 R_2(x)\mathrm{d}x = 0$，$\int_0^1 x \times R_2(x)\mathrm{d}x = 0$，计算得到 $\hat{u} = x(1-x)(0.1880 + 0.1695x)$.

5）Galerkin 法，取 $W_i = N_i$

$n = 1$，$\hat{u} = N_1 a_1 = x(1-x)a_1$，将 N_1 代入加权余量公式有 $\int_0^1 x(1-x)R_1(x)\mathrm{d}x = 0$，计算得到 $\hat{u} = 5x(1-x)/18$.

$n = 2$，$\hat{u} = N_1 a_1 + N_2 a_2 = [x(1-x)]a_1 + [x^2(1-x)]a_2$，将 N_1，N_2 分别代入加权余量公式有 $\int_0^1 N_1 R_2(x)\mathrm{d}x = 0$ 和 $\int_0^1 N_2 R_2(x)\mathrm{d}x = 0$，计算得到 $\hat{u} = x(1-x)(0.1924 + 0.1707x)$.

6）精确解

u 所满足的微分方程为非齐次方程，可以找到特解 $u_0 = x$ 将其化为齐次方程. 令 $V = u + x$，代入微分方程和边界条件得到

$$\frac{\mathrm{d}^2 V}{\mathrm{d}x^2} + V = 0$$

微分方程 $\mathrm{d}^2 V/\mathrm{d}x^2 + V = 0$ 的特征方程 $\lambda^2 + 1 = 0$ 有复根 $\lambda = \pm \mathrm{i}$，因此微分方程

有形如 $V = A\sin x + B\cos x$ 的解.代入边界条件得到 $A = 1/\sin 1$，$B = 0$，于是 $V = \sin x/\sin 1$，得到原方程精确解为 $u = V - x = \sin x/\sin 1 - x$.

以上各种加权余量方法中，近似解分别取一项和二项计算结果与精确结果对比如图4.9和图4.10所示.

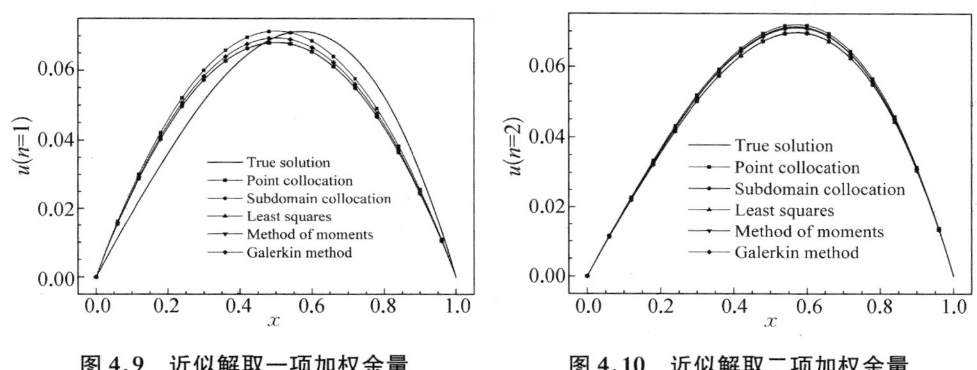

图4.9 近似解取一项加权余量结果与精确解比较

图4.10 近似解取二项加权余量结果与精确解比较

4.2.3 边界条件

1）边界条件加权余量近似

在上面的讨论中选取的近似函数满足全部边界条件，用加权余量法近似满足区域内的微分方程，这对近似函数的选取施加了限制.如果选取的近似函数在区域内不满足微分方程，在边界上也不满足边界条件，代入近似函数后在区域内和边界上都产生误差，即

$$R_D = A(\hat{\varphi}) = \mathrm{L}\,\hat{\varphi} + p \neq 0 \qquad \text{在区域 } D \text{ 内}$$

$$R_\Gamma = B(\hat{\varphi}) = \mathrm{M}\,\hat{\varphi} + \gamma \neq 0 \qquad \text{在边界 } \Gamma \text{ 上}$$

为了使误差在域内和边界上都能近似满足，可写出如下加权余量公式

$$\int_D W_l R_D \mathrm{d}D + \int_\Gamma \overline{W}_l R_\Gamma \mathrm{d}\Gamma = 0, \quad l = 1, 2, \cdots M \tag{4.48}$$

式中的 W_l，$\overline{W}_l$ 分别是区域内和边界上的加权函数，它们可以是相互独立的，也可以存在一定关系.

如果所选取的试函数系 N_m 是完整的，随着 $M \to \infty$，满足(4.48)式，则 R_D，

R_Γ 在域内,边界上任一点都趋于0,即近似解收敛于问题的精确解.

例题4.5 再来考虑例题4.1,即

$$\frac{\mathrm{d}^2\varphi}{\mathrm{d}x^2}-\varphi=0 \qquad 0<x<1$$

$$\varphi=\begin{cases}0 & x=0\\ 1 & x=1\end{cases}$$

其加权余量公式为

$$\int_0^1 W_l R_D \mathrm{d}x+\overline{W}_l R_\Gamma\Big|_{x=0}+\overline{W}_l R_\Gamma\Big|_{x=1}=0$$

取 $\overline{W}_l\Big|_{x=0}=-W_l\Big|_{x=0}$, $\overline{W}_l\Big|_{x=1}=-W_l\Big|_{x=1}$,有

$$\int_0^1\left(\frac{\mathrm{d}^2\hat{\varphi}}{\mathrm{d}x^2}-\hat{\varphi}\right)W_l\mathrm{d}x-[W_l\hat{\varphi}]\Big|_{x=0}-[W_l(\hat{\varphi}-1)]\Big|_{x=1}=0$$

取 $\psi=x$, $N_m=\sin(m\pi x)$,这种取法满足边界条件.

伽辽金法 $W_l=N_l$ (取 $m=1,2$ 二项).

点配置法 $x_1=\dfrac{1}{3}$, $x_2=\dfrac{2}{3}$.

取 $\psi=0$, $N_m=x^{m-1}$, $W_l=N_l$ (取 $m=1,2,3$ 三项),这种取法不满足边界条件.

各种近似解法的精度如表4.3所示.

表4.3 例题4.5的数值结果

		$\varphi_{1/3}$	$\varphi_{2/3}$
有限差分法解的误差		0.14%	0.08%
满足边界条件的加权余量法解	点配置法解的误差	0.87%	1.03%
	伽辽金法解的误差	0.17%	-0.18%
不满足边界条件的加权余量法解的误差		5.15%	3.45%

2）自然边界条件

从上面的讨论可以看出，虽然选取的试函数不满足边界条件，仍可用加权余量法近似求解．但有两个问题，一是为了达到一定的精度，必须取较多的项（如上例中，如果选取的试函数满足边界条件，选两项就可以达到很高的精度，但如果试函数不满足边界条件，虽然选了三项，精度仍然不高），增加了计算工作量；二是如果边界条件中出现对未知函数的导数，在(4.48)式的边界积分项中，需要沿边界求$\hat{\varphi}$的导数，当区域是曲线（曲面）或复杂形状时，这是很困难的．

下面可以看出对某些方程和边界条件做适当的运算后，可以不需要在边界上求函数的导数．先讨论一般形式，再给出一个简单例子．

加权余量公式的一般形式如(4.48)所示，代入微分方程和边界条件后，有

$$\int_D W_l(\mathrm{L}\,\hat{\varphi}+p)\mathrm{d}D+\int_\Gamma \overline{W}_l(\mathrm{M}\,\hat{\varphi}+\gamma)\mathrm{d}\Gamma=0 \tag{4.49}$$

对上式中区域积分项使用 Green 定理后可写成

$$\int_D W_l(\mathrm{L}\,\hat{\varphi}+p)\mathrm{d}D=\int_D(\mathrm{C}W_l)(\mathrm{D}\,\hat{\varphi})\mathrm{d}D+\int_\Gamma W_l(\mathrm{E}\,\hat{\varphi})\mathrm{d}\Gamma+\int_D W_l\,p\mathrm{d}D \tag{4.50}$$

其中 C，D，E 都是线性微分算子，它们的微分阶数都比 L 的阶数低．

把(4.50)式代入(4.48)或(4.49)，适当选择权函数$\overline{W}_l$，有可能在部分边界上消去(4.48)或(4.49)中的边界积分项，这样就给计算带来方便．能够做到这一点的边界部分上的边界条件叫做自然边界条件．一般来说，指定函数值本身的边界条件不属这一类．另外，通过上述运算，有可能得到系数矩阵是对称矩阵的代数方程组，而且对试函数 N_m 的微分阶数也降低了．经过上述运算后的公式通常称为加权余量公式的弱形式．

例题 4.6　再来考虑例题 4.2，即

$$\frac{\mathrm{d}^2\varphi}{\mathrm{d}x^2}-\varphi=0\quad 0<x<1$$

$$\varphi=0\quad x=0$$

$$\frac{\mathrm{d}\varphi}{\mathrm{d}x}=1\quad x=1$$

近似解的一般形式为 $\hat{\varphi}=\psi+\sum_{m=1}^{M}a_mN_m$，如果取 $\psi=0$，$N_m=x^m$，则$\hat{\varphi}$满足在

$x=0$ 处的边界条件，但是不满足在 $x=1$ 处的边界条件．因此，加权余量公式中应该包括区域内的微分方程和在 $x=1$ 处的边界条件，即

$$\int_0^1\left(\frac{\mathrm{d}^2\hat{\varphi}}{\mathrm{d}x^2}-\hat{\varphi}\right)W_l\mathrm{d}x+\left[\left(\frac{\mathrm{d}\hat{\varphi}}{\mathrm{d}x}-1\right)\overline{W}_l\right]_{x=1}=0 \tag{4.51}$$

对上式中第一项进行分部积分，对未知函数的导数降阶，得到

$$-\int_0^1\frac{\mathrm{d}W_l}{\mathrm{d}x}\frac{\mathrm{d}\hat{\varphi}}{\mathrm{d}x}\mathrm{d}x+W_l\frac{\mathrm{d}\hat{\varphi}}{\mathrm{d}x}\bigg|_{x=1}-W_l\frac{\mathrm{d}\hat{\varphi}}{\mathrm{d}x}\bigg|_{x=0}-\int_0^1W_l\hat{\varphi}\mathrm{d}x$$

为了在加权余量公式(4.51)中不出现在边界上对未知函数的导数项，取 W_l，$\overline{W}_l$ 之间有如下关系

$$W_l\Big|_{x=1}=-\overline{W}_l\Big|_{x=1},\quad W_l\Big|_{x=0}=0$$

则(4.51)式变成

$$\int_0^1\frac{\mathrm{d}W_l}{\mathrm{d}x}\frac{\mathrm{d}\hat{\varphi}}{\mathrm{d}x}\mathrm{d}x+\int_0^1W_l\hat{\varphi}\mathrm{d}x=W_l\Big|_{x=1} \tag{4.52}$$

上式称为原来加权余量公式的弱形式．选择试函数时不再需要满足在 $x=1$ 处对 $\hat{\varphi}$ 的导数这一边界条件，该边界条件在加权余量意义上近似满足，称为自然边界条件．如果采用伽辽金法，我们得到如下线性代数方程组

$$\boldsymbol{K}\boldsymbol{a}=\boldsymbol{f}$$

其中

$$K_{lm}=\int_0^1\frac{\mathrm{d}N_l}{\mathrm{d}x}\frac{\mathrm{d}N_m}{\mathrm{d}x}\mathrm{d}x+\int_0^1N_lN_m\mathrm{d}x$$

$$f_l=N_l\Big|_{x=1}$$

显然，得到的系数矩阵是对称的．另外，在积分运算中，只需对试函数 N_m 进行一阶微分，如果直接用(4.51)式，则需对 N_m 进行二阶微分．在近似函数中只取两项，求得 $a_1=0.5879$，$a_2=0.1729$，近似解的精度如表 4.4 所列．

表 4.4　例题 4.6 的数值结果

	二项伽辽金法	精　确　解
$x = 0.5$	0.337 2	0.337 0
$x = 1$	0.760 8	0.761 6

3) 二维热传导问题自然边界条件

二维热传导问题的方程是

$$\frac{\partial}{\partial x}\left(k\frac{\partial \varphi}{\partial x}\right)+\frac{\partial}{\partial y}\left(k\frac{\partial \varphi}{\partial y}\right)+Q=0 \qquad \text{在区域 } D \text{ 内} \tag{4.53}$$

$$\varphi=\bar{\varphi} \qquad \text{在边界 } \Gamma_\varphi \text{ 上} \tag{4.54}$$

$$k\frac{\partial \varphi}{\partial n}=-\bar{q} \qquad \text{在边界 } \Gamma_q \text{ 上} \tag{4.55}$$

近似解写成 $\hat{\varphi}=\psi+\sum_{m=1}^{M}a_m N_m$.

如果$\hat{\varphi}$不满足在 Γ_q 上的边界条件,则加权余量公式为

$$\begin{aligned}&\iint_D\left[\frac{\partial}{\partial x}\left(k\frac{\partial \hat{\varphi}}{\partial x}\right)+\frac{\partial}{\partial y}\left(k\frac{\partial \hat{\varphi}}{\partial y}\right)\right]W_l\,\mathrm{d}D+\iint_D W_l Q\,\mathrm{d}D\\&\quad+\int_{\Gamma_q}\left(k\frac{\partial \hat{\varphi}}{\partial n}+\bar{q}\right)\overline{W}_l\,\mathrm{d}\Gamma=0\end{aligned} \tag{4.56}$$

上式第一项中含有$\hat{\varphi}$(也就是 N_m)的二阶导数和 $\overline{W}_l$ 函数本身,最后得到的系数矩阵不对称;上式第三项的边界积分中含有对$\hat{\varphi}$的法向导数积分,对形状复杂的边界计算比较困难.

对(4.56)式的第一项积分,使用 Green 定理后得到

$$\begin{aligned}&-\iint_D\left[\frac{\partial W_l}{\partial x}\left(k\frac{\partial \hat{\varphi}}{\partial x}\right)+\frac{\partial W_l}{\partial y}\left(k\frac{\partial \hat{\varphi}}{\partial y}\right)\right]\mathrm{d}D+\iint_D W_l Q\,\mathrm{d}D\\&\quad+\oint_\Gamma\left(W_l k\frac{\partial \hat{\varphi}}{\partial x}n_x+W_l k\frac{\partial \hat{\varphi}}{\partial y}n_y\right)\mathrm{d}\Gamma-\int_{\Gamma_q}\left(k\frac{\partial \hat{\varphi}}{\partial n}+\bar{q}\right)\overline{W}_l\,\mathrm{d}\Gamma=0\end{aligned}$$

注意到 $\frac{\partial \hat{\varphi}}{\partial x}n_x + \frac{\partial \hat{\varphi}}{\partial y}n_y = \frac{\partial \hat{\varphi}}{\partial n}$ 和 $\oint_{\Gamma} = \int_{\Gamma_q} + \int_{\Gamma_\varphi}$，上式可以写成

$$
-\iint_D \left(\frac{\partial W_l}{\partial x}\left(k\frac{\partial \hat{\varphi}}{\partial x}\right) + \frac{\partial W_l}{\partial y}\left(k\frac{\partial \hat{\varphi}}{\partial y}\right)\right)\mathrm{d}D + \iint_D W_l Q\,\mathrm{d}D + \oint_{\Gamma_q+\Gamma_\varphi} W_l k\frac{\partial \hat{\varphi}}{\partial n}\mathrm{d}\Gamma
$$
$$
+\int_{\Gamma_q}\overline{W}_l k\frac{\partial \hat{\varphi}}{\partial n}\mathrm{d}\Gamma + \int_{\Gamma_q}\overline{W}_l\bar{q}\,\mathrm{d}\Gamma = 0
$$

在上式中，取 $W_l = 0$（在 Γ_φ 上），$\overline{W}_l = -W_l$（在 Γ_q 上），得到

$$
\iint_D \left(\frac{\partial W_l}{\partial x}\left(k\frac{\partial \hat{\varphi}}{\partial x}\right) + \frac{\partial W_l}{\partial y}\left(k\frac{\partial \hat{\varphi}}{\partial y}\right)\right)\mathrm{d}D
- \iint_D W_l Q\,\mathrm{d}D + \int_{\Gamma_q}\bar{q}W_l\,\mathrm{d}\Gamma = 0 \tag{4.57}
$$

上式中，函数 $\hat{\varphi}$ 的导数在边界 Γ_q 上的积分项不再出现，式中第一项积分中含有 $\hat{\varphi}$（也就是 N_m）和 W_l 的一阶导数，如果采用伽辽金法，即 $W_l = N_l$，最后得到的系数矩阵是对称的.(4.55)所示的边界条件在加权平均意义上自动满足，这样的边界条件叫做自然边界条件.而(4.54)式所示的边界条件通过选取试函数的形式来满足，这种边界条件叫做强迫边界条件，或基本边界条件.(4.57)叫做(4.56)的弱形式，积分中只含对 $\hat{\varphi}$ 的一阶微分.而(4.56)式中含有 $\hat{\varphi}$ 二阶导数，即便是采用伽辽金法也得不到对称系数矩阵.

如果近似解写成 $\hat{\varphi} = \psi + \sum_{m=1}^{M} a_m N_m$，满足在 Γ_φ 上的边界条件，即在 Γ_φ 上有，$\psi\big|_{\Gamma_\varphi} = \bar{\varphi}$，$N_m\big|_{\Gamma_\varphi} = 0$，并采用伽辽金法，得到

$$
\boldsymbol{K}\boldsymbol{a} = \boldsymbol{f}
$$

其中

$$
K_{lm} = \iint_D k\left(\frac{\partial N_l}{\partial x}\frac{\partial N_m}{\partial x} + \frac{\partial N_l}{\partial y}\frac{\partial N_m}{\partial y}\right)\mathrm{d}D
$$

$$
f_l = \iint_D N_l Q\,\mathrm{d}D - \int_{\Gamma_q} N_l\bar{q}\,\mathrm{d}\Gamma - \iint_D k\left(\frac{\partial N_l}{\partial x}\frac{\partial \psi}{\partial x} + \frac{\partial N_l}{\partial y}\frac{\partial \psi}{\partial y}\right)\mathrm{d}D
$$

例题 4.7　考虑如图 4.11 所示 $-1 \leqslant x, y \leqslant 1$ 的正方形区域内的热传导问题，热传导系数 $k = 1$，域内无热源，即 $Q = 0$. 在 $y = \pm 1$ 两边上 $\varphi \equiv 0$，在 $x = \pm 1$ 两边上按 $\cos(\pi y/2)$ 供给热量.

这个问题的方程是

$$\frac{\partial^2 \varphi}{\partial x^2} + \frac{\partial^2 \varphi}{\partial y^2} = 0 \quad \text{在区域 } D \text{ 内} \tag{4.58}$$

$$\varphi = 0 \quad \text{在 } y = \pm 1 \text{ 上} \tag{4.59a}$$

$$\frac{\partial \varphi}{\partial n} = \cos \frac{\pi y}{2} \quad \text{在 } x = \pm 1 \text{ 上} \tag{4.59b}$$

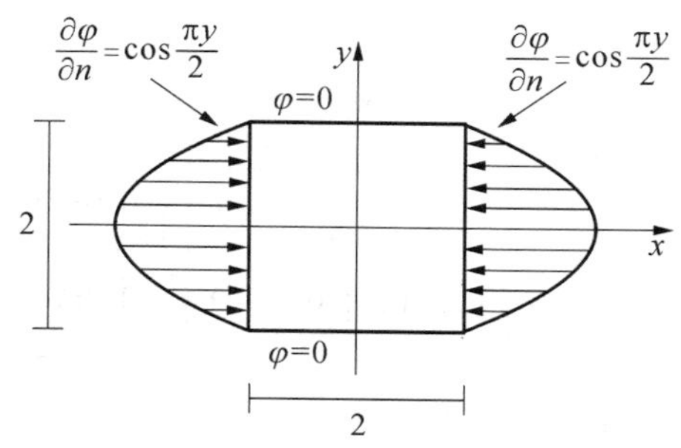

图 4.11　带有自然边界条件的正方形区域热传导问题

选取满足边界条件(4.59a)的试函数如下(考虑关于 x，y 轴的对称性)

$$\psi = 0,$$

$$N_1 = (1 - y^2),\ N_2 = (1 - y^2)x^2,\ N_3 = (1 - y^2)y^2,$$

$$N_4 = (1 - y^2)x^2y^2,\ N_5 = (1 - y^2)x^4, \cdots$$

即

$$\hat{\varphi} = (1 - y^2)(a_1 + a_2x^2 + a_3y^2 + a_4x^2y^2 + a_5x^4 + \cdots) \tag{4.60}$$

由(4.57)式得到

$$\int_{-1}^{1}\int_{-1}^{1}\left(\frac{\partial N_l}{\partial x}\frac{\partial \hat{\varphi}}{\partial x} + \frac{\partial N_l}{\partial y}\frac{\partial \hat{\varphi}}{\partial y}\right)\mathrm{d}x\mathrm{d}y$$

$$= \int_{-1}^{1} N_l \Big|_{x=1} \cos\frac{\pi y}{2}\mathrm{d}y + \int_{-1}^{1} N_l \Big|_{x=-1} \cos\frac{\pi y}{2}\mathrm{d}y$$

考虑被积函数中各项关于 x，y 轴的对称性，得到

$$\int_{0}^{1}\int_{0}^{1}\left(\frac{\partial N_l}{\partial x}\frac{\partial \hat{\varphi}}{\partial x} + \frac{\partial N_l}{\partial y}\frac{\partial \hat{\varphi}}{\partial y}\right)\mathrm{d}x\mathrm{d}y = \int_{0}^{1} N_l \big|_{x=1} \cos\frac{\pi y}{2}\mathrm{d}y$$

在(4.60) 式中分别选取不同的项数进行计算，得到表 4.5 所示的系数值. 图 4.12 示出在 $x = \pm 1$ 边上自然边界条件的精度和收敛情况.

表 4.5 (4.60)式中的系数值

	$\hat{\varphi} = \sum_{m=1}^{M} a_m N_m$					$\left.\frac{\partial \hat{\varphi}}{\partial n}\right\|_{x=\pm 1}$
	a_1	a_2	a_3	a_4	a_5	
取两项	0.248 8	0.414 7				$0.829\,3(1-y^2)$
取三项	0.266 7	0.414 7	−0.089 5			$0.829\,3(1-y^2)$
取四项	0.261 9	0.429 0	−0.057 8	−0.095 2		$(1-y^2)(0.858\,1-0.190\,3y^2)$
取五项	0.326 2	0.140 3	−0.120 7	0.093 5	0.160 0	$(1-y^2)(0.920\,7-0.187\,1y^2)$

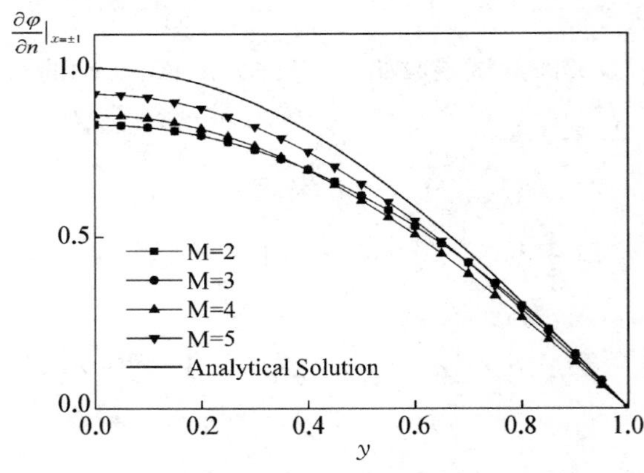

图 4.12 在 $x = \pm 1$ 边上自然边界条件的精度和收敛情况

4.2.4 微分方程组

1. 一般形式

如果一个问题由一组微分方程描述，即

$$\mathbf{A}(\boldsymbol{\varphi}) = \begin{Bmatrix} A_1(\boldsymbol{\varphi}) \\ A_2(\boldsymbol{\varphi}) \\ \vdots \\ A_N(\boldsymbol{\varphi}) \end{Bmatrix} \qquad \text{在区域 } D \text{ 内} \tag{4.61}$$

$$\boldsymbol{B}(\boldsymbol{\varphi})=\begin{Bmatrix}B_1(\boldsymbol{\varphi})\\B_2(\boldsymbol{\varphi})\\\vdots\\B_N(\boldsymbol{\varphi})\end{Bmatrix}\qquad\text{在边界 }\Gamma\text{ 上}\tag{4.62}$$

其中 $\boldsymbol{\varphi}=[\varphi_1\quad\varphi_2\quad\cdots\quad\varphi_N]^{\mathrm{T}}$.

近似函数取为

$$\hat{\varphi}_1=\psi_1+N_{11}a_{11}+N_{21}a_{21}+\cdots+N_{m1}a_{m1}+\cdots N_{M1}a_{M1}=\psi_1+\sum_{m=1}^{M}a_{m1}N_{m1}$$

$$\hat{\varphi}_2=\psi_2+N_{12}a_{12}+N_{22}a_{22}+\cdots+N_{m2}a_{m2}+\cdots N_{M2}a_{M2}=\psi_2+\sum_{m=1}^{M}a_{m2}N_{m2}$$

$$\cdots\cdots\cdots\cdots$$

$$\hat{\varphi}_N=\psi_N+N_{1N}a_{1N}+N_{2N}a_{2N}+\cdots+N_{mN}a_{mN}+\cdots N_{MN}a_{MN}=\psi_N+\sum_{m=1}^{M}a_{mN}N_{mN}$$

写成矩阵形式为

$$\hat{\boldsymbol{\varphi}}=\boldsymbol{\psi}+\sum_{m=1}^{M}\boldsymbol{N}_m\boldsymbol{a}_m$$

其中

$$\boldsymbol{a}_m=[a_{m1}\quad a_{m2}\quad\cdots\quad a_{mN}]^{\mathrm{T}}$$

$$\boldsymbol{N}_m=\begin{bmatrix}N_{m1}&&&\\&N_{m2}&&\\&&\ddots&\\&&&N_{mN}\end{bmatrix}$$

$\boldsymbol{N}_m$ 是对角线矩阵.

对于(4.61),(4.62)中每一个方程和对应的边界条件写出加权余量公式有

$$\int_D W_{l1}A_1(\hat{\boldsymbol{\varphi}})\,\mathrm{d}D+\int_\Gamma \overline{W}_{l1}B_1(\hat{\boldsymbol{\varphi}})\,\mathrm{d}\Gamma=0$$

$$\int_D W_{l2}A_2(\hat{\boldsymbol{\varphi}})\,\mathrm{d}D+\int_\Gamma \overline{W}_{l2}B_2(\hat{\boldsymbol{\varphi}})\,\mathrm{d}\Gamma=0$$

$$\cdots\cdots\cdots\cdots$$

$$\int_D W_{lN}A_N(\hat{\boldsymbol{\varphi}})\,\mathrm{d}D+\int_\Gamma \overline{W}_{lN}B_N(\hat{\boldsymbol{\varphi}})\,\mathrm{d}\Gamma=0$$

写成矩阵形式为

$$\int_D \boldsymbol{W}_l \boldsymbol{A}(\hat{\boldsymbol{\varphi}})\mathrm{d}D + \int_\Gamma \overline{\boldsymbol{W}}_l \boldsymbol{B}(\hat{\boldsymbol{\varphi}})\mathrm{d}\Gamma = \boldsymbol{0} \quad (l = 1, 2, \cdots M) \tag{4.63}$$

其中

$$\boldsymbol{W}_l = \begin{bmatrix} W_{l1} & & & \\ & W_{l2} & & \\ & & \ddots & \\ & & & W_{lN} \end{bmatrix}, \quad \overline{\boldsymbol{W}}_l = \begin{bmatrix} \overline{W}_{l1} & & & \\ & \overline{W}_{l2} & & \\ & & \ddots & \\ & & & \overline{W}_{lN} \end{bmatrix}$$

都是对角线矩阵.

由此,可以得到关于 a_{ij}（$i = 1, 2, \cdots, M, j = 1, 2, \cdots, N$）的（$M \times N$）个方程组成的线性代数方程组.

2. 弹性力学平面问题

用位移法求解弹性力学平面问题时,基本未知函数是 x，y 方向的位移 $u(x, y)$，$v(x, y)$,写成向量形式为

$$\boldsymbol{\varphi} = \begin{Bmatrix} u(x, y) \\ v(x, y) \end{Bmatrix}$$

在第 2.6 节中已经给出了如下公式:

应变位移关系

$$\boldsymbol{\varepsilon} = \boldsymbol{L\varphi}$$

用位移表示的应力

$$\boldsymbol{\sigma} = \boldsymbol{D\varepsilon} = \boldsymbol{DL\varphi}$$

用位移表示的平衡方程

$$\boldsymbol{A}(\boldsymbol{\varphi}) = \boldsymbol{L}^{\mathrm{T}}\boldsymbol{DL\varphi} + \boldsymbol{b} = \boldsymbol{0} \qquad \text{在区域 } D \text{ 内}$$

位移边界条件

$$\boldsymbol{B}_1(\boldsymbol{\varphi}) = \begin{Bmatrix} u - \bar{u} \\ v - \bar{v} \end{Bmatrix} = \boldsymbol{\varphi} - \overline{\boldsymbol{\varphi}} = \boldsymbol{0} \qquad \text{在边界 } \Gamma_u \text{ 上}$$

用位移表示的力边界条件

$$\boldsymbol{B}_2(\boldsymbol{\varphi}) = \begin{Bmatrix} \sigma_x n_x + \tau_{xy} n_y - \bar{t}_x \\ \tau_{xy} n_x + \sigma_y n_y - \bar{t}_y \end{Bmatrix} = \boldsymbol{nDL\varphi} - \bar{\boldsymbol{t}}$$

$$= \boldsymbol{0} \qquad \text{在边界 } \Gamma_\sigma \text{ 上}$$

其中 $\boldsymbol{n} = \begin{bmatrix} n_x & 0 & n_y \\ 0 & n_y & n_x \end{bmatrix}$.

近似解表示为

$$\hat{\boldsymbol{\varphi}} = \begin{Bmatrix} \hat{u} \\ \hat{v} \end{Bmatrix} = \begin{Bmatrix} \hat{\psi}_1 \\ \hat{\psi}_2 \end{Bmatrix} + \sum_{m=1}^{M} \boldsymbol{N}_m \boldsymbol{a}_m$$

其中

$$\boldsymbol{N}_m = \begin{bmatrix} N_{m1} & 0 \\ 0 & N_{m2} \end{bmatrix}$$

$$\boldsymbol{a}_m = \begin{Bmatrix} a_{m1} \\ a_{m2} \end{Bmatrix}$$

取 $\psi_1\big|_{\Gamma_u} = \bar{u}$, $N_{m1}\big|_{\Gamma_u} = 0$, $\psi_2\big|_{\Gamma_u} = \bar{v}$, $N_{m2}\big|_{\Gamma_u} = 0$, 则在 Γ_u 上的边界条件得到满足,加权余量公式为

$$\int_D \boldsymbol{W}_l \boldsymbol{A}(\hat{\boldsymbol{\varphi}}) \mathrm{d}D + \int_{\Gamma_\sigma} \overline{\boldsymbol{W}}_l \boldsymbol{B}_2(\hat{\boldsymbol{\varphi}}) \mathrm{d}\Gamma = \boldsymbol{0} \quad (l = 1, 2, \cdots M) \tag{4.64}$$

其中

$$\boldsymbol{W}_l = \begin{bmatrix} W_{l1} & 0 \\ 0 & W_{l2} \end{bmatrix}, \quad \overline{\boldsymbol{W}}_l = \begin{bmatrix} \overline{W}_{l1} & 0 \\ 0 & \overline{W}_{l2} \end{bmatrix}$$

(4.64)式可写成

$$\int_D \left(\frac{\partial \hat{\sigma}_x}{\partial x} + \frac{\partial \hat{\tau}_{xy}}{\partial y} + X \right) W_{l1} \mathrm{d}D + \int_{\Gamma_\sigma} (\hat{\sigma}_x n_x + \hat{\tau}_{xy} n_y - \bar{t}_x) \overline{W}_{l1} \mathrm{d}\Gamma = 0$$

$$\int_D \left(\frac{\partial \hat{\tau}_{xy}}{\partial x} + \frac{\partial \hat{\sigma}_y}{\partial y} + Y \right) W_{l2} \mathrm{d}D + \int_{\Gamma_\sigma} (\hat{\tau}_{xy} n_x + \hat{\sigma}_y n_y - \bar{t}_y) \overline{W}_{l2} \mathrm{d}\Gamma = 0$$

其中

$$\hat{\boldsymbol{\sigma}} = \boldsymbol{D}\boldsymbol{L}\,\hat{\boldsymbol{\varphi}}$$

对以上二式中第一项区域积分采用 Green 定理后，得到

$$-\int_D \left(\hat{\sigma}_x \frac{\partial W_{l1}}{\partial x} + \hat{\tau}_{xy} \frac{\partial W_{l1}}{\partial y} - W_{l1} X\right) \mathrm{d}D + \oint_{\Gamma_\sigma + \Gamma_u} (\hat{\sigma}_x n_x + \hat{\tau}_{xy} n_y) W_{l1} \mathrm{d}\Gamma$$

$$+ \int_{\Gamma_\sigma} (\hat{\sigma}_x n_x + \hat{\tau}_{xy} n_y - \bar{t}_x)\, \overline{W}_{l1} \mathrm{d}\Gamma = 0$$

和

$$-\int_D \left(\hat{\tau}_{xy} \frac{\partial W_{l2}}{\partial x} + \hat{\sigma}_y \frac{\partial W_{l2}}{\partial y} - W_{l2} Y\right) \mathrm{d}D + \oint_{\Gamma_\sigma + \Gamma_u} (\hat{\tau}_{xy} n_x + \hat{\sigma}_y n_y) W_{l2} \mathrm{d}\Gamma$$

$$+ \int_{\Gamma_\sigma} (\hat{\tau}_{xy} n_x + \hat{\sigma}_y n_y - \bar{t}_y)\, \overline{W}_{l2} \mathrm{d}\Gamma = 0$$

如果在 Γ_u 上取 $W_{l1} = W_{l2} = 0$，在 Γ_σ 上取 $\overline{W}_{l1} = -W_{l1}$，$\overline{W}_{l2} = -W_{l2}$，则以上二式化为

$$\int_D \left((\hat{\sigma}_x \frac{\partial W_{l1}}{\partial x} + \hat{\tau}_{xy} \frac{\partial W_{l1}}{\partial y} - W_{l1} X\right) \mathrm{d}D - \int_{\Gamma_\sigma} W_{l1}\, \bar{t}_x \mathrm{d}\Gamma = 0$$

$$\int_D \left(\hat{\tau}_{xy} \frac{\partial W_{l2}}{\partial x} + \hat{\sigma}_y \frac{\partial W_{l2}}{\partial y} - W_{l2} Y\right) \mathrm{d}D - \int_{\Gamma_\sigma} W_{l2}\, \bar{t}_y \mathrm{d}\Gamma = 0$$

写成矩阵形式为

$$\int_D \begin{bmatrix} \dfrac{\partial W_{l1}}{\partial x} & 0 & \dfrac{\partial W_{l1}}{\partial y} \\ 0 & \dfrac{\partial W_{l2}}{\partial y} & \dfrac{\partial W_{l2}}{\partial x} \end{bmatrix} \begin{Bmatrix} \hat{\sigma}_x \\ \hat{\sigma}_y \\ \hat{\tau}_{xy} \end{Bmatrix} \mathrm{d}D - \int_D \begin{bmatrix} W_{l1} & 0 \\ 0 & W_{l2} \end{bmatrix} \begin{Bmatrix} X \\ Y \end{Bmatrix} \mathrm{d}D$$

$$- \int_{\Gamma_\sigma} \begin{bmatrix} W_{l1} & 0 \\ 0 & W_{l2} \end{bmatrix} \begin{Bmatrix} \bar{t}_x \\ \bar{t}_y \end{Bmatrix} \mathrm{d}\Gamma = \begin{Bmatrix} 0 \\ 0 \end{Bmatrix}$$

即

$$\int_D (\boldsymbol{L}\boldsymbol{W}_l)^{\mathrm{T}}\hat{\boldsymbol{\sigma}}\,\mathrm{d}D - \int_D \boldsymbol{W}_l\boldsymbol{b}\,\mathrm{d}D - \int_{\Gamma_\sigma} \boldsymbol{W}_l\bar{\boldsymbol{t}}\,\mathrm{d}\Gamma = \boldsymbol{0}$$

代入用 $\hat{\boldsymbol{\varphi}}$ 表示的 $\hat{\boldsymbol{\sigma}}$ 后得到

$$\int_D (\boldsymbol{L}\boldsymbol{W}_l)^{\mathrm{T}}\boldsymbol{D}\boldsymbol{L}\hat{\boldsymbol{\varphi}}\,\mathrm{d}D = \int_D \boldsymbol{W}_l\boldsymbol{b}\,\mathrm{d}D + \int_{\Gamma_\sigma} \boldsymbol{W}_l\bar{\boldsymbol{t}}\,\mathrm{d}\Gamma \tag{4.65}$$

可以看出通过使用 Green 定理，适当选取加权函数 W_l，$\overline{W}_l$，表面力边界条件（用基本未知函数 $\boldsymbol{\varphi}$ 的导数表示）不再出现，所以弹性力学中表面力边界条件是自然边界条件.

把近似解的表达式代入(4.65)式，并采用伽辽金法得到

$$\sum_{m=1}^{M}\Big(\int_D (\boldsymbol{L}\boldsymbol{N}_l)^{\mathrm{T}}\boldsymbol{D}\boldsymbol{L}\boldsymbol{N}_m\,\mathrm{d}D\Big)\boldsymbol{a}_m = \int_D \boldsymbol{N}_l\boldsymbol{b}\,\mathrm{d}D + \int_{\Gamma_\sigma} \boldsymbol{N}_l\bar{\boldsymbol{t}}\,\mathrm{d}\Gamma - \int_D (\boldsymbol{L}\boldsymbol{N}_l)^{\mathrm{T}}\boldsymbol{D}\boldsymbol{L}\boldsymbol{\psi}\,\mathrm{d}D \tag{4.66}$$

写成矩阵形式为

$$\boldsymbol{K}\boldsymbol{a} = \boldsymbol{f}$$

其中

$$\boldsymbol{K}_{lm} = \int_D (\boldsymbol{L}\boldsymbol{N}_l)^{\mathrm{T}}\boldsymbol{D}\boldsymbol{L}\boldsymbol{N}_m\,\mathrm{d}D$$

$$\boldsymbol{f}_l = \int_D \boldsymbol{N}_l\boldsymbol{b}\,\mathrm{d}D + \int_{\Gamma_\sigma} \boldsymbol{N}_l\bar{\boldsymbol{t}}\,\mathrm{d}\Gamma - \int_D (\boldsymbol{L}\boldsymbol{N}_l)^{\mathrm{T}}\boldsymbol{D}\boldsymbol{L}\boldsymbol{\psi}\,\mathrm{d}D$$

显然 $\boldsymbol{K}$ 是对称矩阵.(4.66)式叫做弹性力学平面问题的弱形式，可以证明这一弱形式同样可以由虚功原理导出.

弹性力学的虚功原理可描述如下

$$\int_D (\boldsymbol{\delta\varepsilon})^{\mathrm{T}}\boldsymbol{\sigma}\,\mathrm{d}D = \int_D (\boldsymbol{\delta\varphi})^{\mathrm{T}}\boldsymbol{b}\,\mathrm{d}D + \int_{\Gamma_\sigma} (\boldsymbol{\delta\varphi})^{\mathrm{T}}\bar{\boldsymbol{t}}\,\mathrm{d}\Gamma$$

取

$$\boldsymbol{\varphi} \cong \hat{\boldsymbol{\varphi}} = \boldsymbol{\psi} + \sum_{m=1}^{M} \boldsymbol{N}_m \boldsymbol{a}_m$$

$$\hat{\boldsymbol{\varphi}}\Big|_{\Gamma_\varphi} = \bar{\boldsymbol{\varphi}}$$

即

$$\boldsymbol{\psi}\Big|_{\Gamma_\varphi} = \bar{\boldsymbol{\varphi}}, \quad \boldsymbol{N}_m\Big|_{\Gamma_\varphi} = \boldsymbol{0}$$

任意的虚位移和对应的虚应变有

$$\boldsymbol{\delta\varphi}_l = \boldsymbol{N}_l \boldsymbol{\delta a}_l$$

$$\boldsymbol{\delta\varepsilon}_l = \boldsymbol{L}\boldsymbol{N}_l \boldsymbol{\delta a}_l$$

应力可表示为

$$\boldsymbol{\sigma} \cong \hat{\boldsymbol{\sigma}} = \boldsymbol{D}\boldsymbol{L}\hat{\boldsymbol{\varphi}} = \boldsymbol{D}\boldsymbol{L}\left(\boldsymbol{\psi} + \sum_{m=1}^{M} \boldsymbol{N}_m \boldsymbol{a}_m\right)$$

代入虚功原理表达式得到

$$(\boldsymbol{\delta a}_l)^{\mathrm{T}} \int_D (\boldsymbol{L}\boldsymbol{N}_l)^{\mathrm{T}} \boldsymbol{D}\boldsymbol{L}\left[\boldsymbol{\psi} + \sum_{m=1}^{M} \boldsymbol{N}_m \boldsymbol{a}_m\right] \mathrm{d}D = (\boldsymbol{\delta a}_l)^{\mathrm{T}} \left(\int_D \boldsymbol{N}_l^{\mathrm{T}} \boldsymbol{b}\, \mathrm{d}D + \int_{\Gamma_\sigma} \boldsymbol{N}_l^{\mathrm{T}} \bar{\boldsymbol{t}}\, \mathrm{d}\Gamma\right)$$

对于任意的 $\boldsymbol{\delta a}_l$ 上式成立. 又因为 $\boldsymbol{N}_l$ 是对角线矩阵,有 $\boldsymbol{N}_l^{\mathrm{T}} = \boldsymbol{N}_l$,所以上式可写成

$$\sum_{m=1}^{M} \left(\int_D (\boldsymbol{L}\boldsymbol{N}_l)^{\mathrm{T}} \boldsymbol{D}\boldsymbol{L}\boldsymbol{N}_m \mathrm{d}D\right) \boldsymbol{a}_m = \int_D \boldsymbol{N}_l \boldsymbol{b} \mathrm{d}D + \int_{\Gamma_\sigma} \boldsymbol{N}_l \bar{\boldsymbol{t}} \mathrm{d}\Gamma - \int_D (\boldsymbol{L}\boldsymbol{N}_l)^{\mathrm{T}} \boldsymbol{D}\boldsymbol{L}\boldsymbol{\psi}\, \mathrm{d}D$$

显然,上式与(4.66)形式完全一样,所以弹性力学的虚功原理就是伽辽金加权余量法的弱形式.

4.2.5 边界解法

上面我们已经分两种情况讨论了加权余量法,即

1) 所选取的近似解满足全部边界条件,因此只需对区域内的微分方程建立加权余量公式;

2) 所选取的近似解既不满足区域内的微分方程,也不能满足部分边界条件或全部边界条件,因此,加权余量公式中既含有区域内微分方程部分,也含有边界条

件部分;

自然还有第三种情况,即

3) 所选取的近似解,能精确满足区域内的微分方程,但不满足边界条件,可写成

$$R_D = A(\hat{\varphi}) = 0 \qquad \text{在区域 } D \text{ 内}$$

$$R_\Gamma = B(\hat{\varphi}) \neq 0 \qquad \text{在边界 } \Gamma \text{ 上}$$

则只需对边界条件建立加权余量公式,即

$$\int_\Gamma \overline{W} R_\Gamma(\hat{\varphi}) \mathrm{d}\Gamma = 0 \tag{4.67}$$

其中近似函数$\hat{\varphi}$可写成

$$\hat{\varphi} = \sum_{m=1}^{M} a_m N_m \tag{4.68}$$

用(4.67)式确定(4.68)式中的参数 a_m.

选取的近似解事先满足区域内的微分方程,通常是十分困难的.下面讨论如下 Laplace 方程

$$\nabla^2 \varphi = \frac{\partial^2 \varphi}{\partial x^2} + \frac{\partial^2 \varphi}{\partial y^2} = 0$$

考虑复变量 $z = x + \mathrm{i}y$,其解析函数可写成

$$f(z) = u(x, y) + \mathrm{i}\,v(x, y)$$

其中 $u(x, y)$, $v(x, y)$分别是 $f(z)$的实部和虚部,又

$$\frac{\partial^2 f(z)}{\partial x^2} = \frac{\mathrm{d}^2 f}{\mathrm{d}z^2} = f''$$

$$\frac{\partial^2 f(z)}{\partial y^2} = -\frac{\mathrm{d}^2 f}{\mathrm{d}z^2} = -f''$$

所以有

$$\nabla^2 f = \frac{\partial^2 f}{\partial x^2} + \frac{\partial^2 f}{\partial y^2} = 0$$

即解析函数满足 Laplace 方程.

另外,由于 $\nabla^2 f = \nabla^2 u + \mathrm{i}\nabla^2 v = 0$.要使上式成立,必须有 $\nabla^2 u = 0$ 和 $\nabla^2 v = 0$,即一个解析函数的实部和虚部都满足 Laplace 方程.解析函数可写成如下的级数形式

$$f(z) = z^n$$

所以满足 Laplace 方程的函数可写成如下形式

n	u	v
1	x	y
2	$x^2 - y^2$	$2xy$
3	$x^3 - 3xy^2$	$3x^2y - y^3$
4	$x^4 - 6x^2y^2 + y^4$	$4x^3y - 4xy^3$
$\vdots$	$\vdots$	$\vdots$

用矩形截面弹性柱体自由扭转问题为例讨论用上述方法求解问题的基本思想.

例题 4.8 考虑如下问题

$$\frac{\partial^2\varphi}{\partial x^2} + \frac{\partial^2\varphi}{\partial y^2} = -2 \quad -3 < x < 3, \quad -2 < y < 2$$

$$\varphi = 0 \qquad x = -3,3, \qquad y = -2,2$$

首先引进如下变换,把原来的 Poisson 方程变成 Laplace 方程

$$\varphi = \theta - \frac{1}{2}(x^2 + y^2)$$

有

$$\frac{\partial^2\theta}{\partial x^2} + \frac{\partial^2\theta}{\partial y^2} = 0 \qquad \text{在区域 } D \text{ 内}$$

$$\theta = \frac{1}{2}(x^2 + y^2) \qquad \text{在边界 } \Gamma \text{ 上}$$

取近似解 $\hat{\theta} = \sum_{m=1}^{M} a_m N_m$.

问题的解应该是关于 x，y 轴对称的，可以选取

$$N_1 = 1, \quad N_2 = x^2 - y^2, \quad N_3 = x^4 - 6x^2y^2 + y^4 \quad \cdots$$

显然这样选取的近似函数满足区域中的微分方程，只需建立边界上的加权余量公式，即

$$\int_{\Gamma}\left(\hat{\theta} - \frac{1}{2}(x^2 + y^2)\right)W_l \mathrm{d}\Gamma = 0$$

在 Γ 上取 $W_l\Big|_{\Gamma} = N_l\Big|_{\Gamma}$，上式可写成

$$\int_0^2\left(\hat{\theta}\mid_{x=3} - \frac{1}{2}(9 + y^2)\right)N_l\mid_{x=3}\mathrm{d}y + \int_0^3\left(\hat{\theta}\mid_{y=2} - \frac{1}{2}(x^2 + 4)\right)N_l\mid_{y=2}\mathrm{d}x = 0$$

在近似解中取 3 项得到

$$\boldsymbol{K} = \begin{bmatrix} 5 & 12.3 & -95 \\ 12.3 & 145 & 98.5 \\ -95 & 98.5 & 18\,170.5 \end{bmatrix}, \quad \boldsymbol{f} = \begin{Bmatrix} 20.8 \\ 78.1 \\ -539.6 \end{Bmatrix}$$

求解后得到 $a_1 = 3.22$，$a_2 = 0.275$，$a_3 = -0.014\,4$. 求得 $\hat{\theta}$ 后，就可以得到 φ 的近似解 $\hat{\varphi}$. 所得到的扭矩是 75.5（精确解是 76.4），精确解在边界上应为 $\varphi \equiv 0$，近似解 $\hat{\varphi}$ 在边界上的分布如图 4.13 所示，显然边界条件不能精确满足，只是加权积分平均意义上满足.

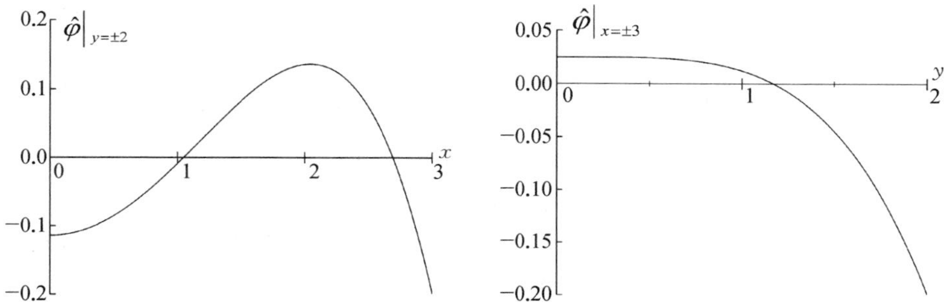

图 4.13　矩形截面弹性柱体自由扭转问题的自然边界条件

4.3 变分方法

4.3.1 基本概念

我们已经知道，很多问题最后都是归结为求解一个(或一组)在某一个区域内定义的函数，它们满足一定的微分方程和边界条件，我们已经讨论了几种近似求解的方法.如有限差分法，在离散的差分点上建立微分方程的近似—差分方程，又如加权余量法，建立微分方程加权积分平均意义上满足的积分公式等等.

在很多情况下，我们可以建立一个自然变分原理，即写出一个泛函表达式(泛函是一个积分表达式，在被积函数中含有未知函数和对它们的导数)，使泛函取极值与该问题的微分方程是等价的.因此，如果对一个问题建立了对应的泛函，就可以得到一种近似方法——变分方法，可以从一组可能的近似解中找出一个正确解，它使泛函取极值.具体来说，我们可以假设一组近似解(由选定的试函数和待定参数组成)，并代入泛函表达式，对其中的待定参数进行变分，使泛函取极值，就得到一组关于待定参数的代数方程组.

有些问题能从物理意义直接写出泛函(变分原理)的表达式，如弹性力学问题中的总势能，但有些问题不能直接写出泛函表达式，也有些问题能用微分方程描述，但写不出对应的泛函表达式.本节分别讨论上述几种情况.

函数的变分和近似解、精确解之间的关系如图 4.14 所示，在精确解 $\varphi(x)$ 的邻近，取任一可能的近似解 $\hat{\varphi}(x)$，表示为

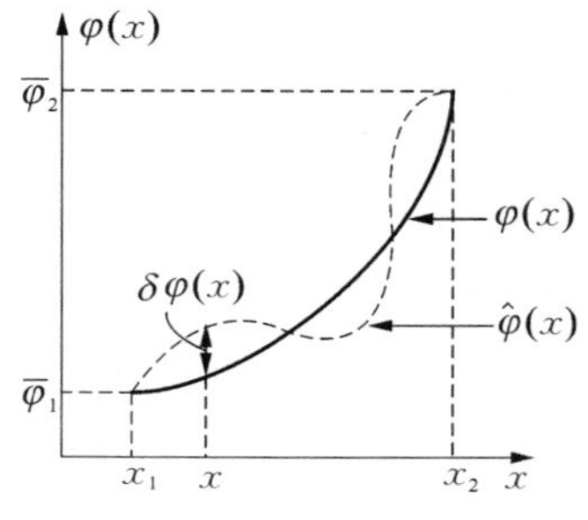

图 4.14 近似解、精确解和变分的关系

$$\hat{\varphi}(x) = \varphi(x) + \delta\varphi(x)$$

式中 $\delta\varphi(x)$ 为函数 $\varphi(x)$ 的变分，它表示满足一定约束条件(如边界条件)下函数 $\varphi(x)$ 本身无限小的变化.

变分符号 δ 的运算法则与微分相同，微分、积分和变分运算次序可交换，即

$$\delta\left(\int F\mathrm{d}x\right) = \int \delta F\mathrm{d}x$$

$$\delta\left(\frac{\mathrm{d}\varphi}{\mathrm{d}x}\right)=\frac{\mathrm{d}\delta\varphi}{\mathrm{d}x}$$

$$\delta F=\frac{\partial F}{\partial\varphi}\delta\varphi+\frac{\partial F}{\partial(\partial\varphi/\partial x)}\delta\left(\frac{\partial\varphi}{\partial x}\right)+\frac{\partial F}{\partial(\partial^2\varphi/\partial x^2)}\delta\left(\frac{\partial^2\varphi}{\partial x^2}\right)+\cdots$$

考虑如下形式的泛函

$$\pi(\varphi)=\int_D F\left(\varphi,\frac{\partial\varphi}{\partial x},\cdots\right)\mathrm{d}D+\int_\Gamma G\left(\varphi,\frac{\partial\varphi}{\partial x},\cdots\right)\mathrm{d}\Gamma \tag{4.69}$$

其中 F，G 是未知函数 φ 及其导数的函数，Γ 是封闭区域 D 的边界. 令 φ 在一组可能函数系内变化，使 $\pi(\varphi)$ 取极值，即

$$\delta\pi=0 \tag{4.70}$$

所谓可能函数是指满足下面一般形式边界条件的所有函数

$$B_1(\varphi)=\mathrm{M}_1\varphi+\gamma_1=0 \qquad \text{在边界 } \Gamma_1 \text{ 上} \tag{4.71a}$$

$$B_2(\varphi)=\mathrm{M}_2\varphi+\gamma_2=0 \qquad \text{在边界 } \Gamma_2 \text{ 上} \tag{4.71b}$$

且 $\Gamma=\Gamma_1+\Gamma_2$. (4.70)式可写成

$$\begin{aligned}\delta\pi&=\int_D\left[\frac{\partial F}{\partial\varphi}\delta\varphi+\frac{\partial F}{\partial(\partial\varphi/\partial x)}\delta\left(\frac{\partial\varphi}{\partial x}\right)+\cdots\right]\mathrm{d}D\\&\quad+\int_\Gamma\left[\frac{\partial G}{\partial\varphi}\delta\varphi+\frac{\partial G}{\partial(\partial\varphi/\partial x)}\delta\left(\frac{\partial\varphi}{\partial x}\right)+\cdots\right]\mathrm{d}\Gamma\\&=0\end{aligned}$$

对上式进行一些运算后，有可能写成

$$\delta\pi=\int_D A(\varphi)\delta\varphi\,\mathrm{d}D=0 \tag{4.72}$$

上式对任意可能的变化 $\delta\varphi$ 成立，得到

$$A(\varphi)=0 \qquad \text{在区域 } D \text{ 内} \tag{4.73}$$

显然，在满足边界条件(4.71)的所有(可能的)函数中，满足方程(4.73)和使泛函(4.69)取极值是等价的. 泛函(4.69)在满足边界条件(4.71)的所有函数中取极值就叫做(4.73)和(4.71)所定义的问题的自然变分原理. (4.73)就叫做该变分原理的 Euler 方程.

在有些情况下,对(4.69)变分后得不到(4.72)式,而得到如下形式

$$\delta\pi = \int_D A(\varphi)\delta\varphi \mathrm{d}D + \int_{\Gamma_2} B_2(\varphi)\delta\varphi \mathrm{d}\Gamma = 0 \tag{4.74}$$

对任意的变化 $\delta\varphi$ 上式成立,得到

$$A(\varphi) = 0 \qquad \text{在区域 } D \text{ 内}$$

$$B_2(\varphi) = 0 \qquad \text{在边界 } \Gamma_2 \text{ 上}$$

(4.71b)所示的边界条件叫做自然边界条件,泛函取极值不但能满足区域内的微分方程,也能使这部分边界条件自动满足.在这种情况下,用变分原理近似求解时,选取的近似函数不必事先满足在 Γ_2 上的边界条件,只需满足在 Γ_1 上的条件,这部分边界条件叫做强迫边界条件(或基本边界条件).以这种方式定义的自然边界条件与加权余量法所定义的自然边界条件在本质上是一回事.

例题 4.9 考虑如下泛函

$$\pi(\varphi) = \int_0^{L_x} \left[\frac{T}{2}\left(\frac{\mathrm{d}\varphi}{\mathrm{d}x}\right)^2 - w(x)\varphi\right]\mathrm{d}x \tag{4.75}$$

式中 T 是常数,$w(x)$是已知函数,φ 是未知函数.现在确定使上式取极值的 φ,选取的可能函数满足如下边界条件

$$\varphi = 0 \qquad \text{在 } x = 0,\ x = L_x \text{ 处} \tag{4.76}$$

对(4.75)式进行变分运算,利用边界条件(4.76)式和分部积分可以得到

$$\begin{aligned}
\delta\pi &= \int_0^{L_x}\left(T\frac{\mathrm{d}\varphi}{\mathrm{d}x}\delta\left(\frac{\mathrm{d}\varphi}{\mathrm{d}x}\right) - w(x)\delta\varphi\right)\mathrm{d}x \\
&= \int_0^{L_x} T\frac{\mathrm{d}\varphi}{\mathrm{d}x}\frac{\mathrm{d}}{\mathrm{d}x}(\delta\varphi)\mathrm{d}x - \int_0^{L_x} w(x)\delta\varphi\mathrm{d}x \\
&= -\int_0^{L_x} T\frac{\mathrm{d}^2\varphi}{\mathrm{d}x^2}(\delta\varphi)\mathrm{d}x + T\frac{\mathrm{d}\varphi}{\mathrm{d}x}\delta\varphi\Big|_0^{L_x} - \int_0^{L_x} w(x)\delta\varphi\mathrm{d}x \\
&= -\int_0^{L_x}\left(T\frac{\mathrm{d}^2\varphi}{\mathrm{d}x^2} + w(x)\right)\delta\varphi\mathrm{d}x
\end{aligned}$$

上式对任意的 $\delta\varphi$ 成立,得到

$$T\frac{\mathrm{d}^2\varphi}{\mathrm{d}x^2}+w(x)=0 \qquad 0<x<L_x \tag{4.77}$$

这就是泛函(4.75)式所对应的 Euler 方程.

(4.77)式是弹性弦的平衡方程，其中常数 T 是弦中的张力，$w(x)$是作用在弦上垂直方向的载荷，φ 是弦在垂直方向上的挠度，如图 4.15 所示.

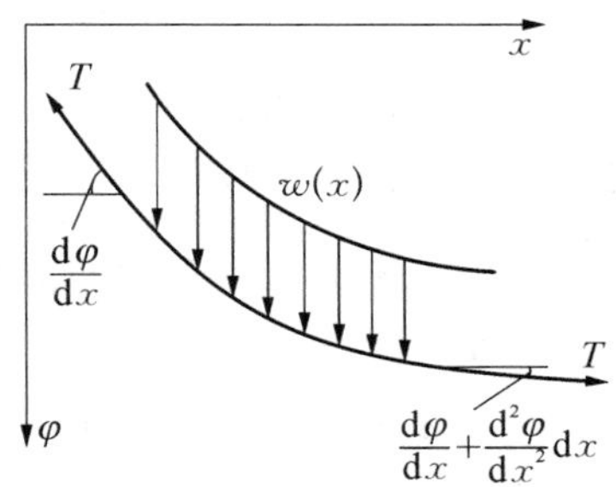

图 4.15　弹性弦的微元平衡

在泛函表达式(4.75)中，两项有明确的物理意义，即

$$U=\int_0^{L_x}\frac{T}{2}\left(\frac{\mathrm{d}\varphi}{\mathrm{d}x}\right)^2\mathrm{d}x,\ V=-\int_0^{L_x}w(x)\varphi\mathrm{d}x$$

分别表示弦中的应变能和作用在弦上的外载荷的外力势，因此泛函表达式 $\pi=U+V$ 也有明确的物理意义，它表示弦的总势能. 所以变分原理表示在所有可能的挠度中(满足全部边界条件)，真正的挠度(还满足平衡方程)使泛函取极值.

再来考虑泛函

$$\pi=\int_0^{L_x}\left[\frac{T}{2}\left(\frac{\mathrm{d}\varphi}{\mathrm{d}x}\right)^2-w(x)\varphi\right]\mathrm{d}x-\bar{q}\,\varphi\Big|_{x=L_x} \tag{4.78}$$

选取的可能函数满足如下边界条件

$$\varphi=\bar{\varphi},\quad x=0$$

我们有泛函的变分

$$\delta\pi=-\int_0^{L_x}\left(T\frac{\mathrm{d}^2\varphi}{\mathrm{d}x^2}+w(x)\right)\delta\varphi\mathrm{d}x+T\frac{\mathrm{d}\varphi}{\mathrm{d}x}\delta\varphi\Big|_0^{L_x}-\bar{q}\,\delta\varphi\Big|_{x=L_x}$$

因为选取的可能函数满足 $x=0$ 处 $\varphi=\bar{\varphi}$，即 $\varphi+\delta\varphi\Big|_{x=0}=\bar{\varphi}$，所以有

$$\delta\varphi\Big|_{x=0}=0$$

上面的变分可写成

$$\delta\pi=-\int_0^{L_x}\left(T\frac{\mathrm{d}^2\varphi}{\mathrm{d}x^2}+w(x)\right)\delta\varphi\mathrm{d}x+\left(T\frac{\mathrm{d}\varphi}{\mathrm{d}x}-\bar{q}\right)\delta\varphi\Big|_{x=L_x}=0$$

上式对任意的 $\delta\varphi$ 成立,得到

$$T\frac{\mathrm{d}^2\varphi}{\mathrm{d}x^2}+w(x)=0 \quad 0<x<L_x \tag{4.79}$$

$$T\frac{\mathrm{d}\varphi}{\mathrm{d}x}=\bar{q} \qquad x=L_x \tag{4.80}$$

(4.80)式是这个问题的自然边界条件.所以在选取可能的函数 φ 时只需满足强迫边界条件,对泛函(4.78)式取极值可以满足微分方程和自然边界条件.(4.78)式的最后一项 $-\bar{q}\varphi\Big|_{x=L_x}$ 也有明确的物理意义,即端点载荷 $\bar{q}$ 在端点挠度 $\varphi\Big|_{x=L_x}$ 上的外力势.

例题 4.10 考虑如下形式的二维问题泛函

$$\pi(\varphi)=\iint_D\left[\frac{k}{2}\left(\frac{\partial\varphi}{\partial x}\right)^2+\frac{k}{2}\left(\frac{\partial\varphi}{\partial y}\right)^2-Q\varphi\right]\mathrm{d}D+\int_{\Gamma_q}\bar{q}\,\varphi\,\mathrm{d}\Gamma \tag{4.81}$$

其中 k, Q 是坐标 x, y 的函数,整个区域 D 的边界 $\Gamma=\Gamma_\varphi+\Gamma_q$. 对泛函进行变分有

$$\delta\pi=\iint_D\left[k\frac{\partial\varphi}{\partial x}\delta\left(\frac{\partial\varphi}{\partial x}\right)+k\frac{\partial\varphi}{\partial y}\delta\left(\frac{\partial\varphi}{\partial y}\right)-Q\delta\varphi\right]\mathrm{d}D+\int_{\Gamma_q}\bar{q}\,\delta\varphi\,\mathrm{d}\Gamma$$

使用 Green 定理把 $\frac{\partial}{\partial x}(\delta\varphi)$ 和 $\frac{\partial}{\partial y}(\delta\varphi)$ 化成$\delta\varphi$ 后,得到

$$\begin{aligned}\delta\pi=&-\iint_D\left[\frac{\partial}{\partial x}\left(k\frac{\partial\varphi}{\partial x}\right)+\frac{\partial}{\partial y}\left(k\frac{\partial\varphi}{\partial y}\right)\right]\delta\varphi\,\mathrm{d}D\\&+\oint_{\Gamma=\Gamma_\varphi+\Gamma_q}k\left(\frac{\partial\varphi}{\partial x}n_x+\frac{\partial\varphi}{\partial y}n_y\right)\delta\varphi\,\mathrm{d}\Gamma+\int_{\Gamma_q}\bar{q}\,\delta\varphi\,\mathrm{d}\Gamma-\iint_D Q\delta\varphi\,\mathrm{d}D\end{aligned}$$

注意到上式中第二项积分有

$$\oint_{\Gamma=\Gamma_\varphi+\Gamma_q}k\left(\frac{\partial\varphi}{\partial x}n_x+\frac{\partial\varphi}{\partial y}n_y\right)\delta\varphi\,\mathrm{d}\Gamma=\int_{\Gamma=\Gamma_\varphi+\Gamma_q}k\frac{\partial\varphi}{\partial n}\delta\varphi\,\mathrm{d}\Gamma,$$

且在 Γ_φ 上 $\delta\varphi=0$.

则得到如下变分表达式

$$\delta\pi = -\int_D \left[\frac{\partial}{\partial x}\left(k\frac{\partial\varphi}{\partial x}\right)+\frac{\partial}{\partial y}\left(k\frac{\partial\varphi}{\partial y}\right)\right]\delta\varphi\,\mathrm{d}D + \int_{\Gamma_q}\left(k\frac{\partial\varphi}{\partial n}+\bar{q}\right)\delta\varphi\,\mathrm{d}\Gamma - \int_D Q\delta\varphi\,\mathrm{d}D$$

如果选取的可能函数在 Γ_φ 上满足边界条件 $\varphi\Big|_{\Gamma_\varphi}=\bar{\varphi}$（即在 Γ_φ 上 $\delta\varphi=0$），则对任意的 $\delta\varphi$ 使 $\delta\pi=0$ 得到

$$\frac{\partial}{\partial x}\left(k\frac{\partial\varphi}{\partial x}\right)+\frac{\partial}{\partial y}\left(k\frac{\partial\varphi}{\partial y}\right)+Q=0 \qquad \text{在区域 } D \text{ 内} \tag{4.82}$$

$$k\frac{\partial\varphi}{\partial n}=-\bar{q} \qquad \text{在边界 } \Gamma_q \text{ 上} \tag{4.83}$$

以上二式是泛函(4.81)所对应的 Euler 方程和自然边界条件.

4.3.2　自然变分原理

1）对称算子（自伴随算子）

上面已经看到，如果有一个泛函表达式，对泛函取极值总能得到对应的 Euler 方程，但并不是所有用微分方程描述的问题都存在相应的泛函（变分原理）. 因此，很自然的问题是什么样的微分方程存在泛函. 下面的讨论仅限于线性微分方程问题. 微分方程和边界条件的一般形式可写成

$$\mathrm{L}\varphi + p = 0 \qquad \text{在区域 } D \text{ 内}$$

$$\mathrm{M}\varphi + \gamma = 0 \qquad \text{在边界 } \Gamma \text{ 上}$$

如果有一组函数 u 满足齐次边界条件，即

$$\mathrm{M}u = 0 \qquad \text{在边界 } \Gamma \text{ 上}$$

当对于这一组函数中的任意两个 u，v 满足下面关系时，算子 L 称为对称的(symmetric)或者是自伴随的.

$$\int_D u\,\mathrm{L}\,v\,\mathrm{d}D = \int_D v\,\mathrm{L}\,u\,\mathrm{d}D \tag{4.84}$$

如果对于这一组函数中的任一函数有如下关系

$$\int_D u\,\mathrm{L}\,u\,\mathrm{d}D \geqslant 0 \tag{4.85}$$

且只有当 u 在区域内恒为 0 时($u\equiv 0$)上式等号才成立，就称这个算子 L 是正定的.

例题 4.11 考虑一维算子 $L = -d^2/dx^2$，齐次边界条件是函数本身在 $x = 0$，$x = L_x$ 两端点上等于零.

令 u，v 是满足齐次边界条件所有函数中的任二个，我们有

$$\int_D u \mathrm{L} v \mathrm{d}D = \int_0^{Lx} -u \frac{\mathrm{d}^2 v}{\mathrm{d}x^2} \mathrm{d}x = \int_0^{Lx} \frac{\mathrm{d}u}{\mathrm{d}x} \frac{\mathrm{d}v}{\mathrm{d}x} \mathrm{d}x - u \frac{\mathrm{d}v}{\mathrm{d}x}\bigg|_0^{Lx}$$

$$= \int_0^{Lx} \frac{\mathrm{d}u}{\mathrm{d}x} \frac{\mathrm{d}v}{\mathrm{d}x} \mathrm{d}x = -\int_0^{Lx} v \frac{\mathrm{d}^2 u}{\mathrm{d}x^2} \mathrm{d}x + v \frac{\mathrm{d}u}{\mathrm{d}x}\bigg|_0^{Lx}$$

$$= -\int_0^{Lx} v \frac{\mathrm{d}^2 u}{\mathrm{d}x^2} = \int_D v \mathrm{L} u \mathrm{d}D$$

所以 $-\mathrm{d}^2/\mathrm{d}x^2$ 是一个对称算子.在上式中取 $v = u$，则有

$$\int_0^{Lx} -u \frac{\mathrm{d}^2 u}{\mathrm{d}x^2} \mathrm{d}x = \int_0^{Lx} \frac{\mathrm{d}u}{\mathrm{d}x} \frac{\mathrm{d}u}{\mathrm{d}x} \mathrm{d}x = \int_0^{Lx} \left(\frac{\mathrm{d}u}{\mathrm{d}x}\right)^2 \mathrm{d}x \geqslant 0$$

而且只有在 $u \equiv 0$ 时有

$$\int_0^{Lx} -u \frac{\mathrm{d}^2 u}{\mathrm{d}x^2} \mathrm{d}x = \int_0^{Lx} \left(\frac{\mathrm{d}u}{\mathrm{d}x}\right)^2 \mathrm{d}x = 0$$

因为如果 $u\big|_0 = 0$，$u\big|_{Lx} = 0$，且 $\mathrm{d}u/\mathrm{d}x \equiv 0$，就一定导致 $u \equiv 0$ $(0 < x < L_x)$，于是算子 $-\mathrm{d}^2/\mathrm{d}x^2$ 是正定的.所以算子 $\mathrm{L} = -\mathrm{d}^2/\mathrm{d}x^2$ 是一个对称正定算子.

2）对称算子的变分原理

如果算子 L 是对称的，ψ 是满足给定边界条件的所有可能函数中的任一个，即

$$\mathrm{M}\psi + \gamma = 0 \qquad \text{在边界 } \Gamma \text{ 上} \tag{4.86}$$

构造如下形式的泛函

$$\pi(\varphi) = \int_D (\varphi - \psi)\left\{\frac{1}{2}\mathrm{L}(\varphi - \psi) + \mathrm{L}\psi + p\right\}\mathrm{d}D \tag{4.87}$$

如果选取的可能函数 φ 满足边界条件(4.86)式，则使上面的泛函取极值(即 $\delta\pi = 0$) 的 φ 满足下面的微分方程

$$\mathrm{L}\varphi + p = 0 \qquad \text{在区域 } D \text{ 内}$$

证明如下：

对(4.87)式进行变分，有

$$\delta\pi = \int_D \left[\left\{ \frac{1}{2}\mathrm{L}(\varphi - \psi) + \mathrm{L}\psi + p \right\} \delta\varphi + \frac{\varphi - \psi}{2}\mathrm{L}\,\delta\varphi \right] \mathrm{d}D$$

因为 φ，ψ 都满足边界条件(4.86)，所以 $(\varphi - \psi)$ 和 $\delta\varphi$ 都满足相应的齐次边界条件，又知 L 是对称算子，可把上式中的最后一项写成

$$\int_D \frac{\varphi - \psi}{2}\mathrm{L}\,\delta\varphi\,\mathrm{d}D = \int_D \frac{1}{2}\delta\varphi\,\mathrm{L}(\varphi - \psi)\,\mathrm{d}D$$

代入 $\delta\pi$ 的表达式后得到

$$\delta\pi = \int_D \{\mathrm{L}(\varphi - \psi) + \mathrm{L}\psi + p\}\delta\varphi\,\mathrm{d}D = \int_D (\mathrm{L}\varphi + p)\delta\varphi\,\mathrm{d}D \qquad (4.88)$$

对于任意的 $\delta\varphi$，使上面的 $\delta\pi = 0$，得到

$$\mathrm{L}\varphi + p = 0 \qquad \text{在区域 } D \text{ 内}$$

这就是问题的微分方程.也就是说，在所有满足边界条件(4.86)的可能函数中，使泛函(4.87)取极值的 φ 满足区域微分方程.把(4.87)式各项展开，整理后得到

$$\pi(\varphi) = \int_D \left\{ \frac{1}{2}(\varphi\mathrm{L}\varphi + \varphi\mathrm{L}\psi - \psi\mathrm{L}\varphi) + p\varphi \right\} \mathrm{d}D + \text{只含 } \psi \text{ 的项} \qquad (4.87\mathrm{a})$$

在有些情况下存在如下关系

$$\int_D (\varphi\mathrm{L}\psi - \psi\mathrm{L}\varphi)\,\mathrm{d}D = 2\int_\Gamma N\varphi\,\mathrm{d}\Gamma$$

因此泛函表达式可写成

$$\pi(\varphi) = \int_D \left(\frac{1}{2}\varphi L\varphi + p\varphi \right) \mathrm{d}D + \int_\Gamma N\varphi\,\mathrm{d}\Gamma \qquad (4.89)$$

(4.89)式中略去了仅含 ψ 的项，因为这些项在对 φ 变分时没有影响.

上述分析中要求选取可能函数时，在整个边界上满足(4.86)，但经过分析，辨明自然边界条件，能放松对可能函数选择的限制.

3) 泛函取极小值

由(4.88)式可知，泛函对任意可能的函数变分得到

$$\delta\pi = \int_D \{\mathrm{L}(\varphi-\psi) + \mathrm{L}\psi + p\}\delta\varphi \,\mathrm{d}D \tag{4.90}$$

使上式变分等于零的 φ 记为 $\tilde{\varphi}$,取 $\delta\varphi = \varphi - \psi$($\delta\varphi$ 满足齐次边界条件),则有

$$\int_D \{\mathrm{L}(\tilde{\varphi}-\psi) + \mathrm{L}\psi + p\}(\varphi-\psi)\,\mathrm{d}D = 0 \tag{4.91}$$

由(4.87) - (4.91)得

$$\begin{aligned}
\pi(\varphi) &= \iint_D \left[(\varphi-\psi)\left\{\frac{1}{2}\mathrm{L}(\varphi-\psi) + \mathrm{L}\psi + p\right\}\right]\mathrm{d}D \\
&\quad - \int_D [(\varphi-\psi)\{\mathrm{L}(\tilde{\varphi}-\psi) + \mathrm{L}\psi + p\}]\,\mathrm{d}D \\
&= \iint_D \left[\frac{1}{2}(\varphi-\psi)\{\mathrm{L}\varphi - \mathrm{L}\psi - 2\mathrm{L}\tilde{\varphi} + 2\mathrm{L}\psi\}\right]\mathrm{d}D \\
&= \iint_D \left[\frac{1}{2}(\varphi-\psi)\{\mathrm{L}\varphi - 2\mathrm{L}\tilde{\varphi} + \mathrm{L}\psi\}\right]\mathrm{d}D \\
&= \frac{1}{2}\int_D \{(\varphi-\tilde{\varphi}) + (\tilde{\varphi}-\psi)\}\{\mathrm{L}(\varphi-\tilde{\varphi}) - \mathrm{L}(\tilde{\varphi}-\psi)\}\,\mathrm{d}D \\
&= \frac{1}{2}\int_D \{(\varphi-\tilde{\varphi})\mathrm{L}(\varphi-\tilde{\varphi}) + (\tilde{\varphi}-\psi)\mathrm{L}(\varphi-\tilde{\varphi}) - (\varphi-\tilde{\varphi}) \\
&\quad \cdot \mathrm{L}(\tilde{\varphi}-\psi) - (\tilde{\varphi}-\psi)\mathrm{L}(\tilde{\varphi}-\psi)\}\,\mathrm{d}D
\end{aligned}$$

因为 L 是对称算子,上式中第二,三两项可以消掉,泛函表达式可写成

$$\pi = \frac{1}{2}\int_D \{(\varphi-\tilde{\varphi})\mathrm{L}(\varphi-\tilde{\varphi})\}\,\mathrm{d}D - \frac{1}{2}\int_D \{(\tilde{\varphi}-\psi)\mathrm{L}(\tilde{\varphi}-\psi)\}\,\mathrm{d}D \tag{4.92}$$

又因为上式中的 $\tilde{\varphi}$ 和 ψ 都不含有 φ,对变分没有影响,所以泛函表达式最后可写成

$$\pi(\varphi) = \frac{1}{2}\int_D (\varphi-\tilde{\varphi})\mathrm{L}(\varphi-\tilde{\varphi})\,\mathrm{d}D \tag{4.93}$$

$(\varphi-\tilde{\varphi})$ 满足齐次边界条件,所以如果 L 是正定算子,则有

$$\int_D (\varphi-\tilde{\varphi})\mathrm{L}(\varphi-\tilde{\varphi})\,\mathrm{d}D \geqslant 0$$

且只有 $\varphi = \tilde{\varphi}$ 时上式等号才能成立. $\varphi = \tilde{\varphi}$ 是使泛函数取极值的函数,即对于正定

算子使泛函取极值的函数一定使泛函取极小值.

例题 4.12　考虑两端固定的弹性弦问题,方程和边界条件是

$$T\frac{\mathrm{d}^2\varphi}{\mathrm{d}x^2}+w(x)=0 \qquad 0<x<L_x$$

$$\varphi=0 \qquad x=0,\ x=L_x$$

方程也可写成

$$\mathrm{L}\varphi+p=-T\frac{\mathrm{d}^2\varphi}{\mathrm{d}x^2}-w(x)=0 \qquad 0<x<L_x$$

已知 $-\dfrac{\mathrm{d}^2}{\mathrm{d}x^2}$ 是一个对称正定算子,边界条件是齐次的,所以可以取 $\psi=0$,泛函(4.87)式可写成

$$\pi(\varphi)=\int_0^{L_x}\varphi\left(\frac{1}{2}\mathrm{L}\varphi+p\right)\mathrm{d}x=-\int_0^{L_x}\varphi\left(\frac{T}{2}\frac{\mathrm{d}^2\varphi}{\mathrm{d}x^2}+w(x)\right)\mathrm{d}x$$

$$=\int_0^{L_x}\frac{T}{2}\frac{\mathrm{d}\varphi}{\mathrm{d}x}\frac{\mathrm{d}\varphi}{\mathrm{d}x}\mathrm{d}x-\frac{T}{2}\varphi\frac{\mathrm{d}\varphi}{\mathrm{d}x}\bigg|_0^{Lx}-\int_0^{L_x}w(x)\varphi\,\mathrm{d}x$$

又因为可能函数必须满足边界条件 $\varphi=0$(在 $x=0,\ x=L_x$ 处),所以这个问题的泛函可写成

$$\pi(\varphi)=\int_0^{L_x}\left(\left(\frac{T}{2}\right)\left(\frac{\mathrm{d}\varphi}{\mathrm{d}x}\right)^2-w(x)\varphi\right)\mathrm{d}x$$

例题 4.13　考虑二维热传导问题

$$\mathrm{L}\varphi+p=-\frac{\partial}{\partial x}\left(k\frac{\partial\varphi}{\partial x}\right)-\frac{\partial}{\partial y}\left(k\frac{\partial\varphi}{\partial y}\right)-Q=0 \qquad \text{在区域 } D \text{ 内} \tag{4.94a}$$

$$\varphi=\bar{\varphi} \qquad \text{在边界 } \Gamma_\varphi \text{ 上} \tag{4.94b}$$

$$k\frac{\partial\varphi}{\partial n}=-\bar{q} \qquad \text{在边界 } \Gamma_q \text{ 上} \tag{4.94c}$$

可以证明,对于非负的传导系数 k,微分算子

$$\mathrm{L}=-\frac{\partial}{\partial x}\left(k\frac{\partial}{\partial x}\right)-\frac{\partial}{\partial y}\left(k\frac{\partial}{\partial y}\right)$$

对于满足边界条件(4.94a),(4.94b)齐次形式的函数是对称的、正定的.由(4.87a)式可直接写出泛函表达式如下:

$$\begin{aligned}\pi &= \iint_D \left\{\frac{1}{2}(\varphi \mathrm{L}\varphi + \varphi \mathrm{L}\psi - \psi \mathrm{L}\varphi) + p\varphi\right\}\mathrm{d}D \\ &= \iint_D \left\{-\frac{1}{2}\varphi\frac{\partial}{\partial x}\left(k\frac{\partial\varphi}{\partial x}\right) - \frac{1}{2}\varphi\frac{\partial}{\partial y}\left(k\frac{\partial\varphi}{\partial y}\right) - Q\varphi\right\}\mathrm{d}D \\ &\quad + \frac{1}{2}\iint_D \left\{\psi\frac{\partial}{\partial x}\left(k\frac{\partial\varphi}{\partial x}\right) + \psi\frac{\partial}{\partial y}\left(k\frac{\partial\varphi}{\partial y}\right) - \varphi\frac{\partial}{\partial x}\left(k\frac{\partial\psi}{\partial x}\right)\right. \\ &\quad \left. - \varphi\frac{\partial}{\partial y}\left(k\frac{\partial\psi}{\partial y}\right)\right\}\mathrm{d}D \end{aligned} \tag{4.95}$$

对(4.95)式泛函表达式 π 中第二项积分使用 Green 定理后得到

$$\underbrace{-\frac{1}{2}\iint_D\left\{\frac{\partial\psi}{\partial x}k\frac{\partial\varphi}{\partial x} + \frac{\partial\varphi}{\partial y}k\frac{\partial\psi}{\partial y} - \frac{\partial\psi}{\partial x}k\frac{\partial\varphi}{\partial x} - \frac{\partial\varphi}{\partial y}k\frac{\partial\psi}{\partial y}\right\}\mathrm{d}\Gamma}_{\text{此项为零}}$$

$$+\frac{1}{2}\int_{\Gamma_\varphi}\left(k\psi\frac{\partial\varphi}{\partial n} - k\varphi\frac{\partial\psi}{\partial n}\right)\mathrm{d}\Gamma + \frac{1}{2}\int_{\Gamma_q}\left(k\psi\frac{\partial\varphi}{\partial n} - k\varphi\frac{\partial\psi}{\partial n}\right)\mathrm{d}\Gamma$$

$$\underbrace{=}_{\substack{\varphi,\psi\text{满足全部}\\\text{边界条件}}} \frac{1}{2}\int_{\Gamma_\varphi}k\bar{\varphi}\frac{\partial\varphi}{\partial n}\mathrm{d}\Gamma + \frac{1}{2}\int_{\Gamma_q}\varphi\bar{q}\,\mathrm{d}\Gamma - \underbrace{\frac{1}{2}\int_{\Gamma_\varphi}k\bar{\varphi}\frac{\partial\psi}{\partial n}\mathrm{d}\Gamma - \frac{1}{2}\int_{\Gamma_q}\psi\bar{q}\,\mathrm{d}\Gamma}_{\text{与}\varphi\text{无关的项}}$$

对(4.95)式泛函表达式 π 中第一项使用 Green 定理,整理后得到

$$\iint_D\left\{\frac{1}{2}k\left[\left(\frac{\partial\varphi}{\partial x}\right)^2 + \left(\frac{\partial\varphi}{\partial y}\right)^2\right] - Q\varphi\right\}\mathrm{d}D - \frac{1}{2}\int_{\Gamma_\varphi}k\bar{\varphi}\frac{\partial\varphi}{\partial n}\mathrm{d}\Gamma + \frac{1}{2}\int_{\Gamma_q}\varphi\bar{q}\,\mathrm{d}\Gamma$$

将以上结果代入(4.95)泛函表达式 π,有

$$\pi = \iint_D\left\{\frac{1}{2}k\left[\left(\frac{\partial\varphi}{\partial x}\right)^2 + \left(\frac{\partial\varphi}{\partial y}\right)^2\right] - Q\varphi\right\}\mathrm{d}D + \int_{\Gamma_q}\varphi\bar{q}\,\mathrm{d}\Gamma \tag{4.96}$$

此式就是(4.94)所对应的泛函表达式.

在上面的推导中,要求 φ 满足所有边界条件(4.95),但对(4.96)取极值(变分等于 0)不但能得到微分方程 (4.94a),还能得到边界条件(4.94c),这就是自然边界条件.所以在选取可能函数 φ 时,只需满足(4.94b)所示的边界条件(称为强迫边

界条件).

4) Rayleigh — Ritz 法

上面讨论的变分原理可以用来近似求解如下一般微分方程描述的问题

$$\mathrm{L}\varphi + p = 0 \qquad \text{在区域 } D \text{ 内}$$

$$\mathrm{M}\varphi + \gamma = 0 \qquad \text{在边界 } \Gamma \text{ 内}$$

把未知函数近似写成

$$\varphi \cong \hat{\varphi} = \psi + \sum_{m=1}^{M} a_m N_m$$

其中 ψ, N_m 分别满足非齐次边界条件和齐次边界条件,如果算子 L 是对称正定的,则一定存在(4.87)所示的泛函,代入上面的 $\hat{\varphi}$ 表达式后得到

$$\begin{aligned}\pi(\varphi) \cong \pi(\hat{\varphi}) &= \int_D (\hat{\varphi} - \psi)\left\{\frac{1}{2}\mathrm{L}(\hat{\varphi} - \psi) + \mathrm{L}\psi + p\right\}\mathrm{d}D \\ &= \int_D \left(\sum_{l=1}^{M} a_l N_l\right)\left\{\frac{1}{2}\mathrm{L}\left(\sum_{m=1}^{M} a_m N_m\right) + \mathrm{L}\psi + p\right\}\mathrm{d}D\end{aligned}$$

π 变成(a_1, a_2, $\cdots$, a_M)的函数,即

$$\pi(a_1, a_2, \cdots, a_M) \cong \sum_{l=1}^{M}\sum_{m=1}^{M}\frac{a_l a_m}{2}\int_D N_l \mathrm{L} N_m \mathrm{d}D + \sum_{l=1}^{M} a_l \int_D N_l(\mathrm{L}\psi + p)\mathrm{d}D$$

使 π 取极值的条件,可写成

$$\delta\pi = \frac{\partial\pi}{\partial a_1}\delta a_1 + \frac{\partial\pi}{\partial a_2}\delta a_2 + \cdots + \frac{\partial\pi}{\partial a_M}\delta a_M = 0$$

$$\frac{\partial\pi}{\partial a_1} = \frac{\partial\pi}{\partial a_2} = \cdots = \frac{\partial\pi}{\partial a_M} = 0$$

由 $\partial\pi/\partial a_l = 0$, ($l = 1, 2, \cdots, M$) 得到

$$\sum_{m=1}^{M} a_m \int_D N_l \mathrm{L} N_m \mathrm{d}D = -\int_D N_l(\mathrm{L}\psi + p)\mathrm{d}D$$

写成矩阵形式为

$$\boldsymbol{Ka} = \boldsymbol{f}$$

其中矩阵系数为

$$K_{lm} = \int_D N_l \mathrm{L} N_m \mathrm{d}D$$

$$f_l = -\int_D N_l (\mathrm{L}\psi + p) \mathrm{d}D$$

显然，这里得到的方程与加权余量法的伽辽金法所得的方程形式上完全一样. 因此，如果微分方程的算子是对称的，用 Galerkin 法和用 Rayleigh — Ritz 法所得的结果相同. 但是 Galerkin 法应用范围更广，因为无论是否存在泛函，它都适用，而 Rayleigh — Ritz 法只能用于存在泛函的问题.

例题 4.14 考虑如下问题

$$-\frac{\mathrm{d}^2\varphi}{\mathrm{d}x^2} + \varphi = 0 \quad 0 < x < 1$$

$$\varphi = 0 \quad x = 0$$

$$\frac{\mathrm{d}\varphi}{\mathrm{d}x} = \bar{q} \quad x = 1$$

很容易验证算子 $\mathrm{L} = \left(-\frac{\mathrm{d}^2}{\mathrm{d}x^2} + 1\right)$ 关于上述边界条件的齐次形式是对称、正定的，因此可直接写出泛函表达式如下：

$$\begin{aligned}
\pi(\varphi) &= \int_D [\varphi \mathrm{L}\varphi + \varphi \mathrm{L}\psi - \psi \mathrm{L}\varphi] \mathrm{d}D \\
&= \int_0^1 \left[\varphi\left(-\frac{\mathrm{d}^2\varphi}{\mathrm{d}x^2} + \varphi\right) - \psi\left(-\frac{\mathrm{d}^2\varphi}{\mathrm{d}x^2} + \varphi\right) + \varphi\left(-\frac{\mathrm{d}^2\psi}{\mathrm{d}x^2} + \psi\right)\right]\mathrm{d}x \\
&= \int_0^1 \left[\left(\frac{\mathrm{d}\varphi}{\mathrm{d}x}\right)^2 + \varphi^2\right]\mathrm{d}x + \int_0^1 \left(-\frac{\partial\psi}{\partial x}\frac{\partial\varphi}{\partial x} + \frac{\partial\varphi}{\partial x}\frac{\partial\psi}{\partial x}\right)\mathrm{d}x - \varphi\frac{\mathrm{d}\varphi}{\mathrm{d}x}\bigg|_0^1 \\
&\quad + \psi\frac{\mathrm{d}\varphi}{\mathrm{d}x}\bigg|_0^1 - \varphi\frac{\mathrm{d}\psi}{\mathrm{d}x}\bigg|_0^1 \\
&= \int_0^1 \left[\left(\frac{\mathrm{d}\varphi}{\mathrm{d}x}\right)^2 + \varphi^2\right]\mathrm{d}x - \varphi\bigg|_{x=1}\bar{q} + \psi\bar{q} - \varphi\bigg|_{x=1}\bar{q} \\
&= \int_0^1 \left[\left(\frac{\mathrm{d}\varphi}{\mathrm{d}x}\right)^2 + \varphi^2\right]\mathrm{d}x - 2\varphi\bigg|_{x=1}\bar{q} + \text{常数项}
\end{aligned}$$

这就是与原来微分方程和边界条件对应的泛函表达式.

应该注意的是，在上面的推导中要求 φ 满足全部边界条件，但是实际上，有一部分是自然边界条件，对上述泛函取极值，可以得到区域微分方程和自然边界条件，所以选取近似函数时，只需满足强迫边界条件，对这个问题可取

$$\hat{\varphi} = \sum_{m=1}^{M} a_m x^m$$

上述近似函数满足 $\varphi\Big|_{x=0} = 0$，但不满足 $\dfrac{d\varphi}{dx}\Big|_{x=1} = \bar{q} = 20$. 近似函数中，只取二项得到

$$\pi(a_1, a_2) = \int_0^1 [(a_1 + 2a_2 x)^2 + (a_1 x + a_2 x^2)^2] dx - 40(a_1 + a_2)$$

$$\frac{\partial \pi}{\partial a_1} = \int_0^1 [2(a_1 + 2a_2 x) + 2(a_1 x + a_2 x^2) x] dx - 40 = 0$$

$$\frac{\partial \pi}{\partial a_2} = \int_0^1 [4(a_1 + 2a_2 x)x + 2(a_1 x + a_2 x)x^2] dx - 40 = 0$$

积分后得到

$$\frac{4}{3} a_1 + \frac{5}{4} a_2 = 20$$

$$\frac{5}{4} a_1 + \frac{23}{15} a_2 = 20$$

求解后得到 $a_1 = 11.76$，$a_2 = 3.46$.

取一项近似得 $\dfrac{d\varphi}{dx}\Big|_{x=1} = 15$.

取二项近似得 $\dfrac{d\varphi}{dx}\Big|_{x=1} = 18.67$.

4.3.3 Lagrange 乘子法和修正变分原理

1）Lagrange 乘子法

已知下述边值问题

$$L\varphi + p = 0 \qquad \text{在区域 } D \text{ 内} \tag{4.97}$$

$$\mathrm{M}\varphi+\gamma=0 \qquad \text{在边界 } \Gamma \text{ 上} \tag{4.98}$$

等价于使泛函

$$\pi(\varphi)=\int_D(\varphi-\psi)\left\{\frac{1}{2}L(\varphi-\psi)+L\psi+p\right\}\mathrm{d}D \tag{4.99}$$

取极值，条件是算子 L 是对称的，ψ 是满足边界条件(4.98)的任意函数，在对$\pi(\varphi)$进行变分时，选取的可能函数 φ 必须满足边界条件(4.98). 如果把边界条件(4.98)看作是一组在边界上对未知函数 φ 施加的约束条件，则可用 Lagrange 乘子法构造一个新的泛函

$$\pi_1(\varphi,\lambda)=\pi(\varphi)+\int_\Gamma\lambda(\mathrm{M}\varphi+\gamma)\mathrm{d}\Gamma \tag{4.100}$$

其中 $\pi(\varphi)$是原来的泛函表达式，λ 是 Lagrange 乘子函数，它是坐标的函数，这样在 $\pi_1(\varphi,\lambda)$表达式中，有二个未知函数 φ, λ，使 $\pi_1(\varphi,\lambda)$取极值，就要对 φ, λ 二个函数进行变分，即

$$\delta\pi_1=\delta\pi+\int_\Gamma\delta\lambda(\mathrm{M}\varphi+\gamma)\mathrm{d}\Gamma+\int_\Gamma\lambda\mathrm{M}\delta\varphi\,\mathrm{d}\Gamma$$

对任意的 $\delta\varphi$, $\delta\lambda$，使 $\delta\pi_1=0$ ($\pi_1(\varphi,\lambda)$ 取极值)，我们得到

$$\mathrm{L}\varphi+p=0 \qquad \text{在区域 } D \text{ 内(由 } \delta\pi=0 \text{ 得到)}$$

$$\mathrm{M}\varphi+\gamma=0 \qquad \text{在边界 } \Gamma \text{ 上}$$

和

$$\mathrm{M}\delta\varphi=0 \qquad \text{在边界 } \Gamma \text{ 上}$$

因此，使 $\pi_1(\varphi,\lambda)$取极值，我们能得到问题的微分方程和边界条件，在选取可能函数 φ 时，不需要事先满足边界条件，但引进了一个新的 Lagrange 乘子函数 λ.

用(4.100)近似求解时，可把近似函数 φ 和 Lagrange 乘子函数 λ 近似表示成

$$\varphi\cong\hat{\varphi}=\sum_{m=1}^{M}N_m a_m \tag{4.101}$$

$$\lambda\cong\hat{\lambda}=\sum_{m=1}^{M}\bar{N}_m b_m \tag{4.102}$$

把(4.101)，(4.102)代入(4.100)得到

$$\pi_1\cong\pi_1(\hat{\varphi},\hat{\lambda})=\pi(a_1,a_2,\cdots,a_M,b_1,b_2,\cdots,b_M)$$

$$= \pi(a_1, a_2, \cdots, a_M) + \int_\Gamma \Big(\sum_{m=1}^{M} \bar{N}_m b_m\Big)\Big(\sum_{l=1}^{M} a_l MN_l + \gamma\Big) \mathrm{d}\Gamma$$

使 π_1 取极值,就要对两组参数 a_l, $b_l(l = 1, 2\cdots M)$ 进行变分,即

$$\delta\pi_1 = \frac{\partial\pi_1}{\partial a_1}\delta a_1 + \frac{\partial\pi_1}{\partial a_2}\delta a_2 + \cdots \frac{\partial\pi_1}{\partial a_M}\delta a_M + \frac{\partial\pi_1}{\partial b_1}\delta b_1 + \frac{\partial\pi_1}{\partial b_2}\delta b_2 + \cdots \frac{\partial\pi_1}{\partial b_M}\delta b_M = 0$$

对于任意的 δa_1, δa_2, $\cdots$, δa_M, δb_1, δb_2, $\cdots$, δb_M, 上式成立,有

$$\frac{\partial\pi_1}{\partial a_1} = \frac{\partial\pi_1}{\partial a_2} = \cdots = \frac{\partial\pi_1}{\partial a_M} = 0$$

和

$$\frac{\partial\pi_1}{\partial b_1} = \frac{\partial\pi_1}{\partial b_2} = \cdots = \frac{\partial\pi_1}{\partial b_M} = 0$$

由原来的变分原理,可得

$$\frac{\partial\pi}{\partial a_l} = \sum_{m=1}^{M} K_{lm} a_m - f_l$$

则

$$\frac{\partial\pi_1}{\partial a_l} = \frac{\partial\pi}{\partial a_l} + \sum_{m=1}^{M}\Big(\int_\Gamma (\bar{N}_m MN_l)\mathrm{d}\Gamma\Big) b_m = \sum_{m=1}^{M} K_{lm} a_m - f_l + \sum_{m=1}^{M} \bar{K}_{lm} b_m = 0$$

$$\frac{\partial\pi_1}{\partial b_l} = \sum_{m=1}^{M}\Big(\int_\Gamma (\bar{N}_l MN_m)\mathrm{d}\Gamma\Big) a_m + \int_\Gamma \bar{N}_l \gamma \mathrm{d}\Gamma = \sum_{m=1}^{M} \bar{\bar{K}}_{lm} a_m - \bar{f}_l = 0$$

合并以上两式,写成矩阵形式为

$$\begin{bmatrix} \mathbf{K} & \bar{\mathbf{K}} \\ \bar{\bar{\mathbf{K}}} & \mathbf{0} \end{bmatrix} \begin{Bmatrix} \boldsymbol{a} \\ \boldsymbol{b} \end{Bmatrix} = \begin{Bmatrix} \boldsymbol{f} \\ \bar{\boldsymbol{f}} \end{Bmatrix}$$

其中 K_{lm}, f_l 由原来的变分原理得到, 而 $\bar{K}_{lm}$,$\bar{\bar{K}}_{lm}$, $\bar{f}_l$ 由下式计算

$$\bar{K}_{lm} = \int_\Gamma \bar{N}_m MN_l \,\mathrm{d}\Gamma,\ \bar{\bar{K}}_{lm} = \int_\Gamma \bar{N}_l MN_m \,\mathrm{d}\Gamma,\ \bar{f}_l = -\int_\Gamma \bar{N}_l \gamma \mathrm{d}\Gamma$$

显然,有 $\bar{K}_{lm} = \bar{\bar{K}}_{ml}$, 如果原来的变分原理得到的 $\mathbf{K}$ 是对称矩阵,加入 Lagrange 乘子以后得到的矩阵仍是对称的. 在系数矩阵中,若干主对角线上的项

是 0，因此必须选择合适的方法求解. Lagrange 乘子法可用于处理其他约束条件.

2) Lagrange 乘子函数的物理意义，修正变分原理

为满足一定的约束条件(比如边界条件)引入 Lagrange 乘子函数，但在很多情况下，可以证明 Lagrange 乘子函数本身具有明确的物理意义，下面用一个简单例题讨论这一问题.

$$\pi(\varphi) = \iint_D \left[\frac{k}{2}\left(\frac{\partial \varphi}{\partial x}\right)^2 + \frac{k}{2}\left(\frac{\partial \varphi}{\partial y}\right)^2 - Q\varphi \right] \mathrm{d}D$$

假设全部边界条件是 $\varphi - \bar{\varphi} = 0$. 引入 Lagrange 乘子函数后，构造的新泛函为

$$\pi_1(\varphi, \lambda) = \pi(\varphi) + \int_\Gamma \lambda(\varphi - \bar{\varphi}) \mathrm{d}\Gamma$$

变分后得到

$$\begin{aligned}
\delta\pi_1 &= \delta\pi(\varphi) + \int_\Gamma \delta\lambda(\varphi - \bar{\varphi})\mathrm{d}\Gamma + \int_\Gamma \lambda\delta\varphi \mathrm{d}\Gamma \\
&= \iint_D \left(k \frac{\partial \varphi}{\partial x}\frac{\partial}{\partial x}\delta\varphi + k\frac{\partial \varphi}{\partial y}\frac{\partial}{\partial y}\delta\varphi - Q\delta\varphi \right)\mathrm{d}D + \int_\Gamma \delta\lambda(\varphi - \bar{\varphi})\mathrm{d}\Gamma + \int_\Gamma \lambda\delta\varphi \mathrm{d}\Gamma
\end{aligned}$$

对上式中的区域积分项使用 Green 定理后，泛函的变分可写成如下形式

$$\begin{aligned}
\delta\pi_1 = &-\iint_D \left[\frac{\partial}{\partial x}\left(k\frac{\partial \varphi}{\partial x}\right) + \frac{\partial}{\partial y}\left(k\frac{\partial \varphi}{\partial y}\right) + Q \right]\delta\varphi \mathrm{d}D \\
&+ \int_\Gamma k\frac{\partial \varphi}{\partial n}\delta\varphi \mathrm{d}\Gamma + \int_\Gamma \delta\lambda(\varphi - \bar{\varphi})\mathrm{d}\Gamma + \int_\Gamma \lambda\delta\varphi \mathrm{d}\Gamma \\
= &-\iint_D \left[\frac{\partial}{\partial x}\left(k\frac{\partial \varphi}{\partial x}\right) + \frac{\partial}{\partial y}\left(k\frac{\partial \varphi}{\partial y}\right) + Q \right]\delta\varphi \mathrm{d}D + \int_\Gamma \left(k\frac{\partial \varphi}{\partial n} + \lambda\right)\delta\varphi \mathrm{d}\Gamma \\
&+ \int_\Gamma (\varphi - \bar{\varphi})\delta\lambda \mathrm{d}\Gamma
\end{aligned}$$

对任意的 $\delta\varphi$ 和 $\delta\lambda$，使 $\delta\pi_1 = 0$，得到

$$\begin{aligned}
&\frac{\partial}{\partial x}\left(k\frac{\partial \varphi}{\partial x}\right) + \frac{\partial}{\partial y}\left(k\frac{\partial \varphi}{\partial y}\right) + Q = 0 \quad &\text{在区域 } D \text{ 内} \\
&\varphi - \bar{\varphi} = 0 \quad &\text{在边界 } \Gamma \text{ 上} \\
&\lambda = -k\frac{\partial \varphi}{\partial n} \quad &\text{在边界 } \Gamma \text{ 上}
\end{aligned}$$

可以看出，由 $\delta\pi_1 = 0$ 除了得到微分方程和边界条件外，还得到了 Lagrange 乘子函数的物理意义，它表示在边界法线方向上的热流强度，将这一表达式代入新构造的泛函后得到

$$\pi_1(\varphi) = \int_D \left(\frac{k}{2}\left(\frac{\partial\varphi}{\partial x}\right)^2 + \frac{k}{2}\left(\frac{\partial\varphi}{\partial y}\right)^2 - Q\varphi\right)\mathrm{d}D - \int_\Gamma k\frac{\partial\varphi}{\partial n}(\varphi - \bar{\varphi})\mathrm{d}\Gamma$$

由这个泛函得到的变分原理，叫做修正变分原理. 显然，选取可能函数（近似求解时的近似函数 $\hat{\varphi}$）不必事先考虑满足边界条件，未知函数（近似求解时的参数个数）又恢复到原来的数目，这些特点给计算带来方便.

例题 4.15 仍然考虑例题 4.1，即

$$\begin{aligned} -\frac{\mathrm{d}^2\varphi}{\mathrm{d}x^2} + \varphi = 0 \qquad & 0 < x < 1 \\ \varphi = 0 \qquad & x = 0 \\ \varphi = 1 \qquad & x = 1 \end{aligned}$$

这个问题的修正变分原理可写成

$$\pi_1(\varphi) = \int_0^1 \frac{1}{2}\left[\left(\frac{\mathrm{d}\varphi}{\mathrm{d}x}\right)^2 + \varphi^2\right]\mathrm{d}x + \frac{\mathrm{d}\varphi}{\mathrm{d}x}\varphi\Big|_{x=0} - \frac{\mathrm{d}\varphi}{\mathrm{d}x}(\varphi - 1)\Big|_{x=1}$$

取 $\varphi \cong \hat{\varphi} = a_1 + a_2 x + a_3 x^2$，这一组试函数构成的近似函数 $\hat{\varphi}$ 不能满足边界条件. 代入上式并变分后得到

$$\boldsymbol{K}\boldsymbol{a} = \boldsymbol{f}$$

其中

$$\boldsymbol{K} = \begin{bmatrix} 1 & \frac{1}{2} & -\frac{5}{3} \\ \frac{1}{2} & -\frac{2}{3} & -\frac{7}{4} \\ -\frac{5}{3} & -\frac{7}{4} & -\frac{37}{15} \end{bmatrix}, \qquad \boldsymbol{f} = \begin{Bmatrix} 0 \\ -1 \\ -2 \end{Bmatrix}$$

求解后得到 $a_1 = -0.0448$，$a_2 = 0.8559$，$a_3 = 0.2311$，即

$$\hat{\varphi} = -0.0448 + 0.8559x + 0.2311x^2$$

如果 $\hat{\varphi}$ 的表达式中取二项，可以得到 $\hat{\varphi} = -0.5455 + 1.0909x$，$\hat{\varphi}$ 中取一项得到 $\hat{\varphi} = 0$. 近似解的精度如图 4.16 所示.

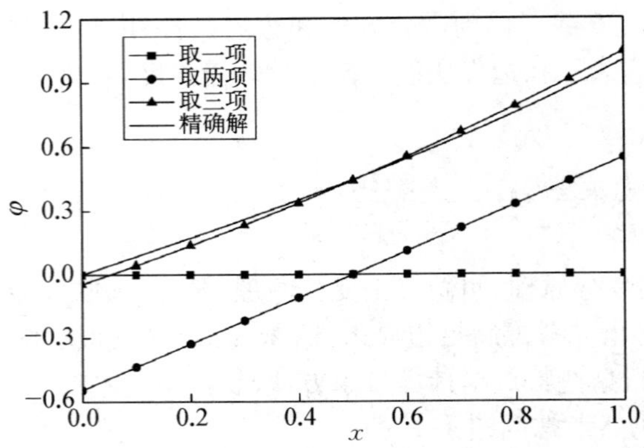

图 4.16 修正变分原理近似解的精度

3）一般变分原理

Lagrange 乘子法可以构造适用于一般微分方程的变分原理. 如果微分方程中的算子不具备对称性，不能直接写出泛函的表达式，但可以把微分方程看作是施加在未知函数上的约束条件，因此可用 Lagrange 乘子法构造如下泛函

$$\pi_2(\varphi, \lambda) = \int_D \lambda(\mathrm{L}\varphi + p)\mathrm{d}D \tag{4.103}$$

变分得到

$$\delta\pi_2(\varphi, \lambda) = \int_D \delta\lambda(\mathrm{L}\varphi + p)\mathrm{d}D + \int_D \lambda\mathrm{L}\delta\varphi\mathrm{d}D$$

对于线性问题，如果 φ 满足边界条件，$\delta\varphi$ 满足齐次边界条件，上式右端第二项积分总可以写成

$$\int_D \lambda\mathrm{L}\delta\varphi\mathrm{d}D = \int_D \delta\varphi\mathrm{L}^*\lambda\mathrm{d}D + \text{边界项}$$

其中 L^* 叫做原来算子 L 的伴随算子，λ 叫做 φ 的伴随函数.

由 $\delta\pi_2(\varphi, \lambda) = 0$ 得到

$$\mathrm{L}\varphi + p = 0 \qquad \text{在 } D \text{ 内}$$

$$\mathrm{L}^*\lambda = 0 \qquad \text{在 } D \text{ 内}$$

如果用近似方法求解，近似函数可写成如下形式

$$\varphi \cong \hat{\varphi} = \psi + \sum_{m=1}^{M} N_m a_m$$

$$\lambda \cong \hat{\lambda} = \sum_{m=1}^{M} \bar{N}_m b_m$$

其中 ψ, N_m 分别满足非齐次边界条件和齐次边界条件.把上式代入泛函表达式有

$$\pi_2(a_1, a_2, \cdots, a_M, b_1, b_2, \cdots, b_M) = \int_D \sum_{m=1}^{M} \bar{N}_m b_m \left(\sum_{l=1}^{M} (LN_l) a_l + \mathrm{L}\psi + p \right) \mathrm{d}D$$

对泛函取极值,可写成

$$\frac{\partial \pi_2}{\partial a_l} = \sum_{m=1}^{M} \left(\int_D \bar{N}_m \, \mathrm{L} N_l \, \mathrm{d}D \right) b_m = 0$$

$$\frac{\partial \pi_2}{\partial b_l} = \sum_{m=1}^{M} \left(\int_D \bar{N}_l \, \mathrm{L} N_m \, \mathrm{d}D \right) a_m + \int_D \bar{N}_l (\mathrm{L}\psi + p) \mathrm{d}D = 0$$

写成矩阵形式

$$\begin{bmatrix} \boldsymbol{K} & \boldsymbol{0} \\ 0 & \bar{\boldsymbol{K}} \end{bmatrix} \begin{Bmatrix} \boldsymbol{a} \\ \boldsymbol{b} \end{Bmatrix} = \begin{Bmatrix} \boldsymbol{f} \\ \boldsymbol{0} \end{Bmatrix} \tag{4.104}$$

其中

$$K_{lm} = \int_D \bar{N}_l \, \mathrm{L} N_m \, \mathrm{d}D, \quad \bar{K}_{lm} = \int_D \bar{N}_m \, \mathrm{L} N_l \, \mathrm{d}D, \quad f_l = -\int_D \bar{N}_l (\mathrm{L}\psi + p) \mathrm{d}D$$

(4.104)式中关于参数 $\boldsymbol{a}$, $\boldsymbol{b}$ 的两组方程是相互独立的,可分开求解,其中第一组是我们感兴趣和要求的.很明显,这一组方程就是权函数取为 $\bar{N}_l$ 的加权余量公式,这种方法有时称为一般变分原理.

4.3.4　罚函数法和最小平方法

1) 罚函数法

罚函数法是对未知函数施加约束条件的另一种方法.原来的泛函记为 $\pi(\varphi)$,如果取的可能函数 φ 不满足边界条件,可把边界条件看作施加在未知函数 φ 上的约束条件,则有

$$\int_{\Gamma}(\mathrm{M}\varphi+\gamma)^2\mathrm{d}\Gamma\geqslant 0$$

而且只有边界条件精确满足时，上式中的等号才成立，在这种情况下，它的变分

$$\delta\int_{\Gamma}(\mathrm{M}\varphi+\gamma)^2\mathrm{d}\Gamma=0$$

且取最小值.

我们可以构造如下一个新的泛函

$$\pi_3(\varphi)=\pi(\varphi)+\alpha\int_{\Gamma}(\mathrm{M}\varphi+\gamma)^2\mathrm{d}\Gamma$$

其中 α 叫做罚函数.

如果原来的问题是使 $\pi(\varphi)$取极小值，为了保证新构造 $\pi_3(\varphi)$仍取极小值，α 必须是一个正数. 另外，$\pi(\varphi)$是一个确定的有限大小的值，$\pi_3(\varphi)$也应该是一个有限大小的值. 所以 α 取得数值越大，就越能更好地近似满足边界条件.

用这种方法可施加其他在区域内或边界上的约束条件，约束条件也可以用代数方程形式表达. 用罚函数法只能近似满足约束条件，这种方法不引进新的未知函数，近似求解时不增加待求参数的数目.

例题 4.16 再次考虑例题 4.1，即

$$-\frac{\mathrm{d}^2\varphi}{\mathrm{d}x^2}+\varphi=0\quad 0<x<1$$

$$\varphi=0\quad x=0$$

$$\varphi=1\quad x=1$$

用罚函数法近似满足边界条件，构造如下形式的泛函

$$\pi_3(\varphi)=\int_0^1\frac{1}{2}\left[\left(\frac{\mathrm{d}\varphi}{\mathrm{d}x}\right)^2+\varphi^2\right]\mathrm{d}x+\alpha\varphi^2\Big|_{x=0}+\alpha\left[(\varphi-1)^2\right]\Big|_{x=1}$$

取 $\varphi\cong\hat{\varphi}=a_1+a_2x+a_3x^2$，对上述泛函取极值，即

$$\frac{\partial\pi_3}{\partial a_1}=0\quad(l=1,2,3)$$

得到

$$\boldsymbol{K}\boldsymbol{a} = \boldsymbol{f}$$

其中

$$\boldsymbol{K} = \begin{bmatrix} 2+4\beta & 1+2\beta & \frac{2}{3}+2\beta \\ 1+2\beta & \frac{8}{3}+2\beta & \frac{5}{2}+2\beta \\ \frac{2}{3}+2\beta & \frac{5}{2}+2\beta & \frac{46}{15}+2\beta \end{bmatrix},\quad \boldsymbol{f} = \begin{Bmatrix} 2\beta \\ 2\beta \\ 2\beta \end{Bmatrix},\quad \beta = 2\alpha$$

表4.6列出了β取不同数值时解的曲线方程.表4.7给出了罚函数β取不同数值时边界条件的精度.

表4.6　罚函数β取不同数值时解的曲线方程

近似解	$\beta = 1$	$\hat{\varphi} = 0.1841 + 0.1603x + 0.1554x^2$
	$\beta = 10$	$\hat{\varphi} = 0.0067 + 0.6045x + 0.2174x^2$
	$\beta = 100$	$\hat{\varphi} = 0.0083 + 0.7523x + 0.2265x^2$
	$\beta = 1\,000$	$\hat{\varphi} = 0.0009 + 0.7704x + 0.2274x^2$

表4.7　罚函数取不同数值时边界条件的精度

β	$\hat{\varphi}\|_0$	$\hat{\varphi}\|_1$
1	0.184 1	0.499 9
10	0.067 0	0.888 9
100	0.008 3	0.987 1
1 000	0.000 85	0.998 7
精确值	0	1

图4.17给出了β取不同数值时的近似解的精度.当$\beta = 100$和$\beta = 1\,000$时的曲线已经十分接近,所以图中只画了$\beta = 100$的曲线.

在有些情况下,罚函数α有明确的物理意义.考虑梁的弯曲问题,其总势能表达式为

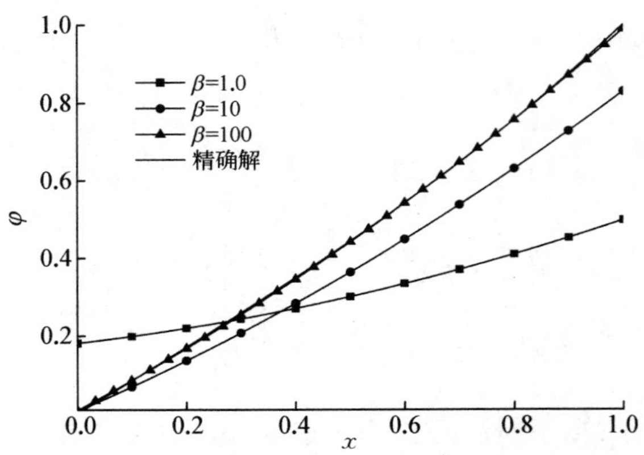

图 4.17 罚函数取不同值的精度

$$\pi(w) = \int_0^L \frac{1}{2}EI\left(\frac{d^2 w}{dx^2}\right)^2 dx - \int_0^L wq\,dx$$

当不考虑剪切变形时，转角和挠度之间的关系为

$$\theta = \frac{dw}{dx} \quad 即 \quad \frac{dw}{dx} - \theta = 0 \tag{4.105}$$

把上述关系代入泛函表达式得到

$$\pi(w,\theta) = \int_0^L \frac{1}{2}EI\left(\frac{d\theta}{dx}\right)^2 dx - \int_0^L wq\,dx$$

上面的泛函表达式中，引入了新的未知函数 θ，但它不是独立的，与 w 之间必须满足上述约束条件(4.105).我们用罚函数构造新的泛函

$$\pi_3(w,\theta) = \pi(w,\theta) + \alpha\int_0^L \left(\frac{dw}{dx} - \theta\right)^2 dx$$

如果取 $\alpha = \frac{1}{2}GA$，则有

$$\begin{aligned}\pi_3(w,\theta) &= \pi(w,\theta) + \frac{1}{2}GA\int_0^L \left(\frac{dw}{dx} - \theta\right)^2 dx \\ &= \int_0^L \frac{1}{2}EI\left(\frac{d\theta}{dx}\right)^2 dx - \int_0^L wq\,dx + \frac{1}{2}GA\int_0^L \left(\frac{dw}{dx} - \theta\right)^2 dx\end{aligned}$$

显然，这就是计及剪应变 $\gamma = (\mathrm{d}w/\mathrm{d}x) - \theta$ 的梁的总势能，随着 $\alpha (= 1/2GA)$ 的增加，剪应变 $\gamma = (\mathrm{d}w/\mathrm{d}x) - \theta = 0$ 这一约束条件就能更好地满足，这里的罚函数表示梁的剪切刚度. 在实际应用中罚函数是一种很有效的施加约束的方法，例如方程组

$$\boldsymbol{Ka} = \boldsymbol{f} \tag{4.106}$$

是由下面的泛函取极值得到的

$$\pi = \frac{1}{2}\boldsymbol{a}^{\mathrm{T}}\boldsymbol{Ka} - \boldsymbol{a}^{\mathrm{T}}\boldsymbol{f}$$

用罚函数法施加如下边界条件

$$a_1 = \bar{a}_1 \quad 即 \quad a_1 - \bar{a}_1 = 0$$

构造新的泛函为

$$\pi_3 = \pi + \alpha(a_1 - \bar{a}_1)^2$$

对上面的泛函取极值，仍然得到(4.106)式所示的方程，只需对其中两项作如下修改

$$\bar{K}_{11} = k_{11} + 2\alpha \quad 和 \quad \bar{f}_1 = f_1 + 2\alpha\bar{a}_1$$

这就是第 2.3 节中用置入大数法施加边界条件的公式，α 数值越大，边界条件就满足得越好.

2）最小平方法

前面曾用 Lagrange 乘子法构造了一般变分原理，即把微分方程看做约束条件，这种思想用于罚函数法就能得到最小平方法，如果把微分方程看作约束条件，可以构造如下泛函

$$\pi_4 = \alpha\int_D (\mathrm{L}\varphi + p)^2 \mathrm{d}D$$

如果选取的可能函数 φ 满足全部边界条件，显然，问题的真实解应该使上述泛函取极小值，且此极小值为 0，近似求解就是使泛函取极小值. 在这种情况下，α 变成了一个乘子，可以略去，所以可写成

$$\pi_4 = \int_D (\mathrm{L}\varphi + p)^2 \mathrm{d}D \tag{4.107}$$

对泛函取极值得到

$$\delta\pi_4 = 2\int_D (\mathrm{L}\varphi + p)\delta(\mathrm{L}\varphi)\mathrm{d}D = 0 \tag{4.108}$$

把如下形式的近似解代入上式

$$\hat{\varphi} = \psi + \sum_{m=1}^{M} a_m N_m$$

得到

$$\pi_4(\hat{\varphi}) = \int_D \left(\mathrm{L}\psi + \sum_{m=1}^{M} a_m \mathrm{L}N_m + p\right)^2 \mathrm{d}D$$

$$\frac{\partial \pi_4}{\partial a_l} = \int_D \left(\mathrm{L}\psi + \sum_{m=1}^{M} a_m \mathrm{L}N_m + p\right)\mathrm{L}N_l \,\mathrm{d}D = 0$$

这就是以 $W_l = \mathrm{L}N_l$ 为权函数的加权余量公式. 可以看出,在(4.108)式中含有变分 $\delta(\mathrm{L}\varphi)$,由此式推导泛函 π_4 的 Euler 方程时,需要用 Green 定理把 $\delta\varphi$ 本身分离出来,显然最后得到的方程不再是原来的方程 $\mathrm{L}\varphi + p = 0$,方程中微分的阶数比原来的高,这就可能带来两个问题:(1) 如果边界条件提得不恰当,可能得到不合实际的解;(2) 对函数的微分阶数提高,就要求选取近似函数的连续性高. 解决这一问题的方法是用一组阶数较低的方程,代替原来阶数较高的方程.

本章讨论了近似求解连续问题的各种方法以及它们之间的关系,各种方法的特点简要综述如下:

1. 有限差分法

(1) 直接从微分方程出发,用差分近似表示微分运算,对连续问题离散;

(2) 建立的代数方程组以未知函数在差分点上的值为参数,未知参数有明确的物理意义,但要求任一点的函数值必须用差分点的值插值计算求得;

(3) 代数方程组的系数矩阵是带状的(对称的);

(4) 处理复杂边界形状和梯度边界条件比较困难.

2. 加权余量法

(1) 是近似求解连续问题的一种积分公式,能用于求解一般微分方程问题;

(2) 微分方程和(或)全部(或部分)边界条件在加权积分平均意义上满足;

(3) 由于在整个求解区域中假设近似函数,需要使其预先满足一定的边界条件,只能求解几何形状和边界条件比较简单的问题;

(4) 待求参数不具有明确的物理意义,代数方程组的系数矩阵一般来说是满阵，不具备带状特点；

(5) 能得到近似函数在整个区域中的连续分布；

(6) 把加权余量法化为弱形式，并采用伽辽金法后，通常能得到对称系数矩阵，且选取试函数时只需满足强迫边界条件，自然边界条件能在加权平均意义上得到满足.

3. 变分方法

(1) 是近似求解连续问题的另一种积分公式；

(2) 可由物理意义直接写出变分原理对应的泛函表达式(如总势能)；

(3) 如果微分方程中的算子是对称的，可直接写出对应的泛函表达式；

(4) 用 Lagrange 乘子法或罚函数法处理边界条件或其他约束条件；

(5) 在整个求解区域中假设近似函数，需要使其预先满足全部或一部分边界条件，只能求解几何形状和边界条件比较简单的问题；

(6) 待求参数不具有明确的物理意义，代数方程组的系数矩阵是满阵，不具备带状，但系数矩阵通常是对称的.

综上所述，各种近似方法都是把连续问题化为离散问题，把求解

$$\mathrm{L}\varphi + p = 0 \qquad \text{在区域 } D \text{ 内}$$

$$\mathrm{M}\varphi + \gamma = 0 \qquad \text{在边界 } \Gamma \text{ 上}$$

的问题化为

$$\boldsymbol{K}\boldsymbol{a} = \boldsymbol{f}$$

形式.各种方法都有各自的特点，存在不同的局限性，我们希望建立一种方法具有以下特点：

(1) 能够求解复杂形状和边界条件问题；

(2) 未知参数有明确的物理意义；

(3) 系数矩阵是带状的，最好是对称的.

后面讨论的有限元法能够满足上述要求.

第 5 章　有限元法的一般概念

5.1 引　　言

在很多情况下，我们需要求解连续问题，它们的未知量都是连续函数.用第 4 章讨论的各种近似方法，虽然能把连续问题化为离散问题，但仍然只能求解相当简单的问题.

我们可以设想，把整个求解区域(如弹性力学平面问题)用一些假想的线划分成相互之间既不重叠，也无缝隙的三角形单元(子区域)，如图 5.1 所示.各个单元之间在相互的边界上实际上是连续的，它们之间在相互边界上的有限个节点上也是连续的，取未知函数在节点上的值作为基本未知参数.例如，在弹性力学平面问题中，未知函数是位移，基本未知参数就是节点位移.选定一组函数，单元内任一点的位移可由这一组选定的函数和节点位移的线性组合表示出来.由这样表示的位移函数就能用节点位移唯一地近似表示单元内任一点的应变、应力以及在边界上的表面力等.

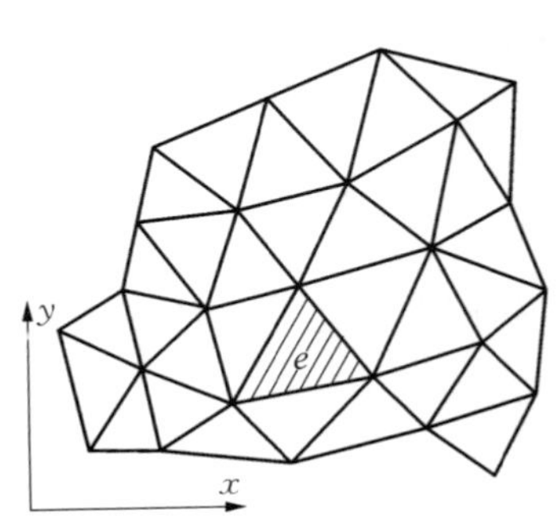

图 5.1　区域离散

建立一组在节点上的力系，平衡作用在单元内的分布力和单元边界上的力，它们可以用节点位移表示出来，这就得到了单元的刚度方程，从而可以用离散问题分析步骤近似求解.这种求解思想有以下优点：

1) 上述过程中用若干小单元的组合表示整个求解区域，可以近似复杂形状边界；

2) 边界条件化为在边界上离散点的值，事先不要考虑边界条件，形成总的方程(代数方程)后再施加边界条件；

3) 未知参数有明确的物理意义；

4) 系数矩阵是带状的(和对称的).

在上述过程中必然引进了一些近似,例如：

1) 所选取的函数在各单元之间是否满足连续条件；

2) 把单元内的应力、表面力化为节点力的过程中,只考虑了单元在总体上是平衡的,在单元内部和边界上不能保证每点上平衡方程都满足.

因此,需要讨论近似解的误差和收敛等问题.主要关键问题有：

1) 选取什么样的单元形状；

2) 怎样选取单元的近似函数；

3) 用什么方法建立单元的方程；

4) 近似解的收敛、误差和精度等问题.

5.2　分片定义试函数和有限元法

在第 2 章中讨论的弹簧、管道、桁架和刚架等自然离散问题,都是直接利用元件平衡建立其方程的例子.采用这种直接法还得到了简单三角形(只有三个节点)的弹性力学平面问题和二维热传导问题的单元方程.但是,这种方法只能用来推导比较简单的单元方程.例如：假设温度、位移场在单元内是线性变化的,因此在单元边界上热流、应力、表面力等量是常数,容易化成等效的节点热流和端点力.而对于几何形状复杂和(或)未知函数在单元内变化比较复杂的单元,用这种直接法就很难或者不可能导出单元的方程.另外,对这种方法得到的单元刚度方程的收敛性、误差和试函数选取的要求等问题也都没有进行讨论.而分片定义试函数的加权余量法和分片定义试函数的变分原理能够解决这些问题,形成了有限元法的基础.

用一般的加权余量法近似求解连续问题时,首先要选取近似函数

$$\varphi \cong \hat{\varphi} = \psi + \sum_{m=1}^{M} N_m a_m \qquad \text{在区域 } D \text{ 内}$$

要求$\hat{\varphi}$满足一定的边界条件,然后建立加权余量公式

$$\int_D W_l(\mathrm{L}\,\hat{\varphi}+p)\mathrm{d}D=0$$

或

$$\int_D W_l(\mathrm{L}\,\hat{\varphi}+p)\mathrm{d}D+\int_\Gamma \overline{W}_l(\mathrm{M}\hat{\varphi}+\gamma)\mathrm{d}\Gamma=0$$

这种方法在整个求解区域中选取试函数$\hat{\varphi}$,建立加权余量公式,要求$\hat{\varphi}$事先满足一定边界条件,这种方法只能求解比较简单的问题. 另外,$\hat{\varphi}$中的参数 a_m 没有明确的物理意义,最后形成的代数方程的系数矩阵一般都是满阵,给计算带来不便.可以设想把整个求解区域 D 划分为若干个互相既不重合,也不分离的子区域 D^e 之和.这些子区域叫做有限元.然后对每个有限元分别构造近似函数$\hat{\varphi}^e$,选取加权函数.当然对不同的有限元可用不同的方法构造近似函数,对整个区域建立的加权余量公式,就可以写成各个子区域公式之和,即

$$\begin{aligned}\int_D W_l R_D\,\mathrm{d}D&=\sum_{e=1}^{E}\int_{D^e}W_l^e R_D^e\,\mathrm{d}D=\sum_{e=1}^{E}\int_{D^e}W_l^e(\mathrm{L}\hat{\varphi}^e+p)\mathrm{d}D\\\int_\Gamma \overline{W}_l R_\Gamma\,\mathrm{d}\Gamma&=\sum_{e=1}^{E}\int_{\Gamma^e}\overline{W}_l^e R_\Gamma^e\,\mathrm{d}\Gamma=\sum_{e=1}^{E}\int_{\Gamma^e}\overline{W}_l^e(\mathrm{M}\hat{\varphi}^e+\gamma)\mathrm{d}\Gamma\end{aligned}\tag{5.1}$$

其中 $\sum_{e=1}^{E}D^e=D$, $\sum_{e=1}^{E}\Gamma^e=\Gamma$, E 是整个区域划分的子区域的个数,Γ^e是子区域D^e在整个区域的 Γ 上的那一部分边界.上式中的边界积分求和,只对和整体边界直接相邻的有限元进行.

在(5.1)式中,把整个区域的积分写成所有子区域积分之和要求被积函数(也就是近似函数及其一定阶次的导数)在子区域之间相互边界上满足一定连续性,这是有限元法中一个十分重要的问题.

加权余量公式都是用积分表示.计算一个积分当然首先要求这个积分存在.这就要求被积函数是单值的、连续的,至少是分片单值、连续,允许存在有限多个间断点,且在间断点处被积函数的间断是有限值.被积函数在整个区域中不能存在奇异点(被积函数取无穷值).

有限元法分片选取试函数,它们在各自的子区域中一般都具有足够的连续性,使被积函数的连续性满足要求,关键是在子区域(有限元)之间的交界面上所选的试函数能否满足要求.分析如图 5.2 所示情况,可以看出,为了使加权余量法的积分可以写成各子区域积分之和,就要求分片选取的试函数在各有限元交界面上满足一定的

连续性,使得被积函数在交界面上只存在有限间断,不出现无限间断.这就要求分片选取的试函数满足如下条件:如果在积分中只含未知数本身,不含导数,在有限元之间的交界面上试函数本身可以存在有限间断;如果在积分中对未知函数的最高阶导数是一阶,在有限元之间交界面上试函数本身连续,一阶导数可存在有限间断,称为C_0阶问题;如果在积分中对未知函数的最高阶导数是二阶,在有限元之间交界面上试函数本身及其一阶导数连续,二阶导数可存在有限间断,称为C_1阶问题;类推有,如果在积分中对未知函数的最高阶导数是n阶,在有限元之间交界面上试函数本身及直至其$(n-1)$阶导数连续,n阶导数可存在有限间断,称为C_{n-1}阶问题.

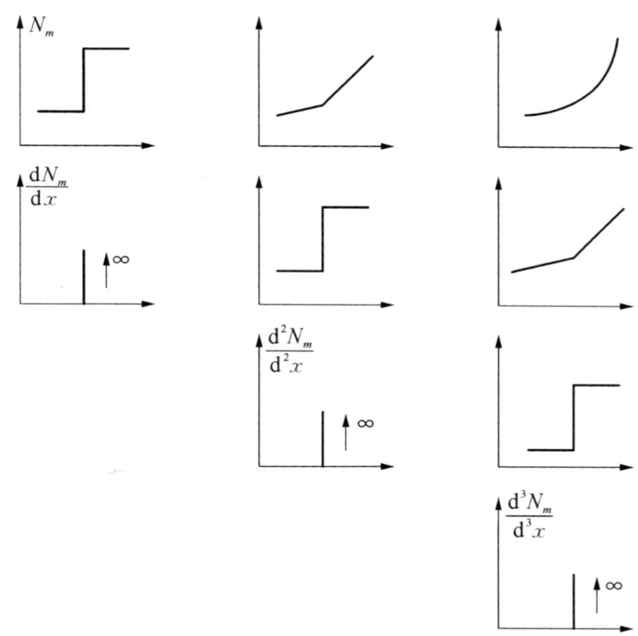

图5.2 有限元之间交界面上试函数的连续性要求

常用的是C_0阶、C_1阶问题,特别是C_0阶问题.

例如,在加权余量公式$\int_D W_l \mathrm{L} N_m \mathrm{d}D$中,如果L是个二阶算子,用此式建立有限元方程时要求分片选取的试函数N_m在交界面上是C_1阶的,而W_l可以存在有限间断,化成弱形式后,为

$$\int_D (CW_l)(DN_m)\mathrm{d}D + \text{边界上的积分项}$$

上式中的 C，D 都是一阶算子，采用伽辽金法，得到

$$\int_D (CN_l)(DN_m)\mathrm{d}D + \text{边界上的积分项}$$

显然，用此式建立有限元方程时只要求分片选取的试函数 N_m 在交界面上是 C_0 阶连续的. 与原来的加权余量公式相比，弱形式（伽辽金公式）降低了对选取试函数连续性的要求.

考虑例题 4.1 所示的一维热传导问题，即

$$\frac{\mathrm{d}^2\varphi}{\mathrm{d}x^2} - \varphi = 0 \qquad 0 < x < 1$$
$$\varphi = 0 \qquad x = 0$$
$$\varphi = 1 \qquad x = 1$$

把整个求解区域 $0 \leqslant x \leqslant 1$ 用 M 个均匀分布的节点划分为 $(M-1)$ 个有限元，近似函数可写成

$$\varphi \cong \hat{\varphi} = \sum_{m=1}^{M} N_m \varphi_m \tag{5.2}$$

N_m 是分片定义的试函数，φ_m 是节点 m 处的函数值，上式中不包含 ψ，N_m 不要求事先满足边界条件. 显然有

$$N_m(x_l) = \begin{cases} 0 & l \neq m \\ 1 & l = m \end{cases}$$

这一性质如图 5.3 所示.

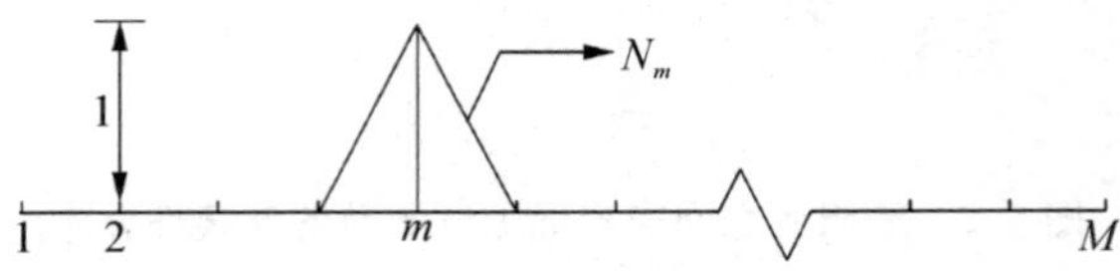

图 5.3　分片定义的试函数

假设在一个有限元内试函数是线性变化的，则有

$$\hat{\varphi}^e = \varphi_i N_i + \varphi_{i+1} N_{i+1} \tag{5.3}$$

其中

$$N_i = 1 - \frac{x - x_i}{x_{i+1} - x_i} = 1 - \frac{x - x_i}{h}, \quad N_{i+1} = \frac{x - x_i}{x_{i+1} - x_i} = \frac{x - x_i}{h}$$

试函数在一个有限元内的分布如图 5.4 所示.

这个问题的加权余量公式为

$$\int_0^1 W_l \left(\frac{d^2 \hat{\varphi}}{dx^2} - \hat{\varphi} \right) dx = 0$$

显然,分片表示$\hat{\varphi}$的试函数 N_m 必须是 C_1 阶连续的,即在有限元之间的连接点处不但 N_m 本身,而且 dN_m/dx 也要连续. 对上式进行分部积分后可以得到

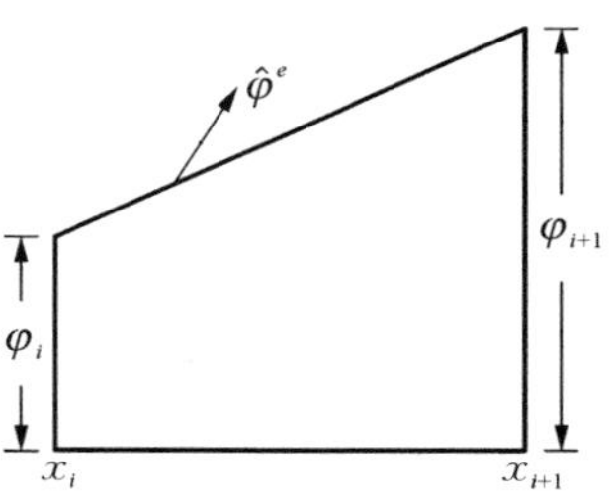

图 5.4　在有限元内线性分布的试函数

$$-\int_0^1 \left(\frac{dW_l}{dx} \frac{d\hat{\varphi}}{dx} + W_l \hat{\varphi} \right) dx + \left[W_l \frac{d\hat{\varphi}}{dx} \right] \Big|_0^1 = 0$$

由此式推导有限元方程时,在有限元之间的连接点处只要求 W_l, N_m 本身是连续的. 如果采用伽辽金法,则只要求 N_m 本身是连续的,即 C_0 阶连续. 显然对这个问题一个有限元内可用线性变化的试函数,而在一个有限元内采用常数做为试函数不能满足连续性要求.

由上面讨论可以看出,采用分片定义的近似函数,整个区域中的加权余量公式可写成各个子区域(有限元)的加权余量公式之和. 每一子区域中的加权余量公式表示在各个子区域中方程近似满足,整个区域中的加权余量公式表示整个区域中方程近似满足. 所以整个系统的方程是由各有限元方程组合、装配起来的. 这就把一个连续问题化为若干小的离散单元的组合,可用标准离散系统的分析步骤求解.

例题 5.1　考虑如下定义域为[0, 3]的微分方程边值问题

$$\frac{\partial^2 \varphi}{\partial x^2} + 6x = 0$$

$$\varphi(0) = \varphi(3) = 0$$

用三个等长度的一维两节点单元离散区域进行有限元法求解.

求解步骤为(a) 对任一单元建立微分方程的加权余量积分公式,并推导出相应的弱形式;(b) 给出单元节点形函数的表达式,用迦辽金法推导单元刚度方程,并计算所有单元的刚度矩阵和载荷向量;(c) 将所有单元刚度矩阵和载荷向量组装,得到总体刚度矩阵,施加边界条件后进行求解.

对任一单元[x_a, x_b],单元内的近似函数记为$\hat{\varphi}$,该单元的加权余量积分公

式为

$$\int_{x_a}^{x_b} W_l \left[\frac{\partial^2 \hat{\varphi}}{\partial x^2} + 6x \right] \mathrm{d}x = 0$$

对上式进行分部积分，得到

$$-\int_{x_a}^{x_b} \frac{\partial W_l}{\partial x} \frac{\partial \hat{\varphi}}{\partial x} \mathrm{d}x + W_l \frac{\partial \hat{\varphi}}{\partial x} \bigg|_{x_a}^{x_b} + \int_{x_a}^{x_b} W_l \cdot 6x \mathrm{d}x = 0$$

在边界上取 $W_l = 0$，得到相应弱形式

$$\int_{x_a}^{x_b} \frac{\partial W_l}{\partial x} \frac{\partial \hat{\varphi}}{\partial x} \mathrm{d}x = \int_{x_a}^{x_b} W_l \cdot 6x \mathrm{d}x$$

两个节点的形函数分别是 $N_a = (x - x_b)/(x_a - x_b)$ 和 $N_b = (x - x_a)/(x_b - x_a)$. 单元内的近似函数可表示为 $\hat{\varphi} = \sum_i N_i \varphi_i$. 用迦辽金法，即取加权函数 $W_l = N_l$，代入加权余量公式的弱形式得到

$$\sum_i \left(\int_{x_a}^{x_b} \frac{\partial N_l}{\partial x} \frac{\partial N_i}{\partial x} \mathrm{d}x \right) \varphi_i = \int_{x_a}^{x_b} N_l \cdot 6x \mathrm{d}x$$

由此得到单元刚度矩阵和载荷向量分别为

$$K_{li} = \int_{x_a}^{x_b} \frac{\partial N_l}{\partial x} \frac{\partial N_i}{\partial x} \mathrm{d}x$$

$$f_l = \int_{x_a}^{x_b} N_l \cdot 6x \mathrm{d}x$$

其中

$$\frac{\partial N_a}{\partial x} = \frac{1}{x_a - x_b}, \quad \frac{\partial N_b}{\partial x} = \frac{1}{x_b - x_a}$$

将定义域[0，3]划分为三个等长度的一维二节点单元[0，1]，[1，2]和[2，3]. 由上面的计算公式可以得到三个单元的刚度矩阵和载荷向量分别为

单元① $\begin{bmatrix} 1 & -1 \\ -1 & 1 \end{bmatrix}, \begin{Bmatrix} 1 \\ 2 \end{Bmatrix}$ 　　单元② $\begin{bmatrix} 1 & -1 \\ -1 & 1 \end{bmatrix}, \begin{Bmatrix} 4 \\ 5 \end{Bmatrix}$

单元③ $\begin{bmatrix} 1 & -1 \\ -1 & 1 \end{bmatrix}, \begin{Bmatrix} 7 \\ 8 \end{Bmatrix}$

将所有单元刚度矩阵和载荷向量组装得到

$$\begin{bmatrix} 1 & -1 & & \\ -1 & 2 & -1 & \\ & -1 & 2 & -1 \\ & & -1 & 1 \end{bmatrix} \begin{Bmatrix} \varphi_0 \\ \varphi_1 \\ \varphi_2 \\ \varphi_3 \end{Bmatrix} = \begin{Bmatrix} 1 + R_0 \\ 6 \\ 12 \\ 8 + R_3 \end{Bmatrix}$$

注意到其中 R_0 和 R_3 分别为作用在端点处的外界约束载荷. 施加边界条件 $\varphi_0 = \varphi_3 = 0$ 得到

$$\begin{bmatrix} 2 & -1 \\ -1 & 2 \end{bmatrix} \begin{Bmatrix} \varphi_1 \\ \varphi_2 \end{Bmatrix} = \begin{Bmatrix} 6 \\ 12 \end{Bmatrix}$$

解得 $\boldsymbol{\varphi} = [0 \quad 8 \quad 10 \quad 0]^{\mathrm{T}}$.

这个问题的解析解为 $\varphi = -x^3 + 9x$, 解析解和有限元近似解的结果如图 5.5 所示. 可以看出, 有限元解用分段线性近似三次多项式. 在 $x = 1$ 和 $x = 2$ 二个节点上近似解与精确解的值完全吻合.

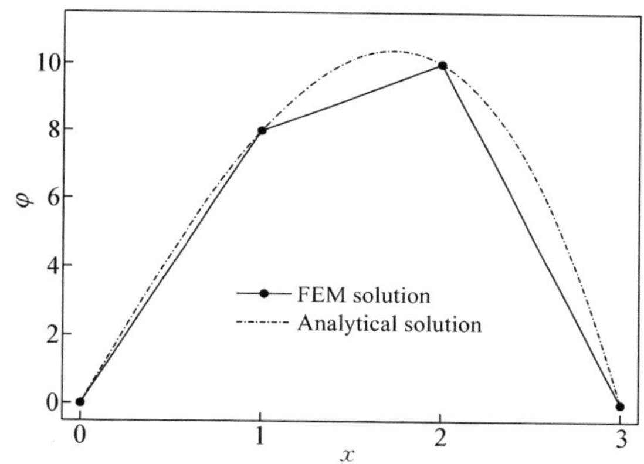

图 5.5　有限元近似解与精确解比较

5.3　二维问题有限元法的概念

5.3.1　简单三角形有限元的试函数

考虑三个节点的简单三角形有限元, 其试函数应该具有如下性质:

(1)
$$\left.\begin{aligned} N_i(x_i,\ y_i) &= 1 \\ N_i(x_j,\ y_j) &= 0 \\ N_i(x_k,\ y_k) &= 0 \end{aligned}\right\} \tag{5.4}$$

(2) 对于 C_0 阶问题, 在有限元相邻的边界上 N_i 本身是连续的;

(3) $N_i(x, y)$只在与该节点相关联的有限元内具有非零值.

如果取 $N_i(x, y)$是 x, y 的线性函数,则能满足上述要求,取

$$N_i(x, y) = a_i + b_i x + c_i y \tag{5.5}$$

由上述条件 (1) 得到

$$\begin{bmatrix} 1 & x_i & y_i \\ 1 & x_j & y_j \\ 1 & x_k & y_k \end{bmatrix} \begin{Bmatrix} a_i \\ b_i \\ c_i \end{Bmatrix} = \begin{Bmatrix} 1 \\ 0 \\ 0 \end{Bmatrix}$$

求解后

$$a_i = \frac{1}{2\Delta}(x_j y_k - x_k y_j)$$

$$b_i = \frac{1}{2\Delta}(y_j - y_k)$$

$$c_i = \frac{1}{2\Delta}(x_k - x_j)$$

其中 $2\Delta = \begin{vmatrix} 1 & x_i & y_i \\ 1 & x_j & y_j \\ 1 & x_k & y_k \end{vmatrix}$ 是三角形面积的两倍.

用类似的方法可导出 N_j, N_k 的表达式,N_i, N_j, N_k 在单元内部线性变化,满足对试函数的第(2),(3)要求,如图 5.6 所示.

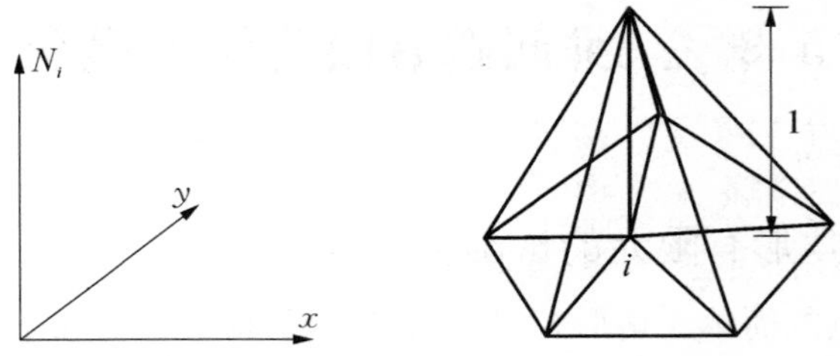

图 5.6 简单三角形有限元的试函数

5.3.2 二维热传导问题有限元公式

二维热传导问题的加权余量公式为

$$\iint_D \left[\frac{\partial}{\partial x}\left(k\frac{\partial \hat{\varphi}}{\partial x}\right)+\frac{\partial}{\partial y}\left(k\frac{\partial \hat{\varphi}}{\partial y}\right)\right]W_l\,\mathrm{d}D+\iint_D W_l Q\,\mathrm{d}D$$
$$+\int_{\Gamma_q}\left(k\frac{\partial \hat{\varphi}}{\partial n}+\bar{q}\right)\overline{W}_l\,\mathrm{d}\Gamma=0 \tag{5.6}$$

如上所述,将整个求解区域划分为有限元,上式可写成各有限元区域积分之和,要求 $\hat{\varphi}^e=\sum_{i=1}^{m}N_i\varphi_i$ 中的N_i 在有限元之间的边界上是C_1阶连续的,而对 W_l 没有连续性要求,如果取 $W_l=N_l$,就意味着要求 N_l 是C_1 阶连续的.将加权余量公式化为弱形式后有

$$\iint_D\left(\frac{\partial W_l}{\partial x}k\frac{\partial \hat{\varphi}}{\partial x}+\frac{\partial W_l}{\partial y}k\frac{\partial \hat{\varphi}}{\partial y}\right)\mathrm{d}D-\iint_D W_l Q\,\mathrm{d}D+\int_{\Gamma_q}W_l\,\bar{q}\,\mathrm{d}\Gamma=0$$

取 $W_l=N_l$,显然,只要求 N_l 是C_0 阶的,对一个有限元有

$$\iint_{D^e}\left(\frac{\partial N_l}{\partial x}k\frac{\partial \hat{\varphi}^e}{\partial x}+\frac{\partial N_l}{\partial y}k\frac{\partial \hat{\varphi}^e}{\partial y}\right)\mathrm{d}D-\iint_{D^e}N_l Q^e\,\mathrm{d}D+\int_{\Gamma_q^e}N_l\,\bar{q}\,\mathrm{d}\Gamma=0 \tag{5.7}$$

考虑区域内部的一个有限元有

$$\iint_{D^e}\left(\frac{\partial N_l}{\partial x}k\frac{\partial \hat{\varphi}^e}{\partial x}+\frac{\partial N_l}{\partial y}k\frac{\partial \hat{\varphi}^e}{\partial y}\right)\mathrm{d}D-\iint_{D^e}N_l Q^e\,\mathrm{d}D=0$$

取

$$\hat{\varphi}^e=\sum_{i=1}^{m}N_i\varphi_i=N_1\varphi_1+N_2\varphi_2+\cdots+N_m\varphi_m$$
$$=[N_1\quad\cdots\quad N_m]\begin{Bmatrix}\varphi_1\\ \vdots\\ \varphi_m\end{Bmatrix}=\boldsymbol{N\varphi}^e$$

对简单三角形有限元,$m=3$.其中 $N_i(x,y)$是 x, y 的函数,称为节点 i 的形函数,φ_i是$\hat{\varphi}^e$ 在节点i 的值.由上述表达式,显然有

$$N_i(x_j,y_j)=\begin{cases}1 & j=i\\ 0 & j\neq i\end{cases}$$

对简单三角形有限元,有

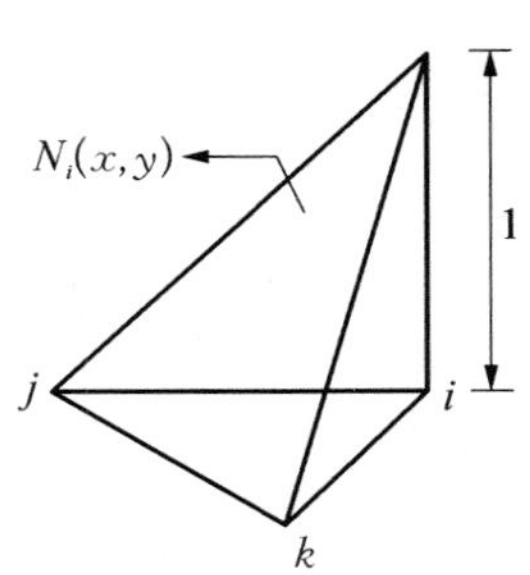

图 5.7　节点 i 的形函数

$$N_i(x, y) = \frac{1}{2\Delta}(a_i + b_i x + c_i y)$$

其图形如图 5.7 所示，对于几个相邻的有限元如图 5.6 所示，这种函数能够满足 C_0 阶连续.

把 $\hat{\varphi}^e$ 的表达式代入有限元的弱形式(5.7)式，有

$$\sum_{i=1}^{m}\left(\int_{D^e}\left(\frac{\partial N_l}{\partial x}k\frac{\partial N_i}{\partial x}\varphi_i + \frac{\partial N_l}{\partial y}k\frac{\partial N_i}{\partial y}\varphi_i\right)\mathrm{d}D\right) - \int_{D^e} N_l Q^e \mathrm{d}D + \int_{\Gamma_q^e} N_l \bar{q}\,\mathrm{d}\Gamma = 0$$

$$(i = 1, 2, \cdots, m)$$

即

$$\sum_{i=1}^{m} k_{li}^{e}\varphi_i = f_l^e, \quad l = 1, 2, \cdots, m$$

其中

$$k_{li}^{e} = \int_{D^e} k\left(\frac{\partial N_l}{\partial x}\frac{\partial N_i}{\partial x} + \frac{\partial N_l}{\partial y}\frac{\partial N_i}{\partial y}\right)\mathrm{d}D \tag{5.8}$$

$$f_l^e = \int_{D^e} N_l Q^e \mathrm{d}D - \int_{\Gamma_q^e} N_l \bar{q}\,\mathrm{d}\Gamma \tag{5.9}$$

写成矩阵形式为

$$\boldsymbol{K}^e \boldsymbol{\varphi}^e = \boldsymbol{f}^e$$

对简单三角形有限元，有

$$N_l = \frac{1}{2\Delta}(a_l + b_l x + c_l y), \quad l = 1, 2, 3$$

$$\frac{\partial N_l}{\partial x} = \frac{1}{2\Delta}b_l, \quad \frac{\partial N_l}{\partial y} = \frac{1}{2\Delta}c_l \quad (\text{都是常数})$$

则有

$$k_{li}^{e} = \frac{k}{(2\Delta)^2}(b_l b_i + c_l c_i)\int_{D^e}\mathrm{d}D = \frac{k}{(2\Delta)^2}(b_l b_i + c_l c_i)\Delta$$

$$= \frac{k}{4\Delta}(b_l b_i + c_l c_i) \tag{5.10}$$

这种方法得到的结果(5.10)式与直接法得到的结果(2.48a)式相同.另外,还导出了由于热源和边界热流得到的等效节点热流 f_l.考虑一个区域内部有限元,其热源 $Q^e=\text{const}$,对于简单三角形有限元有

$$f_l^e=\frac{\Delta}{3}Q^e$$

5.3.3　弹性力学平面问题有限元公式

弹性力学平面问题的总势能表达式为(位移法为基础的泛函表达式)

$$\Pi=\frac{1}{2}\int_D \boldsymbol{\varepsilon}^{\mathrm{T}}\boldsymbol{D}\boldsymbol{\varepsilon}\,\mathrm{d}D-\int_D \boldsymbol{\varphi}^{\mathrm{T}}\boldsymbol{b}\,\mathrm{d}D-\int_{\Gamma_\sigma}\boldsymbol{\varphi}^{\mathrm{T}}\boldsymbol{t}\,\mathrm{d}\Gamma \tag{5.11}$$

式中所有符号的定义均在2.6节中给出.

如果把总势能写成 $\Pi=\sum\limits_e \Pi^e$,要求 $\hat{\boldsymbol{\varphi}}^e=\begin{Bmatrix}\hat{u}^e\\ \hat{v}^e\end{Bmatrix}$ 在有限元之间边界上是 C_0 阶连续.取

$$\hat{u}^e=\sum_{i=1}^m N_i u_i=N_1u_1+\cdots+N_mu_m=\boldsymbol{N}\boldsymbol{u}^e$$

$$\hat{v}^e=\sum_{i=1}^m N_i v_i=N_1v_1+\cdots+N_mv_m=\boldsymbol{N}\boldsymbol{v}^e$$

写成矩阵形式为

$$\begin{aligned}\hat{\boldsymbol{\varphi}}^e&=\begin{Bmatrix}\hat{u}^e\\ \hat{v}^e\end{Bmatrix}=\sum_{i=1}^m N_i\boldsymbol{\varphi}_i=N_1\begin{bmatrix}1&0\\0&1\end{bmatrix}\begin{Bmatrix}u_1\\ v_1\end{Bmatrix}+\cdots+N_m\begin{bmatrix}1&0\\0&1\end{bmatrix}\begin{Bmatrix}u_m\\ v_m\end{Bmatrix}\\&=\boldsymbol{N}\boldsymbol{\varphi}^e\end{aligned}$$

$$\hat{\boldsymbol{\varepsilon}}^e=\boldsymbol{L}\hat{\boldsymbol{\varphi}}^e=\boldsymbol{L}\boldsymbol{N}\boldsymbol{\varphi}^e=\boldsymbol{B}\boldsymbol{\varphi}^e=\sum_{i=1}^m\boldsymbol{B}_i\boldsymbol{\varphi}_i$$

其中 $\boldsymbol{B}_i=\boldsymbol{L}\boldsymbol{N}_i$.

要求选取的近似函数在有限元之间的边界上满足 C_0 阶连续.代入后有

$$\Pi^e=\frac{1}{2}\boldsymbol{\varphi}^{e\mathrm{T}}\Big(\int_{D^e}\boldsymbol{B}^{\mathrm{T}}\boldsymbol{D}\boldsymbol{B}\,\mathrm{d}D\Big)\boldsymbol{\varphi}^e-\boldsymbol{\varphi}^{e\mathrm{T}}\int_{D^e}\boldsymbol{N}^{\mathrm{T}}\boldsymbol{b}\,\mathrm{d}D-\boldsymbol{\varphi}^{e\mathrm{T}}\int_{\Gamma_\sigma^e}\boldsymbol{N}^{\mathrm{T}}\boldsymbol{t}\,\mathrm{d}\Gamma \tag{5.12}$$

对任意的 $\boldsymbol{\delta\varphi}^e$，$\boldsymbol{\delta}\Pi = 0$，可以得到

$$\left(\int_D \boldsymbol{B}^{\mathrm{T}}\boldsymbol{D}\boldsymbol{B}\,\mathrm{d}D\right)\boldsymbol{\varphi}^e - \int_{D^e}\boldsymbol{N}^{\mathrm{T}}\boldsymbol{b}\,\mathrm{d}D - \int_{\Gamma_\sigma^e}\boldsymbol{N}^{\mathrm{T}}\boldsymbol{t}\,\mathrm{d}\Gamma = 0$$

即

$$\boldsymbol{K}^e\boldsymbol{\varphi}^e = \boldsymbol{f}^e$$

其中

$$\boldsymbol{K}_{ij}^e = \int_{D^e}\boldsymbol{B}_i^{\mathrm{T}}\boldsymbol{D}\boldsymbol{B}_j\,\mathrm{d}D \tag{5.13}$$

$$\boldsymbol{f}_i^e = \int_{D^e}\boldsymbol{N}_i^{\mathrm{T}}\boldsymbol{b}\,\mathrm{d}D + \int_{\Gamma_\sigma^e}\boldsymbol{N}_i^{\mathrm{T}}\boldsymbol{t}\,\mathrm{d}\Gamma = \int_{D^e}\boldsymbol{N}_i\boldsymbol{b}\,\mathrm{d}D + \int_{\Gamma_\sigma^e}\boldsymbol{N}_i\boldsymbol{t}\,\mathrm{d}\Gamma \tag{5.14}$$

对于三节点三角形单元，上式中形函数 N_i 由(2.45)式给出，矩阵 $\boldsymbol{B}_i$ 的表达式由(2.55)式给出，得到的刚度矩阵和各个子矩阵分别与(2.59) 和(2.61)式相同.

可以看到：

1）用变分原理与加权余量法一样，可以得出有限元的刚度方程；

2）不但可以得到有限元的刚度矩阵，还能得到由于体积力 $\boldsymbol{b}$ 和边界力 $\boldsymbol{t}$ 形成的等价节点外载荷.在第 2 章中用直接法推导元件的刚度方程时，做不到这一点；

3）对弹性力学问题，要求形函数在单元之间的边界上 $N_i(x,\ y)$是 C_0 阶连续的；

4）这种方法和这些结论很容易推广应用于三维问题.

第6章 有限元基本形状和形函数

6.1 基本概念

由前面几章讨论可知有限元法是分片定义试函数的加权余量法或变分原理法，因此在有限元法中怎样选取单元的形状、类型，以及怎样在单元中定义试函数十分重要.完成这两步后，即可用不同的方法建立单元体方程，然后用分析离散问题的步骤进行求解.

在单元内定义的近似函数可以用节点参数和选定的插值函数组合表示，一般形式为

$$\hat{\varphi}^e = \sum_{i=1}^{m} N_i \varphi_i = \boldsymbol{N}\boldsymbol{\varphi}^e \tag{6.1}$$

其中 φ_i 是单元节点参数，它们可能是 φ 在节点处的值（如二维热传导问题的温度，二维弹性力学问题的位移，平面刚架问题的轴向位移和挠度等）或者 φ 的导数在节点上的值（如平面刚架问题的节点转角 $\theta_i = \left.\dfrac{\mathrm{d}w}{\mathrm{d}x}\right|_i$ 等），N_i 是选定的插值函数，在单元体之间的交界面上必须满足一定的连续性，m 是有限元节点参数的数目.

描述一个单元的特性必须包括单元的形状、节点数目和节点类型、节点参数（变量）类型、插值函数.

6.1.1 基本单元体形状

有限元法的基本思想是把任意复杂形状的求解区域划分为若干形状比较简单的子区域（单元）的组合，因此单元的几何形状一般都比较简单.

1）一维有限元

一维问题只有一个独立变量，单元都是线段，如图 6.1 所示的有 2 个，3 个，4 个和 m 个节点的一维单元.

图 6.1　一维问题有限元

一般来说，一维问题不需要用有限元法近似求解，因为它们的场方程是线性或非线性常微分方程，比较容易用解析方法和其他近似方法求解.但有些一维问题仍需要化为有限元模型，如求解分层材料中的热传导问题，管道中流体的流动问题等等.又如在航空结构中，壁板化为二维单元，而加强筋可化为一维单元.

2）二维有限元

最基本的二维问题单元如图 6.2 所示，三个节点的三角形单元是最简单的二维单元.在有限元法的发展中它是第一个单元，直到现在也是最常用的单元之一，它能较好近似求解区域的曲线边界几何形状.矩形单元也很简单，它不便于近似复杂几何形状，但很容易自动形成有限元网格.

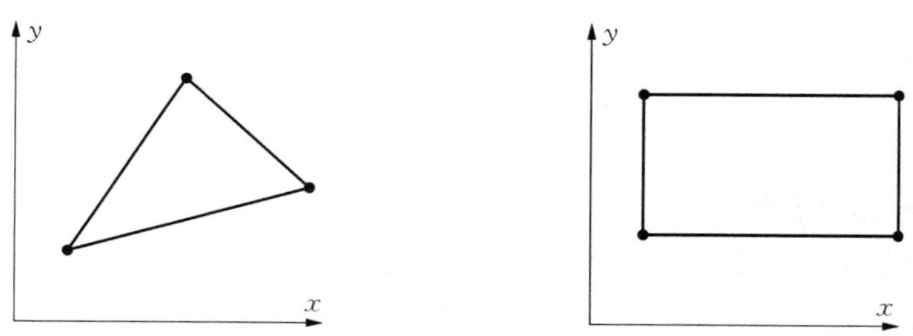

图 6.2　简单三角形单元和矩形单元

在三角形单元中还有 6 节点和更高阶单元，在四边形单元中还有任意四边形单元.任意四边形单元可以直接构成，也可以用二个或四个三角形单元组合而成，如图 6.3 所示.

另一种二维单元是轴对称单元.实际上问题本身是三维的，由于求解区域形状、边界条件和外载荷都是关于一个轴对称的，因此任何参数在通过对称轴的所有平面内均相同，原来的三维问题简化为二维问题，轴对称环形单元如图 6.4 所示.

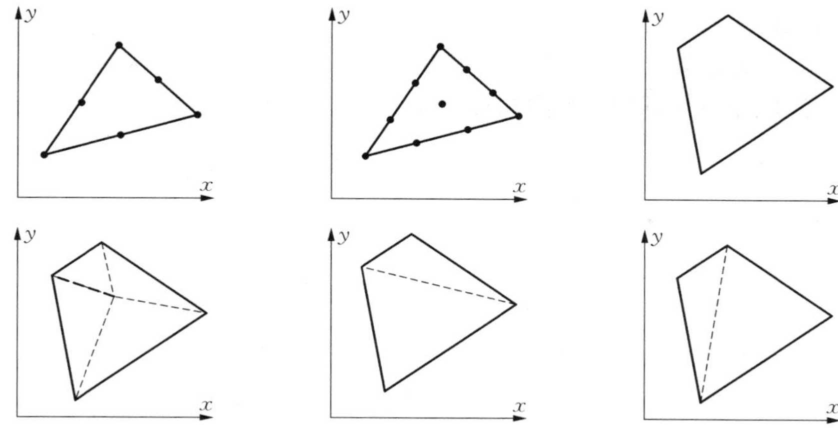

图 6.3　高阶三角形单元和任意四边形单元

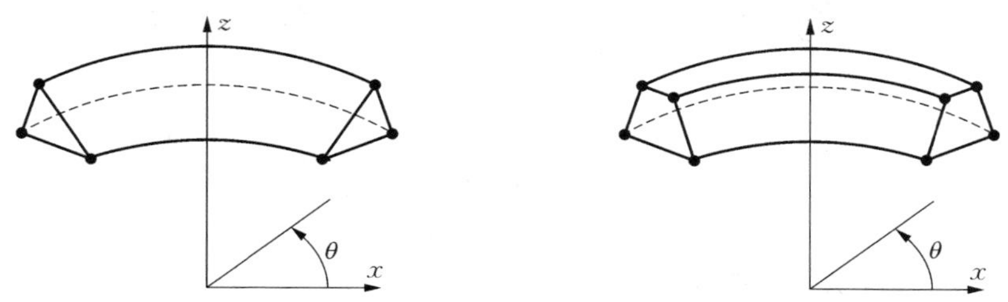

图 6.4　轴对称三角形和四边形单元

3）三维有限元

与二维问题中的三角形单元、矩形单元和任意四边形单元对应的三维问题单元是四面体、正棱柱体元和一般六面体，如图 6.5 所示.

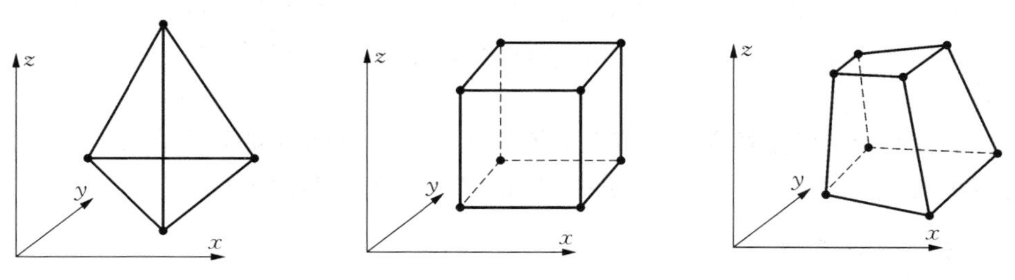

图 6.5　简单三维问题单元

一般六面体单元可以直接构成，也可以由五个四面体组合成一个六面体. 与二维问题一样，也可以形成高阶四面体单元和六面体单元.

4）曲线（曲面）单元

为了能用较少单元体近似复杂形状几何边界，在实际中常用曲线单元（二维问题）和曲面单元（三维问题），如图 6.6 所示.

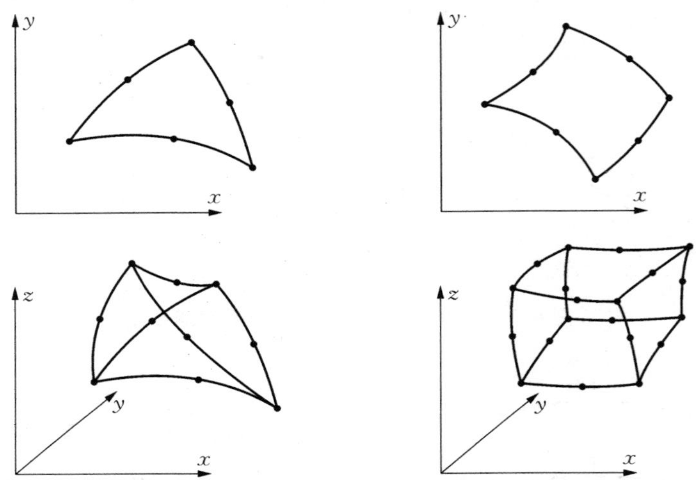

图 6.6　曲线（曲面）单元

6.1.2　节点分类、节点变量

上面给出了基本的单元形状和它们的节点的位置. 根据节点在单元中的位置分为内部节点和外部节点. 外节点在单元的边界上，它们是与邻近单元相连的点. 在单元的角点上，沿单元的边界线或边界面上的点都是外节点. 对于一维单元只有两个外节点，即两端点，因为只有两端点与其他一维单元体相连. 如果一个一维单元与二维单元的边界相连，则这个一维单元的所有节点都是外节点. 内节点是单元中不与相邻单元相连的节点，如图 6.3 中的 10 节点三角形单元有一个内部节点.

节点变量可以是场变量在节点上的值，也可以是场变量的导数在节点上的值，它们叫做节点参数. 一个单元节点参数的总数叫做它的自由度数.

6.1.3　插值多项式

在有限元法中近似描述单元内场变量变化的函数叫做插值函数、形函数或近似函数. 可以选取不同形式的函数作为插值函数，如多项式函数、三角函数等等，但多项式函数在有限元法中应用最广，因为它们具有便于进行微分和积分运算等优点.

对一维问题,一个完整的 n 阶多项式可写成

$$P_n(x) = \sum_{i=1}^{T_n^{(1)}} \alpha_{i-1} x^{i-1} \tag{6.2}$$

其中多项式中的项数为

$$T_n^{(1)} = n + 1$$

例如

$$n = 1,\quad T_1^{(1)} = 2,\quad P_1(x) = \alpha_0 + \alpha_1 x$$

$$n = 2,\quad T_2^{(1)} = 3,\quad P_2(x) = \alpha_0 + \alpha_1 x + \alpha_2 x^2$$

对二维问题,一个完整的 n 阶多项式可写成

$$P_n(x, y) = \sum_{k=1}^{T_n^{(2)}} \alpha_k x^i y^j,\quad i + j \leqslant n \tag{6.3}$$

其中多项式中的项数为

$$T_n^{(2)} = \frac{(n+1)(n+2)}{2}$$

例如

$$n = 1,\quad T_1^{(2)} = 3,\quad P_1(x, y) = \alpha_1 + \alpha_2 x + \alpha_3 y$$

$$n = 2,\quad T_2^{(2)} = 6,\quad P_2(x, y) = \alpha_1 + \alpha_2 x + \alpha_3 y + \alpha_4 x^2 + \alpha_5 xy + \alpha_6 y^2$$

一个完整的二维多项式中所含有的项,可用图 6.7 中的 Pascal 三角形直观地表示.

项	n	$T_n^{(2)}$
1	0	1
$x \quad y$	1	3
$x^2 \quad xy \quad y^2$	2	6
$x^3 \quad x^2y \quad xy^2 \quad y^3$	3	10
$x^4 \quad x^3y \quad x^2y^2 \quad xy^3 \quad y^4$	4	15
$x^5 \quad x^4y \quad x^3y^2 \quad x^2y^3 \quad xy^4 \quad y^5$	5	21

图 6.7　完整的二维多项式中所含有的项

对三维问题,一个完整的 n 阶多项式可写成

$$P_n(x, y, z) = \sum_{l=1}^{T_n^{(3)}} \alpha_l x^i y^j z^k \quad i + j + k \leqslant n \tag{6.4}$$

其中多项式中的项数为

$$T_n^{(3)} = \frac{(n+1)(n+2)(n+3)}{6}$$

例如

$$n = 1, \quad T_1^{(3)} = 4, \quad P_1(x, y, z) = \alpha_1 + \alpha_2 x + \alpha_3 y + \alpha_4 z$$

$$n = 2, \quad T_2^{(3)} = 10,$$

$$P_2(x, y, z) = \alpha_1 + \alpha_2 x + \alpha_3 y + \alpha_4 z + \alpha_5 x^2 + \alpha_6 y^2 + \alpha_7 z^2 + \alpha_8 xy + \alpha_9 xz + \alpha_{10} yz$$

与二维多项式相似,一个完整的三维多项式中所含的项可用图 6.8 所示的四面体直观地表示出来.

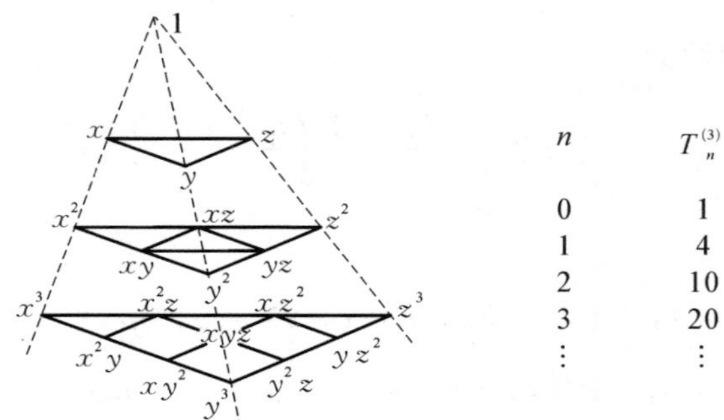

图 6.8　完整的三维多项式中所含有的项

6.1.4　多项式的几何各向同性和精度

用多项式近似表示场变量在一个单元中的变化时,多项式中的项数取决于单元的自由度数,即多项式中的系数的个数等于单元节点参数的个数.例如,三节点的平面三角形单元,多项式中取三项,即

$$\hat{\varphi}(x, y) = \alpha_1 + \alpha_2 x + \alpha_3 y$$

单元有三个节点,每个节点有一个节点参数(φ 在节点上的值),这三个节点的参数值能确定三个系数 α_1, α_2, α_3.这三个系数能用单元的节点坐标值表示出来.在

单元体内 φ 的变化规律(分布形状)由选定的多项式描述,而系数 α_i 是一组相互独立的参数,它们确定 φ 在单元内的数值大小,这一组系数叫做广义坐标,它们没有直接的物理意义,是节点自由度的线性组合,节点自由度一般都有明确的物理意义.

一般情况下广义坐标的数目等于单元的自由度数,但有时选取的广义坐标数目多于自由度数,这些多余的广义坐标对应于内部节点或非节点变量,可用凝聚法消去.

选取多项式作为单元内部变量的插值函数,除要求在单元间边界上满足一定的连续性外,还要满足一定的完整性.可以想象,当单元无限缩小时,在计算单元公式的积分中包含的场变量和各阶导数都应该趋于常数.只有完整的多项式才有可能满足这一要求.例如,如果一个单元的积分公式中包含场变量的各阶导数,其最高阶导数是 n,则选取的多项式至少要完整到 n 阶.对于固体力学问题,这就意味着选取的位移函数包含单元的所有可能刚体运动和常应变状态.另外,选取的插值函数还希望具有各向同性,即在任意两个直角坐标系中,多项式的形式保持不变,例如,完整的 n 阶多项式是各向同性的;对于不完整的 n 阶多项式,除了完整的项外,不完整的高阶项包含适当的对称项也可以是各向同性的.

考虑一个单元有8个节点参数,即每个节点处的场变量的值.构造一个三次多项式,但完整的的二维三次多项式含有10项.取如下含有8项的多项式,则完整到2阶,另外包含2个不完整的三次项 x^2y 和 xy^2,它们关于 x, y 坐标是对称的,这就能够保证各向同性,即在线性坐标变换下多项式的形式保持不变.

$$P(x,y)=\alpha_1+\alpha_2x+\alpha_3y+\alpha_4x^2+\alpha_5xy+\alpha_6y^2+\alpha_7x^2y+\alpha_8xy^2$$

如果一个多项式完整到 n 阶,用它近似描述一个场变量误差的量级为 $O(h^{n+1})$,其中 h 表示单元几何尺寸的量级.我们总希望对一个给定自由度的单元用一个尽可能高阶的完整多项式来描述它.如图6.9所示两个单元体都有8个

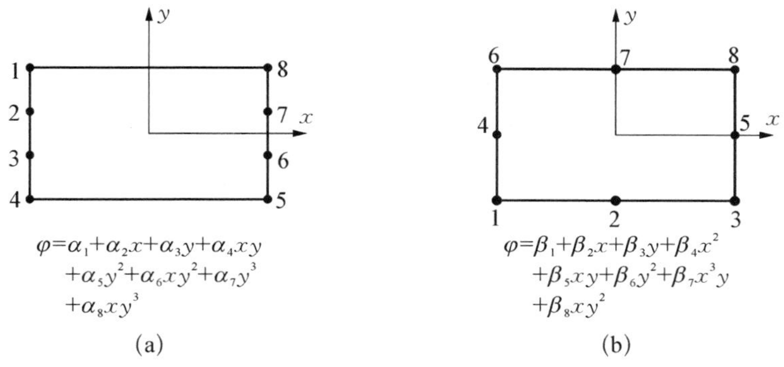

图6.9　八节点单元多项式插值函数的选择

节点参数,8 个广义坐标所选取的插值多项式分别完整到 1 阶(图 6.9(a))和 2 阶(图 6.9(b)),误差的量级分别为 $O(h^2)$ 和 $O(h^3)$. 显然,在一般情况下应该选用精度较高的插值函数.

6.2　C_0阶矩形有限元形函数

6.2.1　多项式阶数

如图 6.10 所示矩形单元有 8 个节点,每个节点有一个自由度(场变量在节点上的值),共有 8 个自由度. 由节点的位置可知,为了保证上下两边的连续性,单元内的场变量在 x 方向应该是线性变化的;为了保证两侧边的连续性,单元内的场变量在 y 方向应该是三次函数变化,这两个多项式相乘展开后得到

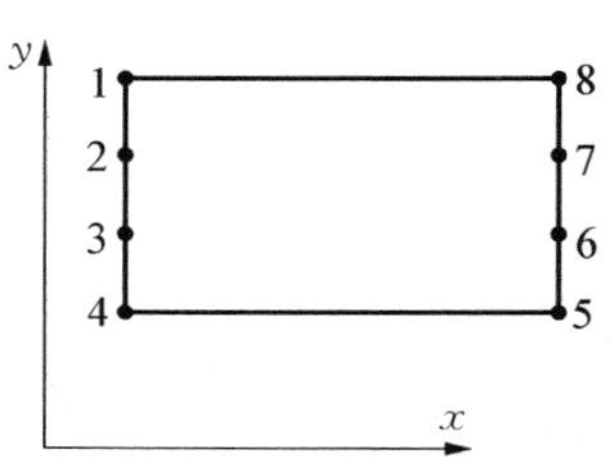

图 6.10　八节点矩形单元

$$\varphi = \alpha_1 + \alpha_2 x + \alpha_3 y + \alpha_4 xy + \alpha_5 y^2 + \alpha_6 xy^2 + \alpha_7 y^3 + \alpha_8 xy^3 = \boldsymbol{P\alpha} \tag{6.5}$$

这个插值函数有如下特点:

a) 在单元体之间交界面上,φ 本身连续,满足 C_0 阶连续;

b) 这个多项式完整到一阶,包含函数本身和一阶导数的任意常数项;

c) 完整到 1 阶,误差量级为 $O(h^2)$,与四节点单元(如图 6.11 所示)精度量级相同;

d) 不满足几何各向同性要求.

我们总是用 φ 在节点上的值 φ_i 和形函数近似表示 φ,把各节点的坐标值代入 φ 的多项式表达式(6.5)得到

$$\begin{aligned}\varphi_i &= \alpha_1 + \alpha_2 x_i + \alpha_3 y_i + \alpha_4 x_i y_i + \alpha_5 y_i^2 \\ &\quad + \alpha_6 x_i y_i^2 + \alpha_7 y_i^3 + \alpha_8 x_i y_i^3 \\ &= \boldsymbol{P}_i \boldsymbol{\alpha} \quad (i = 1 \sim 8)\end{aligned}$$

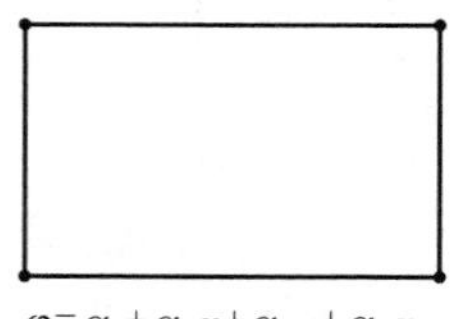

图 6.11　四节点矩形单元

写成矩阵形式为

$$\boldsymbol{\varphi} = \boldsymbol{G}\boldsymbol{\alpha}$$

其中

$$\boldsymbol{\varphi} = [\varphi_1 \quad \varphi_2 \quad \cdots \quad \varphi_8]^{\mathrm{T}}, \quad \boldsymbol{\alpha} = [\alpha_1 \quad \alpha_2 \quad \cdots \quad \alpha_8]^{\mathrm{T}}$$

$\boldsymbol{G}$ 中的各系数由单元体各节点的坐标组成.

求逆后得到

$$\boldsymbol{\alpha} = \boldsymbol{G}^{-1}\boldsymbol{\varphi}$$

代入多项式表达式得到

$$\boldsymbol{\varphi} = \boldsymbol{P\alpha} = \boldsymbol{PG}^{-1}\boldsymbol{\varphi} = \boldsymbol{N\varphi} = \sum_{i=1}^{8} N_i \varphi_i \tag{6.6}$$

其中 $\boldsymbol{N}$ 是单元的形函数,N_i 是节点 i 的形函数.

这种推导单元形函数的优点是:

a) 简单、直观,不需要任何技巧;

b) 能直观的判断插值函数的完整性、连续性、误差量级等特点.

缺点是:

a) 求矩阵 $\boldsymbol{G}$ 的逆矩阵,增加了运算量;

b) 在有些情况下,$\boldsymbol{G}^{-1}$不存在,这种方法就不适用.

在有限元法中通常设法直接写出单元的形函数 $\boldsymbol{N}$.

6.2.2　Lagrange 插值函数

1) 一维单元

把一个一维单元用$(m+1)$个节点等分为 m 份,节点编号为 $0\sim m$,如图 6.12 所示.

0　1　2　$m-1$　m

图 6.12　m 阶一维有限元

单元内未知量 φ 可近似表达为

$$\varphi(x) \cong \hat{\varphi}(x) = \boldsymbol{N\varphi} = [N_0 \quad N_1 \quad \cdots \quad N_m]\begin{Bmatrix} \varphi_0 \\ \varphi_1 \\ \vdots \\ \varphi_m \end{Bmatrix} \tag{6.7}$$

其中各节点的形函数应该满足如下要求

$$N_i(x_j) = \begin{cases} 1 & x_j = x_i \\ 0 & x_j \neq x_i \end{cases} \tag{6.8}$$

Lagrange 插值函数能够满足上述条件,其一般表达式为

$$\begin{aligned} N_i^m(x) &= \frac{(x - x_0)(x - x_1)\cdots(x - x_{i-1})(x - x_{i+1})\cdots(x - x_{m-1})(x - x_m)}{(x_i - x_0)(x_i - x_1)\cdots(x_i - x_{i-1})(x_i - x_{i+1})\cdots(x_i - x_{m-1})(x_i - x_m)} \\ &= \prod_{j=0,\ j\neq i}^{m} \frac{x - x_j}{x_i - x_j} \end{aligned} \tag{6.9}$$

这是一个完整到 m 阶的多项式.

例如,对于一个 4 阶单元有

$$N_0^4(x) = \frac{(x - x_1)(x - x_2)(x - x_3)(x - x_4)}{(x_0 - x_1)(x_0 - x_2)(x_0 - x_3)(x_0 - x_4)}$$

$$N_3^4(x) = \frac{(x - x_0)(x - x_1)(x - x_2)(x - x_4)}{(x_3 - x_0)(x_3 - x_1)(x_3 - x_2)(x_3 - x_4)}$$

这两个节点的形函数如图 6.13 所示.

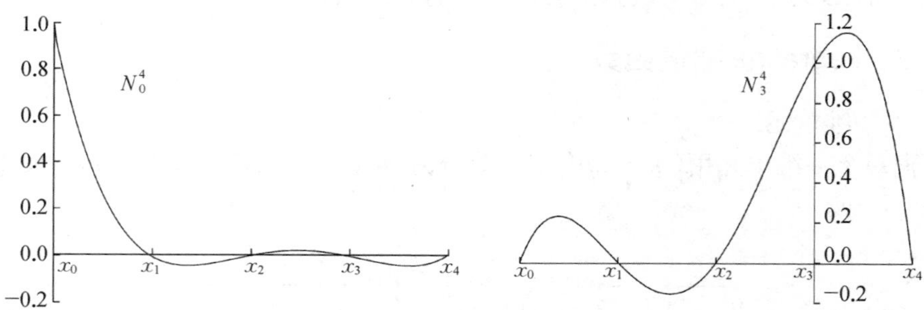

图 6.13　四阶一维有限元的两个形函数

考虑如下坐标变换

$$\xi = \frac{x - x_0}{x_m - x_0} \tag{6.10}$$

可以看出,ξ 具有如下性质:

a) 与坐标 x 一样,ξ 能唯一确定单元内任一点的位置;

b) 有 $\xi = 0$，$x = x_0$，$\xi = 1$，$x = x_m$，$0 \leqslant \xi \leqslant 1$；

c) ξ 是无量纲的量，是一种局部坐标，通常 ξ 称为自然坐标；

d) ξ 与直角坐标 x 之间是线性关系，它们之间的关系是一一对应的，单元中各节点的位置 x_i 与 ξ_i 的位置也是一一对应的.

因此，(6.9)所示的 Lagrange 插值函数可用自然坐标 ξ 表示如下

$$N_i^m(\xi) = \frac{(\xi - \xi_0)(\xi - \xi_1)\cdots(\xi - \xi_{i-1})(\xi - \xi_{i+1})\cdots(\xi - \xi_{m-1})(\xi - \xi_m)}{(\xi_i - \xi_0)(\xi_i - \xi_1)\cdots(\xi_i - \xi_{i-1})(\xi_i - \xi_{i+1})\cdots(\xi_i - \xi_{m-1})(\xi_i - \xi_m)} = \prod_{j=0,\ j\neq i}^{m} \frac{\xi - \xi_j}{\xi_i - \xi_j} \tag{6.11}$$

(6.11)式同样满足(6.8)的要求，可以直接用做 m 阶一维单元各节点的形函数. 也可以采用下面的自然坐标

$$\xi = \frac{x - x_c}{\dfrac{x_m - x_0}{2}} = \frac{x - \dfrac{x_m + x_0}{2}}{\dfrac{x_m - x_0}{2}} = \frac{2x - (x_m + x_0)}{x_m - x_0}$$

在这种自然坐标中有 $-1 \leqslant \xi \leqslant 1$，仍可用(6.11)做单元各节点的形函数.

考虑图 6.14 所示的三节点一维单元，节点号记为 0，1，2. 采用如下自然坐标

$$\xi = \frac{x - a}{a} \qquad -1 \leqslant \xi \leqslant 1$$

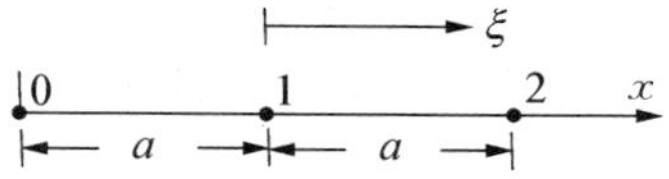

图 6.14　三节点的一维单元

用(6.11)可以写出第 0 节点的形函数

$$N_0^2(\xi) = \frac{(\xi - \xi_1)(\xi - \xi_2)}{(\xi_0 - \xi_1)(\xi_0 - \xi_2)} = \frac{(\xi - 0)(\xi - 1)}{(-1)(-2)} = \frac{1}{2}\xi(\xi - 1)$$

同样可以写出第 1,2 节点的形函数

$$N_1^2(\xi) = (1 + \xi)(1 - \xi), \quad N_2^2(\xi) = \frac{1}{2}\xi(1 + \xi)$$

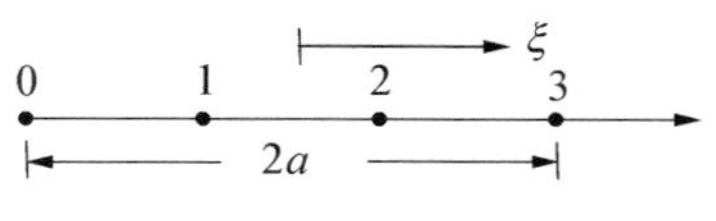

图 6.15　四节点的一维有限元

下面讨论另一种直接写出形函数的方法. 考虑一个 4 个节点的一维有限元，如图 6.15 所示.

采用自然坐标 $-1 \leqslant \xi \leqslant 1$，根据对形函数的要求(6.8)式，第 0 节点的形函数在 $x = -1/3$,

1/3，1 处的第 1，2，3 节点处均为 0,则节点 0 的形函数应该有如下形式

$$N_0^3(\xi) = A\left(\xi + \frac{1}{3}\right)\left(\xi - \frac{1}{3}\right)(\xi - 1)$$

其中 A 是待定的常数.而形函数在该节点处应该等于 1,即

$$N_0^3(\xi = -1) = A\left(-\frac{2}{3}\right)\left(-\frac{4}{3}\right)(-2) = 1$$

可以得到 $A = -\dfrac{9}{16}$.

所以有

$$\begin{aligned} N_0^3(\xi) &= -\frac{9}{16}\left(\xi + \frac{1}{3}\right)\left(\xi - \frac{1}{3}\right)(\xi - 1) \\ &= \frac{27}{16}(3\xi + 1)(3\xi - 1)(1 - \xi) \end{aligned}$$

用同样的方法可以直接写出其他各节点的形函数.4 个节点的形函数线性组合起来是一个完整的三阶多项式.

2）矩形单元

矩形单元各节点的形函数可由 x 方向和 y 方向相应的 Lagrange 插值函数相乘得到.取矩形单元的两个相邻边与 x 方向和 y 方向一致,长度分别为 $2a$，$2b$，如图 6.16 所示.采用如下自然坐标

$$\xi = \frac{x - a}{a} \quad -1 \leqslant \xi \leqslant 1, \quad \eta = \frac{y - b}{b} \quad -1 \leqslant \eta \leqslant 1$$

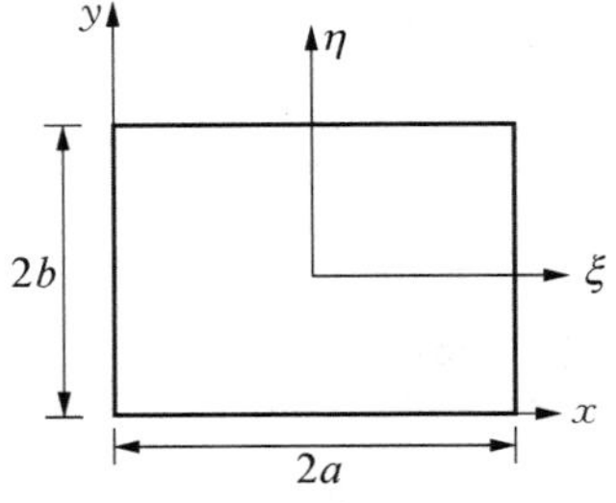

图 6.16　矩形单元的尺寸和坐标

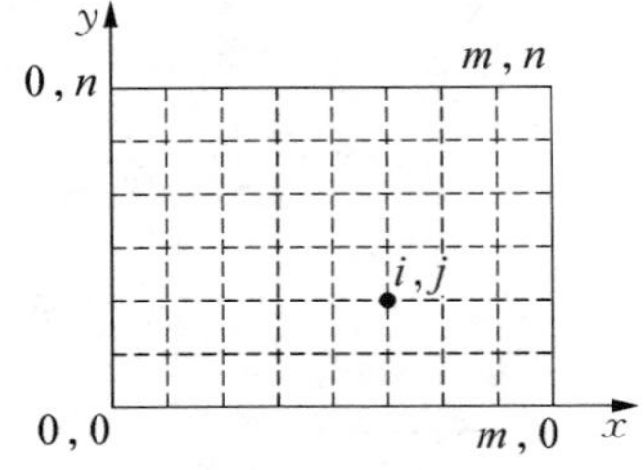

图 6.17　矩形单元的节点分布

如果把单元 $x(\xi)$，$y(\zeta)$ 方向的边分别分为 m，n 等份,各有$(m+1)$，

$(n+1)$ 个节点,如图 6.17 所示.节点 i, j 的形函数可写成

$$N_{i,j}(x,\ y) = N_{i,j}(\xi,\ \eta) = N_i^m(\xi)N_j^n(\eta)$$

例如,一个 4 节点的矩形单元,节点编号如图 6.18所示.00 节点的形函数是

$$\begin{aligned} N_{00}(\xi,\ \eta) &= N_0^1(\xi)N_0^1(\eta) \\ &= \frac{1}{2}(1-\xi)\frac{1}{2}(1-\eta) \\ &= \frac{1}{4}(1-\xi)(1-\eta) \end{aligned}$$

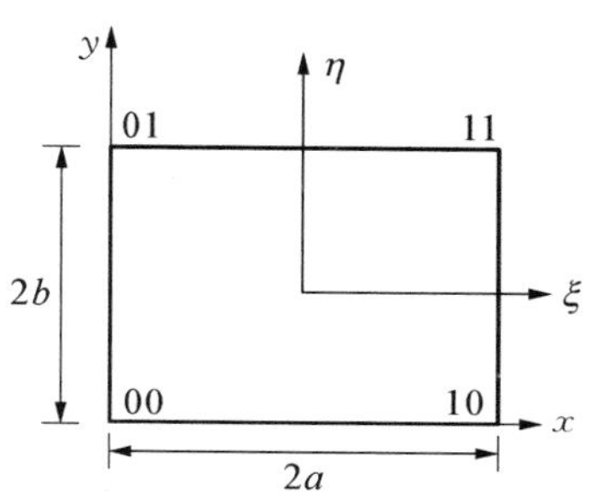

图 6.18　四节点矩形单元的节点编号

我们也可以根据节点形函数的性质,直接写出这一节点的形函数,即

$$N_{00}(\xi,\ \eta) = A(1-\xi)(1-\eta)$$

由

$$N_{00}(-1,\ -1) = A(1+1)(1+1) = 1$$

得到 $A = 1/4$.

所以有

$$N_{00}(\xi,\ \eta) = \frac{1}{4}(1-\xi)(1-\eta)$$

两种方法得到的形函数相同.这个形函数如图 6.19 所示,其他节点的形函数可类似地写出.

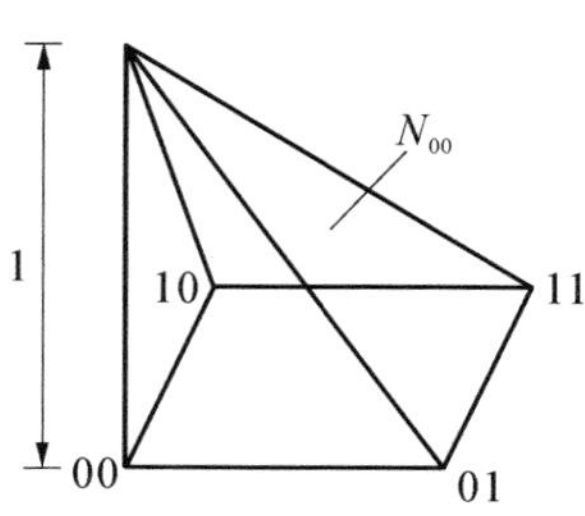

图 6.19　四节点矩形单元的形函数

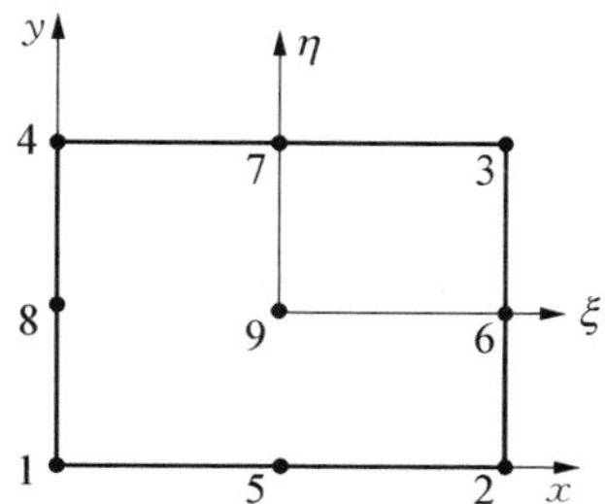

图 6.20　九节点矩形单元的节点编号

考虑一个矩形单元,如图 6.20 所示.把每个边等分为二份,除了每个边有 3 个节点外,在矩形的中心还形成 1 个节点,共有 9 个节点,节点编号如图中所示.可采

用上述直接方法写出各节点的形函数.由节点形函数的性质,节点 1 的形函数的表达式为

$$N_1(\xi, \eta) = A\xi(1-\xi)\eta(1-\eta)$$

其中 A 是待定参数,又有

$$N_1(-1, -1) = A(-1)(1+1)(-1)(1+1) = 1$$

得到 $A = 1/4$,所以有

$$N_1(\xi, \eta) = \frac{1}{4}\xi(1-\xi)\eta(1-\eta)$$

同样可得到

$$N_7(\xi, \eta) = \frac{1}{2}(1+\xi)(1-\xi)(1+\eta)\eta,$$

$$N_9(\xi, \eta) = (1+\xi)(1-\xi)(1+\eta)(1-\eta).$$

上述各节点的形函数如图 6.21 所示.

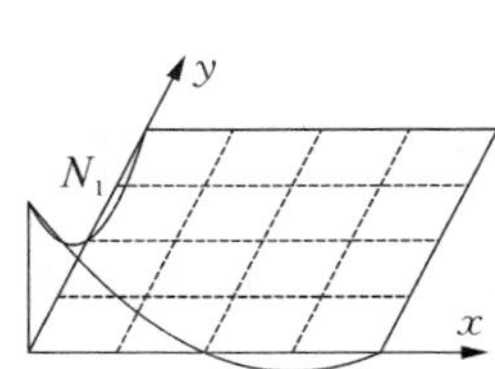

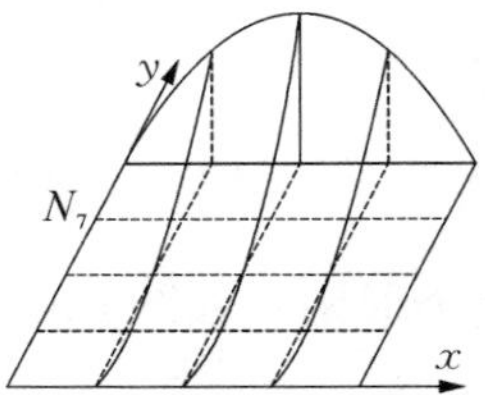

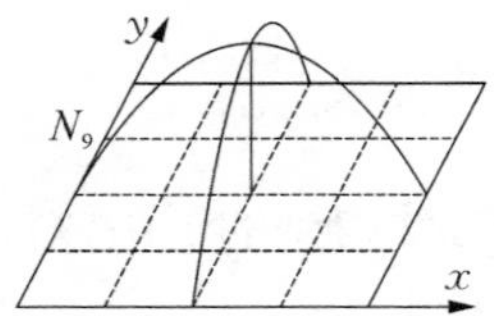

图 6.21　二阶矩形单元的形函数

可以看出,各节点的形函数都是 ξ, η 的二次多项式,其形式与用 Lagrange 插值函数得到的相同.由所有节点形函数线性组合得到的单元形函数是一个完整到二阶的多项式.除 6 项组成完整的二阶多项式外,还包含 xy^2, x^2y 和 x^2y^2 三项不完整的高阶项.

3) Lagrange 形函数的特点

可以直接写出任意阶单元的形函数,避免在多项式级数中矩阵 $\boldsymbol{G}$ 的求逆运算和可能出现的困难;在单元公共边界上 C_0 阶连续,满足完整性和几何各向同性(如果 x, y 方向取的节点数相同)的要求;如果在 x, y 方向各有$(m+1)$个节点,则形函数是完整到 m 阶的多项式.但是,Lagrange 形函数含有较多不完整的高阶项,如图 6.22 所示,这些不完整的高阶项不能提高精度的量级;存在内部节点,如

图 6.23 所示.下面讨论的 Serendipity 形函数能够解决这两个问题.

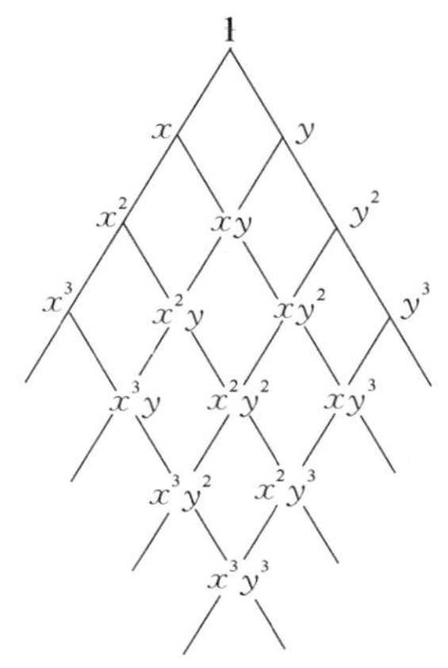

图 6.22 Lagrange 形函数中包含的不完整高阶项

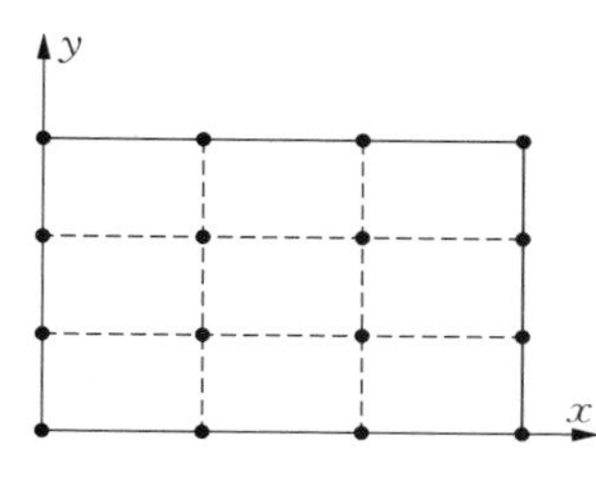

图 6.23 Lagrange 矩形单元中的内部节点

6.2.3 Serendipity 形函数

Serendipity 单元是没有内部节点,包含不完整高阶项较少的单元,图 6.24 给出了一阶、二阶、三阶 Serendipity 单元和 Lagrange 单元的比较.

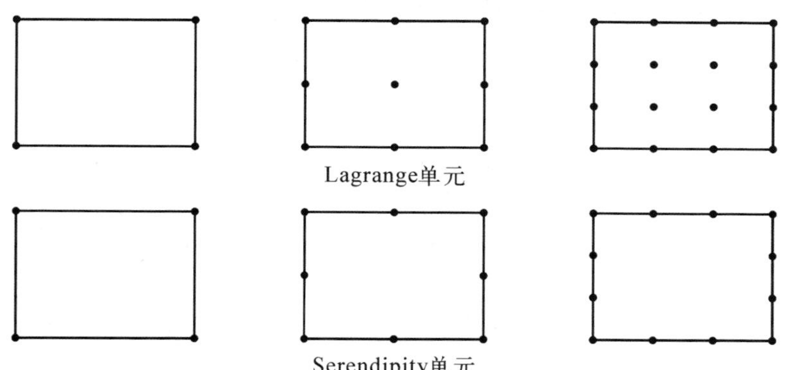

图 6.24 Lagrange 单元和 Serendipity 单元的节点布置

先以二阶(八个节点)矩形单元为例,讨论怎样直接写出 Serendipity 单元各节点的形函数,然后再给出一般步骤.单元如图 6.25 所示.

由形函数的性质,可以直接写出各边中间节点的形函数,例如中间节点 5,

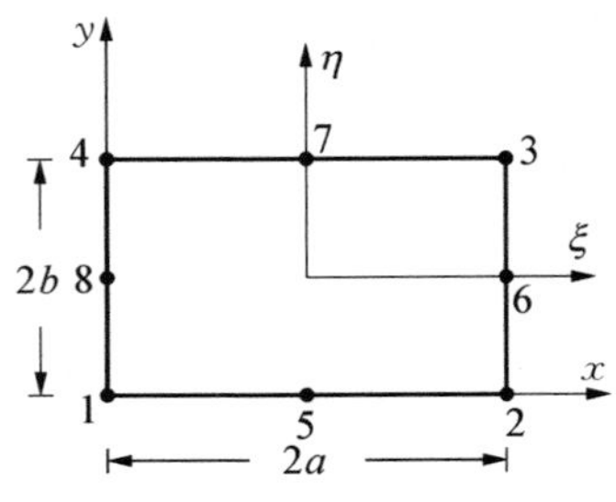

图 6.25 二阶 Serendipity 矩形单元

由 ξ 方向的二次插值和 η 方向的线性插值相乘得到，即

$$N_5(\xi,\ \eta)=\frac{1}{2}(1+\xi)(1-\xi)(1-\eta)$$

中间节点 8，由 η 方向的二次插值和 ξ 方向的线性插值相乘得到，即

$$N_8(\xi,\ \eta)=\frac{1}{2}(1+\eta)(1-\eta)(1-\xi)$$

这两个形函数如图 6.26 所示.

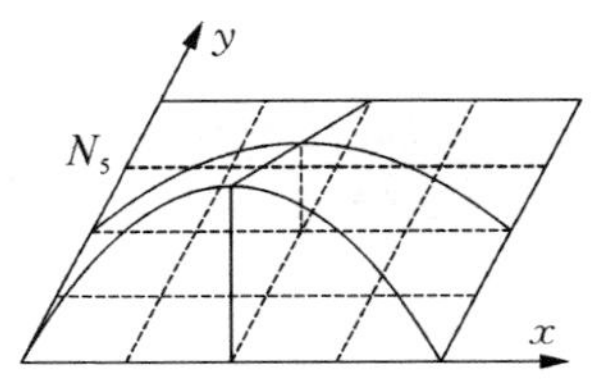

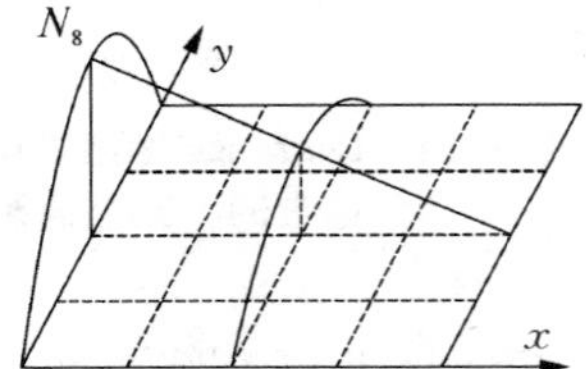

图 6.26 二阶 Serendipity 单元边中间节点的形函数

对于角节点 1，由下面三步得到该节点的形函数：

a) 首先构造双线性插值函数 $\hat{N}_1$，如图 6.27(a) 所示；

$$\hat{N}_1(\xi,\ \eta)==\frac{1}{4}(1-\xi)(1-\eta)$$

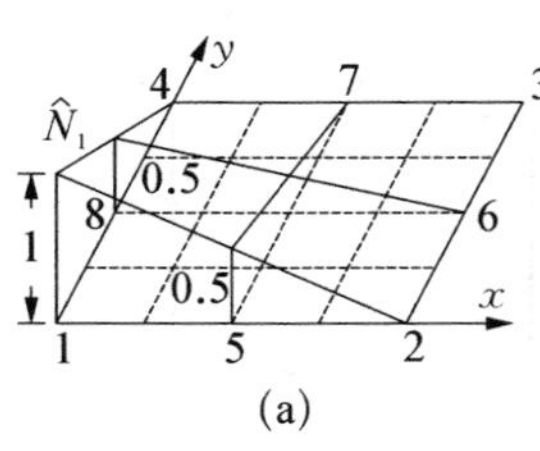

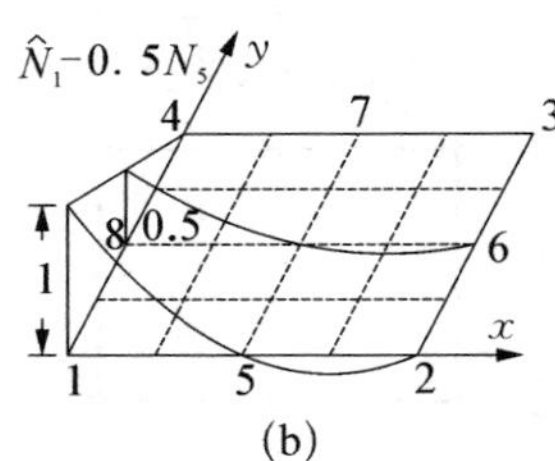

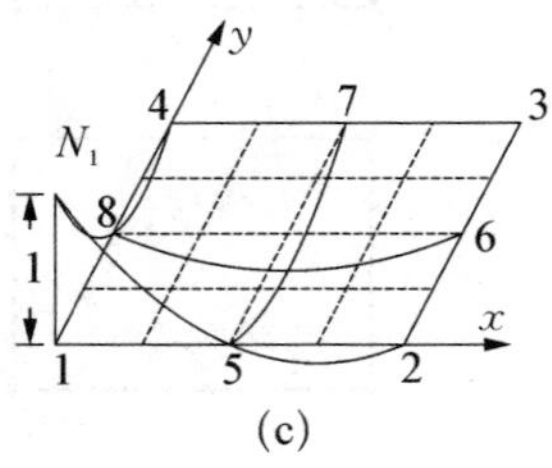

图 6.27 二阶 Serendipity 单元角节点的形函数

b) 从上式中减去 $0.5N_5$，可以使该形函数在节点 5 处的值为 0，如图 6.27(b) 所示；

$$\hat{N}_1-0.5N_5$$

c) 再从上式中减去 $0.5N_8$，可以使该形函数在节点8处的值也为0，如图6.27(c)所示，这就是我们想要得到的角点1的形函数.

$$N_1 = \hat{N}_1 - 0.5N_5 - 0.5N_8$$

由上例可以归纳出构造Serendipity形函数的一般步骤：

1) 对于各边中间节点，形函数为该方向 m 阶Lagrange插值函数与另一方向线性插值函数的乘积；

2) 对于各角节点，形函数为双线性插值函数(如 $\hat{N}_1$)和若干中间节点形函数(如 N_5，N_8)的线性组合.

例如，图6.28(a)所示的三阶Serendipity单元，很容易直接写出边中间节点的形函数，如图6.28(b)所示. 对于角节点，可用双线性函数和若干相应边中间节点形函数的线性组合得到，如下式和图6.28(c)所示.

$$N_1 = \hat{N}_1 - \frac{2}{3}N_5 - \frac{1}{3}N_6 - \frac{2}{3}N_{12} - \frac{1}{3}N_{11}$$

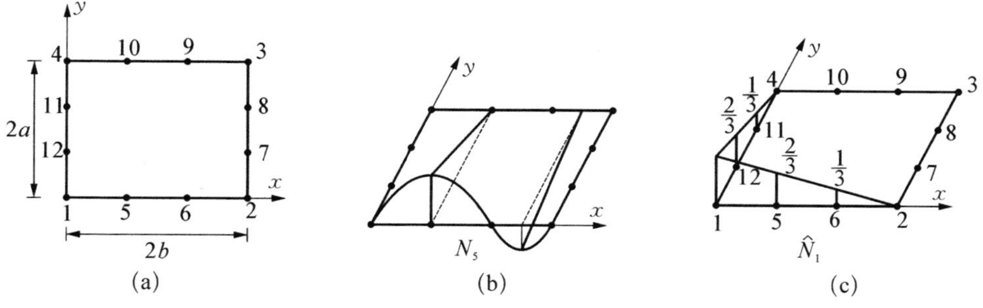

图6.28 三阶Serendipity矩形单元的形函数

与Lagrange形函数一样，可以直接写出任意阶Serendipity单元的形函数；在单元公共边界上 C_0 阶连续，满足完整性和几何各向同性(x，y 方向取的节点相同)要求；含有较少的不完整高阶项，如图6.29所示的三阶Serendipity单元以及形函数中只有两个不完整的高阶项(对应的三阶Lagrange单元形函数中含有六个不完整的高阶项)；没有内部节点；但Serendipity单元的形函数最高只能完整到三阶，如果想得到更高阶完整多项式的形函数，必须增加内部节点或非节点参数.

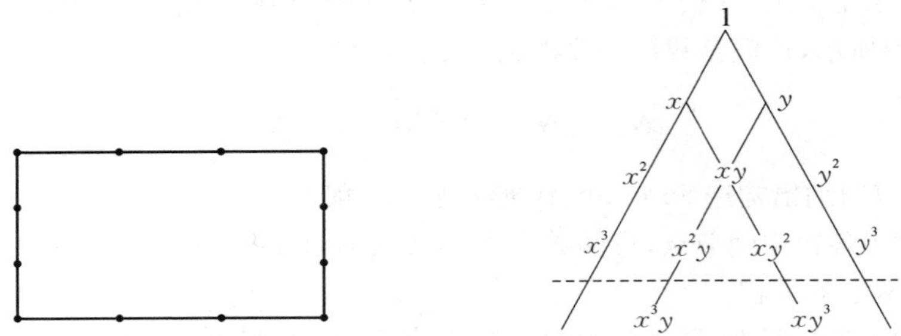

图 6.29　Serendipity 单元的节点分布和形函数中包含的不完整高阶项

6.2.4　内部变量的消除

在 Lagrange 单元中存在内部节点，在 Serendipity 单元中，如要得到四阶及以上完整多项式的插值函数，也必须增加内部节点或非节点参数. 这些内部节点或参数可在单元组装之前消去.

单元的方程可由泛函变分得到

$$\frac{\partial \pi^e}{\partial \boldsymbol{a}^e} = \boldsymbol{K}^e \boldsymbol{a}^e + \boldsymbol{f}^e = 0 \tag{6.12}$$

设 $\boldsymbol{a}^e = \begin{Bmatrix} \bar{\boldsymbol{a}}^e \\ \bar{\bar{\boldsymbol{a}}}^e \end{Bmatrix}$，其中 $\bar{\boldsymbol{a}}^e$ 为外节点参数，与周围其他单元共用，$\bar{\bar{\boldsymbol{a}}}^e$ 为内节点参数，不与其他单元连接，仅在该单元内.

(6.12)式写成分块形式有

$$\frac{\partial \pi^e}{\partial \boldsymbol{a}^e} = \begin{Bmatrix} \dfrac{\partial \pi^e}{\partial \bar{\boldsymbol{a}}^e} \\ \dfrac{\partial \pi^e}{\partial \bar{\bar{\boldsymbol{a}}}^e} \end{Bmatrix} = \begin{bmatrix} \bar{\boldsymbol{K}}^e & \hat{\boldsymbol{K}}^e \\ \hat{\boldsymbol{K}}^{e\mathrm{T}} & \bar{\bar{\boldsymbol{K}}}^e \end{bmatrix} \begin{Bmatrix} \bar{\boldsymbol{a}}^e \\ \bar{\bar{\boldsymbol{a}}}^e \end{Bmatrix} + \begin{Bmatrix} \bar{\boldsymbol{f}}^e \\ \bar{\bar{\boldsymbol{f}}}^e \end{Bmatrix} = \begin{Bmatrix} 0 \\ 0 \end{Bmatrix} \tag{6.13}$$

上式可分为上、下两部分，由下半部分得到

$$\bar{\bar{\boldsymbol{a}}}^e = -\bar{\bar{\boldsymbol{K}}}^{e^{-1}} (\hat{\boldsymbol{K}}^{e^{\mathrm{T}}} \bar{\boldsymbol{a}}^e + \bar{\bar{\boldsymbol{f}}}^e)$$

即 $\bar{\bar{\boldsymbol{a}}}^e$ 用 $\bar{\boldsymbol{a}}^e$ 表示出来，将其代入 (6.13)式上半部分得到

$$(\bar{\boldsymbol{K}}^e - \hat{\boldsymbol{K}}^e \bar{\bar{\boldsymbol{K}}}^{e^{-1}} \hat{\boldsymbol{K}}^{e^{\mathrm{T}}}) \bar{\boldsymbol{a}}^e + \bar{\boldsymbol{f}}^e - \hat{\boldsymbol{K}}^e \bar{\bar{\boldsymbol{K}}}^{e^{-1}} \bar{\boldsymbol{f}}^e = \boldsymbol{0}$$

即

$$\boldsymbol{K}^{*e}\bar{\boldsymbol{a}}^{e} + \boldsymbol{f}^{*e} = \boldsymbol{0} \tag{6.14}$$

由上面的单元方程进行组装，显然可以减少最后求解方程组的阶数. 但在每个单元的分析中要增加一些运算.

这种方法通常叫做凝聚法，这种方法的思想可以加以推广. 图 6.30 表示子结构法(超单元)的基本思想，把一个大型问题分成若干子块(子结构，或超单元)，各个子结构之间在界面上相互连接，一个子结构的有限元网格中界面上的节点与其周围子结构相连，是外节点，其他节点在这个子结构的内部，与周围子结构不直接相连，是内节点. 建立了这个子结构的有限元方程后，可用凝聚法消去内节点的自由度，得到用外节点表示的子结构方程. 把所有用凝聚法消去内节点自由度的子结构方程组装起来得到整个问题的总体方程，在这个总体方程中只含有子结构之间界面上的自由度，没有各个子结构内节点的自由度，方程的规模可以大大减少，求解方程后得到子结构外节点自由度的值. 然后将得到的解代回到各子结构方程即可求得子结构内节点自由度的值. 基于这种思想可以构造多重子结构算法，实现在一定大小的计算机上求解大型、复杂问题. 在建立单元体公式中，也常常利用这一思想. 例如一个任意四边形单元由四个简单三角形单元组成，消去内部节点，如图 6.31 所示.

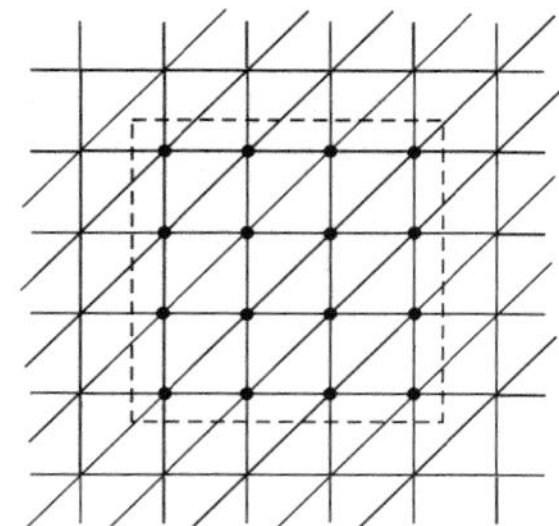
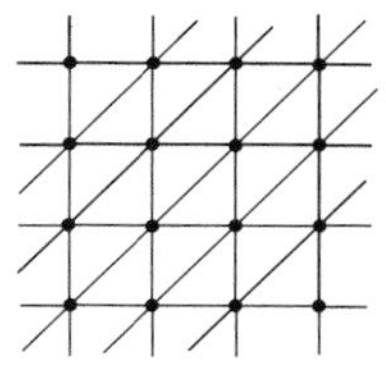

图 6.30　凝聚法和子结构法

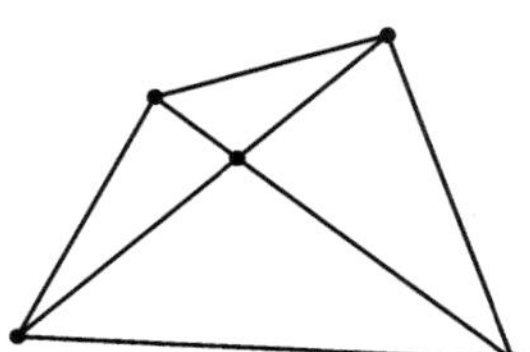
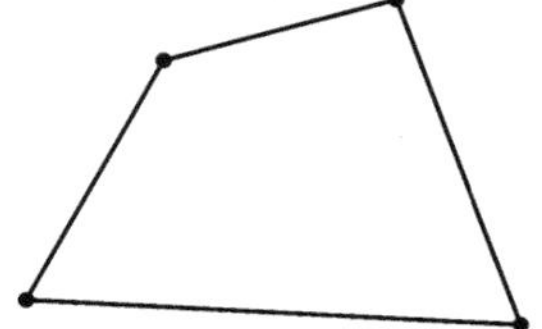

图 6.31　凝聚法和任意四边形单元

6.3 C_0阶三角形单元形函数

考虑一组三角形单元如图 6.32 所示,可以看出,其中每一个单元节点个数正好等于 Pascal 三角形中一个完整的多项式.所以用多项式展开表示三角形单元的插值函数总是一个完整的多项式,而且矩阵 **G** 总是可逆的.保证在单元之间公共边界上 C_0 阶连续.可以和矩形单元一样,用多项式展开导出单元体的形函数.但我们总希望直接写出各单元的形函数,有了上节的基础,这一点不难做到.

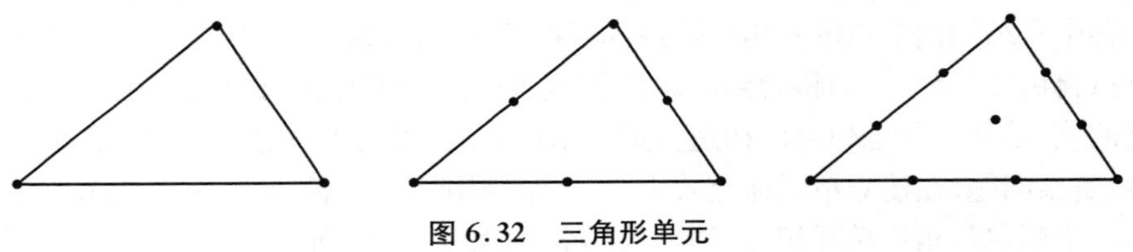

图 6.32 三角形单元

6.3.1 面积坐标

对三角形单元用面积坐标定义单元内任一点的位置和推导形函数非常方便.

如图 6.33 所示,三角形单元内任一点 P 可用直角坐标(x, y)表示,也可以表示如下

$$L_1 = \frac{\Delta_{P23}}{\Delta_{123}}, \quad L_2 = \frac{\Delta_{P31}}{\Delta_{123}}, \quad L_3 = \frac{\Delta_{P12}}{\Delta_{123}} \tag{6.15}$$

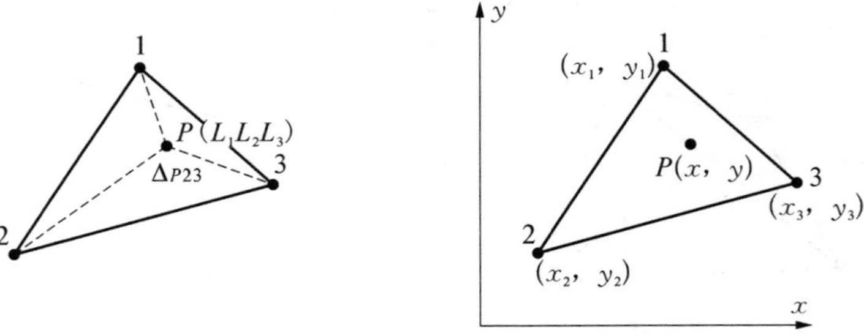

图 6.33 面积坐标的定义

上面定义的坐标叫做面积坐标，其几何意义如图6.34所示.

由三角形面积的定义有

$$2\Delta_{P23} = \begin{vmatrix} 1 & x & y \\ 1 & x_2 & y_2 \\ 1 & x_3 & y_3 \end{vmatrix} = (x_2 y_3 - x_3 y_2) + (y_2 - y_3)x + (x_3 - x_2)y = a_1 + b_1 x + c_1 y$$

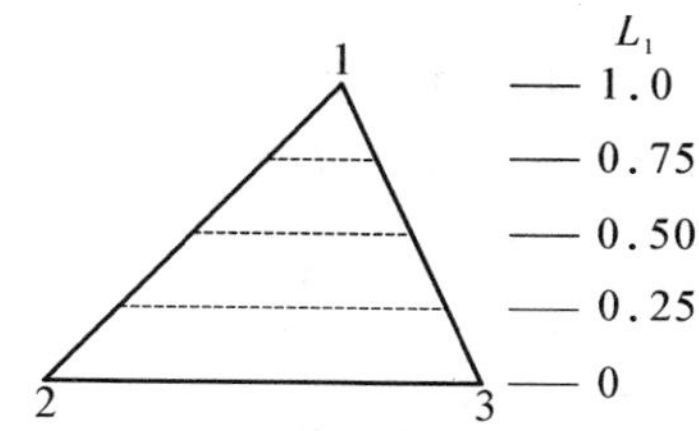

图6.34　面积坐标的几何意义

类似地，可以推导出 $2\Delta_{P31}$，$2\Delta_{P12}$ 的表达式.

所以有

$$\left.\begin{aligned} L_1 &= \frac{1}{2\Delta}(a_1 + b_1 x + c_1 y) \\ L_2 &= \frac{1}{2\Delta}(a_2 + b_2 x + c_2 y) \\ L_3 &= \frac{1}{2\Delta}(a_3 + b_3 x + c_3 y) \end{aligned}\right\} \tag{6.16}$$

上式表示面积坐标和直角坐标之间是线性关系.显然，三个面积坐标之间是不独立的，有下列关系

$$L_1 + L_2 + L_3 \equiv 1 \tag{6.17}$$

综上所述，面积坐标有如下性质：

a) 在三角形的三个顶点上，L_1，L_2，L_3 分别等于1，在相对的边上等于0；

b) 它们都是无量纲的量，是一种局部坐标，或叫做自然坐标；

c) L_1，L_2，L_3 在单元体内从0到1线性变化；

d) L_1，L_2，L_3 和直角坐标 x，y 之间是线性关系；

e) L_1，L_2，L_3 之间不独立，满足 $L_1 + L_2 + L_3 \equiv 1$，即 L_1，L_2，L_3 中只有两个独立.

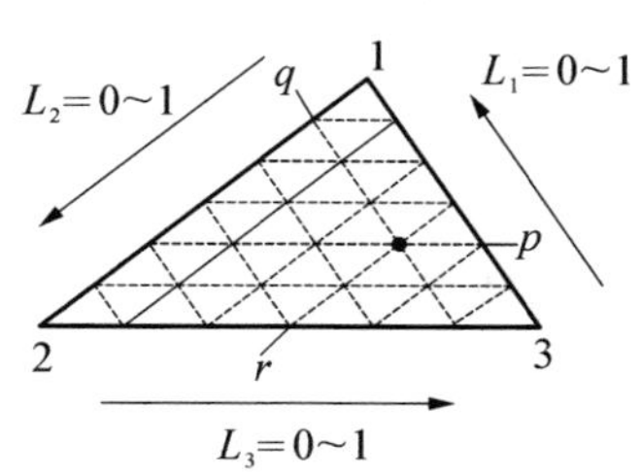

图6.35　三角形单元中一点的面积坐标

如果把三角形单元的每一个边分成 m 等份，形成如图6.35所示的格子，很容易看出格子中每一个点的面积坐标可写成

$$L_1 = \frac{p}{m}, \quad L_2 = \frac{q}{m}, \quad L_3 = \frac{r}{m} \tag{6.18}$$

因为 $L_1 + L_2 + L_3 \equiv 1$，所以有 $p + q + r \equiv m$.

6.3.2 形函数

利用上面定义的面积坐标,根据一个节点的形函数在该节点处等于1,在其他节点处都等于0这一性质,很容易直接写出各阶三角形单元的形函数.下面给出几个例子.

线性三角形单元,三个节点的位置和编号如图6.36所示,各节点的形函数是 $N_1 = L_1$, $N_2 = L_2$, $N_3 = L_3$.

在一条边上有2个节点,这些形函数是线性函数,满足 C_0 阶连续性要求.3个节点形函数的线性组合是一个完整的一阶多项式.

二阶三角形单元,各节点的位置和编号如图6.37所示,典型节点的形函数如下.

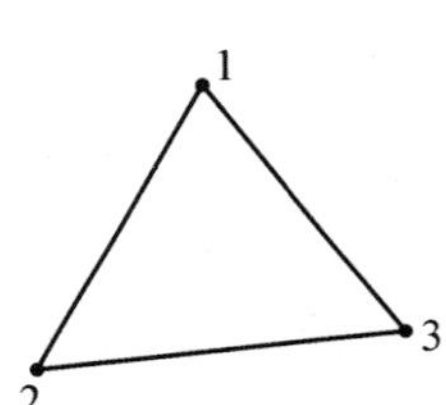

图6.36 线性三角形单元节点编号

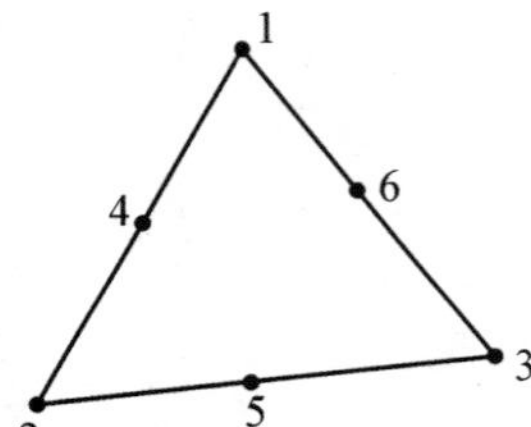

图6.37 二阶三角形单元节点编号

节点1(三角形顶点)有 $N_1 = AL_1(2L_1 - 1)$,其中 A 是待定参数.由 $N_1(L_1 = 1) = A \times 1 \times (2-1) = 1$,可得 $A=1$,所以有 $N_1 = L_1(2L_1 - 1)$.节点4(三角形边的中间点)有 $N_4 = AL_1L_2$.由 $N_4(L_1 = 1/2, L_2 = 1/2) = A\dfrac{1}{2} \times \dfrac{1}{2} = 1$,得到 $A = 4$ 所以有 $N_4 = 4L_1L_2$.

其他节点的形函数可类似写出.这些形函数是面积坐标的二次函数,也就是 x, y 坐标的二次函数,在一条边上有3个节点,3个节点参数能唯一确定一个二次函数,所以满足 C_0 阶连续性要求.6个节点形函数的线性组合是一个完整的二阶多项式.

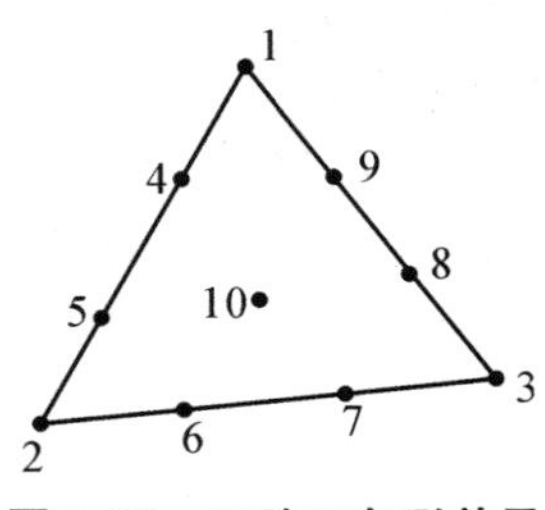

图6.38 三阶三角形单元节点编号

三阶三角形单元,各节点的位置编号如图6.38所示,各典型位置节点的形函数如下.

$N_1 = AL_1(3L_1 - 1)(3L_1 - 2)$,可以得到 $A = 1/2$,所以有 $N_1 = \dfrac{1}{2}L_1(3L_1 - 1)(3L_1 - 2)$.用同样的

步骤可以得到 $N_4 = \frac{9}{2}L_1(3L_1 - 1)L_2$ 和 $N_{10} = 27L_1L_2L_3$. 与前面讨论相同,这个单元的每个边上有 4 个节点,形函数是三次的,能够满足 C_0 阶连续性要求,10 个节点形函数的线性组合是一个完整的三阶多项式.图 6.39 给出几个典型的形函数.

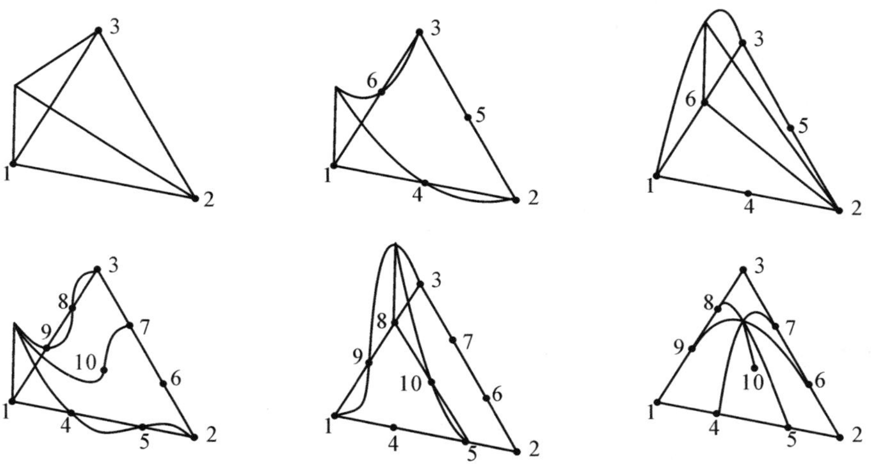

图 6.39 几个典型的三角形单元的形函数

6.3.3 微分和积分运算

在推导单元方程时要对形函数进行微分、积分运算.微分是对总体坐标 x, y 进行,积分是对面积求积,而形函数是用面积坐标表示的,因此必须把对坐标 x, y 的微分转换成对面积坐标的微分,被积函数变成面积坐标的多项式,积分微元也要用面积坐标表示.相关的转换公式在第 7 章讨论.

6.4 C_0 阶阶谱形函数(Hierachical Function)

6.4.1 基本概念

在有限元法中,一个单元中的场变量可近似表示成

$$\hat{\varphi}^e = \sum_{i=1}^{m} N_i \varphi_i \tag{6.19}$$

其中 φ_i 是场变量在节点上的值，N_i 是与 φ_i 对应的形函数. 显然 φ_i 有明确的物理意义. 但是这样的形函数也有不方便之处，即随着单元体阶数的提高，各节点的形函数完全不同，各阶单元的矩阵也完全不同，计算出低阶单元的形函数和单元的矩阵后，若想用提高单元阶数的方法来提高精度，前面得到的形函数和单元体的矩阵都不能用. 下面给出一个简单的例子.

考虑一维问题

$$\frac{d^2\varphi}{dx^2} - \varphi = 0 \qquad 0 \leqslant x \leqslant 1$$

$$\varphi = 0 \qquad x = 0$$

$$\varphi = 1 \qquad x = 1$$

用伽辽金法，单元矩阵中一个典型系数的表达式为

$$K_{ij}^e = \int_0^1 \left(\frac{dN_i^e}{dx} \frac{dN_j^e}{dx} + N_i^e N_j^e \right) dx$$

如果单元体的形函数都是用局部坐标 ξ 表示的，ξ 与总体坐标 x 之间的关系是

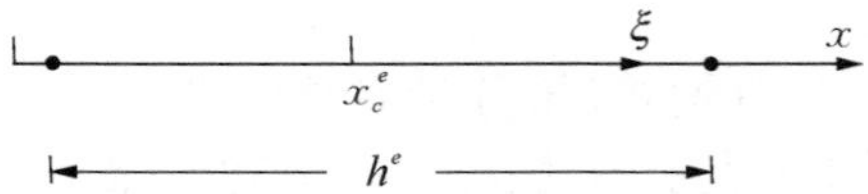

$$\xi = \frac{2(x - x_c^e)}{h^e} \qquad -1 \leqslant \xi \leqslant 1$$

如图 6.40 所示.

图 6.40 一维单元的局部坐标

形函数对总体坐标和局部坐标的微分有如下关系

$$\frac{dN_i^e}{dx} = \frac{dN_i^e}{d\xi} \frac{d\xi}{dx} = \frac{2}{h^e} \frac{dN_i^e}{d\xi}, \qquad dx = \frac{h^e}{2} d\xi$$

则有单元矩阵的一个典型系数为

$$K_{ij}^e = \int_{-1}^{+1} \left(\frac{2}{h^e} \frac{dN_i^e}{d\xi} \frac{dN_j^e}{d\xi} + \frac{h^e}{2} N_i^e N_j^e \right) d\xi$$

对于线性、二次、三次单元，各节点的形函数和所求得的单元矩阵如下

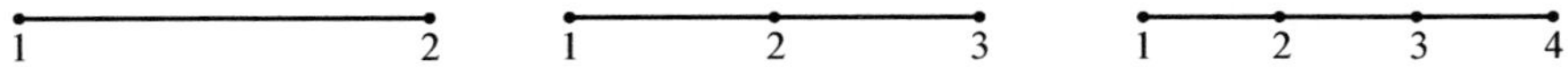

1 —— 2　　　1 —— 2 —— 3　　　1 —— 2 —— 3 —— 4

$$N_1 = -\frac{\xi-1}{2}$$
$$N_2 = \frac{\xi+1}{2}$$

$$N_1 = \frac{\xi(\xi-1)}{2}$$
$$N_2 = -(\xi-1)(\xi+1)$$
$$N_3 = \frac{\xi(\xi+1)}{2}$$

$$N_1 = -\frac{9}{16}\left(\xi+\frac{1}{3}\right)\left(\xi-\frac{1}{3}\right)(\xi-1)$$
$$N_2 = \frac{27}{16}(\xi+1)\left(\xi-\frac{1}{3}\right)(\xi-1)$$
$$N_3 = -\frac{27}{16}(\xi+1)\left(\xi+\frac{1}{3}\right)(\xi-1)$$
$$N_4 = \frac{9}{16}(\xi+1)\left(\xi+\frac{1}{3}\right)\left(\xi-\frac{1}{3}\right)$$

$$\boldsymbol{K}_L^e = \begin{bmatrix} \frac{1}{h^e}+\frac{h^e}{3} & -\frac{1}{h^e}+\frac{h^e}{6} \\ -\frac{1}{h^e}+\frac{h^e}{6} & \frac{1}{h^e}+\frac{h^e}{3} \end{bmatrix},\quad \boldsymbol{K}_Q^e = \begin{bmatrix} \frac{7}{3h^e}+\frac{2h^e}{15} & -\frac{8}{3h^e}+\frac{h^e}{15} & \frac{1}{3h^e}-\frac{h^e}{30} \\ -\frac{8}{3h^e}-\frac{h^e}{15} & \frac{16}{3h^e}+\frac{8h^e}{15} & -\frac{8}{3h^e}+\frac{h^e}{15} \\ \frac{1}{3h^e}-\frac{h^e}{30} & -\frac{8}{3h^e}+\frac{h^e}{15} & \frac{7}{3h^e}+\frac{2h^e}{15} \end{bmatrix}$$

$$\boldsymbol{K}_C^e = \begin{bmatrix} \frac{37}{10h^e}+\frac{8h^e}{105} & -\frac{189}{40h^e}+\frac{33h^e}{560} & \frac{27}{20h^e}-\frac{3h^e}{140} & -\frac{13}{40h^e}+\frac{19h^e}{1\,680} \\ -\frac{189}{40h^e}+\frac{33h^e}{560} & \frac{54}{5h^e}+\frac{27h^e}{70} & -\frac{297}{40h^e}-\frac{27h^e}{560} & \frac{27}{20h^e}-\frac{3h^e}{140} \\ \frac{27}{20h^e}-\frac{3h^e}{140} & -\frac{297}{40h^e}-\frac{27h^e}{560} & \frac{54}{5h^e}+\frac{27h^e}{70} & -\frac{189}{40h^e}+\frac{33h^e}{560} \\ -\frac{13}{40h^e}+\frac{19h^e}{1\,680} & \frac{27}{20h^e}-\frac{3h^e}{140} & \frac{-189}{40h^e}+\frac{33h^e}{560} & \frac{37}{10h^e}+\frac{8h^e}{105} \end{bmatrix}$$

图 6.41　线性、二次、三次单元的节点形函数和单元矩阵

显然，通过增加有限元节点数目来提高单元阶次时，各阶单元的形函数和单元矩阵中的系数完全不同.每增加一个阶次，都要对单元体的形函数和系数矩阵重新计算.

在常规的近似方法中情况则不同，场变量近似地用试函数表示为

$$\hat{\varphi} = \psi + \sum_{i=1}^{M} N_i a_i \tag{6.20}$$

其中 a_i 是一组广义参数，一般没有直接的物理意义.这种方法的一个优点是随着项数的增加不断改进精度时，低阶项的函数保持不变，只是逐次增加高阶项，相应的矩阵方程为

$$M = 1 \qquad K_{11}a_1 = f$$

$$M = 2 \qquad \begin{bmatrix} K_{11} & K_{12} \\ K_{21} & K_{22} \end{bmatrix} \begin{Bmatrix} a_1 \\ a_2 \end{Bmatrix} = \begin{Bmatrix} f_1 \\ f_2 \end{Bmatrix}$$

$$M = 3 \qquad \begin{bmatrix} K_{11} & K_{12} & K_{13} \\ K_{21} & K_{22} & K_{23} \\ K_{31} & K_{32} & K_{33} \end{bmatrix} \begin{Bmatrix} a_1 \\ a_2 \\ a_3 \end{Bmatrix} = \begin{Bmatrix} f_1 \\ f_2 \\ f_3 \end{Bmatrix}$$

可以看出,随着近似解中所取的项数不断增加,前面得到的矩阵保持不变.不需要重新计算,只需要计算新增加的项,这给计算带来很大的方便.

如果所选取的试函数是正交的,用伽辽金法所得的矩阵是对角线形式的,即

$$M = 1 \qquad K_{11}a_1 = f_1$$

$$M = 2 \qquad \begin{bmatrix} K_{11} & 0 \\ 0 & K_{22} \end{bmatrix} \begin{Bmatrix} a_1 \\ a_2 \end{Bmatrix} = \begin{Bmatrix} f_1 \\ f_2 \end{Bmatrix}$$

$$M = 3 \qquad \begin{bmatrix} K_{11} & 0 & 0 \\ 0 & K_{22} & 0 \\ 0 & 0 & K_{33} \end{bmatrix} \begin{Bmatrix} a_1 \\ a_2 \\ a_3 \end{Bmatrix} = \begin{Bmatrix} f_1 \\ f_2 \\ f_3 \end{Bmatrix}$$

这样每一级近似解就可由在上一级解的基础上加上新的一级 $a_m = K_{mm}^{-1} f_m$ 得到.

如果所选取的试函数不完全正交,但接近正交,则系数矩阵中非主对角线的系数的值都很小,保证方程组是良态的.

采用阶谱形函数方法构造高阶单元形函数,具有上述优点,使得形函数和单元矩阵表达式具有可加性.

6.4.2 一维单元体

1) 阶谱多项式

考虑一个一维多项式,有二个节点,保证 C_0 阶连续的形函数是

$$\hat{\varphi}^e = N_1\varphi_1 + N_2\varphi_2 \tag{6.21}$$

其中 $N_1 = -(\xi - 1)/2$, $N_2 = (\xi + 1)/2$ 都是线性函数,如图 6.42(a)所示.

在原来线性插值函数的基础上增加如下二次多项式可以提高精度

$$\overline{N}_2 = \alpha_0 + \alpha_1\xi + \alpha_2\xi^2$$

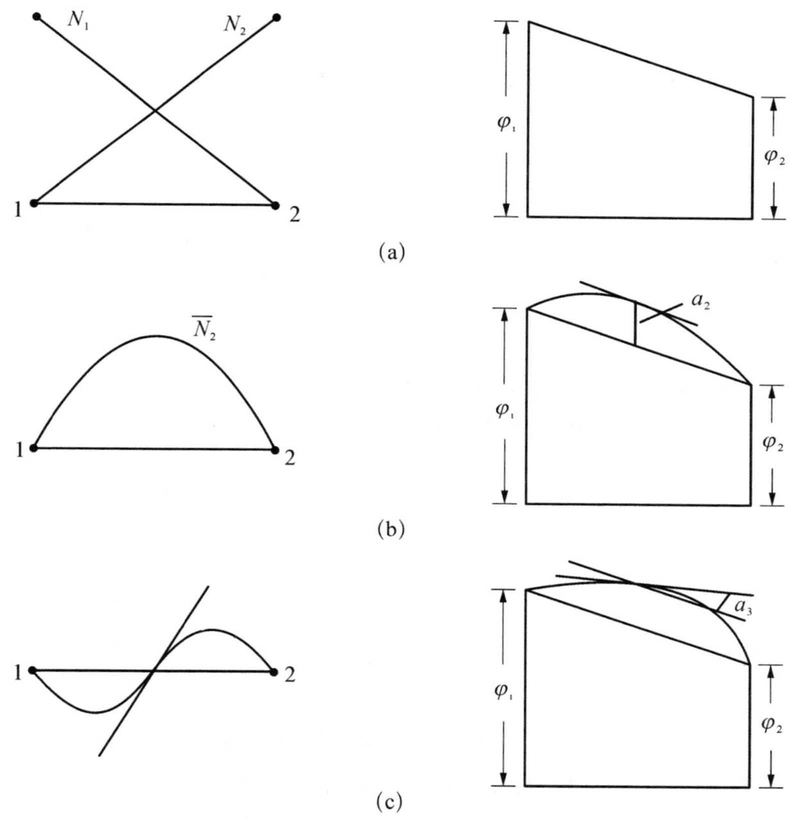

图 6.42 一维单元的二阶、三阶阶谱形函数的几何解释

为了保证 C_0 阶连续，这一函数在两端节点 1,2 上必须等于 0，所以有

$$\overline{N}_2 = -(\xi - 1)(\xi + 1) \tag{6.22}$$

单元体的插值函数可写成

$$\hat{\varphi}^e = N_1\varphi_1 + N_2\varphi_2 + a_2 \overline{N}_2 \tag{6.23}$$

$\overline{N}_2$ 在两端点节点上等于 0，在单元的中点 ($\xi = 0$) 处取值为 1. 显然，a_2 有明确的意义，它不表示 $\hat{\varphi}^e$ 在单元内某一点的值，而是表示在单元中点处 $\hat{\varphi}^e$ 偏离线性分布的大小，如图 6.42(b)所示. 用类似的方法可以加上三次多项式，一般形式为

$$\alpha_0 + \alpha_1\xi + \alpha_2\xi^2 + \alpha_3\xi^3$$

为了使上式在两端点 ($\xi = \pm 1$) 上等于 0，有很多种形式，可以选取如下形式

$$\bar{N}_3 = \xi(1 - \xi^2) \tag{6.24}$$

这个函数在两端点（$\xi = \pm 1$）和中点（$\xi = 0$）处都等于0，在中点处的一阶导数等于1.单元体的插值函数可写成

$$\hat{\varphi}^e = N_1\varphi_1 + N_2\varphi_2 + a_2\bar{N}_2 + a_3\bar{N}_3 \tag{6.25}$$

参数 a_3 表示单元中点处 $\hat{\varphi}^e$ 的一阶导数偏离二阶插值函数的大小，如图6.42(c)所示.同样可以选取

$$\bar{N}_4 = \xi^2(1 - \xi^2) \tag{6.26}$$

等等，但对应的参数的物理、几何解释更加困难.

如上述，高阶阶谱形函数的形式不是唯一的，存在很多选取的可能性.可以选取如下形式

$$\bar{N}_p = \begin{cases} \dfrac{1}{p!}(\xi^p - 1) & p\text{ 是偶数}(p = 4, 6, \cdots) \\ \dfrac{1}{p!}(\xi^p - \xi) & p\text{ 是奇数}(p = 3, 5, \cdots) \end{cases} \tag{6.27}$$

其中 p 表示多项式的阶数.

可以看出，在单元体中点（$\xi = 0$）$\bar{N}_p$ 的二阶及更高阶导数都等于0.只有 p 阶导数 $\mathrm{d}^p\bar{N}_p/\mathrm{d}\xi^p = 1$，所以这样选取的各阶阶谱形函数对应的参数 a_p 表示单元体中点处 $\bar{N}_p$ 的 p 阶导数的值，即

$$a_p = \left.\frac{\mathrm{d}^p\hat{\varphi}^e}{\mathrm{d}\xi^p}\right|_{\xi=0}, \quad p \geqslant 2$$

上述函数的前几阶的表达式如下

$$\bar{N}_2 = \frac{1}{2}(\xi^2 - 1), \quad \bar{N}_3 = \frac{1}{6}(\xi^3 - \xi)$$

$$\bar{N}_4 = \frac{1}{24}(\xi^4 - 1), \quad \bar{N}_5 = \frac{1}{120}(\xi^5 - \xi)$$

虽然采用高阶次的多项式形函数比加密有限元网格能够减少计算量，但阶谱有限元方法的应用不是很广泛，主要是用高阶次的形函数可能会带来数值稳定性等问题.

2）近似正交的阶谱形函数

要做到各个阶阶谱形函数之间完全正交是很困难的，但应该尽量使它们之间接近正交或正交.在很多问题中，单元矩阵各系数的表达式是

$$K_{ij}^{e}=\int_{h^e}k\frac{\mathrm{d}N_i}{\mathrm{d}x}\frac{\mathrm{d}N_j}{\mathrm{d}x}\mathrm{d}x=\frac{2}{h^e}\int_{-1}^{+1}k\frac{\mathrm{d}N_i}{\mathrm{d}\xi}\frac{\mathrm{d}N_j}{\mathrm{d}\xi}\mathrm{d}\xi$$

如果选取的形函数能使得 $K_{ij}^{e}\equiv 0$（当 $i\neq j$ 时），则满足正交性.可以证明在 $-1\leqslant\xi\leqslant 1$ 之间定义的 Legendre 多项式能满足这一要求，Legendre 多项式的一般表达式为

$$P_p(\xi)=\frac{1}{(p-1)!}\frac{1}{2^{p-1}}\frac{\mathrm{d}^p}{\mathrm{d}\xi^p}[(\xi^2-1)^p]$$

各阶阶谱形函数可由对应的 Legendre 多项式积分得到，前几阶的表达式如下

$$\bar{N}_2=\xi^2-1,\quad \bar{N}_3=2(\xi^3-\xi)$$

$$\bar{N}_4=\frac{1}{4}(15\xi^4-18\xi^2+3),\quad \bar{N}_5=7\xi^5-10\xi^3+3\xi$$

各阶阶谱形函数和对应的一阶导数如图 6.43 所示.观察图 6.43 可以看出，各阶阶谱形函数本身相互并不正交，但它们的一阶导数之间是正交的.

3）例题

考虑本节中讨论的问题，矩阵中各系数的一般表达式是

$$K_{ij}^{e}=\int_{-1}^{+1}\left(\frac{2}{h^e}\frac{\mathrm{d}N_i}{\mathrm{d}\xi}\frac{\mathrm{d}N_j}{\mathrm{d}\xi}+\frac{h^e}{2}N_iN_j\right)\mathrm{d}\xi$$

利用 Legendre 多项式所得的各阶阶谱形函数，可写出各阶单元的矩阵如下

线性单元体

$$\boldsymbol{K}_L^e=\begin{bmatrix}\dfrac{1}{h^e}+\dfrac{h^e}{3} & -\dfrac{1}{h^e}+\dfrac{h^e}{6}\\[2ex] -\dfrac{1}{h^e}+\dfrac{h^e}{6} & \dfrac{1}{h^e}+\dfrac{h^e}{3}\end{bmatrix}\begin{matrix}\varphi_1\\[4ex]\varphi_2\end{matrix}$$

二次单元体

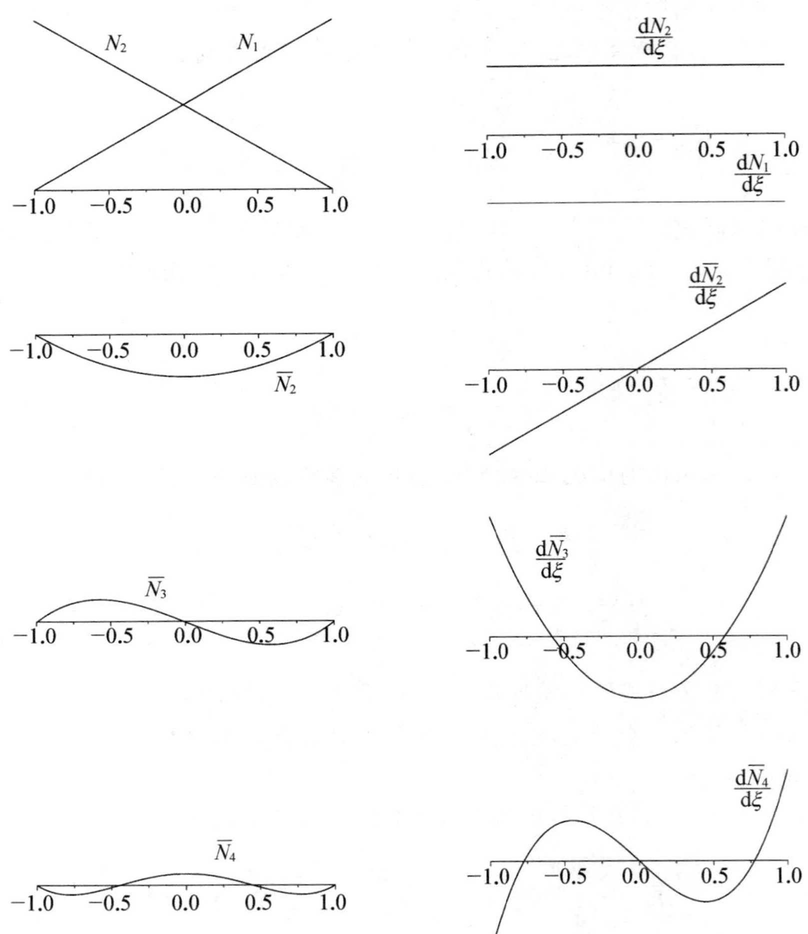

图 6.43 Legendre 多项式表示的阶谱形函数

$$
\boldsymbol{K}_Q^e = \left[\begin{array}{cc:c}
\multicolumn{2}{c:}{\multirow{2}{*}{$\boldsymbol{K}_L^e$}} & -\dfrac{h^e}{3} \\
 & & -\dfrac{h^e}{3} \\
\hdashline
-\dfrac{h^e}{3} & -\dfrac{h^e}{3} & \dfrac{16}{3h^e}+\dfrac{8h^e}{15}
\end{array}\right]
\begin{array}{c} \varphi_1 \\ \varphi_2 \\ a_2 \end{array}
$$

三次单元体

$$\boldsymbol{K}_C^e = \left[\begin{array}{ccc:c} & \boldsymbol{K}_Q^e & & \begin{array}{c}\dfrac{2h^e}{15} \\ -\dfrac{2h^e}{15} \\ 0\end{array} \\ \hdashline \dfrac{2h^e}{15} & -\dfrac{2h^e}{15} & 0 & \dfrac{164}{5h^e} + \dfrac{32h^e}{105} \end{array}\right] \begin{array}{l} \varphi_1 \\ \varphi_2 \\ a_2 \\ a_3 \end{array}$$

可以看出,每一阶单元的矩阵都含有前一阶的矩阵,各耦合矩阵项都很弱,$\overline{N}_2$ 和 $\overline{N}_3$ 之间完全是正交的.

数值结果表明,如果把整个求解区域 $(-1 \leqslant \xi \leqslant 1)$ 作为一个单元 $(h^e = 1)$,把上面的单元矩阵作为对角线矩阵计算所得的结果,与用标准 Lagrange 形函数得到的结果精度相当,但这种方法计算要简单得多.

6.4.3　矩形有限元

在一维问题中讨论的阶谱形函数可直接用于构造矩形单元的阶谱形函数.考虑在无量纲坐标系中的正方形单元,有 4 个节点,如图 6.44 所示.

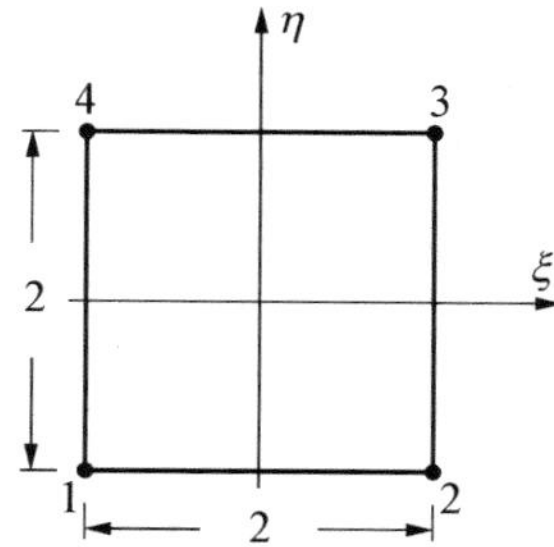

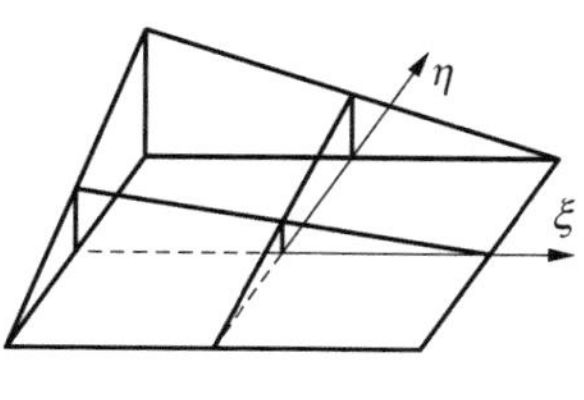

图 6.44　四节点正方形单元体

各节点的形函数是双线性插值函数,即

$$N_i(\xi, \eta) = \frac{1}{4}(1 + \xi_i \xi)(1 + \eta_i \eta) \quad (i = 1, 2, 3, 4) \tag{6.28}$$

例如

$$N_4 = \frac{1}{4}(1 - \xi)(1 + \eta)$$

一维各阶谱形函数在 4 个节点上都等于 0.如果在 3 - 4 边上 $(\eta = 1)$ 加二阶、三阶

阶谱形函数，则可由 ξ 方向上的二阶、三阶阶谱函数和 η 方向上的线性函数的乘积得到. 例如

$$\overline{N}_{2\langle 3\text{-}4\rangle} = \frac{1}{2}(1+\eta)(\xi^2-1) \tag{6.29}$$

$$\overline{N}_{3\langle 3\text{-}4\rangle} = \frac{1}{6}(1+\eta)(\xi^3-\xi) \tag{6.30}$$

等等，如图 6.45 所示. 用类似的方法可以得到其他边上各级阶谱函数.

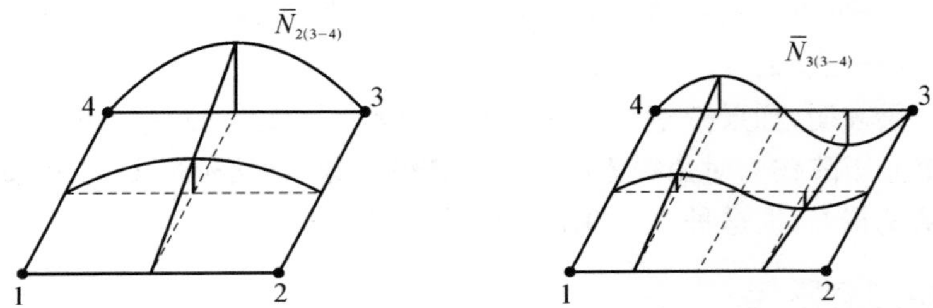

图 6.45　正方形单元一个边上的二阶、三阶阶谱形函数

如果在相邻单元公共边上对应的阶谱形函数的广义参数取相同的值，(用一个参数表示)则能保证 C_0 阶连续性.

上述构造阶谱形函数的方法和 Serendipity 形函数有相似之处. 在一个方向上的 m 阶多项式和另一个方向上的线性插值函数的乘积，因此最高只能完整到 3 阶多项式. 如果要使单元体的插值函数完整到四阶，需要加上 $\xi^2\eta^2$ 项，可写成

$$\overline{N}_I = \frac{1}{4}(\xi^2-1)(\eta^2-1) \tag{6.31}$$

它对应的参数 α 是单元的内部参数.

6.4.4　三角形单元体

很容易构造三角形单元的阶谱形函数. 一个三角形单元的三个节点是 1, 2, 3，各节点的形函数为

$$N_i = L_i \quad (i = 1, 2, 3) \tag{6.32}$$

L_i 是面积坐标. 一个节点的形函数如图 6.46 所示，沿着节点 1 所对应的边 2 - 3 上 $L_1 \equiv 0$, 我们有 $(L_2 + L_3)_{2\text{-}3} = 1$. 用 ξ 表示沿 2 - 3 边的无量纲坐标，则有

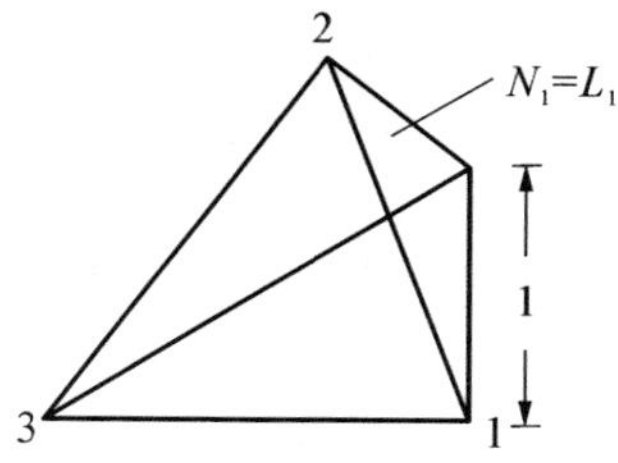

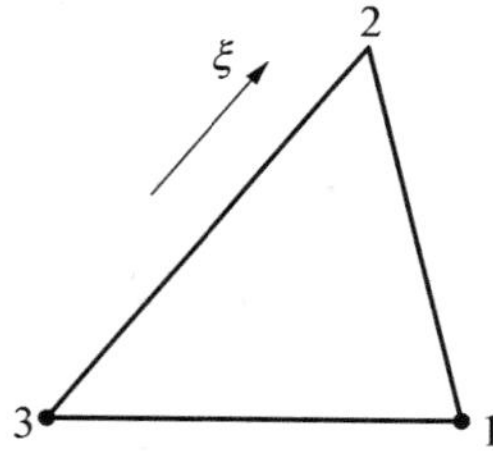

图 6.46 三节点三角形单元和形函数

$$L_2\Big|_{2\text{-}3} = \frac{1}{2}(1+\xi), \quad L_3\Big|_{2\text{-}3} = \frac{1}{2}(1-\xi)$$

由以上两式得到 $\xi = (L_2 - L_3)\Big|_{2\text{-}3}$.

可以用一维阶谱形函数的方法构造三角形单元的阶谱形函数如下

$$\overline{N}_{(p2\text{-}3)} = \begin{cases} \dfrac{1}{p!}((L_2 - L_3)^p - (L_2 + L_3)^p) & p\text{ 是偶数} \\ \dfrac{1}{p!}((L_2 - L_3)^p - (L_2 - L_3)(L_2 + L_3)^{p-1}) & p\text{ 是奇数} \end{cases} \tag{6.33}$$

这些函数在节点2,3上等于0,很容易验证在1－3,1－2两边上也恒为0.所以满足阶谱形函数的要求.如果在单元之间的公共边上对应的阶谱形函数的广义参数取相同的值就能保证 C_0 阶连续,$p=2,3$ 在2－3边上的阶谱函数如图6.47所示.

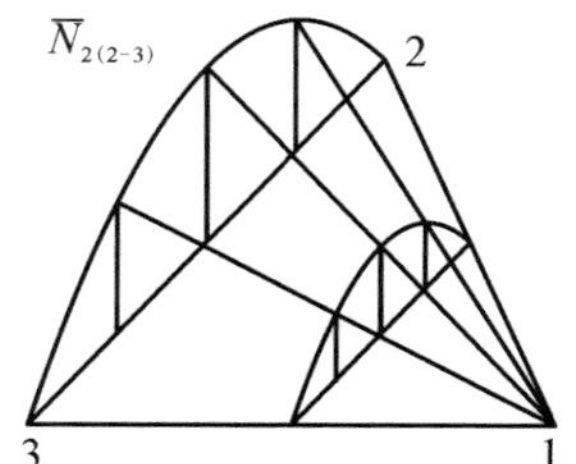

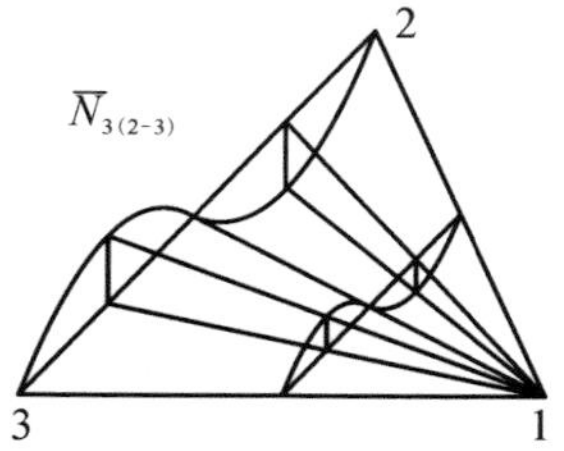

图 6.47 三角形单元一个边上的二阶、三阶阶谱形函数

应该注意,当 $p \geqslant 3$ 时,在各边上得到的阶谱形函数的总数不足以定义一个完整的 p 阶多项式.必须适当补充在所有边界上恒等于0的内部节点.比如,$p=3$ 时,需补充函数 $L_1L_2L_3$;$p=4$ 时需补充函数 $L_1^2L_2L_3$,$L_1L_2^2L_3$,$L_1L_2L_3^2$,等等.也可以用Legendre多项式来定义三角形单元的阶谱形函数.

6.5 Hermit 插值函数和 C_1 阶形函数

6.5.1 问题的提出

以平面梁单元为例,变分泛函(总势能)为

$$I = \frac{1}{2}\int_L EI\left(\frac{\mathrm{d}^2 w}{\mathrm{d}x^2}\right)^2 \mathrm{d}x - \int_L qw\,\mathrm{d}x$$

其中包含对未知函数挠度 w 的二阶导数,选择近似函数时要求函数本身和它的一阶导数在单元之间连续(即 C_1 阶连续).假设在单元内 w 用一个三次多项式表示,即

$$\hat{w} = \alpha_0 + \alpha_1 x + \alpha_2 x^2 + \alpha_3 x^3 = \boldsymbol{P\alpha} \tag{6.34}$$

这个单元的四个自由度,有图 6.48(a)、图 6.48(b)两种选择方式.图 6.48(b)中转角与挠度之间的关系为 $\theta_1 = \left.\frac{\mathrm{d}w}{\mathrm{d}x}\right|_1 = w_1^{(1)}$, $\theta_2 = \left.\frac{\mathrm{d}w}{\mathrm{d}x}\right|_2 = w_2^{(1)}$,为了满足 C_1 阶连续,应该选择图 6.48(b)的自由度.

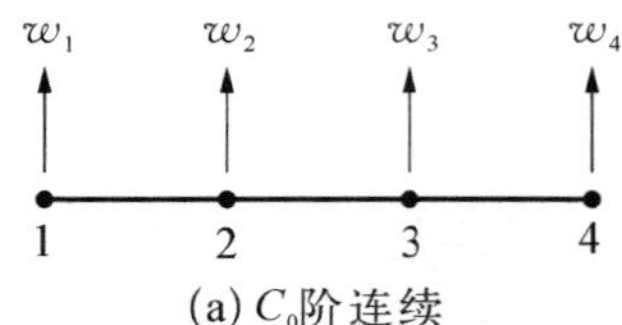

(a) C_0阶连续

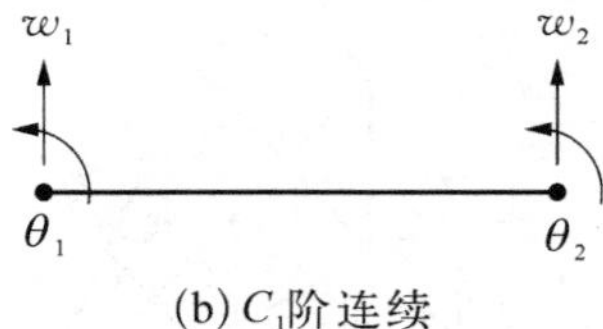

(b) C_1阶连续

图 6.48 平面梁单元自由度的选择

用带括号的上标表示对挠度的微分阶数,有

$$w_1^{(0)} = \alpha_0 + \alpha_1 x_1 + \alpha_2 x_1^2 + \alpha_3 x_1^3$$

$$w_1^{(1)} = \theta_1 = 0 + \alpha_1 + 2\alpha_2 x_1 + 3\alpha_3 x_1^2$$

$$w_2^{(0)} = \alpha_0 + \alpha_1 x_2 + \alpha_2 x_2^2 + \alpha_3 x_2^3$$

$$w_2^{(1)} = \theta_2 = 0 + \alpha_1 + 2\alpha_2 x_2 + 3\alpha_3 x_2^2$$

上式写成矩阵形式为

$$\boldsymbol{d} = \boldsymbol{G\alpha}$$

求逆后得到

$$\boldsymbol{\alpha} = \boldsymbol{G}^{-1}\boldsymbol{d}$$

将上式代入(6.34)得

$$\begin{aligned}\hat{w} &= \boldsymbol{P\alpha} = \boldsymbol{PG}^{-1}\boldsymbol{d} \\ &= N_{01}w_1 + N_{11}w_1^{(1)} + N_{02}w_2 + N_{12}w_2^{(1)} = \sum_{i=1}^{2}\sum_{k=0}^{1}N_{ki}w_i^{(k)}\end{aligned} \tag{6.35}$$

显然,上式中各节点的形函数满足如下条件

$$N_{0i}(x_j) = \begin{cases}1 & j = i \\ 0 & j \neq i,\end{cases} \quad \left.\frac{\mathrm{d}N_{0i}}{\mathrm{d}x}\right|_{x_j} = 0$$

$$\left.\frac{\mathrm{d}N_{1i}}{\mathrm{d}x}\right|_{x_j} = \begin{cases}1 & j = i \\ 0 & j \neq i,\end{cases} \quad N_{1i}(x_j) = 0$$

上面只是一个简单例子.对一般情况用 Hermit 插值函数能够直接写出满足 C_1 阶连续的形函数.

6.5.2 Hermit 插值函数

1. 一般形式

$$\hat{\varphi}(x) = \sum_{i=1}^{m}\sum_{k=0}^{n}H_{ki}^{(n)}\varphi_i^{(k)} \tag{6.36}$$

其中 m 为节点个数,n 为 Hermit 插值函数的阶数.上式展开为

$$\hat{\varphi}(x) = \sum_{i=1}^{m}\sum_{k=0}^{n}H_{ki}^{(n)}\varphi_i^{(k)} = \sum_{i=1}^{m}(H_{0i}^{(n)}\varphi_i + H_{1i}^{(n)}\varphi_i^{(1)} + \cdots + H_{ni}^{(n)}\varphi_i^{(n)})$$

$H_{ki}^{(n)}(x)$有如下性质

$$\frac{\mathrm{d}^r H_{ki}^{(n)}}{\mathrm{d}x^r}(x_p) = \delta_{rk}\delta_{ip} \qquad \begin{matrix} i,\ p = 1,\ 2,\ \cdots,\ m \\ r,\ k = 0,\ 1,\ 2,\ \cdots,\ n\end{matrix} \tag{6.37}$$

由上述性质得到

$$\frac{\mathrm{d}^r\hat{\varphi}}{\mathrm{d}x^r}(x_p) = \sum_{i=1}^{m}\sum_{k=0}^{n}\frac{\mathrm{d}^r H_{ki}^{(n)}}{\mathrm{d}x^r}(x_p)\varphi_i^{(k)} = \sum_{i=1}^{m}\sum_{k=0}^{n}\delta_{rk}\delta_{ip}\varphi_i^{(k)} = \sum_{k=0}^{n}\delta_{rk}\varphi_p^{(k)} = \varphi_p^{(r)} \tag{6.38}$$

2. 零阶一维 Hermit 形函数(2 个节点)

$$\hat{\varphi}(x)=\sum_{i=1}^{2}H_{0i}^{(0)}\varphi_i^{(0)}=H_{01}^{(0)}\varphi_1+H_{02}^{(0)}\varphi_2 \tag{6.39}$$

取 $H_{01}^{(0)}(x)=\alpha_0+\alpha_1 x$，确定 $H_{01}^{(0)}(x)$ 有如下两个条件，

$$\begin{cases}H_{01}^{(0)}(x_1)=\alpha_0+\alpha_1 x_1=1\\ H_{01}^{(0)}(x_2)=\alpha_0+\alpha_1 x_2=0\end{cases}$$

由 $x_1=0$，$x_2=l$ 得到

$$H_{01}^{(0)}=1-\frac{x}{l}$$

类似可以得到 $H_{02}^{(0)}(x)=\dfrac{x}{l}$.

3. 一阶一维 Hermit 形函数(2 个节点)

$$\hat{\varphi}(x)=\sum_{i=1}^{2}\sum_{k=0}^{1}H_{ki}^{(1)}\varphi_i^{(k)}=H_{01}^{(1)}\varphi_1^{(0)}+H_{11}^{(1)}\varphi_1^{(1)}+H_{02}^{(1)}\varphi_2^{(0)}+H_{12}^{(1)}\varphi_2^{(1)} \tag{6.40}$$

利用插值函数的性质,确定 $H_{01}^{(1)}(x)$ 有四个条件.

$$H_{01}^{(1)}(x_1)=1,\ H_{01}^{(1)}(x_2)=0,\ \frac{\mathrm{d}H_{01}^{(1)}}{\mathrm{d}x}(x_1)=0,\ \frac{\mathrm{d}H_{01}^{(1)}}{\mathrm{d}x}(x_2)=0$$

由 $x_1=0$，$x_2=l$ 得到

$$H_{01}^{(1)}(x)=\frac{1}{l^3}(2x^3-3lx^2+l^3)$$

类似地可得到 $H_{02}^{(1)}(x)=-\dfrac{1}{l^3}(2x^3-3lx^2)$.

又由 $\dfrac{\mathrm{d}H_{11}^{(1)}}{\mathrm{d}x}(x_1)=1$，$\dfrac{\mathrm{d}H_{11}^{(1)}}{\mathrm{d}x}(x_2)=0$，$H_{11}^{(1)}(x_1)=0$，$H_{11}^{(1)}(x_2)=0$

得到

$$H_{11}^{(1)}(x)=\frac{1}{l^2}(x^3-2lx^2+l^2x)$$

类似地可以得到 $H_{12}^{(1)}(x)=\dfrac{1}{l^2}(x^3-lx^2)$.

图 6.49 给出了这些形函数的曲线.用这种方法可以构造多节点单元的 C_1 阶连续的形函数.

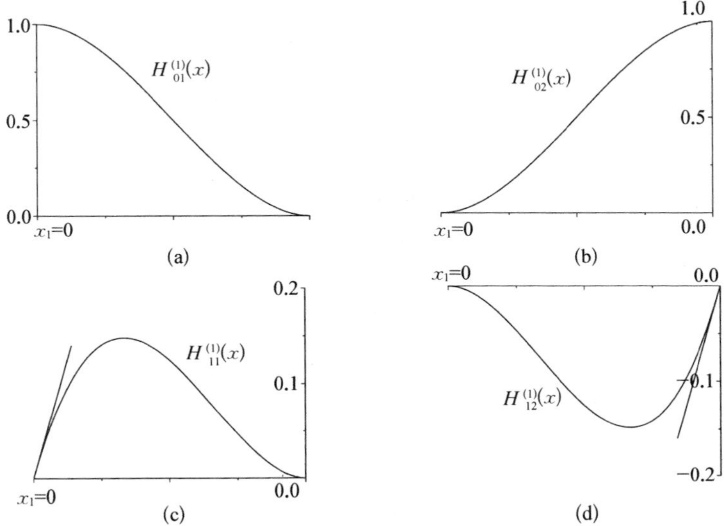

图 6.49　二个节点单元的一阶一维 Hermit 插值函数

4. 二维一阶 Hermit 形函数(4 个节点)

在 x, y 方向分别取一阶 Hermit 插值函数作乘积构造节点形函数(广义坐标共 16 项),必须取四个节点的 φ, $\dfrac{\partial\varphi}{\partial x}$, $\dfrac{\partial\varphi}{\partial y}$, $\dfrac{\partial^2\varphi}{\partial x\partial y}$ 为节点自由度.

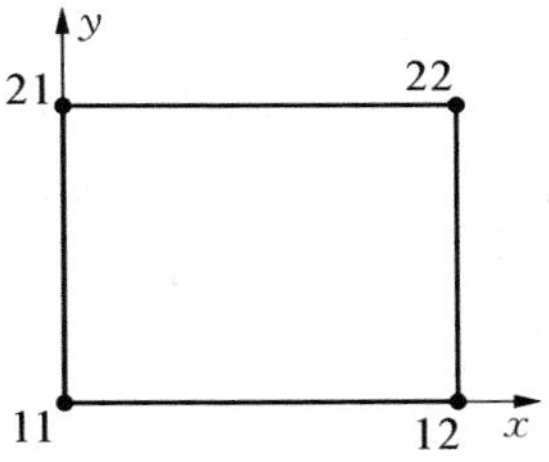

图 6.50　矩形单元的一阶 Hermit 形函数

$$
\begin{aligned}
\hat{\varphi}(x) = \sum_{i=1}^{2}\sum_{j=0}^{1}\Big[& H_{0i}^{(1)}(x)H_{0j}^{(1)}(y)\varphi_{ij} \\
& + H_{1i}^{(1)}(x)H_{0j}^{(1)}(y)\left(\frac{\partial\varphi}{\partial x}\right)_{ij} \\
& + H_{0i}^{(1)}(x)H_{1j}^{(1)}(y)\left(\frac{\partial\varphi}{\partial y}\right)_{ij} + H_{0i}^{(1)}(x)H_{0j}^{(1)}(y)\left(\frac{\partial^2\varphi}{\partial x\partial y}\right)_{ij}\Big] \\
= \boldsymbol{N\varphi} = [N_1 \quad \cdots \quad & N_{16}]\begin{Bmatrix} \varphi_{11} \\ \left(\dfrac{\partial\varphi}{\partial x}\right)_{11} \\ \left(\dfrac{\partial\varphi}{\partial y}\right)_{11} \\ \left(\dfrac{\partial^2\varphi}{\partial x\partial y}\right)_{11} \\ \vdots \end{Bmatrix}
\end{aligned} \tag{6.41}
$$

第7章 等参单元和数值积分

7.1 引 言

上一章讨论了 C_0 阶形函数的系统形成方法.如果有了单元的形函数,就可用离散问题的解题步骤进行求解.在计算中为了提高计算结果的精度有两种途径,一是采用简单单元,加密有限元网格;二是保持一定的网格,而提高单元形函数的阶数.一般来说,为了达到指定的精度,用高阶单元可以减少总自由度数,但这并不意味着在任何情况下高阶单元总是经济的、是最优的.因为,虽然总自由度数减少了,解方程的计算时间减少了,但单元分析过程中计算量增加了.所以,总的经济性要从总计算量、数据准备工作量等因素综合考虑.单元阶数的优选不是一个容易问题,由具体问题而定.前面讲的都是直线边单元,为了用较少的单元更精确地描述边界形状,希望建立曲线边界单元.如图7.1右图所示的圆形边界形状,如果采用图中(a)所示的直线边的三角形单元,必须用很密的网格才能较精确地近似这一几何形状,如果用图中(b)所示的曲线边的四边形单元,只需用很疏的网格就能精确地近似边界的几何形状.

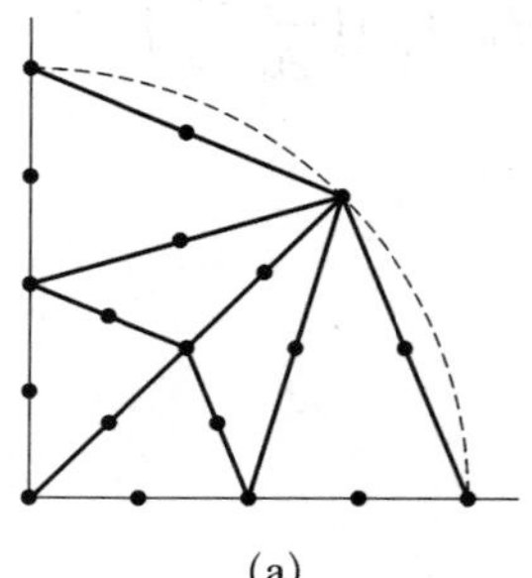

(a)

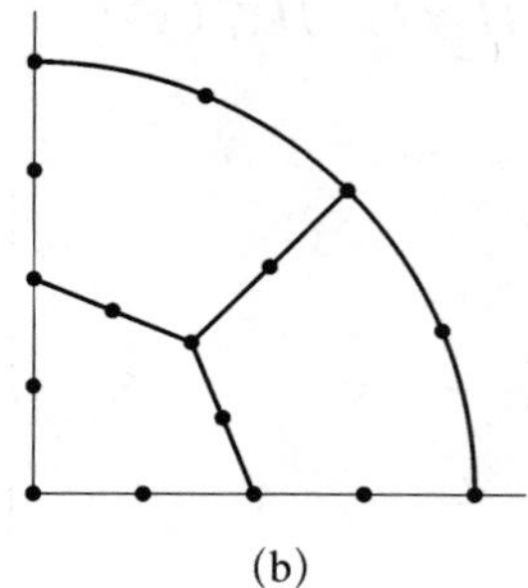

(b)

图7.1 曲线几何边界的有限元近似

7.2 等参单元

我们能系统地写出规则形状单元的形函数，如图 7.2 所示三阶四边形和三角形单元和如图 7.3 所示二阶四边形和三角形单元.

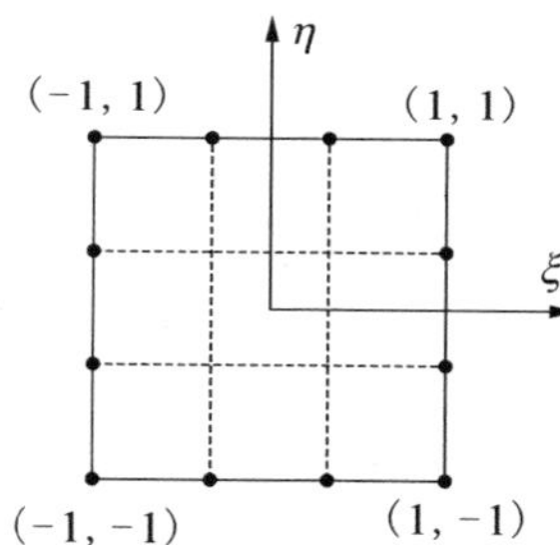

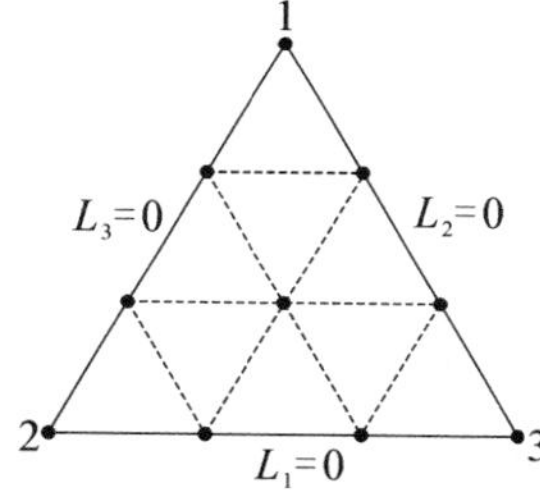

图 7.2 规则形状的三阶四边形和三角形单元

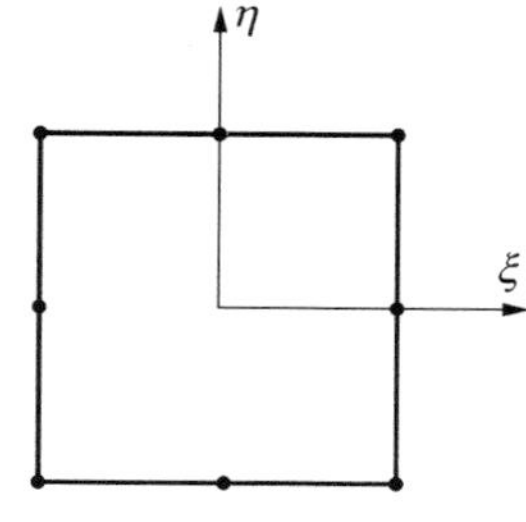

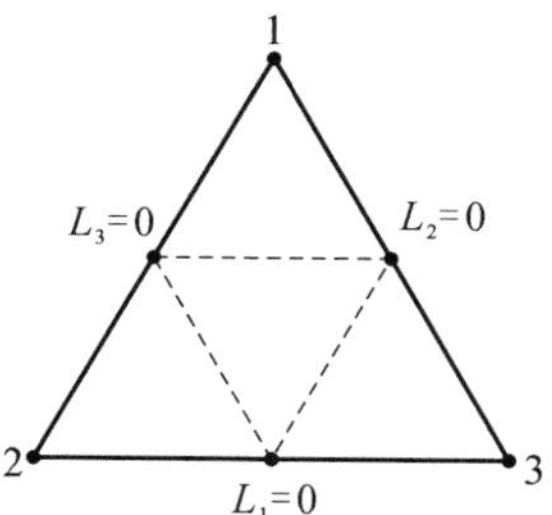

图 7.3 规则形状的二阶四边形和三角形单元

与图 7.3 对应的二阶曲线边单元如图 7.4 所示. 这些单元可以理解为由标准单元的形状畸变(Distortion)得到的. 曲线边界单元的构造需要解决两个问题：

1) 如果已知一个单元各节点在总体坐标系中的位置(x_i, y_i)，怎样描述它的几何形状和单元中任一点的位置；

2) 怎样描述单元中的未知函数.

对于第一个问题，可以把单元中各点在总体坐标系中的位置理解为是标准单

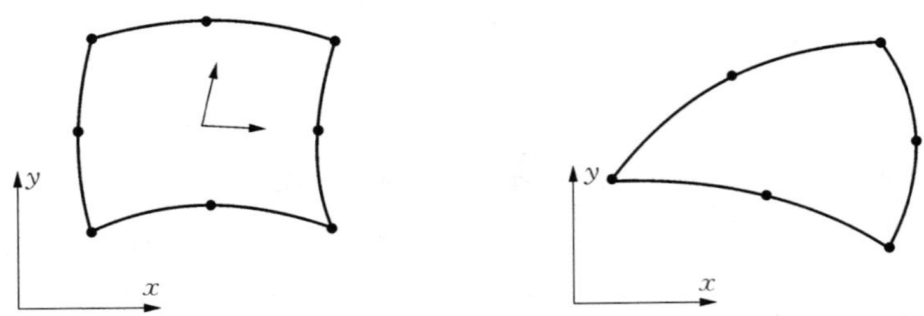

图 7.4　二阶曲线边单元

元中的未知函数，则有

$$\left.\begin{aligned} x &= [N_1 \quad N_2 \quad \cdots]\begin{Bmatrix} x_1 \\ x_2 \\ \vdots \end{Bmatrix} = \sum N_i x_i \\ y &= [N_1 \quad N_2 \quad \cdots]\begin{Bmatrix} y_1 \\ y_2 \\ \vdots \end{Bmatrix} = \sum N_i y_i \end{aligned}\right\} \tag{7.1}$$

由形函数的性质，代入各节点的坐标值(在局部坐标系内)，可得到各节点在总体坐标系中的坐标值. 上式写成矩阵形式为

$$\begin{Bmatrix} x \\ y \end{Bmatrix} = [N_1\boldsymbol{I} \quad N_2\boldsymbol{I} \quad \cdots]\begin{Bmatrix} \boldsymbol{r}_1 \\ \boldsymbol{r}_2 \\ \vdots \end{Bmatrix} \tag{7.2}$$

其中 $\boldsymbol{r}_i = \begin{Bmatrix} x_i \\ y_i \end{Bmatrix}$.

式(7.2)给出了曲线边单元中(在总体坐标系中)任一点的位置与标准单元体(在局部坐标系中)任一点的位置之间的关系. 表示两个坐标之间点与点之间的映变关系. 如果 $\boldsymbol{N}_i$ 是 m 阶的，则曲线边单元的边界是 m 阶的曲线.

应该指出，我们总是希望(x, y)与(ξ, η)或(L_1, L_2, L_3)之间的关系是一一对应的，这就要求不同坐标系的独立坐标数必须相同，即坐标变换的 Jacobi 行列式 $\det\boldsymbol{J} \neq 0$，且不变号. 因此，实际单元的形状不能过分扭曲，应该避免图 7.5、图 7.6 所示的映变. 图 7.5 是把标准单元中的部分映变到单元之外的情况. 图 7.6 是把标准单元中的某些部分的二点映变成单元中一点的情况.

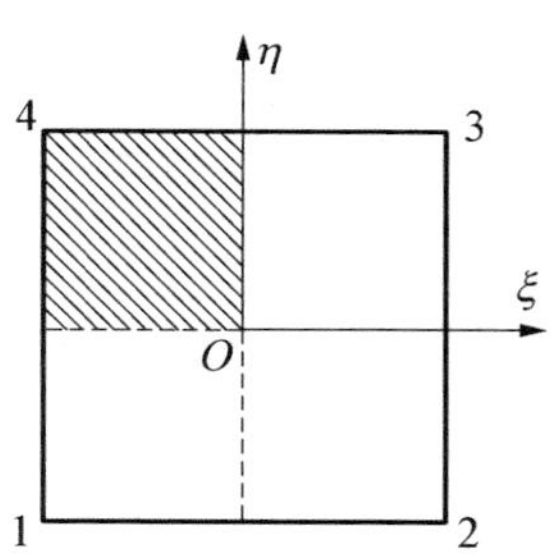

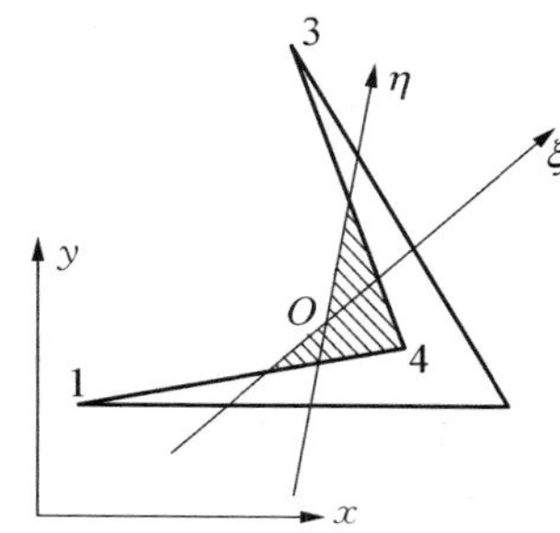

图7.5　把标准单元的部分面积映变到实际单元之外

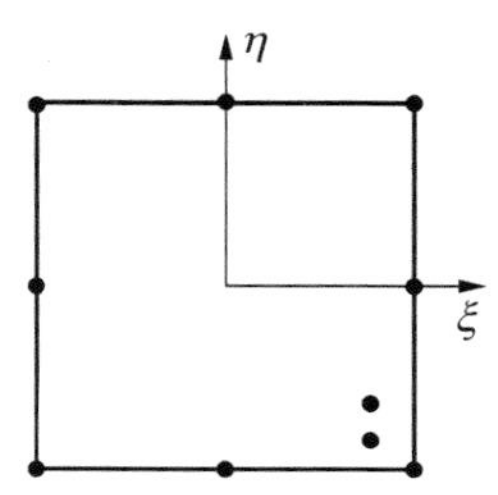

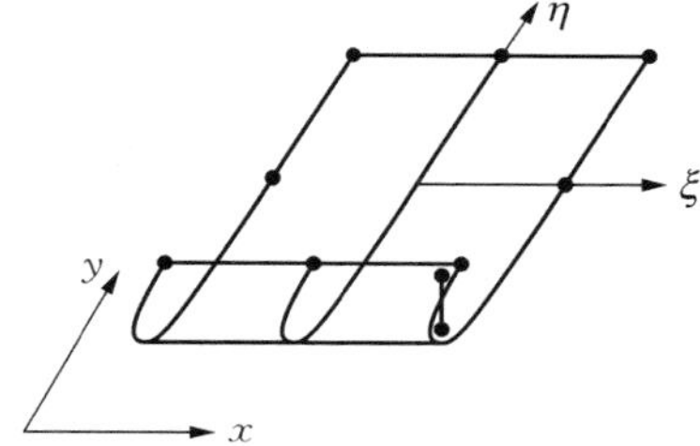

图7.6　把标准单元中的二点映变成实际单元中的一点

第二个问题是怎样描述单元内任一点未知函数,如在二维弹性力学中位移分量 u,v.对于曲线单元,很难直接用总体坐标系中的函数来写出节点的形函数,而在局部坐标系中很容易直接写出它们的形函数,一般形式如下

$$\varphi(x,\ y)=\sum_i N_i(\xi,\ \eta)\varphi_i=\left[N_1(\xi,\ \eta)\quad N_2(\xi,\ \eta)\quad\cdots\right]\begin{Bmatrix}\varphi_1\\ \varphi_2\\ \vdots\end{Bmatrix}\tag{7.3}$$

对弹性平面问题有

$$\begin{Bmatrix}u\\ v\end{Bmatrix}=\left[N_1(\xi,\ \eta)\boldsymbol{I}\quad N_2(\xi,\ \eta)\boldsymbol{I}\quad\cdots\right]\begin{Bmatrix}d_1\\ d_2\\ \vdots\end{Bmatrix}$$

应该注意,u,v 是在总体坐标系 x,y 方向的分量,不是在 ξ, η 方向的分量.上式中,$N_i(\xi,\ \eta)$是与定义单元形状相同的形函数,它显式表示为$(\xi,\ \eta)$的函数,但

是由于已知(ξ, η)和(x, y)之间的映变关系，它也可以理解为以(x, y)为参变量的函数，并且有

$$N_i(\xi_j, \eta_j) = N_i(x_j, y_j) = \begin{cases} 1 & i = j \\ 0 & i \neq j \end{cases} \tag{7.4}$$

上面的讨论中，描述单元几何形状和单元内的未知函数采用相同的形函数，这种单元体叫做等参单元. 在描述单元形状和未知函数时，不一定采用同阶形函数，若几何插值函数的阶数低于未知函数插值所用的阶数，则称为亚(次)参单元；若几何插值函数的阶数高于未知函数插值所用的阶数，则称为超参单元. 各种参数单元的定义如图 7.7 所示，图中圆圈○表示几何形状映变用的节点，方框□表示定义未知函数插值用的节点.

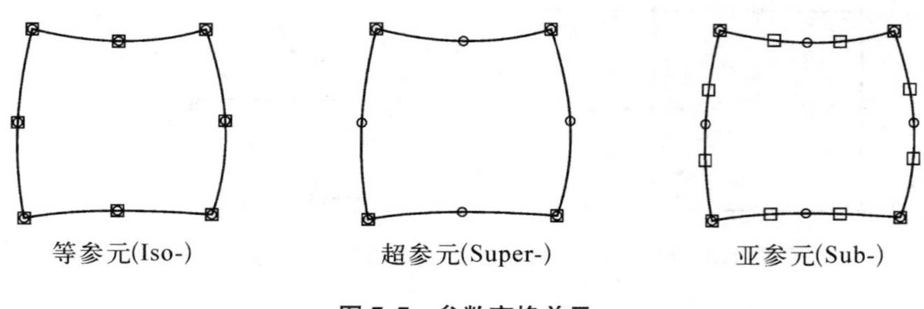

图 7.7　参数变换单元

7.3　等参单元的矩阵计算

单元刚度矩阵和等效节点载荷的一般表达式为

$$\int_D \boldsymbol{B}^{\mathrm{T}} \boldsymbol{D} \boldsymbol{B} \, \mathrm{d}D \text{ 和} \int_D \boldsymbol{N}^{\mathrm{T}} \boldsymbol{b} \, \mathrm{d}D \tag{7.5}$$

它们可用一个通式表示为

$$\int_D \boldsymbol{G} \, \mathrm{d}D \tag{7.6}$$

其中 $\boldsymbol{G}$ 中含有形函数 $\boldsymbol{N}$ 和它关于总体坐标 x,y 的导数,如在弹性力学平面问题中有

$$\boldsymbol{B}_i = \begin{bmatrix} \dfrac{\partial N_i}{\partial x} & 0 \\ 0 & \dfrac{\partial N_i}{\partial y} \\ \dfrac{\partial N_i}{\partial y} & \dfrac{\partial N_i}{\partial x} \end{bmatrix}$$

但在等参单元中,形函数 $\boldsymbol{N}$ 是用局部坐标系 ξ, η 表示的.所以在求积分前必须作如下变换:

1) 形函数 $\boldsymbol{N}$ 中对总体坐标 x, y 的导数用对局部坐标 ξ, η 的导数表示出来;

2) 积分的面积微元 $\mathrm{d}D$ 用局部坐标 ξ, η 表示出来;同时,对积分上、下限做相应的变换.

形函数对局部坐标的一阶导数可写成

$$\frac{\partial N_i}{\partial \xi} = \frac{\partial N_i}{\partial x}\frac{\partial x}{\partial \xi} + \frac{\partial N_i}{\partial y}\frac{\partial y}{\partial \xi}$$

$$\frac{\partial N_i}{\partial \eta} = \frac{\partial N_i}{\partial x}\frac{\partial x}{\partial \eta} + \frac{\partial N_i}{\partial y}\frac{\partial y}{\partial \eta}$$

写成矩阵形式为

$$\begin{Bmatrix} \dfrac{\partial N_i}{\partial \xi} \\ \dfrac{\partial N_i}{\partial \eta} \end{Bmatrix} = \begin{bmatrix} \dfrac{\partial x}{\partial \xi} & \dfrac{\partial y}{\partial \xi} \\ \dfrac{\partial x}{\partial \eta} & \dfrac{\partial y}{\partial \eta} \end{bmatrix} \begin{Bmatrix} \dfrac{\partial N_i}{\partial x} \\ \dfrac{\partial N_i}{\partial y} \end{Bmatrix} = \boldsymbol{J} \begin{Bmatrix} \dfrac{\partial N_i}{\partial x} \\ \dfrac{\partial N_i}{\partial y} \end{Bmatrix}$$

Jacobi 矩阵 $\boldsymbol{J}$ 也可用在局部坐标系中的形函数表示出来

$$\boldsymbol{J} = \begin{bmatrix} \dfrac{\partial x}{\partial \xi} & \dfrac{\partial y}{\partial \xi} \\ \dfrac{\partial x}{\partial \eta} & \dfrac{\partial y}{\partial \eta} \end{bmatrix} = \begin{bmatrix} \sum\limits_i \dfrac{\partial N_i}{\partial \xi} x_i & \sum\limits_i \dfrac{\partial N_i}{\partial \xi} y_i \\ \sum\limits_i \dfrac{\partial N_i}{\partial \eta} x_i & \sum\limits_i \dfrac{\partial N_i}{\partial \eta} y_i \end{bmatrix}$$

$$= \begin{bmatrix} \dfrac{\partial N_1}{\partial \xi} & \dfrac{\partial N_2}{\partial \xi} & \cdots \\ \dfrac{\partial N_1}{\partial \eta} & \dfrac{\partial N_2}{\partial \eta} & \cdots \end{bmatrix} \begin{bmatrix} x_1 & y_1 \\ x_2 & y_2 \\ \vdots & \vdots \end{bmatrix}$$

所以有

$$\begin{Bmatrix} \dfrac{\partial N_i}{\partial x} \\ \dfrac{\partial N_i}{\partial y} \end{Bmatrix} = \boldsymbol{J}^{-1} \begin{Bmatrix} \dfrac{\partial N_i}{\partial \xi} \\ \dfrac{\partial N_i}{\partial \eta} \end{Bmatrix} \tag{7.7}$$

积分面积微元的变换可写成

$$\mathrm{d}D = \mathrm{d}x\mathrm{d}y = |\boldsymbol{J}|\mathrm{d}\xi\mathrm{d}\eta \tag{7.8}$$

其中$|\boldsymbol{J}|$是 Jacobi 矩阵的行列式.

完成了这两个变换后,原来对总体坐标 x, y 下的函数的积分就表示成为在局部坐标系 ξ, η 中的函数的积分,单元矩阵的一般形式为

$$\iint_D [G(x, y)]\mathrm{d}D = \int_{-1}^{1}\int_{-1}^{1} \overline{G}(\xi, \eta)\mathrm{d}\xi\mathrm{d}\eta \tag{7.9}$$

上式中积分上下限变得简单,从 -1 到 $+1$,但一般很难写出 $\overline{G}(\xi, \eta)$的显式表达式,因为 $\boldsymbol{J}$ 的逆矩阵的一般表达式要进行很烦的代数运算.因此,实际上总是用数值方法求(7.9)式所示的积分.

对于三角形单元,取面积坐标 L_1, L_2, L_3 作为局部坐标,形函数用这些面积坐标表示,但应该注意到总体坐标中只有两个坐标分量,而局部坐标有三个分量,在推导两个坐标系中对函数的导数时,Jacobi 矩阵不再是方阵,不能求逆.但是三个面积坐标之间相互不独立,其中只有两个是独立的,记为 ξ, η,且有

$$\xi = L_1, \quad \eta = L_2 \text{ 和 } 1 - \xi - \eta = L_3 \tag{7.10}$$

把 ξ, η 看作是形函数 $\boldsymbol{N}$ 中的独立的变量,注意到

$$\frac{\partial L_1}{\partial \eta} = 0, \frac{\partial L_2}{\partial \xi} = 0, \frac{\partial L_3}{\partial \xi} = -1, \frac{\partial L_3}{\partial \eta} = -1$$

则有

$$\frac{\partial N_i}{\partial \xi} = \frac{\partial N_i}{\partial L_1}\frac{\partial L_1}{\partial \xi} + \frac{\partial N_i}{\partial L_2}\frac{\partial L_2}{\partial \xi} + \frac{\partial N_i}{\partial L_3}\frac{\partial L_3}{\partial \xi} = \frac{\partial N_i}{\partial L_1} - \frac{\partial N_i}{\partial L_3}$$
$$\frac{\partial N_i}{\partial \eta} = \frac{\partial N_i}{\partial L_1}\frac{\partial L_1}{\partial \eta} + \frac{\partial N_i}{\partial L_2}\frac{\partial L_2}{\partial \eta} + \frac{\partial N_i}{\partial L_3}\frac{\partial L_3}{\partial \eta} = \frac{\partial N_i}{\partial L_2} - \frac{\partial N_i}{\partial L_3}$$

写成矩阵形式为

$$\begin{Bmatrix} \dfrac{\partial N_i}{\partial \xi} \\ \dfrac{\partial N_i}{\partial \eta} \end{Bmatrix} = \begin{Bmatrix} \dfrac{\partial N_i}{\partial L_1} - \dfrac{\partial N_i}{\partial L_3} \\ \dfrac{\partial N_i}{\partial L_2} - \dfrac{\partial N_i}{\partial L_3} \end{Bmatrix}$$

又有

$$\begin{Bmatrix} \dfrac{\partial N_i}{\partial x} \\ \dfrac{\partial N_i}{\partial y} \end{Bmatrix} = \boldsymbol{J}^{-1} \begin{Bmatrix} \dfrac{\partial N_i}{\partial \xi} \\ \dfrac{\partial N_i}{\partial \eta} \end{Bmatrix} = \boldsymbol{J}^{-1} \begin{Bmatrix} \dfrac{\partial N_i}{\partial L_1} - \dfrac{\partial N_i}{\partial L_3} \\ \dfrac{\partial N_i}{\partial L_2} - \dfrac{\partial N_i}{\partial L_3} \end{Bmatrix}$$

Jacobi 矩阵的表达式为

$$\boldsymbol{J} = \begin{bmatrix} \dfrac{\partial x}{\partial \xi} & \dfrac{\partial y}{\partial \xi} \\ \dfrac{\partial x}{\partial \eta} & \dfrac{\partial y}{\partial \eta} \end{bmatrix} = \begin{bmatrix} \sum \dfrac{\partial N_i}{\partial \xi} x_i & \sum \dfrac{\partial N_i}{\partial \xi} y_i \\ \sum \dfrac{\partial N_i}{\partial \eta} x_i & \sum \dfrac{\partial N_i}{\partial \eta} y_i \end{bmatrix}$$

$$= \begin{bmatrix} \sum \left(\dfrac{\partial N_i}{\partial L_1} - \dfrac{\partial N_i}{\partial L_3} \right) x_i & \sum \left(\dfrac{\partial N_i}{\partial L_1} - \dfrac{\partial N_i}{\partial L_3} \right) y_i \\ \sum \left(\dfrac{\partial N_i}{\partial L_2} - \dfrac{\partial N_i}{\partial L_3} \right) x_i & \sum \left(\dfrac{\partial N_i}{\partial L_2} - \dfrac{\partial N_i}{\partial L_3} \right) y_i \end{bmatrix}$$

积分面积微元的变换为

$$\mathrm{d}D = \mathrm{d}x\mathrm{d}y = |\boldsymbol{J}|\,\mathrm{d}\xi\mathrm{d}\eta = |\boldsymbol{J}|\,\mathrm{d}L_1\mathrm{d}L_2$$

单元矩阵的一般形式可以写成

$$\iint_D [G(x,\ y)]\mathrm{d}D = \int_0^1 \int_0^{1-L_1} [\overline{G}(L_1,\ L_2,\ L_3)]\mathrm{d}L_1\mathrm{d}L_2 \tag{7.11}$$

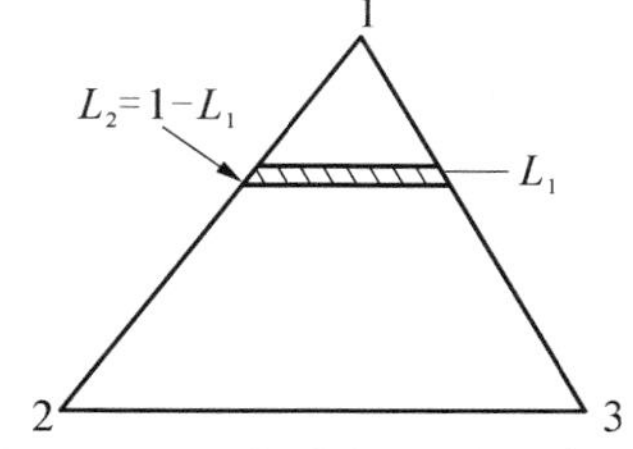

图 7.8　局部坐标系中三角形单元矩阵积分的上下限

注意到上式中 $L_3 = 1 - L_1 - L_2$，积分上、下限分别为 L_1：$0 \to 1$，L_2：$0 \to (1 - L_1)$，如图 7.8 所示.

7.4 数值积分

在等参单元矩阵的积分表达式中，经过变换后，含有 Jacobi 矩阵的逆矩阵，Jacobi 行列式的值等，此时被积分函数的表达式很复杂，不再是形式简单的多项式，进行精确积分十分困难，总是用数值积分方法近似求积.

7.4.1 数值积分方法

数值积分的基本思想是把积分化为求和，如下式所示

$$\int_{\xi_1}^{\xi_2} F(\xi)\mathrm{d}\xi = \sum \alpha_i F(\xi_i) \tag{7.12}$$

$$\int_{\xi_1}^{\xi_2}\int_{\eta_1}^{\eta_2} F(\xi,\ \eta) = \sum \alpha_{ij} F(\xi_i, \eta_j) \tag{7.13}$$

一维问题标准形式可写成

$$\int_{-1}^{+1} F(\xi)\mathrm{d}\xi$$

积分上、下限分别为 $+1$，-1. 常用的方法有两种.

a) Newton—Cotes 法

$$I = \int_{-1}^{+1} F(\xi)\mathrm{d}\xi = \sum_{i=1}^{n} \alpha_i F(\xi_i) \tag{7.14}$$

把整个积分区间分为 $(n-1)$ 等份，共有 n 个点 $(1, \cdots, n)$，每等份的长度为 $h = 2/(n-1)$，过这些取样点上 $F(\xi)$ 的精确值可确定一个 $(n-1)$ 阶多项式，并对这个多项式进行精确积分，得到上面的数值积分表达式. 用 $(n-1)$ 阶多项式近似表示任意函数，误差量级为 $O(h^n)$，积分后的误差量级为 $O(h^{n+1})$.

例如

$$n=2\text{，即梯形公式}\quad I=F(-1)+F(+1)$$

$$n=3\text{，即 Simpson 公式}\quad I=\frac{1}{3}(F(-1)+4F(0)+F(+1))$$

$$n=4,\quad I=\frac{1}{4}\left(F(-1)+3F\left(-\frac{1}{3}\right)+3F\left(\frac{1}{3}\right)+F(+1)\right)$$

b）Gauss 法

如果事先不确定取样点的位置，对每个取样点有两个待定的量，即点的位置 ξ_i 和该点上的函数值 $F(\xi_i)$，如果有 n 个取样点就有 $2n$ 个条件，可以确定一个 $(2n-1)$ 阶多项式，用这个多项式近似被积函数并精确积分，被积函数的误差量级为 $O(h^{2n})$，积分后的误差量级为 $O(h^{2n+1})$，积分可写成

$$\int_{-1}^{+1} F(\xi)\mathrm{d}\xi=\sum_{i=1}^{n} H_i F(\xi_i) \tag{7.15}$$

表 7.1 列出了前三阶 Gauss 积分的取样点位置和对应的权函数值. 显然，选取相同数目取样点，Gauss 法给出更高的积分精度. 在有限元法中几乎毫无例外地都用 Gauss 法进行数值积分.

表 7.1　前三阶 Gauss 积分的取样点位置和对应的权函数值

n	ξ	H_i
1	$\xi_1=0.000\,000$	2
2	$\xi_1,\xi_2=\pm 0.577\,4$	1
3	$\xi_1,\xi_3=\pm 0.774\,6$ $\xi_2=0.000\,000$	0.555 6 0.888 9

二维问题

a）矩形单元积分的一般表达式为

$$\int_{-1}^{+1}\int_{-1}^{+1} F(\xi,\eta)\mathrm{d}\xi\mathrm{d}\eta=\int_{-1}^{+1}\left(\sum_{i=1}^{n} H_i F(\xi_i,\eta)\right)\mathrm{d}\eta=\sum_{j=1}^{n}\sum_{i=1}^{n} H_j H_i F(\xi_i,\eta_j) \tag{7.16}$$

例如,如果在每个方向上选三个取样点,在每个方向上能精确积分 5 次多项式.

b) 三角形单元积分的一般表达式为

$$\int_0^1 \int_0^{1-L_1} F(L_1, L_2, L_3) \mathrm{d}L_2 \mathrm{d}L_1$$

数值积分可写成

$$\int_0^1 \int_0^{1-L_1} F(L_1, L_2, L_3) \mathrm{d}L_2 \mathrm{d}L_1 = \sum_{i=1}^{n} H_i F(L_{1i}, L_{2i}, L_{3i}) \tag{7.17}$$

前三阶的取样点位置、权函数数值以及误差量级如图 7.9 所示.

n	示 意 图	取样点及坐标值	极函数值	误差
1	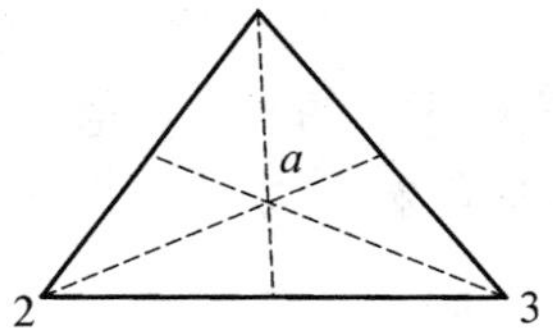 1, 2, 3, a	a $\frac{1}{3}$ $\frac{1}{3}$ $\frac{1}{3}$	1	$O(h^2)$
2	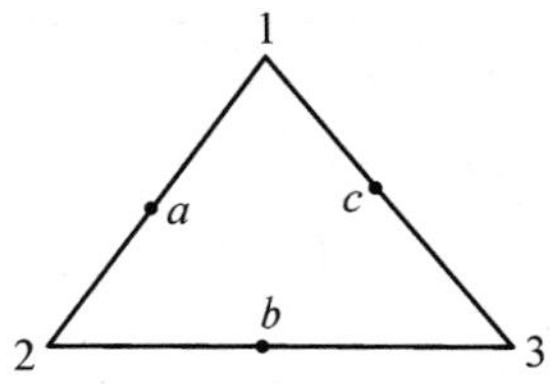 1, 2, 3, a, b, c	a $\frac{1}{2}$ $\frac{1}{2}$ 0 b 0 $\frac{1}{2}$ $\frac{1}{2}$ c $\frac{1}{2}$ 0 $\frac{1}{2}$	$\frac{1}{3}$ $\frac{1}{3}$ $\frac{1}{3}$	$O(h^3)$
3	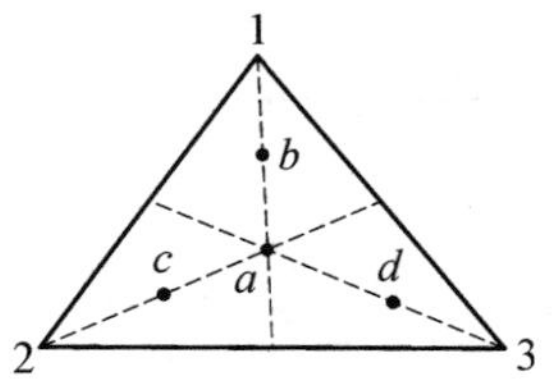 1, 2, 3, a, b, c, d	a $\frac{1}{3}$ $\frac{1}{3}$ $\frac{1}{3}$ b 0.6 0.2 0.2 c 0.2 0.6 0.2 d 0.2 0.2 0.6	$-\frac{27}{48}$ $\frac{25}{48}$ (b, c, d)	$O(h^4)$

图 7.9 三角形单元前三阶数值积分的取样点位置、权函数数值以及误差量级

7.4.2　数值积分的阶数

用数值积分近似计算积分，如果选的积分阶数不足可能引起过大的误差；提高数值积分的阶数，能够减少计算误差，但是势必增加计算量，对每一个单元都要进行积分运算，总的数值积分的计算量就会相当大. 因此，应该在满足一定精度的前提下尽量降低数值积分的阶数. 因此，需要考虑两个问题：

a）保证收敛的最低积分阶数；

b）保证原来收敛精度的积分阶数.

用最小势能原理推导单元体的刚度矩阵时，实际上就是积分该单元体的应变能. 随着网格无限加密，一个单元内的应变能应该趋于一个常数. 因此有

$$\frac{1}{2}\int_{D^e}\boldsymbol{\varepsilon}^{\mathrm{T}}\boldsymbol{D}\boldsymbol{\varepsilon}\,\mathrm{d}x\,\mathrm{d}y \rightarrow \int_{D^e}(\text{const.})\,|\boldsymbol{J}|\,\mathrm{d}\xi\mathrm{d}\eta$$

在网格无限加密的极限情况下，只要单元的体积 $\int_A |\boldsymbol{J}|\,\mathrm{d}\xi\mathrm{d}\eta$ 能精确积分就能保证收敛. 考察矩阵的 Jacobi 行列式就能确定需要几个 Gauss 积分点就能精确积分单元体的体积.

如果选取的试函数完整到 p 阶，在能量表达式中出现的最高阶导数是 m，则应变完整到$(p-m)$，能量表达式的被积函数完整到 $2(p-m)$阶，因此所选的 Gauss 积分点能精确积分 $2(p-m)$阶多项式，就能保证原来的收敛精度.

由前面讨论的 Gauss 数值积分法可知，n 个 Gauss 积分点能精确积分$(2n-1)$阶多项式，则 $n=p-m+1$ 可精确积分 $2(p-m)+1$ 阶多项式，可以达到精确积分刚度矩阵的要求.

例如，考虑一个三阶 Serendipity 标准单元，如图 7.10(a)所示. 表示位移的形函数中包含的项如图 7.10(b)的 Pascal 三角形所示，完整到三阶($p=3$)，有两个不

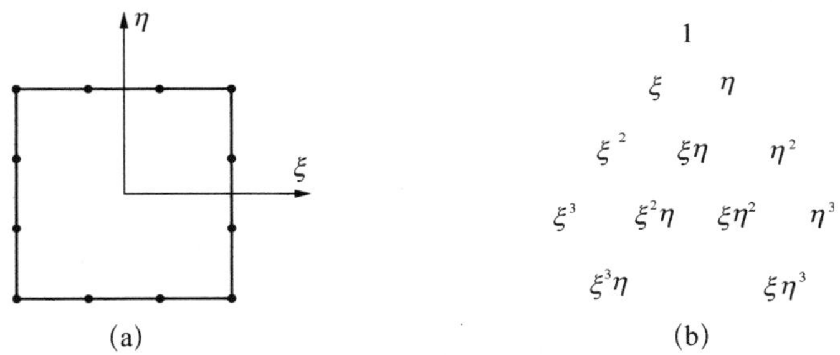

图 7.10　三阶 Serendipity 标准单元

完整的高阶项,应变由位移的一次导数($m=1$)得到,包含如下各项

$$\frac{\partial}{\partial \xi}:1,\ \xi,\ \xi^2,\ \eta,\ \xi\eta,\ \xi^2\eta,\ \eta^2,\ \eta^3$$

$$\frac{\partial}{\partial \eta}:1,\ \xi,\ \xi^2,\ \xi^3,\ \eta,\ \xi\eta,\ \xi\eta^2,\ \eta^2$$

整理后,有

$$1,\ \xi,\ \eta,\ \xi^2,\ \xi\eta,\ \eta^2,\ \xi^2\eta,\ \eta^3$$
$$1,\ \xi,\ \eta,\ \xi^2,\ \xi\eta,\ \eta^2,\ \xi\eta^2,\ \xi^3$$

每个应变分量完整到二阶($p-m=2$),含有不完整的高阶项,如果要精确积分应变能中的每一项,每个方向上需要 4 个积分点(因为应变分量中包含不完整的三阶项),但为保证原来的收敛精度每个方向上只需 $n=p-m+1=3$ 个积分点.可见,精确积分常常由不完整的高阶项的最高次方确定,而决定有限元精度的是多项式的完整阶数.

在等参元运算中,经过变换后,被积函数中除含有形函数对 $\xi,\ \eta$ 的导数外,还含有 Jacobi 矩阵的逆矩阵和 $|\boldsymbol{J}|$,表达式很复杂,不再是简单多项式.但数值结果表明,仍用 $N_i(\xi,\ \eta)$ 以及它们对 $\xi,\ \eta$ 的导数所得多项式的阶数来确定积分阶数是恰当的.

7.4.3 等参单元的收敛性

在标准单元中,我们选取的形函数满足完整性(从力学角度就是包含任意刚体运动和常应变项)和在单元体之间公共边界上 C_0 阶连续性的要求.

现在证明等参单元仍然满足这些收敛条件,而且在几何上单元和单元之间也是连续的.首先,考虑完整性,在弹性力学平面问题中,下面的位移表示任意的刚体运动和常应变状态

$$u=\alpha_1+\alpha_2 x+\alpha_3 y$$
$$v=\alpha_4+\alpha_5 x+\alpha_6 y$$

如果各节点按上式给出 x 方向位移,即 $u_i=\alpha_1+\alpha_2 x_i+\alpha_3 y_i$,问题化为在等参单元内 x 方向的位移是否仍是一个完整的一次多项式.由等参单元的位移插值公式有

$$u=\sum u_i N_i=\sum N_i(\alpha_1+\alpha_2 x_i+\alpha_3 y_i)$$

$$= \alpha_1 \sum N_i + \alpha_2 \sum N_i x_i + \alpha_3 \sum N_i y_i$$
$$= \alpha_1 \sum N_i + \alpha_2 x + \alpha_3 y$$

显然,如果 $\sum N_i = 1$,则当节点产生完整的一次多项式表示的位移时(对应于刚体运动和常应变状态),等参单元内也能产生相应的位移和应变状态.

考虑如图 7.11 所示的单元,它在两个不同的坐标中有

$$x = \sum N_i x_i$$
$$\bar{x} = \sum N_i \bar{x}_i$$

两个坐标系之间的关系为 $\bar{x} = x + d$.

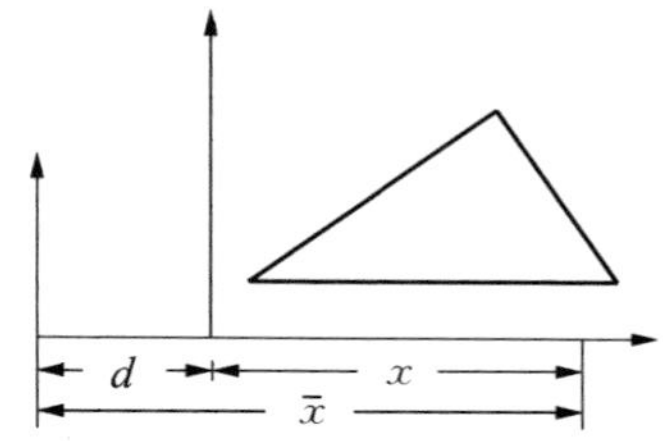

图 7.11　等参元形函数的完整性

代入上式得到

$$x + d = \bar{x} = \sum N_i \overline{x_i} = \sum N_i (x_i + d)$$
$$= \sum N x_i + d \sum N_i = x + d \sum N_i$$

显然有

$$\sum N_i = 1$$

这就证明了在等参单元中包含任意刚体运动和常应变状态,满足完整性要求.

把单元在总体坐标系中的坐标理解为标准单元中的未知函数,在标准单元之间公共边界是连续的,所以等参单元在几何上是连续的,如图 7.12 所示.

在图 7.12 第一个单元的位移表达式 $u = \sum N(\xi, \eta) u_i$ 中,代入 $\eta_1 = -1$ 得

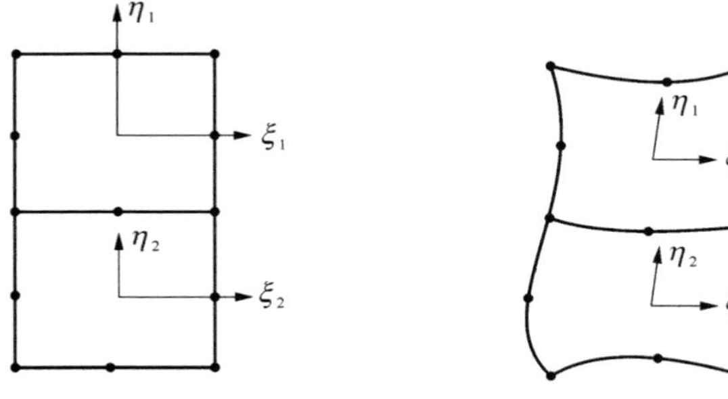

图 7.12　等参单元在几何上的连续性

到的 u_1 是 ξ_1 的二次多项式，第二个单元体的位移表达式中代入 $\eta_2 = 1$ 得到 ξ_2 的二次多项式，它们表示公共边上的位移，在公共边上任一点有 $\xi_1 = \xi_2 = \xi$. u_1，u_2 是 ξ 的二次多项式在该边上有三个公共节点，它们确定一条唯一的二次曲线，即 $u_1 = u_2$，所以等参元在公共边界上满足 C_0 阶连续.

第 8 章　非线性问题初步

8.1　基 本 概 念

前面讨论的都是线性问题，线性问题包含如下基本假设.

1）位移很小，应变位移关系是线性的，平衡方程在变形前的位置列出，应变－位移关系可写成如下矩阵形式

$$\boldsymbol{\varepsilon} = \boldsymbol{L}\boldsymbol{u} = \boldsymbol{L}\boldsymbol{N}\boldsymbol{a} = \boldsymbol{B}\boldsymbol{a}$$

其中 $\boldsymbol{\varepsilon}$，$\boldsymbol{u}$ 和 $\boldsymbol{a}$ 分别是应变向量，位移向量和节点位移向量，$\boldsymbol{B}$ 为几何矩阵，与节点位移 $\boldsymbol{a}$ 无关，只是（变形前）节点坐标的函数；

2）材料性质是线性的，应变－位移关系可写成如下矩阵形式

$$\boldsymbol{\sigma} = \boldsymbol{D}\boldsymbol{\varepsilon}$$

其中 $\boldsymbol{\sigma}$ 是应力向量，$\boldsymbol{D}$ 为材料性质矩阵，矩阵中的所有系数均为常数，与载荷、位移无关，与变形过程无关；

3）边界条件与变形无关，保持不变；

4）载荷分布不变.

得到的有限元方程是一组线性代数方程组

$$\boldsymbol{K}\boldsymbol{a} = \boldsymbol{f}$$

其中$\boldsymbol{f} = \int_{D^e} \boldsymbol{N}^{\mathrm{T}}\boldsymbol{b}\,\mathrm{d}D$ 是外载荷向量，对变形前区域积分，$\boldsymbol{a}$ 是节点位移向量，

$\boldsymbol{K} = \int_{D^e} \boldsymbol{B}^{\mathrm{T}}\boldsymbol{D}\boldsymbol{B}\,\mathrm{d}D$ 是刚度矩阵，矩阵中的所有系数与位移 $\boldsymbol{a}$ 无关，由各节点的（初始）位置和材料性质（与变形无关）决定，对变形前区域积分.

非线性可能由于上述假设中的任一个不满足，或几个同时不满足以及其他原因造成. 非线性的含义很广，它用来标识“一个问题不是什么”，即凡是线性假设不适用的问题，都是非线性问题，比如，几何非线性，材料非线性，接触问题等等，非线性静力问题，动力问题等等，图 8.1—图 8.6 给出几种线性和非线性情况的示意图.

1）线性问题——小位移，小应变，线性弹性材料，如图 8.1 所示；

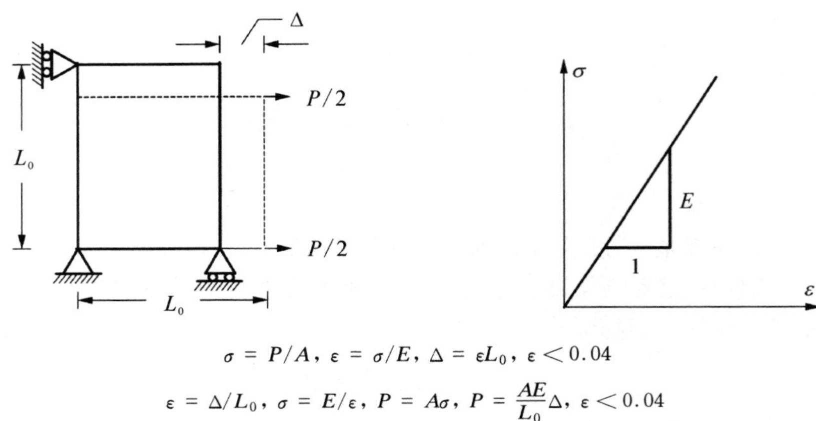

$$\sigma = P/A,\ \varepsilon = \sigma/E,\ \Delta = \varepsilon L_0,\ \varepsilon < 0.04$$

$$\varepsilon = \Delta/L_0,\ \sigma = E/\varepsilon,\ P = A\sigma,\ P = \frac{AE}{L_0}\Delta,\ \varepsilon < 0.04$$

图 8.1　线性问题

2）材料非线性问题——小位移，小应变，非线性材料，如图 8.2 所示；

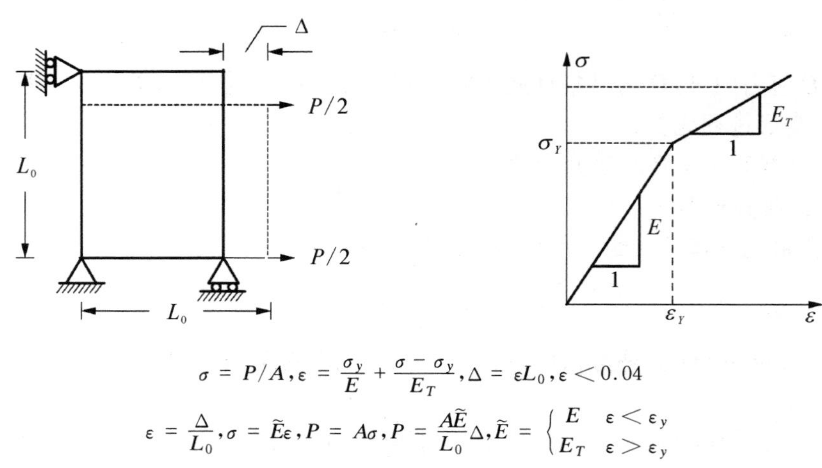

$$\sigma = P/A, \varepsilon = \frac{\sigma_y}{E} + \frac{\sigma - \sigma_y}{E_T}, \Delta = \varepsilon L_0, \varepsilon < 0.04$$

$$\varepsilon = \frac{\Delta}{L_0}, \sigma = \widetilde{E}\varepsilon, P = A\sigma, P = \frac{A\widetilde{E}}{L_0}\Delta, \widetilde{E} = \begin{cases} E & \varepsilon < \varepsilon_y \\ E_T & \varepsilon > \varepsilon_y \end{cases}$$

图 8.2　材料非线性问题

3）几何非线性问题——大位移，大转动，小应变，线性材料，如图 8.3 所示；

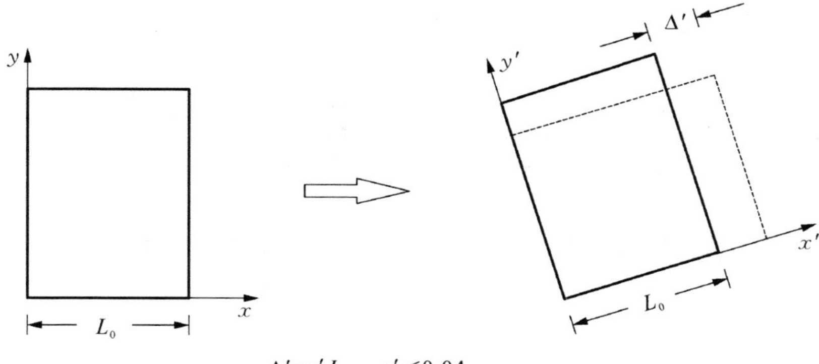

图 8.3　几何非线性问题(大位移，大转动，小应变)

4）几何非线性＋材料非线性问题——大位移，大转动，小应变，非线性材料，如图 8.3 和 8.2 所示；

5）几何非线性问题——大位移，大转动，大应变，线性材料，如图 8.4 所示；

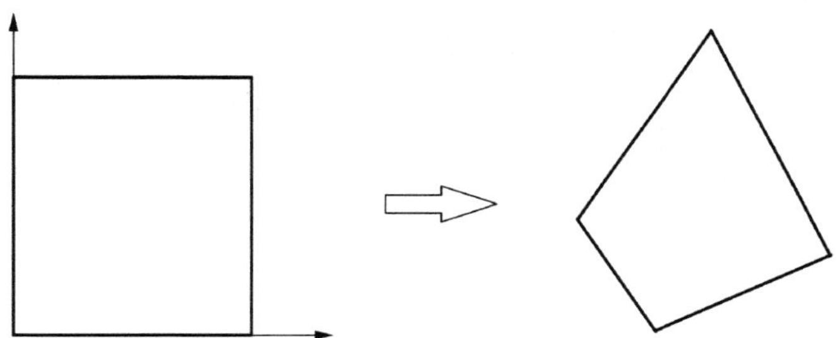

图 8.4　几何非线性问题(大位移，大转动，有限应变)

6）几何非线性＋材料非线性问题——大位移，大转动，大应变，非线性材料，如图 8.4 和图 8.3 所示；

7）变边界条件问题—接触问题，如图 8.5 所示；

8）载荷与变形有关的问题，如图 8.6 所示悬臂梁，自由端受集中力，其方向与变形后梁端的切线垂直．显然，载荷的方向与变形有关．

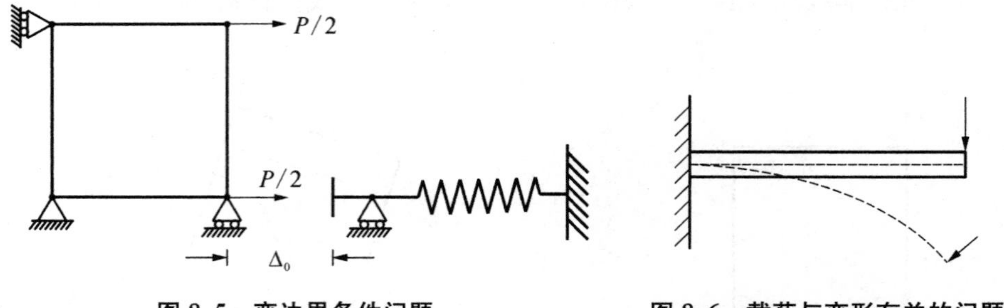

图 8.5 变边界条件问题

图 8.6 载荷与变形有关的问题

8.2 几个简单例题

1. 考虑一个两端固定的杆件在一点受集中力 P,如图 8.7 所示.

材料的加卸载曲线和应力-应变曲线如图 8.8 和图 8.9 所示. 假设位移和应变都很小,计算加载点的位移记为 u.

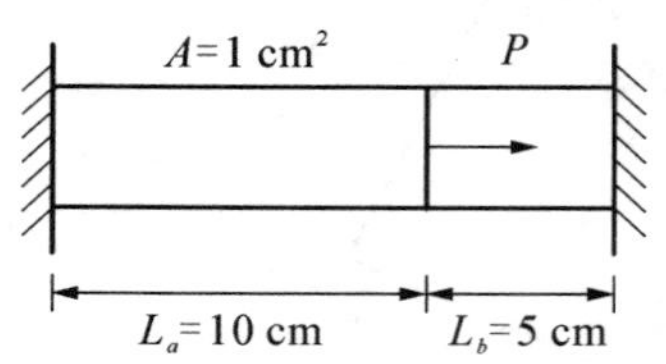

图 8.7 简单材料非线性问题

应变和位移之间的关系为

$$\varepsilon_a = \frac{u}{L_a}, \quad \varepsilon_b = \frac{-u}{L_b}$$

应力应变关系为

在弹性区内

$$\varepsilon = \frac{\sigma}{E}, \quad \sigma = E\varepsilon$$

在塑性区内

$$\varepsilon = \varepsilon_y + \frac{\sigma - \sigma_y}{E_T}, \quad \sigma = E_T(\varepsilon - \varepsilon_y) + \sigma_y$$

在塑性区内卸载

$$\Delta\varepsilon = \frac{\Delta\sigma}{E}$$

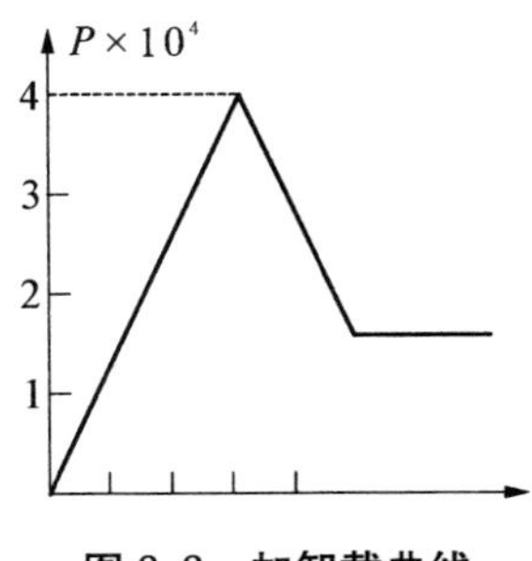

图 8.8　加卸载曲线

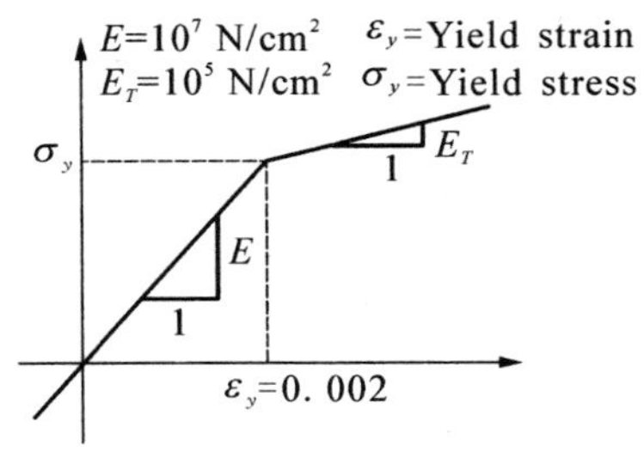

图 8.9　应力-应变曲线

加载荷点的平衡方程为

$$\sigma_a A = P + \sigma_b A$$

分下面三个阶段进行分析：

1）a，b 两段都在弹性区内，平衡方程为

$$P - \frac{u}{L_b}EA = \frac{u}{L_a}EA$$

得到

$$P = uEA\left(\frac{1}{L_a} + \frac{1}{L_b}\right) = uEA\,\frac{3}{10} = 3 \times 10^6 u$$

代入数值后得到

$$u = \frac{P}{3 \times 10^6}$$

$$\sigma_a = E\varepsilon = E\frac{u}{L_a} = \frac{P}{3}$$

$$\sigma_b = -\frac{2}{3}P$$

当 $|\sigma_b| = \sigma_Y$ 时，杆的受压段开始屈服，即 $P = 3\sigma_Y/2 = 3/2 \times 10^7 \times 2 \times 10^{-3} = 3 \times 10^4$ 以前 a，b 二段都是弹性的，位移 - 载荷曲线的斜率为 3×10^6.

2）a 段仍处在弹性区，b 段进入塑性区；

当 $P > 3\sigma_Y/2$ 以后，b 段达到屈服点进入塑性变形区，a 段仍在弹性区.两段内的应力应变关系为

$$\sigma_a = E\frac{u}{L_a}$$

$$\sigma_b = -(E_T(\varepsilon - \varepsilon_y) + \sigma_y) = -E_T\left(\frac{u}{L_b} - \varepsilon_y\right) - \sigma_y$$

平衡方程为

$$P = (\sigma_a - \sigma_b) \times A = \left(E\frac{u}{L_a} + E_T\frac{u}{L_b} - E_T\varepsilon_y + \sigma_y\right) \times A$$

由此得到

$$u = \frac{P/A + E_T\varepsilon_y - \sigma_y}{\frac{E}{L_a} + \frac{E}{L_b}} = \left(\frac{P}{1.02 \times 10^6} - 1.941\,2 \times 10^{-2}\right)$$

这一段加载过程位移－载荷曲线的斜率为 1.02×10^6.

a 段达到屈服的条件是

$$\sigma_a = E\frac{u}{L_a} = \frac{10^7}{10} \times \left(\frac{P}{1.02 \times 10^6} - 1.941\,2 \times 10^{-2}\right) = \sigma_y = 10^7 \times 0.002$$

即 $P = 4.02 \times 10^4$ N,但由图 8.8 给出的载荷数据可知未达到这一载荷值便开始卸载.

3）在卸载阶段,两段都是弹性的,即

$$\Delta u = \frac{\Delta P}{EA\left(\frac{1}{L_a} + \frac{1}{L_b}\right)} = \frac{\Delta P}{10^7 \times \frac{3}{10}} = \frac{\Delta P}{3 \times 10^6}$$

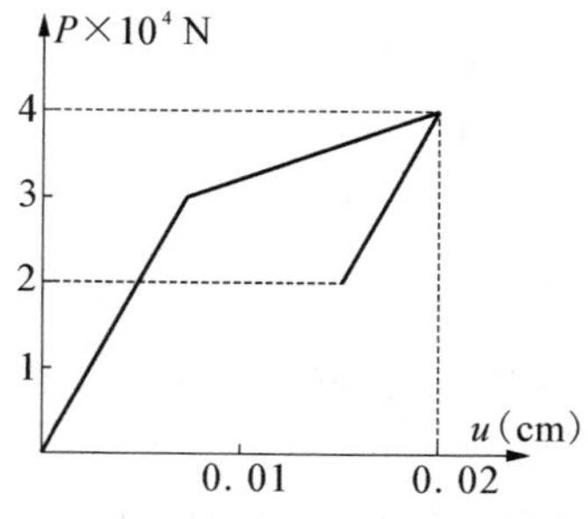

图 8.10　加-卸载过程的载荷-位移曲线

这一段卸载过程位移－载荷曲线的斜率为3×10^6.

整个加－卸载过程所得的载荷-位移曲线如图 8.10 所示.

2. 考虑受预张力的弦,在其中点作用有铅垂方向的集中力,如图 8.11 所示.在加载点的正下方有一弹簧,它与加载中点初始位置之间的距离记为 w_0,计算载荷和位移之间的关系.

假设位移和变形都很小,弦中的张力保持 H 不变,在弦与弹簧接触之前,平衡方程为

$$P = 2H\frac{w}{L} = \frac{2H}{L}w$$

当弦与弹簧接触后，平衡方程为

$$P = 2H\frac{w}{L} + k(w - w_0) = \left(\frac{2H}{L} + k\right)w - kw_0$$

载荷位移曲线如图 8.12 所示.

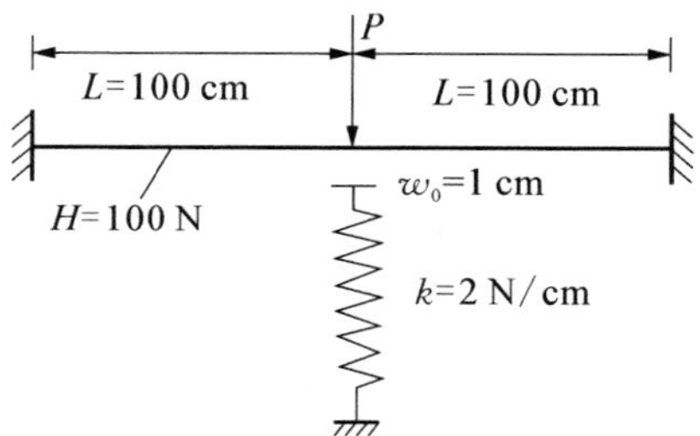

图 8.11　简单变边界条件问题

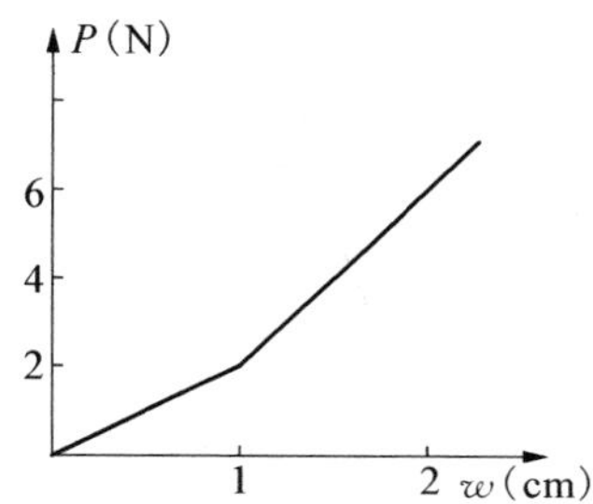

图 8.12　变边界条件问题的载荷-位移曲线

8.3　非线性方程解法

8.3.1　几种典型的非线性曲线

图 8.13 给出了几种典型的非线性曲线示意图.

8.3.2　迭代法

1) 直接法

平衡方程的一般形式可写成

$$\boldsymbol{K}(\boldsymbol{a})\boldsymbol{a} = \boldsymbol{f} \tag{8.1}$$

取初值 $\boldsymbol{a}^0$，得到

$$\boldsymbol{a}^1 = \boldsymbol{K}(\boldsymbol{a}^0)^{-1}\boldsymbol{f}$$

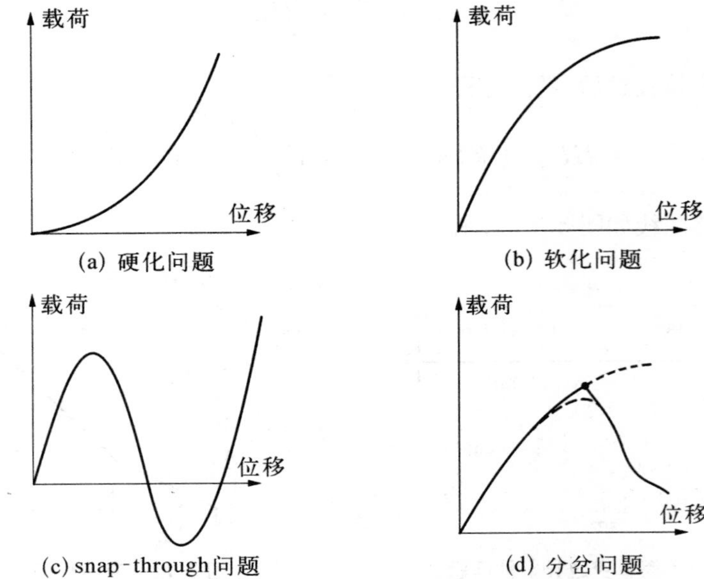

图 8.13 几种典型的非线性曲线示意图

一般迭代格式为

$$\boldsymbol{a}^n = \boldsymbol{K}(\boldsymbol{a}^{n-1})^{-1}\boldsymbol{f} \tag{8.2}$$

当 $\boldsymbol{e}=\boldsymbol{a}^n-\boldsymbol{a}^{n-1}$ 充分小时终止迭代.

通常用 $\boldsymbol{e}$ 的模来度量其大小. 常用的模的定义有如下两种：

（1）最大值模 $\|\boldsymbol{e}\|_\infty=\max\limits_i(e_i)$ 其中 $1\leqslant i\leqslant N$，N 是方程的阶数；

（2）Euclid 模 $\|\boldsymbol{e}\|_2=\sqrt{\dfrac{1}{N}\boldsymbol{e}^{\mathrm{T}}\boldsymbol{e}}$

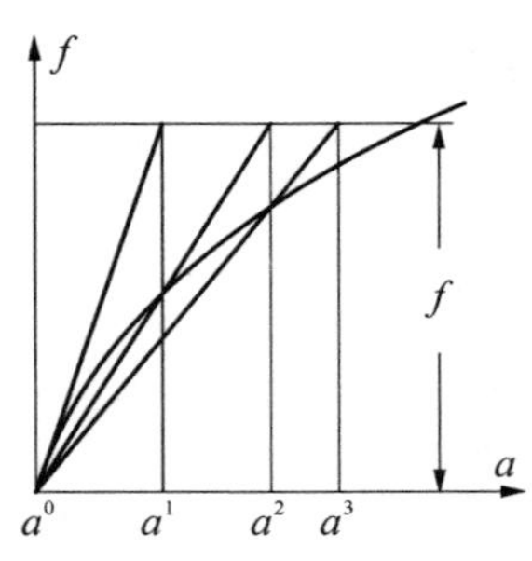

图 8.14 直接迭代法求解示意图

这种方法的求解过程如图 8.14 所示. 但是，应注意到这种方法得到的割线刚度矩阵 $\boldsymbol{K}(\boldsymbol{a})$ 不一定对称，每次迭代都要重新形成割线刚度矩阵和求解一个代数方程组，对强非线性问题不能保证收敛到正确解.

2）Newton - Raphson 法

平衡方程在 $\boldsymbol{a}^n=\boldsymbol{a}^{n-1}+\Delta\boldsymbol{a}^n$ 附近按 Taylor 级数展开，有

$$f_{in}(a^n) = f_{in}(a^{n-1}) + \frac{\partial f(a^{n-1})}{\partial a}\Delta a^n = f$$

其中

$$K_T(a^{n-1}) = \frac{\partial f(a^{n-1})}{\partial a}$$

可以得到

$$K_T(a^{n-1})\Delta a^n = f - f_{in}(a^{n-1}) \tag{8.3}$$

$K_T(a^{n-1})$ 是在解 a^{n-1} 处的切线刚度矩阵，这一方程的解可表示为

$$\Delta a^n = K_T(a^{n-1})^{-1}(f - f_{in}(a^{n-1})) \tag{8.4}$$

其中 $f_{in}(a^{n-1})$ 可用下式近似计算

$$f_{in}(a^{n-1}) = K(a^{n-1})a^{n-1} \tag{8.5}$$

并有 $a^n = a^{n-1} + \Delta a^n$.

当 Δa^n 充分小时迭代终止.

这种方法的求解过程如图 8.15 所示.

3）修正的 Newton－Raphson 法

上面的 Newton－Raphson 法中，每次迭代都要重新形成切线刚度矩阵和求解一个代数方程组.为了节省计算量可在所有迭代中取同一个刚度矩阵，或者迭代若干次后再改变一次刚度矩阵.求解过程如图 8.16 所示.

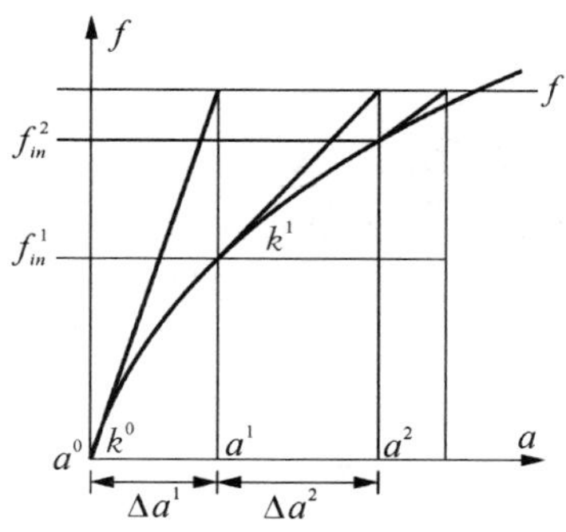

图 8.15　Newton－Raphson 迭代法求解示意图

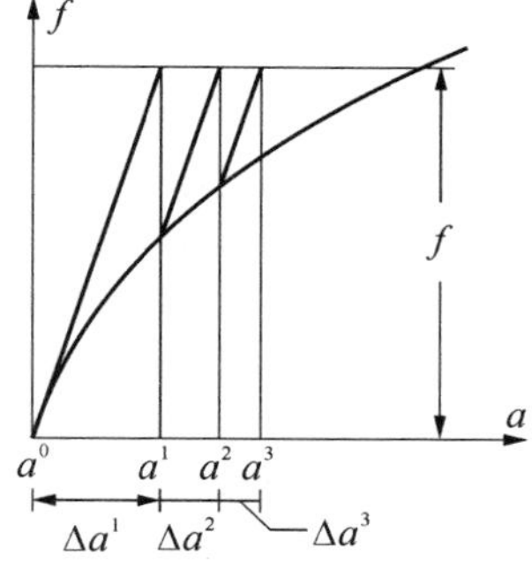

图 8.16　修正的 Newton－Raphson 迭代法求解示意图

迭代法一般不能保证收敛于正确解，不能跟踪描述变形的中间过程.

8.3.3 增量法

1）纯增量法

如前所述，平衡方程可写成

$$\boldsymbol{K}(\boldsymbol{a})\boldsymbol{a} = \boldsymbol{f}$$

或

$$\boldsymbol{f}_{in}(\boldsymbol{a}) = \boldsymbol{f}_{ex}$$

如果是比例加载，即 $\boldsymbol{f}_{ex} = \lambda \boldsymbol{f}_{ref}$

则有

$$\frac{\partial \boldsymbol{f}_{in}}{\partial \lambda} = \frac{\partial \boldsymbol{f}_{in}}{\partial \boldsymbol{a}} \frac{\partial \boldsymbol{a}}{\partial \lambda} = \boldsymbol{f}_{ref}$$

上式可写成如下增量形式

$$\frac{\partial \boldsymbol{f}_{in}}{\partial \boldsymbol{a}} \Delta \boldsymbol{a} = \Delta \lambda \boldsymbol{f}_{ref}$$

即

$$\boldsymbol{K}_T(\boldsymbol{a}^{n-1}) \Delta \boldsymbol{a} = \Delta \boldsymbol{f}_{ex} \tag{8.6}$$

其中 $\boldsymbol{K}_T(\boldsymbol{a}^{n-1}) = \partial \boldsymbol{f}_{in} / \partial \boldsymbol{a}$ 是第$(n-1)$载荷增量的切线刚度矩阵.

并有

$$\boldsymbol{a}^n = \boldsymbol{a}^{n-1} + \Delta \boldsymbol{a}^n \tag{8.7}$$

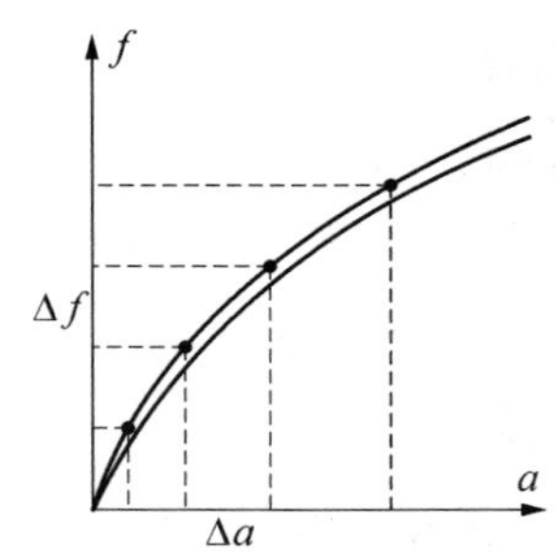

图 8.17　纯增量法求解示意图

求解过程如图 8.17 所示.

只要载荷增量取得充分小，这种方法一定收敛.但如果载荷增量步长取得不适当时，有可能偏离正确解，如图 8.17 所示.

2）修正的增量法

平衡方程在某一形态附近按级数展开，有

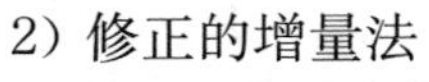

$$\boldsymbol{f}_{in}(\boldsymbol{a}^n) = \boldsymbol{f}_{in}(\boldsymbol{a}^{n-1}) + \frac{\partial \boldsymbol{f}_{in}(\boldsymbol{a}^{n-1})}{\partial \boldsymbol{a}} \cdot \mathrm{d}\boldsymbol{a} + \cdots$$

$$\boldsymbol{f}_{ex}(\boldsymbol{a}^n) = \boldsymbol{f}_{ex}(\boldsymbol{a}^{n-1}) + \mathrm{d}\boldsymbol{f}_{ex}$$

将上式整理后并写成增量形式如下

$$\boldsymbol{K}_T(\boldsymbol{a}^{n-1})\Delta\boldsymbol{a}^n = \Delta\boldsymbol{f}_{ex} + (\boldsymbol{f}_{ex}(\boldsymbol{a}^{n-1}) - \boldsymbol{f}_{in}(\boldsymbol{a}^{n-1})) \tag{8.8}$$

其中 $\boldsymbol{K}_T(\boldsymbol{a}^{n-1}) = \dfrac{\partial\boldsymbol{f}_{in}(\boldsymbol{a}^{n-1})}{\partial\boldsymbol{a}}$ 是第$(n-1)$载荷增量的切线刚度矩阵.

与纯增量法(8.6)式相比,修正的增量法方程的右端增加了如下项

$$\boldsymbol{f}_{ex}(\boldsymbol{a}^{n-1}) - \boldsymbol{f}_{in}(\boldsymbol{a}^{n-1})$$

其意义表示第$(n-1)$载荷增量计算中,外载荷与内力之间的不平衡量,如图8.18所示.其中 $\boldsymbol{f}_{in}(\boldsymbol{a}^{n-1})$ 可用不同的公式近似计算,例如

$$\boldsymbol{f}_{in}(\boldsymbol{a}^{n-1}) = \boldsymbol{K}_T(\boldsymbol{a}^{n-1})\boldsymbol{a}^{n-1}$$

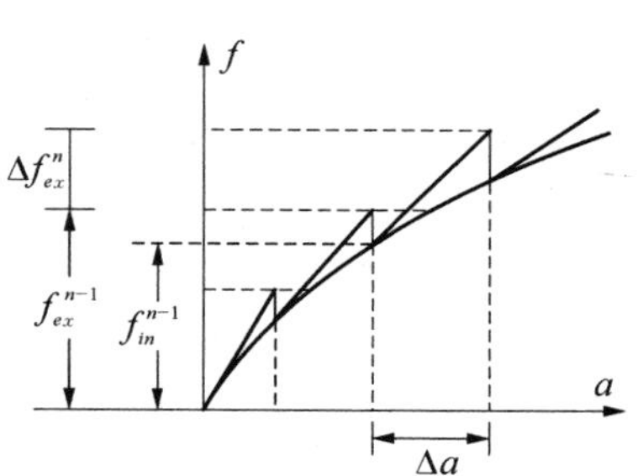

图8.18　修正的增量法求解示意图

8.3.4　增量迭代法

为了进一步提高计算精度,避免近似解偏离正确解,可在每一个增量步内再做若干次迭代,如图8.19所示.

计算公式为

$$\boldsymbol{K}_T(\boldsymbol{a}^{i,j-1})\Delta\boldsymbol{a}^{i,j} = \Delta\boldsymbol{f}^i + (\boldsymbol{f}^{i-1} - \boldsymbol{K}_T(\boldsymbol{a}^{i,j-1})\boldsymbol{a}^{i,j-1}) \tag{8.9}$$

$$\boldsymbol{a}^{i,j} = \boldsymbol{a}^{i,j-1} + \Delta\boldsymbol{a}^{i,j} \tag{8.10}$$

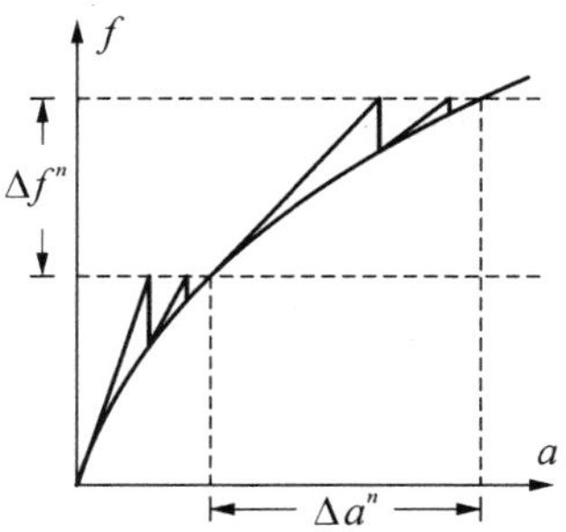

图8.19　增量迭代法求解示意图

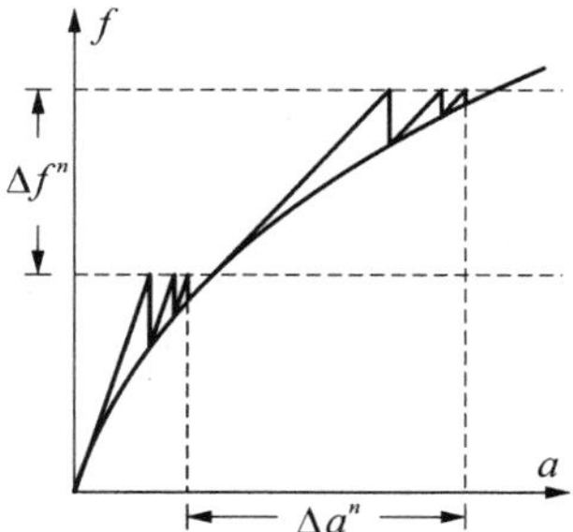

图8.20　修正的增量迭代法求解示意图

其中 i,j 分别表示增量步和迭代次数.

为了节省计算量,可采用如图 8.20 所示修正的增量迭代法,即在一个增量步内的迭代计算中采用相同的切线刚度矩阵.

8.3.5 解题步骤

以平面刚架问题为例,简单介绍增量法求解几何非线性问题的步骤.增量迭代法计算公式的一般形式为

$$\begin{aligned}\boldsymbol{K}_T(\boldsymbol{a}^{i,j-1})\Delta\boldsymbol{a}^{i,j} &= \Delta\boldsymbol{f}^i + (\boldsymbol{f}^{i-1} - \boldsymbol{K}_T(\boldsymbol{a}^{i,j-1})\boldsymbol{a}^{i,j-1}) \\ &= \boldsymbol{f}^i - \boldsymbol{K}_T(\boldsymbol{a}^{i,j-1})\boldsymbol{a}^{i,j-1}\end{aligned} \tag{8.11}$$

或简记为

$$\boldsymbol{K}_T\Delta\boldsymbol{a} = \Delta\boldsymbol{f} \tag{8.11a}$$

例如,如图 8.21 所示悬臂梁的弯曲问题.

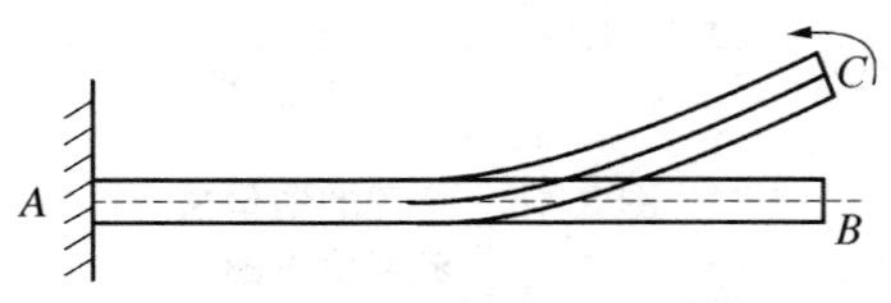

图 8.21 悬臂梁的弯曲大变形示意图

首先讨论怎样计算一个单元体的变形和作用在节点上的力.如图 8.22 所示梁单元变形前后的形态.

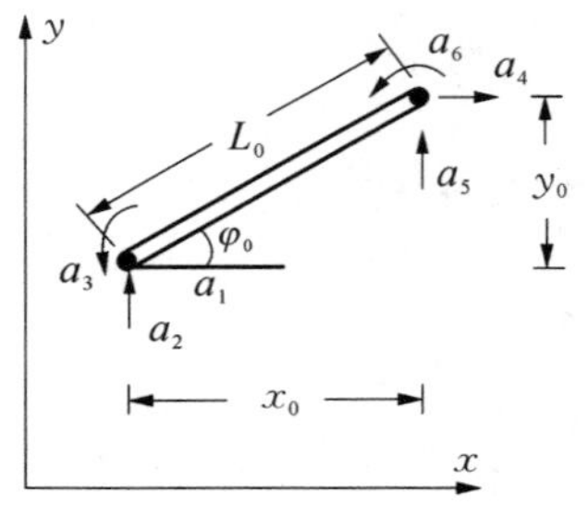

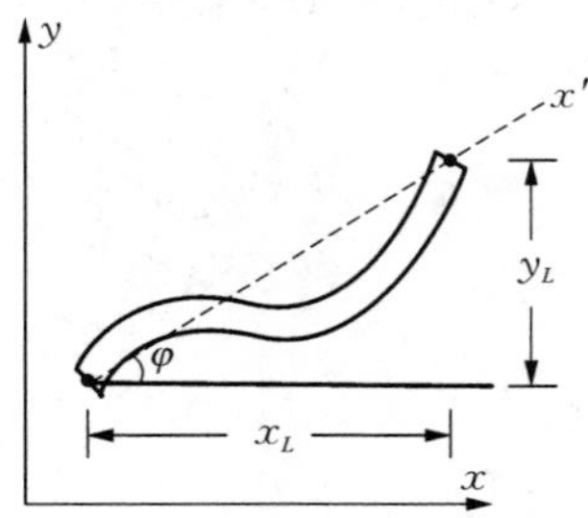

图 8.22 平面梁单元变形前后的形态

很容易得到

$$x_0 = x_2 - x_1,\quad y_0 = y_2 - y_1$$

$$\varphi_0 = \arctan\frac{y_0}{x_0}$$

$$L_0 = \sqrt{x_0^2 + y_0^2}$$

各节点产生位移后,与上面对应的参数为

$$x_L = x_0 + a_4 - a_1$$

$$y_L = y_0 + a_5 - a_2$$

$$\varphi = \arctan \frac{y_L}{x_L}$$

在节点位移 $\boldsymbol{a} = \{a_1, a_2, a_3, a_4, a_5, a_6\}$ 中含有刚体运动部分和引起变形的部分，为了除去刚体运动，只计算引起变形的位移，建立局部坐标系．在局部坐标系中各节点的位移为

$$u_1 = 0,\ v_1 = 0,\ u_2 = L - L_0 = \sqrt{x_L^2 + y_L^2} - L_0$$

$$v_2 = 0, \theta_1 = a_3 - (\varphi - \varphi_0), \theta_2 = a_6 - (\varphi - \varphi_0)$$

已知在局部坐标系中与变形对应的位移，就可计算在局部坐标系中的刚度矩阵 $\boldsymbol{K}_T'$，由于变形，在节点上产生的力为 $\boldsymbol{f}_{in}' = \boldsymbol{K}_T'\boldsymbol{a}'$—— 在局部坐标系中的分量．

解题步骤可简要归结如下．

1）假设单元在总体坐标中的节点位移 $\boldsymbol{a}^{n-1}$ 是已知的；

2）由 $\boldsymbol{a}^{n-1}$ 计算单元体的局部坐标系；

3）计算在局部坐标系中各节点位移；

4）计算在局部坐标系中单元体刚度矩阵 $\boldsymbol{K}'$ 和节点力 $\boldsymbol{f}_{in}' = \boldsymbol{K}'\boldsymbol{a}'$；

5）坐标转变得到在总体坐标系中的刚度矩阵 $\boldsymbol{K}$ 和节点力 $\boldsymbol{f}_{in}$；

6）对所有单元体循环，并组装得到

$$\boldsymbol{K}_T(\boldsymbol{a}^{n-1})\Delta\boldsymbol{a}^n = \boldsymbol{f}_{ex}^n + \boldsymbol{K}_T(\boldsymbol{a}^{n-1})\boldsymbol{a}^{n-1} = \Delta\boldsymbol{f}^n$$

$$\boldsymbol{a}^n = \boldsymbol{a}^{n-1} + \Delta\boldsymbol{a}^n$$

7）对下一个增量，重复 1)—6)．

8.4 简单桁架的大变形和失稳问题

如图 8.23 所示的系统，杆中的轴向力为 $F = AE\Delta/L = K\Delta$，Δ 是杆件长度的

变化，K 是拉伸刚度.

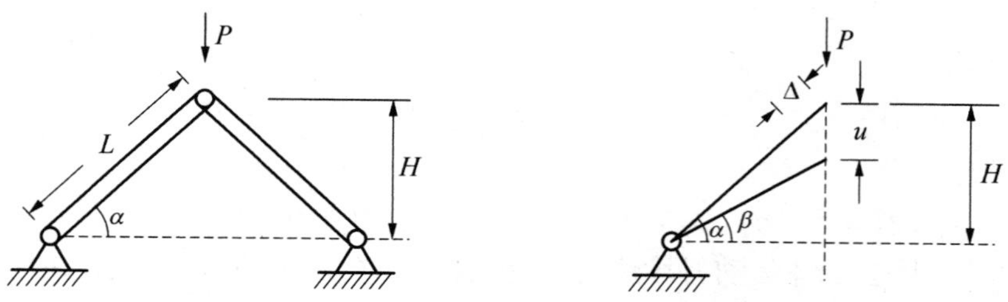

图 8.23　简单几何非线性问题

根据几何关系有

$$\begin{aligned} L\cos\alpha &= (L-\Delta)\cos\beta \\ L\sin\alpha &= (L-\Delta)\sin\beta + u \end{aligned} \tag{8.12}$$

由上式得到

$$\begin{aligned} \Delta = L - L_\alpha &= L - \sqrt{(L\cos\alpha)^2 + (L\sin\alpha - u)^2} \\ &= L - \sqrt{L^2 - 2Lu\sin\alpha + u^2} \end{aligned} \tag{8.13}$$

$$\sin\beta = \frac{L\sin\alpha - u}{L - \Delta} \tag{8.14}$$

在变形后的形态下建立平衡方程如下

$$\left.\begin{aligned} &2F\sin\beta = P \\ &2K\Delta\sin\beta = P \\ &F = A\sigma = AE\varepsilon = AE\frac{\Delta}{L} = \frac{AE}{L}\Delta = K\Delta \end{aligned}\right\} \tag{8.15}$$

由平衡方程(8.15)式，并利用(8.14)和(8.13)，可以得到

$$\begin{aligned} \frac{P}{2KL} &= \frac{\Delta}{L}\sin\beta = \frac{\Delta}{L}\frac{L\sin\alpha - u}{L - \Delta} = \frac{\Delta}{L - \Delta}\left(\sin\alpha - \frac{u}{L}\right) \\ &= -\left(\frac{L}{L} - \frac{L}{L - \Delta}\right)\left(\sin\alpha - \frac{u}{L}\right) \\ &= \left[-1 + \frac{1}{\sqrt{1 - 2\frac{u}{L}\sin\alpha + \left(\frac{u}{L}\right)^2}}\right]\left(\sin\alpha - \frac{u}{L}\right) \end{aligned}$$

将关系式 $\sin\alpha = H/L$ 代入上式,得到

$$\frac{P}{2KL} = \left(-1 + \frac{1}{\sqrt{1 - 2\frac{u}{L}\cdot\frac{H}{L} + \left(\frac{u}{L}\right)^2}}\right)\left(\frac{H}{L} - \frac{u}{L}\right)$$

$$= \frac{H}{L}\left(-1 + \frac{1}{\sqrt{1 - 2\left(\frac{H}{L}\right)^2\frac{u}{H} + \left(\frac{H}{L}\right)^2\left(\frac{u}{H}\right)^2}}\right)\left(1 - \frac{u}{H}\right) \tag{8.16}$$

上式中的$\left\{1 - 2\left(\frac{H}{L}\right)^2\frac{u}{H} + \left(\frac{H}{L}\right)^2\left(\frac{u}{H}\right)^2\right\}^{-\frac{1}{2}}$项按级数展开为

$$\left\{1 - 2\left(\frac{H}{L}\right)^2\frac{u}{H} + \left(\frac{H}{L}\right)^2\left(\frac{u}{H}\right)^2\right\}^{-\frac{1}{2}}$$

$$= \left\{1 - \left(\frac{H}{L}\right)^2\frac{u}{H}\left(2 - \frac{u}{H}\right)\right\}^{-\frac{1}{2}}$$

$$= 1 + \frac{1}{2}\left(\frac{H}{L}\right)^2\frac{u}{H}\left(2 - \frac{u}{H}\right) + \frac{1}{2}\,\frac{3}{4}\left(\frac{H}{L}\right)^4\left(\frac{u}{H}\right)^2\left(2 - \frac{u}{H}\right)^2 + \cdots$$

级数展开式取前三项,代入平衡方程(8.16)得到

$$\frac{P}{2KL} = \frac{1}{2}\,\frac{H}{L}\left[\left(\frac{H}{L}\right)^2\frac{u}{H}\left(2 - \frac{u}{H}\right) + \frac{3}{4}\left(\frac{H}{L}\right)^4\left(\frac{u}{H}\right)^2\left(2 - \frac{u}{H}\right)\right]\left(1 - \frac{u}{H}\right)$$

$$= \frac{1}{2}\left(\frac{H}{L}\right)^3\left(1 - \frac{u}{H}\right)\left\{\frac{u}{H}\left(2 - \frac{u}{H}\right) + \frac{3}{4}\left(\frac{H}{L}\right)^2\left(2 - \frac{u}{H}\right)^2\left(\frac{u}{H}\right)^2\right\}$$

如果(H/L)的值较小时,可以忽略上式中大括弧内的第二项,则可近似表示为

$$\frac{P}{2KL} = \frac{1}{2}\left(\frac{H}{L}\right)^3\left(1 - \frac{u}{H}\right)\frac{u}{H}\left(2 - \frac{u}{H}\right) = K\left(\frac{u}{H}\right)\frac{u}{H} \tag{8.17a}$$

或写成

$$\bar{P} = \frac{1}{2}\left(\frac{H}{L}\right)^3(1 - \bar{u})\bar{u}(2 - \bar{u}) = K(\bar{u})\bar{u} \tag{8.17}$$

其中 $\bar{P}$ 和 $\bar{u}$ 是无量纲载荷和位移,K 是位移的函数,即

$$\bar{P} = \frac{P}{2KL},\ \bar{u} = \frac{u}{H},\ K(\bar{u}) = \frac{1}{2}\left(\frac{H}{L}\right)^3(1 - \bar{u})(2 - \bar{u})$$

可见,载荷 $\bar{P}$ 和位移 $\bar{u}$ 之间是三次函数关系,是非线性关系.

如果 $\bar{u} \ll 1$,则(8.17)式可写成

$$\bar{P} = \left(\frac{H}{L}\right)^3 \bar{u} \tag{8.18}$$

这就是线性分析中的平衡方程,$\bar{P}$ 和位移 $\bar{u}$ 之间是线性关系.(8.16)、(8.17)和(8.18)式中 H/L 分别取 0.10,0.25 和 0.50 时得到的位移载荷曲线如图 8.24 所示.

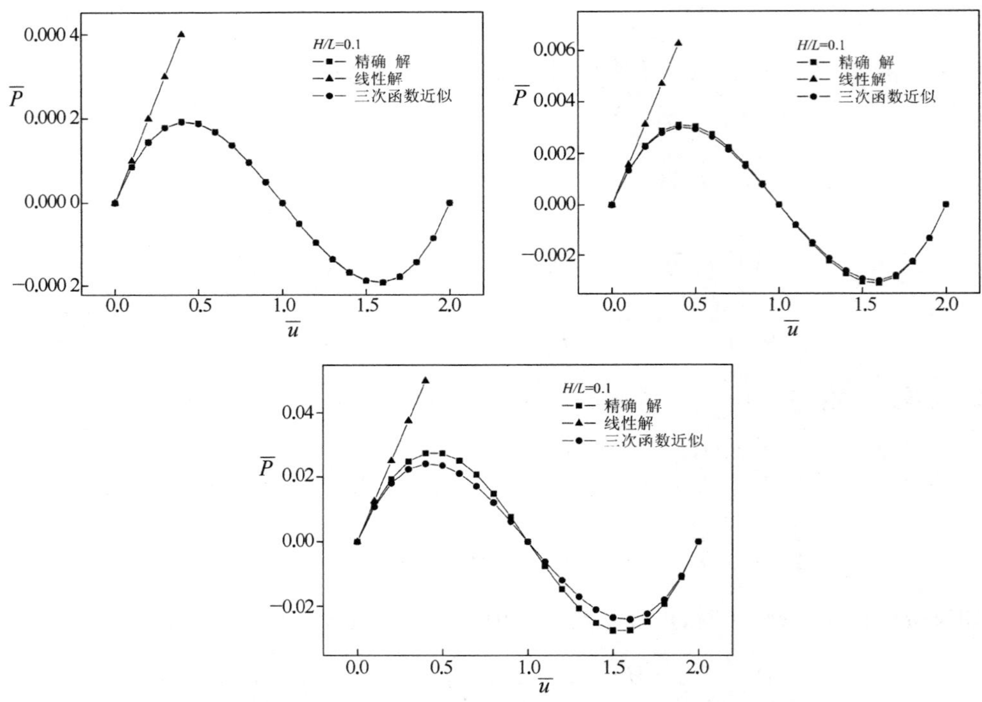

图 8.24　H/L 取不同值的三阶近似位移载荷曲线

从图 8.24 中可以看出,H/L 取值越小,级数展开式取三项的近似解越接近精确值.当 $H/L=0.5$,即 $\alpha=30°$时,级数展开式取三项的结果与精确解有较大的差别.另外,我们还可以看出,当位移 $u/H>0.2$ 以后线性解(8.18)偏离非线性解(8.16),(8.17) 越来越远.

对平衡方程(8.17)进行微分得到

$$\frac{\mathrm{d}\bar{P}}{\mathrm{d}\bar{u}} = \frac{1}{2}\left(\frac{H}{L}\right)^3 \frac{1}{H}(2 - 6\bar{u} + 3\bar{u}^2)$$

把上式写成增量形式，有

$$\Delta\bar{P} = \frac{1}{2}\left(\frac{H}{L}\right)^3 (2 - 6\bar{u} + 3\bar{u}^2)\Delta\bar{u} \tag{8.19a}$$

一般形式为

$$\Delta\bar{P} = K_T\Delta\bar{u} \tag{8.19}$$

其中

$$K_T = \frac{1}{2}\left(\frac{H}{L}\right)^3 (2 - 6\bar{u} + 3\bar{u}^2)$$

上式是增量平衡方程，K_T 与变形有关，表示在解曲线上一点附近的切向斜率. 如图 8.25 所示.

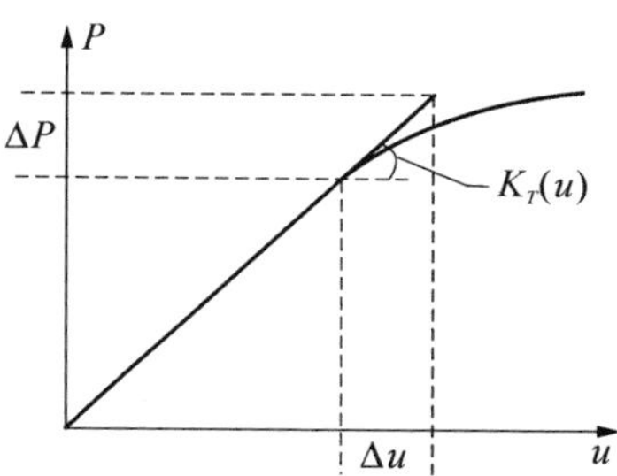

图 8.25　解曲线和切向斜率

考虑圆截面杆，取 $H = 10$ m，$L = 100$ m，杆截面的直径 $d = 5$ m，载荷和位移都无量纲化. 采用纯增量法求解(8.19)式，图 8.26 给出采用不同的增量步长得到的结果. 显然，随着位移增量步长的减小，近似解的结果逐渐趋近三次函数解，对于 $H/L = 0.1$ 的情况，能够趋于精确解. 可以看到，随着位移的增加，载荷逐渐增加，但呈非线性特征，当位移增加到某一值时，载荷骤然下降，桁架失去承载能力，位移增加到一定程度后，桁架恢复继续承载能力，这种现象通常称为 snap-through. 支反力随载荷的变化如图 8.27 所示，显然也是非线性的. 另外，在整个桁架受载变形过程中，其中的每个杆件受轴向力，当轴向压力达到临界值时杆件失稳，假设桁架中的杆件一端固支，另一端受压，临界载荷的表达式为

$$F_{cr} = \frac{\pi^2 EI}{4l^2} \tag{8.20}$$

利用圆界面惯性矩和面积的计算公式，无量纲临界载荷的表达式可写成

$$\bar{F}_{cr} = \frac{F_{CR}}{2AE} = \frac{\pi^2}{128}\left(\frac{d}{L}\right)^2 = 1.93 \times 10^{-4}$$

由临界载荷 $\bar{F}_{cr}$，可算出对应的位移 $\bar{u}_{cr}$，再由位移算出相应的外载荷值为

$$\bar{P}_{cr} = 3.74 \times 10^{-5}$$

从图 8.26 可以看出，这个值大大小于桁架失稳载荷，表明单个杆件先于桁架失稳，桁架的载荷 - 位移曲线应该沿图中的直线变化.

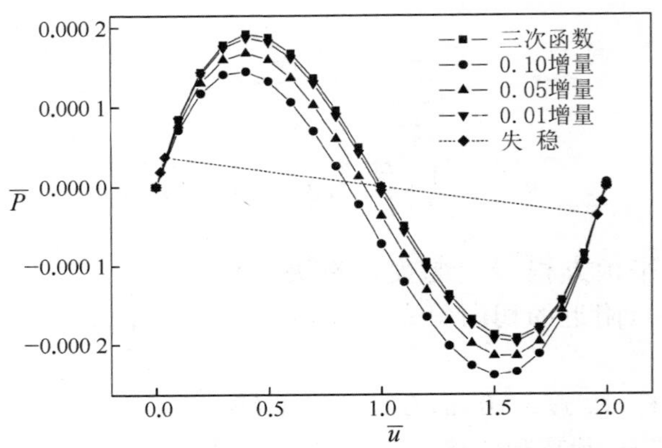

图 8.26　$H/L = 0.1$ 时取不同的增量步长计算结果和杆件失稳

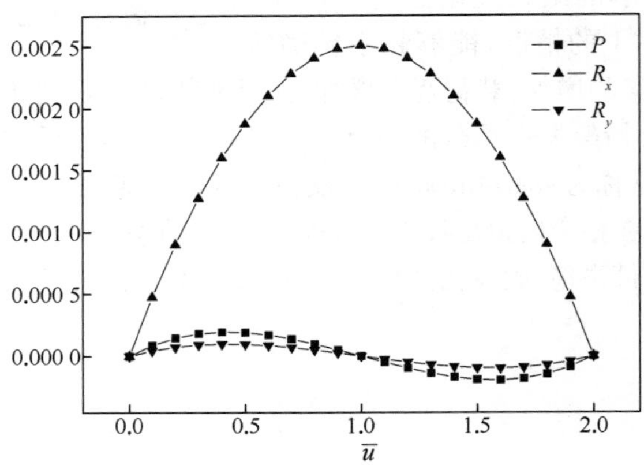

图 8.27　$H/L = 0.1$ 时支反力变化关系

第9章　有限元法应用实例

9.1 引　　言

在前面的章节中,我们讨论了有限元方法的基本理论和数值算法.对于一个一般偏微分方程描述的边值问题,可以选取合适的单元进行离散化,在单元内分片定义试函数,然后采用直接法、加权余量方法或者变分法推导有限元列式,即得到单元刚度方程,最后组装成总体刚度方程并结合边界条件进行求解,得到各节点和单元中相应的物理量.

在有限元理论的基础上,我们也讲述了简单有限元程序的基本结构,包括线性方程组的求解等数值算法.至此,理论上对于一般的问题我们都可以自己编写相应程序进行数值求解.但是,自行编写程序对于稍复杂的问题将耗费大量人力,而且存在大量的重复劳动,特别是前后处理程序做起来比较困难.在这样的背景下,各种有限元法通用软件应运而生,并在不同的科学研究和工程应用中获得巨大成功.

有限元法通用软件的普遍应用促进了计算机辅助工程(Computer Aided Engineering,CAE)技术的发展.CAE技术作为一种综合应用计算力学、计算数学、信息科学等相关学科的综合工程技术,是支持工程技术人员进行创新研究和创新设计的重要工具和手段.

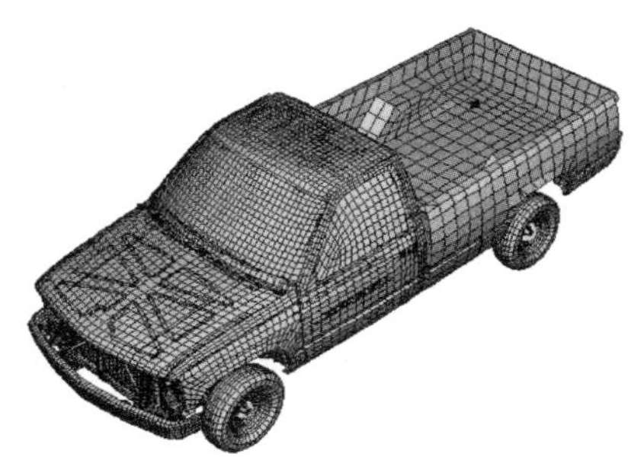

图9.1　汽车的有限元模型

目前比较常见的有限元分析软件包括NASTRAN、ABAQUS、ANSYS、IDEAS等等,各有特色,相互促进和补充.有限元法在工业界应用非常广泛,图9.1是一个汽车的有限元模型.比如,汽车的碰撞安全性设计,整车碰撞试验必不可少,但代价昂贵,并且试验周期长,可测量数据也非常有限.可以借助有限元数值模拟技术在设计阶段即对碰撞安全性进行评估,并对设计进行优化.通过这样的计算机试验,可以大大减少实物试验的次数,并提高实物试验的效率.另外,在某些场合可能实物试验很难进行,或者试验数据很难测量,这时有限元模拟显得更为重要.比如,研究人体头部碰撞所造成的伤害从而制定相应的安全设计标准,可以根据人体解剖结构,得到人头的几何模型和有限元网格模型,如图 9.2 所示,然后进行头部碰撞的计算机数值模拟.

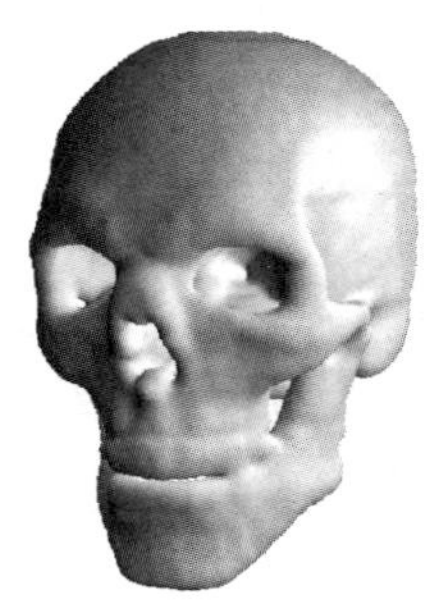

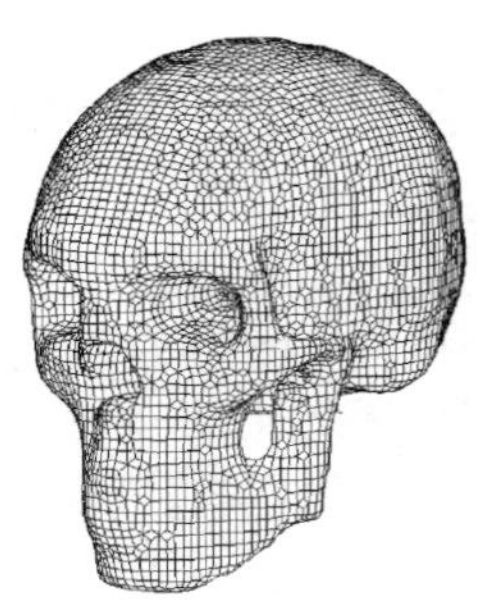

图 9.2　人头的几何模型和有限元网格模型

目前的有限元商业软件发展非常成熟,特别是前后处理程序和用户界面做得很好,易于学习和使用,这极大地推动了有限元模拟技术的普及.但是,这里需要特别指出的是,前面讲述的有限元基本理论和方法对正确运用有限元软件至关重要.只有了解了软件的力学和算法的基础,才能对得到的结果进行正确地分析和把握.如果不懂相关的力学知识和有限元理论,软件就成为一个"黑匣子",这样将导致不准确甚至完全错误的结果,作为工程设计的依据将十分危险.

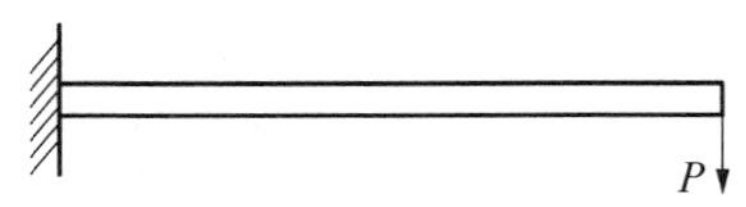

图 9.3　悬臂梁弯曲问题模型图

例如,图 9.3 所示悬臂梁,长 100 mm,宽 5 mm,厚 1 mm,自由端作用集中力为 5 N,杨氏模量 160 GPa,泊松比为 0.采用四节点双线性、平面应力单元,划分网格 20×5,如图 9.4 所示.

图 9.4　悬臂梁有限元网格图

根据第 7 章关于数值积分的讨论,为了保证原来的精度,计算单元刚度矩阵时需要采用2×2 Gauss 积分，这种积分称为完全积分．计算得到自由端的挠度为0.67 mm．

由于该问题符合材料力学细长梁的条件，可以用材料力学公式计算其自由端的挠度，$w = Pl^3/3EI = 4Pl^3/Ebh^3 = 1(\text{mm})$．比较可知有限元计算误差高达33%，显然这样的误差是不能接受的．如果计算单元刚度矩阵时采用1×1 Gauss 积分，这种积分称为减缩积分．有限元网格和其他模型参数都不变，计算得到自由端的挠度为1.04 mm，误差为4%．这样的误差是可以接受的，随着网格加密，误差将进一步缩小．

对于这个例子，因为有理论解可以比较才得以发现完全积分计算的问题．在有限元法应用到复杂实际工程问题中的时候，往往是没有解可以参照的．如果对于有限元理论缺乏了解，不能合理使用有限元软件，盲目相信计算结果，就可能造成巨大的损失．下面结合这个具体的例子，简单分析一下为什么完全积分反而得不到正确的结果．

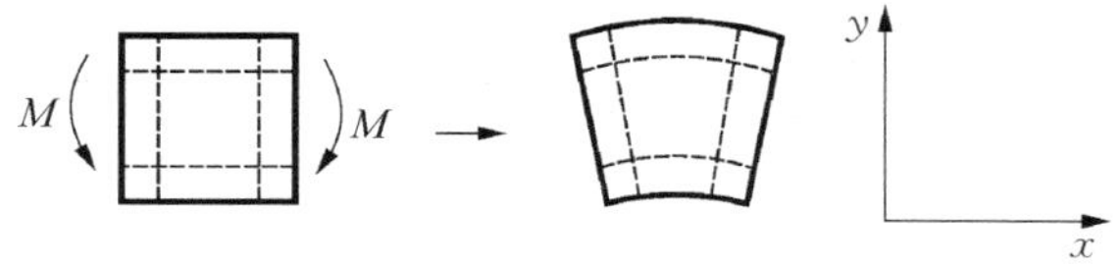

图9.5　理论上单元变形图

由于梁的长细比达到20，符合欧拉梁的假设，即梁的变形主要是弯曲变形，剪切变形可以忽略不计．理论上四边形单元弯曲后变形应该如图9.5所示，虚线为变形前后通过2×2 Gauss 积分点的直线，变形后 x 方向与 y 方向的虚线依然正交，这表示不存在剪切变形．对于双线性平面应力四边形单元，变形情况如图9.6所示，单元的四条边保持为直边．显然，通过2×2 Gauss 积分点的虚线变形后，其 x 方向与 y 方向不再正交，这表明存在剪切变形．也就是说，对于双线性四边形单元，如果采用完全积分，引入了实际上不存在的剪切变形，从而不合理地增加了梁的弯曲刚度，导致较大误差甚至根本错误的结果．如果采用减缩积分单元，即1×1 Gauss 积分，变形情况将如图9.7所示．可以看出，通过积分点的两方向虚线依然正交，能正确反映梁的弯曲变形，所以能得到精度较高的结果．采用1×1 Guass 积分能够保证原来的收敛速度．

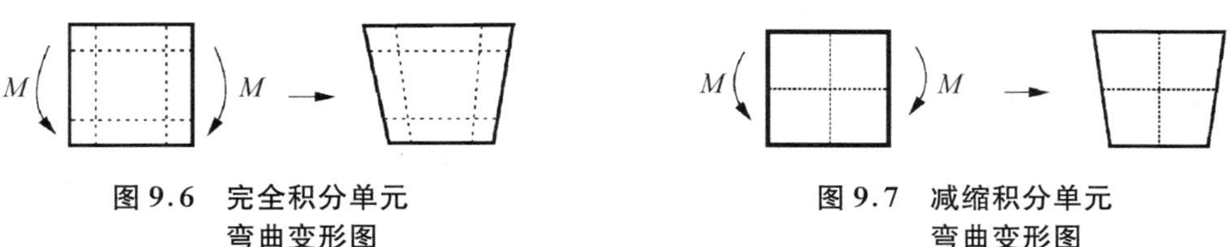

图9.6　完全积分单元弯曲变形图

图9.7　减缩积分单元弯曲变形图

另一方面，减缩积分有时也会出现问题．如图9.8所示的二次8节点单元，实线为变形前单元形态，虚线为变形后单元形态．完全积分为 3×3 Gauss 积分，减缩积分为 2×2 Gauss 积分．各节点的位移为

$$-u_1 = u_3 = u_5 = -u_7 = v_1 = v_3 = -v_5 = -v_7 = 1$$

$$-u_4 = u_8 = -v_2 = v_6 = 0.5$$

$$u_2 = u_6 = v_4 = v_8 = 0$$

这样的变形模式变形能不等于零，但如果采用减缩积分，可以发现在四个高斯积分点上，应变正好等于零．这种由于采用减缩积分导致的应变能为零而实际上非刚体运动的位移模式称为多余零能模式，这一现象也称作沙漏(Hourglassing)．但是，如果一个有限元模型由多个单元组合构成，单元之间相互制约，单元中一般不会出现图 9.8 所示的变形状态．采用2×2 Gauss 积分能够保证原来的收敛速度．

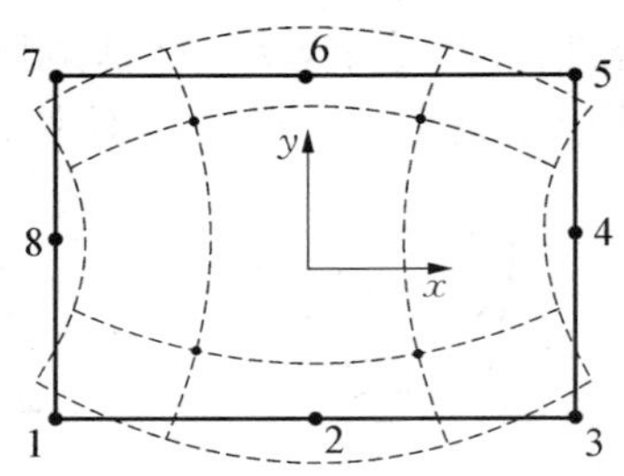

图 9.8　减缩积分导致沙漏现象

正因为如上所述数值计算可能带来的误差甚至错误的结果，在学习有限元软件的过程中，对有解析解或者有其他可靠结果的算例进行考核非常重要．通过对这些算例的模拟，可能发现问题，并找到解决问题的办法．本章选取一些比较经典的基本力学问题，采用有限元方法进行求解，并与相应的理论解进行比较和分析，以期帮助读者实现从有限元理论到实际工程问题应用的过渡．

9.2　线性问题实例

如前所述，对于稳态线性问题有限元法就是把原来的偏微分方程化为线性代数方程组．

9.2.1　小孔应力集中问题

小孔应力集中问题是一个经典的弹性力学问题，如图 9.9 所示．考虑无限大平板，带有半径为 a 的小孔，远场受均匀拉力 q．在极坐标系(r, θ)中，解析解为

$$
\left.
\begin{aligned}
\sigma_r &= \frac{q}{2}\left(1-\frac{a^2}{r^2}\right)+\frac{q}{2}\left(1-\frac{a^2}{r^2}\right)\left(1-3\frac{a^2}{r^2}\right)\cos(2\theta) \\
\sigma_\theta &= \frac{q}{2}\left(1+\frac{a^2}{r^2}\right)-\frac{q}{2}\left(1+3\frac{a^4}{r^4}\right)\cos(2\theta) \\
\tau_{r\theta} &= -\frac{q}{2}\left(1-\frac{a^2}{r^2}\right)\left(1+3\frac{a^2}{r^2}\right)\sin(2\theta)
\end{aligned}
\right\}
\tag{9.1}
$$

沿着 y 轴,其 x 方向应力分布为

$$
\sigma_x = q\left(1+\frac{1}{2}\frac{a^2}{y^2}+\frac{3}{2}\frac{a^4}{y^4}\right) \tag{9.2}
$$

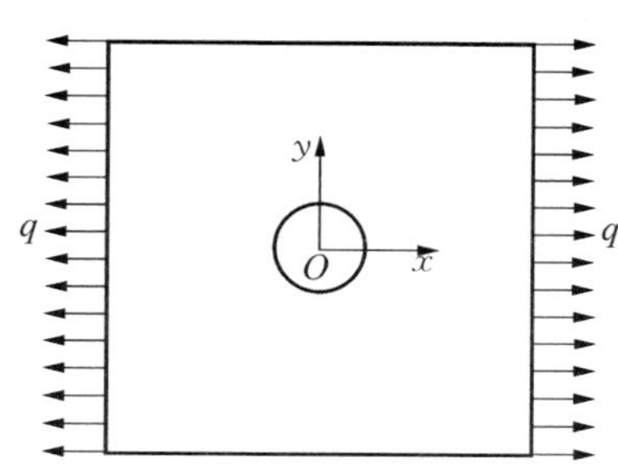

图 9.9　小孔应力集中问题

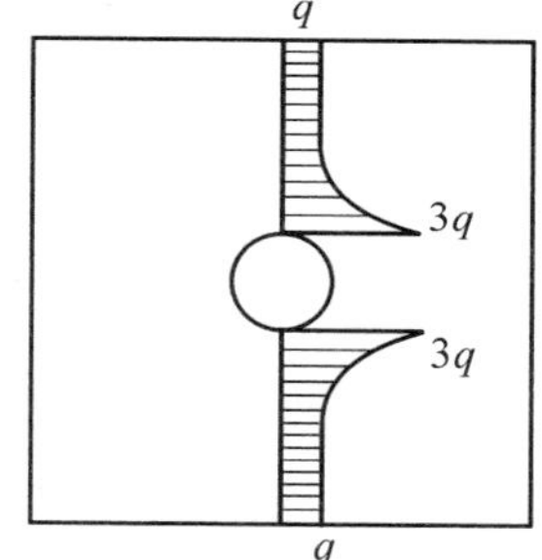

图 9.10　小孔应力集中示意图

如图 9.10 所示.可以看出在小孔附近应力值较高,远离小孔逐渐减小,最后趋于远场拉力强度 q.由公式也可以看到当 $y \geqslant a$ 时,$\sigma_x \cong q$.在小孔附近应力变化较为剧烈,在小孔边上($y=a$),$\sigma_x=3q$,即,小孔应力集中系数等于 3.

用 ABAQUS 软件对该问题进行有限元法数值模拟.薄板的长和宽都取为 200 mm,小孔半径为 10 mm,厚度为 10 mm,拉力强度取为 10 MPa,弹性模量 $E=200$ GPa,泊松比 $v=0.3$.利用对称性取 1/4 进行计算,图 9.11 是有限元模型.x 轴和 y 轴上的边界施加对称边界条件,右边界施加均布力载荷,上边界自由,小孔壁

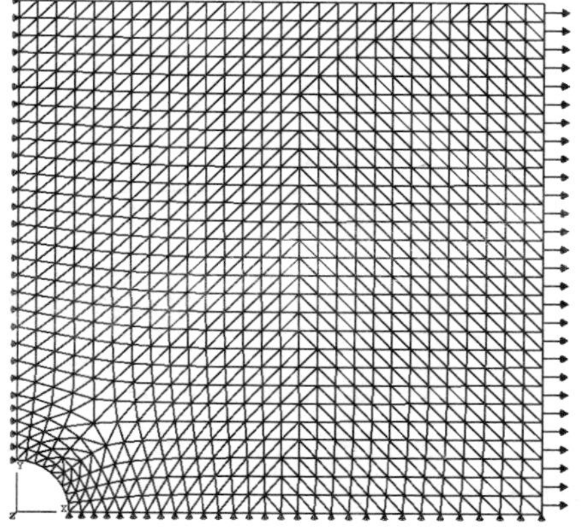

图 9.11　平面应力小孔应力集中问题 1/4 有限元模型

边界自由.首先采用线性三角形平面应力单元求解,有限元网格如图 9.11 所示,图 9.12 是计算出的应力等值线图.可以看出 x 方向应力最大值为 24.94 MPa,即应力集中系数为2.494,与精确解比较存在较大的误差.

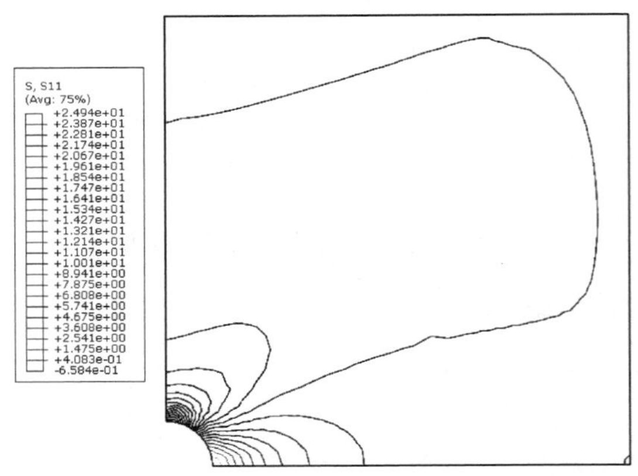

图 9.12　三角形单元计算 x 方向应力等值线图

上述计算误差可以通过网格加密逐步减小.对于线性三角形单元,由于是用直边来近似小孔的曲边,要达到较高的精度,网格必须足够的密,这将大大增加计算量.第 7 章讨论的等参元方法可以更好地处理这一问题.如图 9.13 所示,由标准四边形单元可以等参变换为曲线边四边形单元,从而用较少的单元就能更好地近似描述曲线边界.

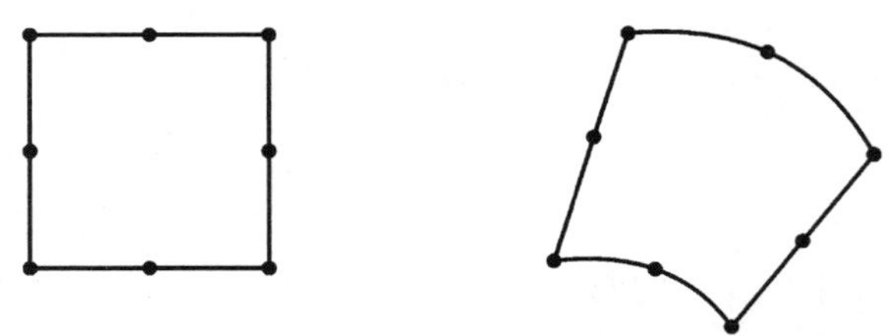

图 9.13　等参元模拟曲线边界示意图

图 9.14 是二次四边形单元的网格模型图,首先划分较粗的网格进行计算.图 9.15 是计算出的应力等值线图.可以看出 x 方向应力最大值为 26.96 MPa,即应力集中系数为 2.696,其误差与较密的三角形单元网格相当.

图 9.16 是采用二次单元对网格进行加密后的模型图.图 9.17 是计算出的应力等值线图.可以看出 x 方向应力最大值为 30.10 MPa,即应力集中系数为3.010,

误差仅为 0.3%.

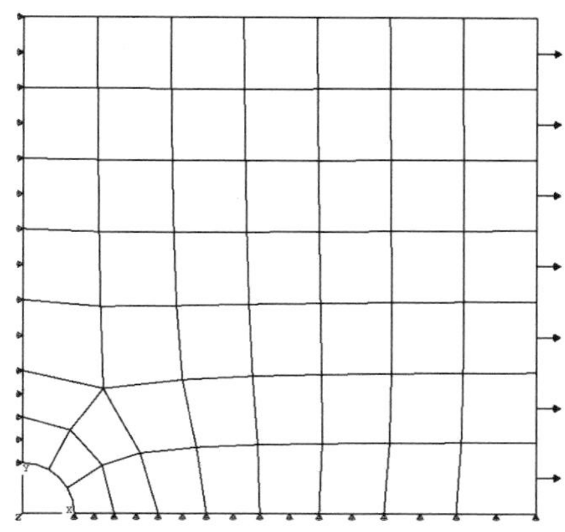

图 9.14　平面应力小孔应力集中问题有限元模型，八节点二次单元，粗网格

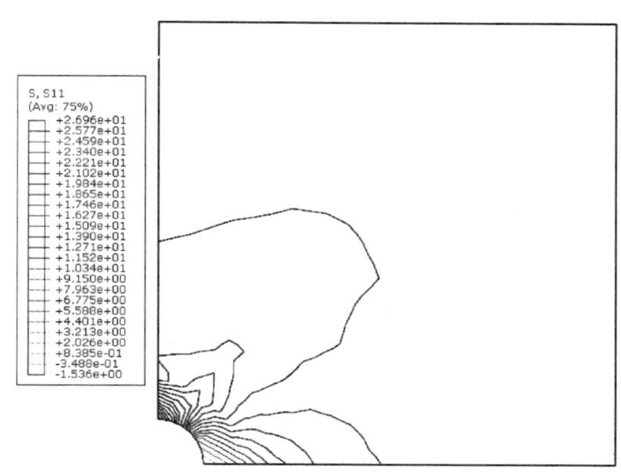

图 9.15　四边形八节点单元计算 x 方向应力等值线图（粗网格）

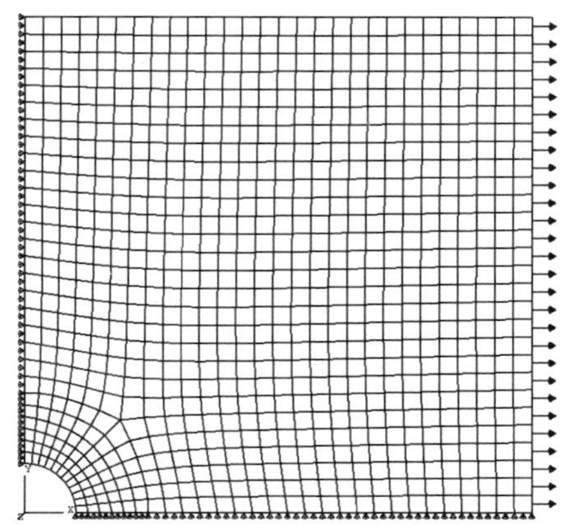

图 9.16　平面应力小孔应力集中问题有限元模型，八节点二次单元，细网格

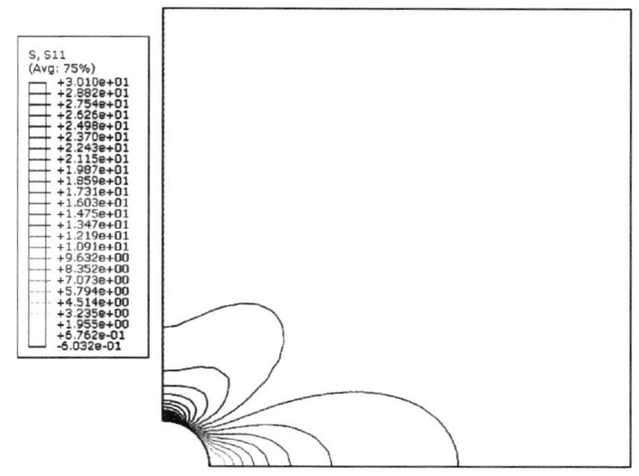

图 9.17　四边形八节点单元计算 x 方向应力等值线图（细网格）

图 9.18 是三种不同的模型计算出 x 方向应力沿 y 轴变化的对比图，可以看出较密网格的二次四边形单元模型与精确解吻合较好.

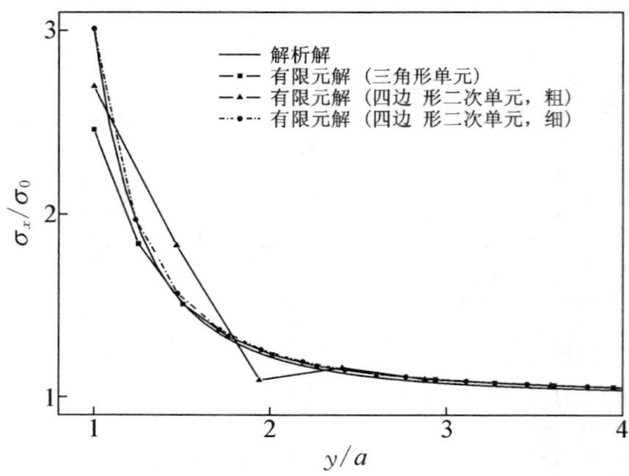

图 9.18　不同模型小孔附近 x 方向应力分布对比图

9.2.2　旋转盘问题

旋转圆盘是高速旋转机械中叶轮的一种简化模型，其主要应力来自叶轮旋转时产生的离心力．对于薄圆盘，应力分量沿厚度方向均匀分布，并且有 $\sigma_z=0$，可以看作是平面应力问题．圆盘在以等角速度旋转时，仅受径向离心力的作用，可作为静态问题求解．当光盘在驱动器中读写的时候是处于高速旋转状态，就是一个空心薄旋转盘问题．如图 9.19 所示，圆盘内外半径分别为 a 和 b，以等角速度 ω 绕其中心轴旋转，材料密度为 ρ，则径向离心力为 $f(r)=\rho\omega^2 r$，这是一体积力．这一问题的平衡方程为

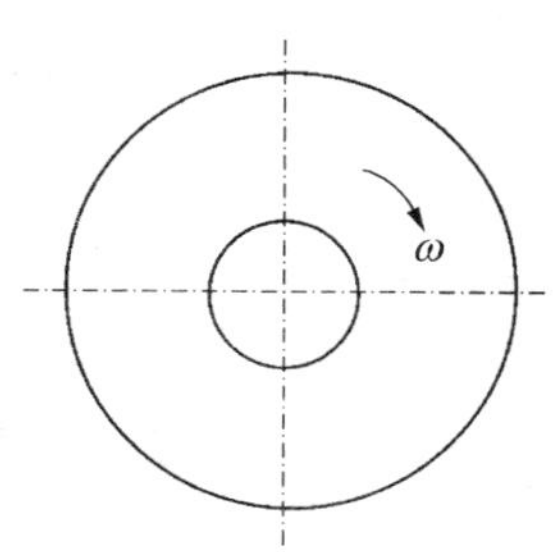

图 9.19　空心旋转盘问题

$$\frac{\mathrm{d}\sigma_r}{\mathrm{d}r}+\frac{\sigma_r-\sigma_\theta}{r}+\rho\omega^2 r=0 \tag{9.3}$$

边界条件为内外径表面均为面力为 0.

这个问题的弹性力学解析解为

$$\sigma_r=\frac{3+v}{8}\rho\omega^2\left(b^2+a^2-\frac{a^2b^2}{r^2}-r^2\right) \tag{9.4}$$

$$\sigma_\theta=\frac{3+v}{8}\rho\omega^2\left(b^2+a^2+\frac{a^2b^2}{r^2}-\frac{1+3v}{3+v}r^2\right) \tag{9.5}$$

$$u_r = \frac{3+v}{8E}\rho\omega^2 r\left[(1-v)(b^2+a^2)+(1+v)\frac{a^2b^2}{r^2}-\frac{1-v^2}{3+v}r^2\right] \tag{9.6}$$

用 ABAQUS 软件进行有限元数值模拟.薄圆盘内径、外径和转速分别取为 20 mm,60 mm 和 6 000 rpm,材料密度、弹性模量和泊松比分别取为 2 000 kg/m^3,10 GPa 和 0.3.利用对称性取 1/4 进行计算,有限元网格如图 9.20 所示.x 轴和 y 轴上的边界施加对称边界条件,内壁和外壁边界自由,受非均匀分布的体积力载荷 $f(r)=\rho\omega^2 r$,采用八节点四边形单元.

盘内应力计算结果和解析解比较如图 9.21 所示.由于圆盘的高速旋转,产生离心力,从而导致圆盘内部出现不均匀的应力场分布.比较而言,环向应力比法向应力更大.

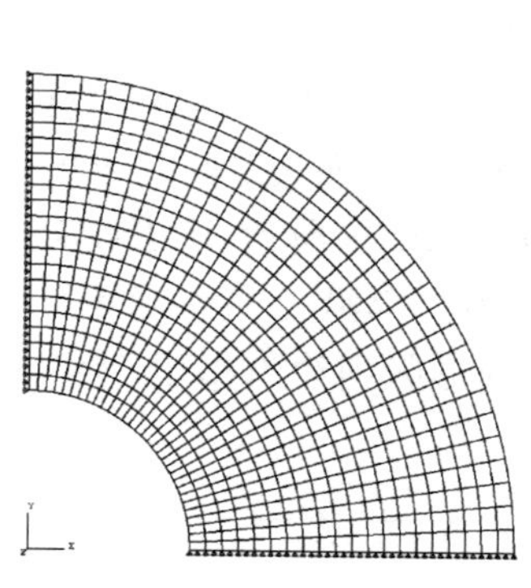

图 9.20　薄空心圆盘高速旋转问题有限元模型

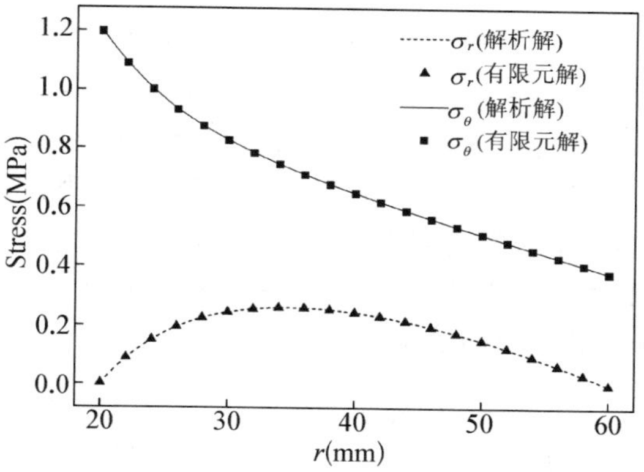

图 9.21　旋转盘问题解析解和有限元法数值解

9.2.3　厚壁圆筒传热及热应力问题

厚壁圆筒的内半径为 a,外半径为 b,轴向无限长且绝热,筒内无热源,内壁温度为 T_a,外壁温度为 $T_b(<T_a)$,求解温度场及因温度场而产生的热应力.

由于轴向无温度梯度且自由,可取一个横截面分析.对于轴对称问题热传导方程简化为

$$\frac{1}{r}\frac{1}{\mathrm{d}r}\left(r\frac{\mathrm{d}T}{\mathrm{d}r}\right)=0 \tag{9.7}$$

可以得到温度场的解析解为

$$T = T_a + (T_b - T_a)\frac{\ln \frac{r}{a}}{\ln \frac{b}{a}} \tag{9.8}$$

在此温度载荷作用下，平面应变状态的应力解析解为

$$\left.\begin{aligned} \sigma_r &= \frac{\alpha E}{1-v}\frac{T_a - T_b}{2\ln \frac{b}{a}}\left[-\ln\frac{b}{r} + \frac{a^2}{b^2-a^2}\left(\frac{b^2}{r^2}-1\right)\ln\frac{b}{a}\right] \\ \sigma_\theta &= \frac{\alpha E}{1-v}\frac{T_a - T_b}{2\ln \frac{b}{a}}\left[1-\ln\frac{b}{r} - \frac{a^2}{b^2-a^2}\left(\frac{b^2}{r^2}+1\right)\ln\frac{b}{a}\right] \end{aligned}\right\} \tag{9.9}$$

ABAQUS 软件进行有限元数值模拟. 内径和外径分别取为 200 mm 和 400 mm，内壁和外壁温度分别取为 400 K 和 300 K，热传导系数为 400 W/m·K. 利用对称性可以取横截面的 1/4 进行计算，图 9.22 是传热问题的有限元模型. x 轴和 y 轴上的边界无热流，内壁和外壁温度恒定，采用八节点四边形热传导单元.

有限元法计算出的温度场沿径向分布和解析解如图 9.23 所示，两者吻合得很好. 需要指出的是温度沿径向分布并非线性分布. 圆筒内部沿径向温度场存在梯度，筒内将产生热变形，而圆筒本身几何结构对这一变形起到约束作用，所以在圆筒内部将产生热应力.

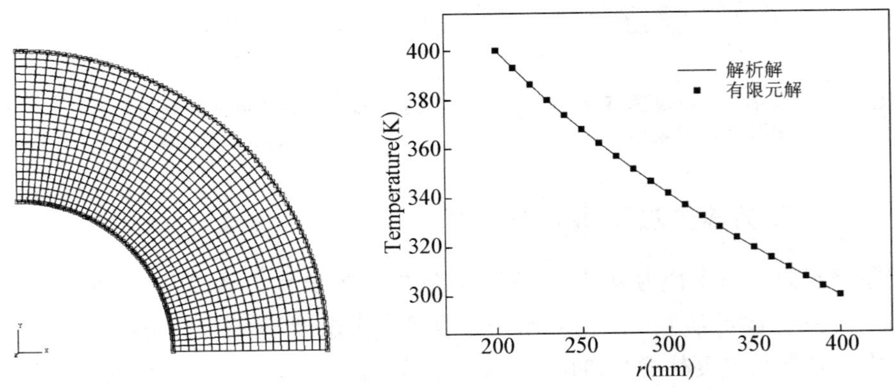

图 9.22　无限长厚壁圆筒传热问题平面有限元模型

图 9.23　厚壁筒沿径向温度分布图

ABAQUS 可以直接将温度场计算结果作为应力场分析的载荷进行求解. 材料的热膨胀系数、弹性模量和泊松比分别取为 1.3×10^{-5}/K，200 GPa 和 0.3. 有限元

模型如图 9.24 所示,采用和热分析相同的网格. x 轴和 y 轴上的边界为对称边界条件,内壁和外壁自由,全部区域施加热传导分析所求得的温度场载荷,采用八节点四边形平面应变单元. 计算结果如图 9.25 所示,有限元法数值解与解析解吻合得很好. 由结果可以发现,对于所选取参数而言,厚壁圆筒周向热应力是相当可观的.

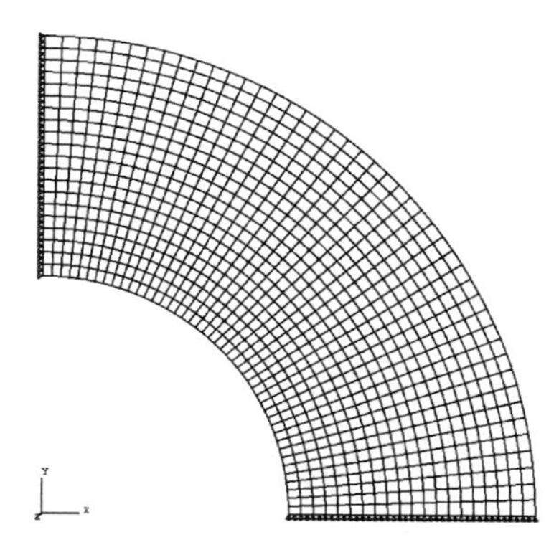

图 9.24　无限长厚壁圆筒传热应力问题平面应变有限元模型

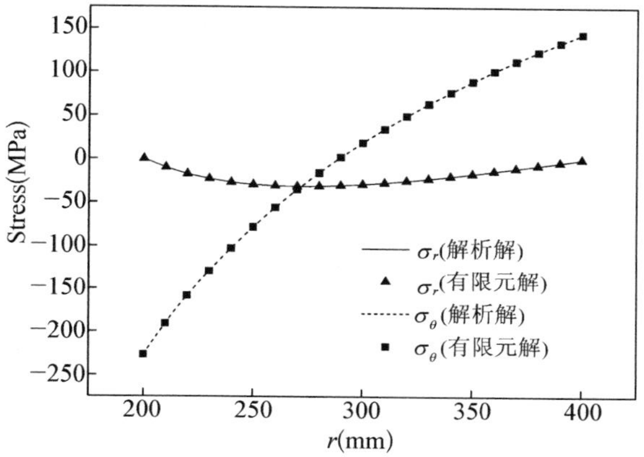

图 9.25　厚壁圆筒热应力问题沿径向应力分布图

9.3　非线性问题实例

如第 8 章所述,非线性问题要复杂得多,通常采用增量法或增量迭代法求解,能够得到变形的中间过程. 本节分别给出一个材料非线性和一个几何非线性的计算实例.

9.3.1　厚壁圆筒承受内压的弹塑性问题

考虑一无限长厚壁圆筒的横截面,如图 9.26 所示,内半径为 a,外半径为 b,承受内压 p. 理想塑性材料不可压缩,如图 9.27 所示,杨氏模量为 E,屈服应力为 σ_s.

先按照弹性力学平面应变问题求解,其解析解为

$$\left.\begin{aligned}\sigma_r &= \frac{a^2 p}{b^2 - a^2}\left(1 - \frac{b^2}{r^2}\right)\\ \sigma_\theta &= \frac{a^2 p}{b^2 - a^2}\left(1 + \frac{b^2}{r^2}\right)\\ u_r &= \frac{(1+v)a^2 p}{E(b^2 - a^2)}\left[(1-2v)r + \frac{b^2}{r}\right]\end{aligned}\right\} \tag{9.10}$$

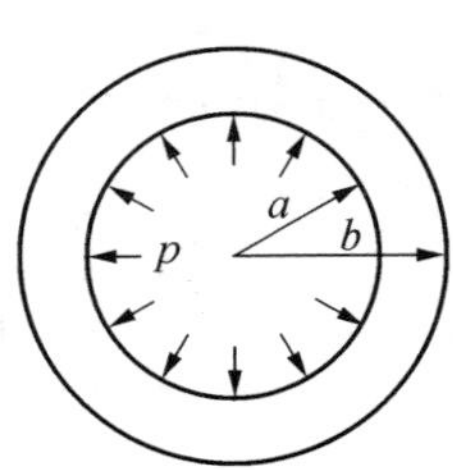

图 9.26　厚壁圆筒受内压弹塑性问题

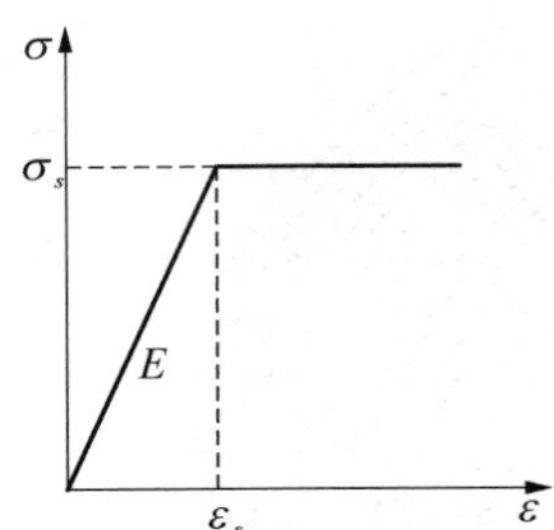

图 9.27　厚壁圆筒材料本构模型

随着内压力 p 的增加,圆筒内的各应力分量逐渐增加.当应力分量的组合达到某一临界值时,该处材料进入塑性变形状态,并逐渐形成塑性区.随着压力的继续增加,塑性区不断扩大,弹性区减小,直至圆筒的截面全部进入塑性状态.对于理想塑性材料,截面全部进入塑性状态即为圆筒的塑性极限状态,不能承受进一步的压力.

Mises 屈服条件表达为

$$(\sigma_r - \sigma_\theta)^2 + (\sigma_\theta - \sigma_z)^2 + (\sigma_z - \sigma_r)^2 + 6(\tau_{r\theta}^2 + \tau_{\theta z}^2 + \tau_{zr}^2) = 2\sigma_s^2 \tag{9.11}$$

考虑到 $\tau_{r\theta} = \tau_{\theta z} = \tau_{zr} = 0$,即 σ_r、σ_θ、σ_z 均为主应力.不可压材料 $v = 0.5$,$\sigma_z = (\sigma_r + \sigma_\theta)/2$.Mises 条件简化为 $\sigma_\theta - \sigma_r = 2\sigma_s/\sqrt{3}$.在弹性阶段,$\sigma_\theta - \sigma_r$ 在 $r = a$ 处有最大值,所以厚壁筒由内壁开始屈服.由 $(\sigma_\theta - \sigma_r)_{r=a} = \sigma_s$ 可以算出弹性极限压力为

$$p_e = \frac{\sigma_s}{\sqrt{3}}\left(1 - \frac{a^2}{b^2}\right) \tag{9.12}$$

当 $p<p_e$ 时,圆筒处于弹性状态;当 $p>p_e$ 时,筒内壁附近出现塑性区,并随着内压增加,塑性区向外扩展,外壁仍为弹性区.弹性区和塑性区的交界面位置记为 r_p,塑性区的应力分量为

$$\left.\begin{aligned} \sigma_r &= \frac{2}{\sqrt{3}}\sigma_s \ln\left(\frac{r}{a}\right) - p \\ \sigma_\theta &= \frac{2}{\sqrt{3}}\sigma_s \ln\left(1 + \frac{r}{a}\right) - p \end{aligned}\right\} \tag{9.13}$$

可以发现,在塑性区内 $\sigma_\theta>0$,$\sigma_r<0$.弹性区的应力分量为

$$\left.\begin{aligned} \sigma_r &= -\frac{\sigma_s r_p^2}{\sqrt{3}b^2}\left(\frac{b^2}{r^2} - 1\right) \\ \sigma_\theta &= \frac{\sigma_s r_p^2}{\sqrt{3}b^2}\left(\frac{b^2}{r^2} + 1\right) \end{aligned}\right\} \tag{9.14}$$

由弹塑性交界面上 σ_r 连续条件得到确定 r_p 的方程为

$$\frac{2}{\sqrt{3}}\sigma_s \ln\left(\frac{r_p}{a}\right) + \frac{1}{\sqrt{3}}\sigma_s\left(1 - \frac{r_p^2}{b^2}\right) - p = 0 \tag{9.15}$$

随着内压力的增加,塑性区不断扩大.当 $r_p=b$ 时,整个截面进入塑性状态,代入得到塑性极限压力为

$$p_l = \frac{2}{\sqrt{3}}\sigma_s \ln\left(\frac{b}{a}\right) \tag{9.16}$$

进一步可以得到弹性区和塑性区的位移解析解

$$\left.\begin{aligned} u &= \frac{(1+v)\sigma_s r_p^2}{\sqrt{3}Eb^2 r}\left[(1-2v)r^2 + b^2\right] \quad r_p \leqslant r \leqslant b \\ u &= \frac{(1+v)\sigma_s r_p^2}{\sqrt{3}Eb^2 r}\left[(1-2v)r_p^2 + b^2\right] \quad a \leqslant r \leqslant r_p \end{aligned}\right\} \tag{9.17}$$

如果弹性区也认为是体积不可压缩,即 $v=0.5$,则上述位移解析解统一为

$$u_r = \frac{3\sqrt{3}\sigma_s r_p^2}{2Er} \tag{9.18}$$

由上式可知，在 $r=a$ 处径向位移为最大值. 当 $r_p=a$，即弹性极限状态时，在内壁处 $u_e=3\sqrt{3}\sigma_s a/2E$；当 $r_p=b$，即塑性极限状态时，在内壁处 $u_l=3\sqrt{3}\sigma_s b^2/2Ea$. 显然有

$$\frac{u_l}{u_e}=\frac{b^2}{a^2} \tag{9.19}$$

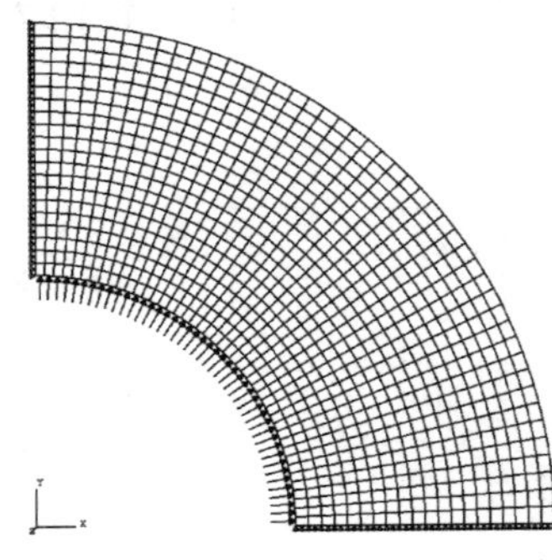

图9.28　厚壁圆筒承受内压弹塑性问题平面应变有限元模型

用 ABAQUS 软件进行有限元数值模拟. 厚壁圆筒无限长，内、外径分别为200 mm 和400 mm，弹性模量、屈服应力和泊松比分别为 200 GPa、300 MPa和0.5. 利用对称性取一个截面的 1/4 进行计算，有限元模型如图 9.28 所示.

由解析解可以计算出弹性极限载荷和塑性极限载荷分别为

$$p_e=\frac{\sigma_s}{\sqrt{3}}\left(1-\frac{a^2}{b^2}\right)=0.433\,0\sigma_s=129.9\text{ MPa} \tag{9.20}$$

$$p_l=\frac{2}{\sqrt{3}}\sigma_s\ln\left(\frac{b}{a}\right)=0.800\,4\sigma_s=240.1\text{ MPa} \tag{9.21}$$

当作用内压载荷为 $p_1=0.8p_e=103.9$ MPa 时，整个厚壁筒处于弹性状态，其径向和环向应力的有限元方法计算结果和解析解对比如图 9.29 所示. 当内压载荷为 $p_2=0.8p_l=192.1$ MPa 时，靠近内壁的区域为塑性状态，而靠近外壁的区域仍

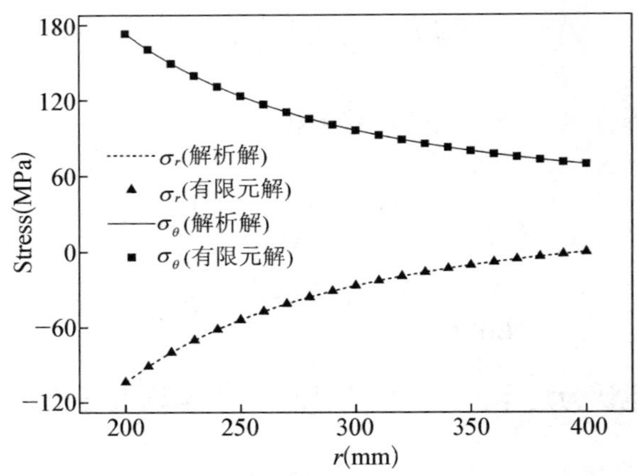

图 9.29　厚壁筒受内压弹性状态应力计算结果

为弹性状态.弹塑性交界位置为 $r_p = 261.6$ mm,整个厚壁筒的径向和环向应力的有限元方法计算结果和解析解对比如图9.30所示.可以发现,在弹塑性交界位置,环向应力曲线出现拐点,这是由于靠近内壁区域理想塑性流动,导致环向应力水平降低造成的.随着内压的增加、塑性区逐步扩大,直至厚壁筒完全屈服,在整个过程中最大位移始终出现在内壁处.最大位移与内压载荷关系曲线如图9.31所示.解析公式算出的曲线可以考虑到完全塑性流动的情况,即内压载荷无法继续增加而位移无限自由流动.但是,在有限元计算过程中,只能计算载荷略小于极限塑性载荷的情况,否则计算结果无法收敛.图9.32给出内压载荷随弹塑性交界位置变化曲线.

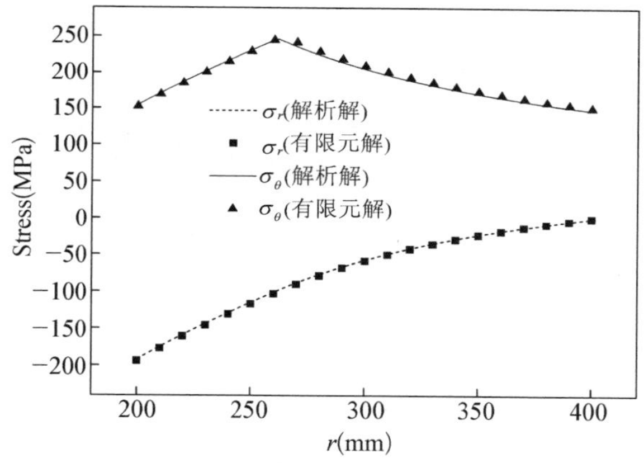

图9.30 厚壁筒受内压弹塑性状态应力计算结果

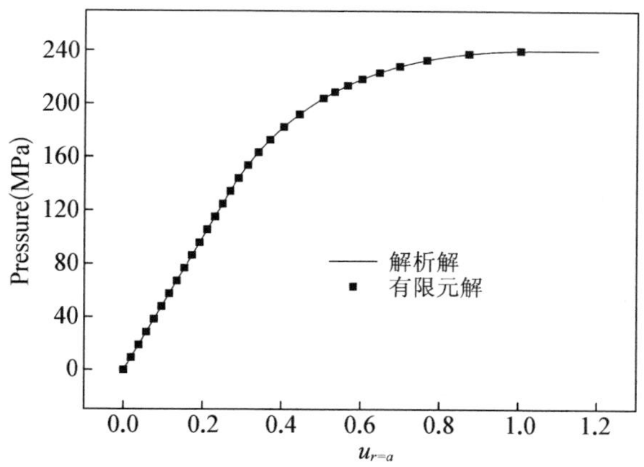

图9.31 厚壁筒内压载荷与最大位移关系计算结果

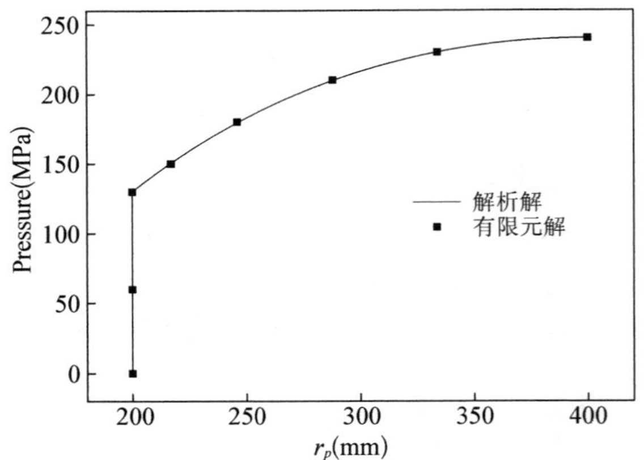

图 9.32 厚壁筒内压载荷随弹塑性分界位置变化关系计算结果

9.3.2 梁的非线性纯弯曲问题

下面这个算例很有趣，主要考察有限元软件的几何非线性分析能力，特别是对大位移大转动小应变问题的求解能力. 考虑平面内细长的弹性悬臂梁，一端固支，另一端承受弯矩 M，长度为 L，如图 9.33 所示. 当弯矩逐步增大，分析梁的变形过程.

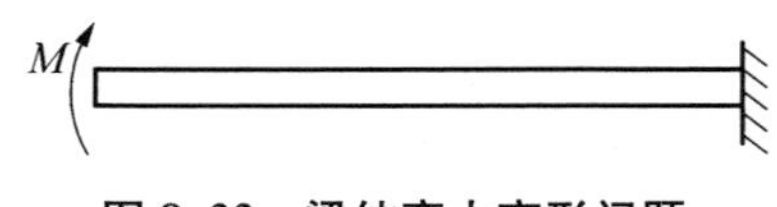

图 9.33 梁纯弯大变形问题

梁在纯弯情况下，弯矩和曲率间的关系为

$$\frac{1}{\rho(x)} = \frac{M(x)}{EI} \tag{9.22}$$

其中 E 和 I 分别是梁的弹性模量和对中性面的惯性矩，EI 为梁的弯曲刚度. 如图 9.34 所示，由几何关系可以得到

$$\frac{1}{\rho} = \frac{d\theta}{ds} \tag{9.23}$$

于是有

$$\frac{d\theta}{ds} = \frac{M(x)}{EI} \tag{9.24}$$

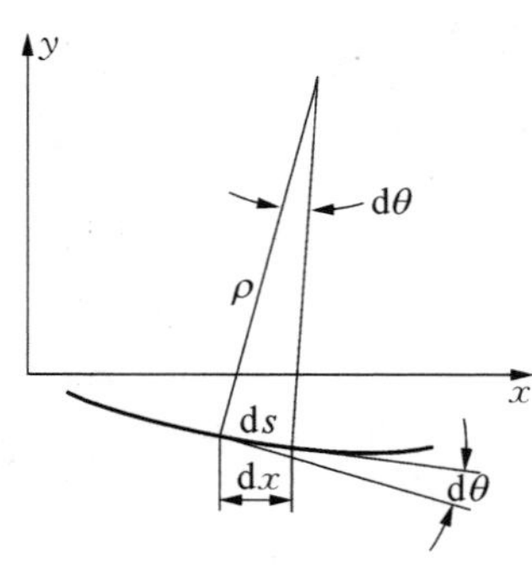

图 9.34 梁弯曲几何关系示意图

对于本例，$M(x)$是常数，所以 $d\theta/ds$ 也是常数，这意味着梁将弯曲为一段圆弧．固支端转角为 0，得到转角随弧长变化曲线

$$\theta(s)=\frac{M}{EI}s \tag{9.25}$$

纯弯情况下梁中性面长度不发生变化，自由端的转角为 $\theta = ML/EI$．

用 ABAQUS 软件进行有限元数值模拟．梁长 1 m，截面为 10 mm×10 mm 正方形，材料弹性模量为 200 GPa，泊松比为 0，自由端作用的弯矩从 0 逐渐增加到 1 047.2 N・m．按照上述解析解可以算出最终自由端的转角为 2π，这表示一根直梁将逐步弯曲为一个圆圈．采用两种单元分别进行模拟，一种是三节点平面梁单元，一种是平面应力八节点四边形单元．

图 9.35 和图 9.36 分别是用梁单元和平面应力单元进行有限元模拟的计算结果．采用二次梁单元计算的结果和解析解完全一致，而采用平面应力单元计算的结果只存在很小的误差．采用平面应力单元计算的时候，由于节点只有平动自由度，没有转动自由度，弯矩不能直接施加，需要采用特殊的节点耦合方法处理．

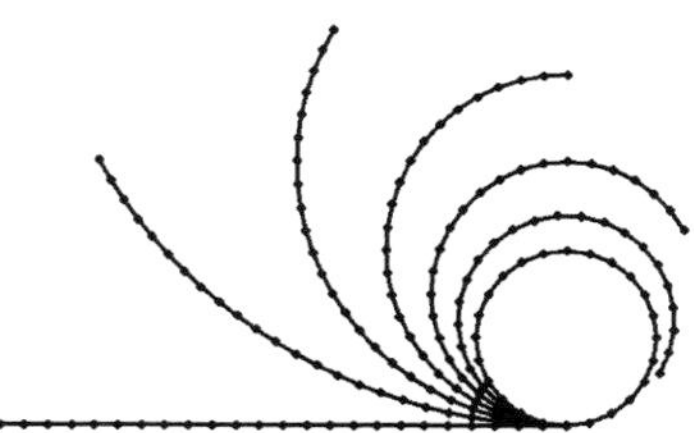

图 9.35　悬臂梁纯弯有限元方法计算结果（梁单元）

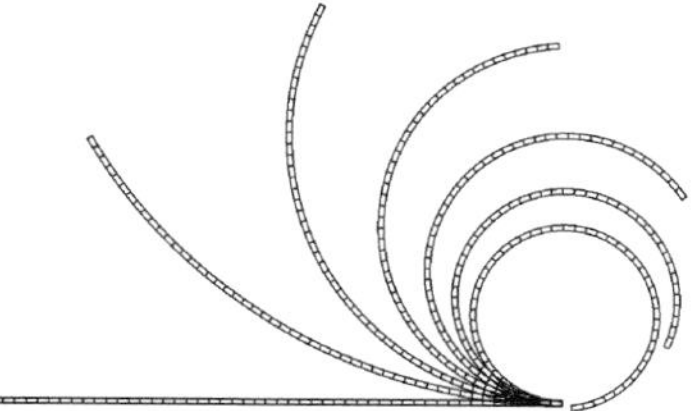

图 9.36　悬臂梁纯弯有限元方法计算结果（平面应力单元）

第10章　边界元法

10.1　势场问题的边界元法

10.1.1　基本关系式和边界积分方程

如前面几章中所述，一个边值问题可由下面的微分方程和边界条件描述.

$$A(u) = \mathrm{L}u + p = 0 \quad \text{在区域 } D \text{ 内} \tag{10.1a}$$

$$B(u) = \mathrm{M}u + \gamma = 0 \quad \text{在边界 } \Gamma \text{ 上} \tag{10.1b}$$

式中 p，γ 是方程的非齐次项，与未知函数 u 无关，L，M 是线性微分算子.

对于二维定常势场，如热传导问题，其相应的表达式为

$$\mathrm{L} = k\left(\frac{\partial^2}{\partial x^2} + \frac{\partial^2}{\partial y^2}\right), p = Q \quad \text{在区域 } D \text{ 内} \tag{10.2a}$$

$$\mathrm{M} = 1,\ \gamma = -\bar{u} \quad \text{在边界 } \Gamma_u \text{ 上} \tag{10.2b}$$

$$\mathrm{M} = -k\frac{\partial}{\partial n}, \gamma = -\bar{q} \quad \text{在边界 } \Gamma_q \text{ 上} \tag{10.2c}$$

如果区域内无热源，即 $Q=0$，热传导系数 $k=1$，则上述方程和边界条件化为

$$\frac{\partial^2}{\partial x^2} + \frac{\partial^2}{\partial y^2} = 0 \quad \text{在区域 } D \text{ 内} \tag{10.3a}$$

$$u = \bar{u} \quad \text{在边界 } \Gamma_u \text{ 上} \tag{10.3b}$$

$$q_n = \frac{\partial u}{\partial n} = \bar{q} \quad \text{在边界 } \Gamma_q \text{ 上} \tag{10.3c}$$

本节以上述问题为例，讨论边界元法的基本思想.(10.3)式所示边值问题的加

权余量公式可写成

$$\int_D \left(\frac{\partial^2 u}{\partial x^2} + \frac{\partial^2 u}{\partial y^2}\right) u^* \mathrm{d}D + \int_{\Gamma_q} \left(\bar{q} - \frac{\partial u}{\partial n}\right) u^* \mathrm{d}\Gamma + \int_{\Gamma_u} (u - \bar{u}) \frac{\partial u^*}{\partial n} \mathrm{d}\Gamma = 0 \tag{10.4}$$

其中 u^* 是权函数.对上式中的第一项积分使用二次 Green 定理后,得到

$$\int_D \left(\frac{\partial^2 u^*}{\partial x^2} + \frac{\partial^2 u^*}{\partial y^2}\right) u \mathrm{d}D = -\int_{\Gamma_q} \bar{q} u^* \mathrm{d}\Gamma - \int_{\Gamma_u} \frac{\partial u}{\partial n} u^* \mathrm{d}\Gamma + \int_{\Gamma_q} u \frac{\partial u^*}{\partial n} \mathrm{d}\Gamma + \int_{\Gamma_u} \bar{u} \frac{\partial u^*}{\partial n} \mathrm{d}\Gamma \tag{10.5}$$

如果能找到一个加权函数 u^* 满足带奇异点的控制方程,即

$$\frac{\partial^2 u^*}{\partial x^2} + \frac{\partial^2 u^*}{\partial y^2} + \delta^i = 0 \quad \text{在 } D \text{ 内} \tag{10.6}$$

则有

$$\iint_D \left(\frac{\partial^2 u^*}{\partial x^2} + \frac{\partial^2 u^*}{\partial y^2}\right) u \mathrm{d}D = -u^i \tag{10.7}$$

式中,δ^i 为在区域 D 内一点 i 的 Dirac Delta 函数.

将(10.7)式代入(10.4)式,经简单整理后得到

$$u^i + \int_{\Gamma_q} u \frac{\partial u^*}{\partial n} \mathrm{d}\Gamma + \int_{\Gamma_u} \bar{u} \frac{\partial u^*}{\partial n} \mathrm{d}\Gamma = \int_{\Gamma_q} \bar{q} u^* \mathrm{d}\Gamma + \int_{\Gamma_u} \frac{\partial u}{\partial n} u^* \mathrm{d}\Gamma \tag{10.8a}$$

上式可写成

$$u^i + \int_\Gamma u \frac{\partial u^*}{\partial n} \mathrm{d}\Gamma = \int_\Gamma \frac{\partial u}{\partial n} u^* \mathrm{d}\Gamma$$

式中 u^i 表示求解区域内任一点的未知函数值.

记 $q = \frac{\partial u}{\partial n}, q^* = \frac{\partial u^*}{\partial n}$ 上式可写成如下形式

$$u^i + \int_\Gamma u q^* \mathrm{d}\Gamma = \int_\Gamma u^* q \mathrm{d}\Gamma \tag{10.8}$$

二维 Laplace 问题满足方程(10.6)的解(通常称为基本解)在极坐标中的表达式为

$$u^* = \frac{1}{2\pi}\ln\frac{1}{r} \tag{10.9}$$

式中 r 是 i 点到边界上任一点的距离.

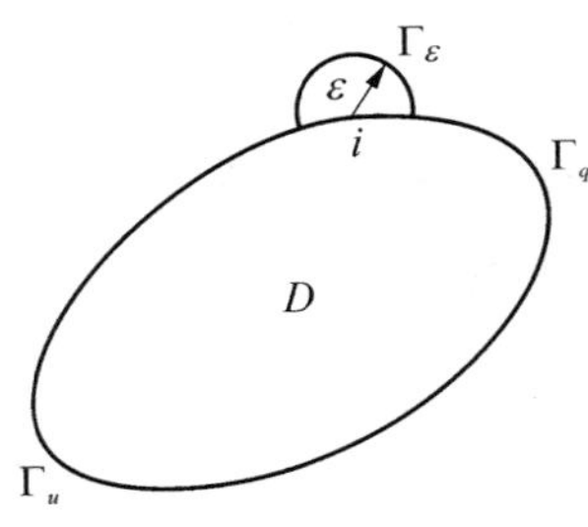

图 10.1　i 点在边界 Γ_q 上的情况

我们希望建立边界上的方程,因此 u^i 应是未知函数在边界上一点的值. 如果 i 是在边界 Γ_q 上的一点,如图 10.1 所示. 在 i 点附近做一个以 i 点为圆心,ε 为半径的半圆从区域 D 的外面扣在 Γ_q 上. 则 i 点变成了区域内部的一点. 边界 Γ_q 可写成 $\Gamma_q = \Gamma_{q-\varepsilon} + \Gamma_\varepsilon$. 经 $\varepsilon \to 0$ 的极限过程,i 点就变成了边界 Γ_q 上的一点,从而得到所有的点都在边界上的方程. 当 ε 是一个小量并趋于 0 时,i 点是 D 内一点,考虑(10.8a)式,其中左端的第一项积分应写成

$$\begin{aligned}\lim_{\varepsilon\to 0}\int_{\Gamma_q} u\frac{\partial u^*}{\partial n}\mathrm{d}\Gamma &= \lim_{\varepsilon\to 0}\left(\int_{\Gamma_{q-\varepsilon}} u\frac{\partial u^*}{\partial n}\mathrm{d}\Gamma + \int_{\Gamma_\varepsilon} u\frac{\partial u^*}{\partial n}\mathrm{d}\Gamma\right)\\ &= \int_{\Gamma_q} u\frac{\partial u^*}{\partial n}\mathrm{d}\Gamma + \lim_{\varepsilon\to 0}\int_{\Gamma_\varepsilon} u\frac{\partial u^*}{\partial n}\mathrm{d}\Gamma\end{aligned}$$

代入(10.9)式,并对其法向求导(注意法向与径向 r 一致),计算上式的第二项积分得到

$$\lim_{\varepsilon\to 0}\int_{\Gamma_\varepsilon} u\frac{\partial u^*}{\partial n}\mathrm{d}\Gamma = \lim_{\varepsilon\to 0}\int u\frac{\partial u^*}{\partial r}\mathrm{d}\Gamma = \lim_{\varepsilon\to 0}\int_0^\pi u\frac{1}{2\pi}\cdot\varepsilon\frac{-1}{\varepsilon^2}\varepsilon\,\mathrm{d}\theta = -\frac{1}{2}u^i$$

所以有

$$\lim_{\varepsilon\to 0}\int_{\Gamma_q} u\frac{\partial u^*}{\partial n}\mathrm{d}\Gamma = \int_{\Gamma_q} u\frac{\partial u^*}{\partial n}\mathrm{d}\Gamma - \frac{1}{2}u^i \tag{10.10}$$

(10.8a)右端的第一项积分可写成

$$\lim_{\varepsilon\to 0}\int_{\Gamma_q}\vec{q}u^*\mathrm{d}\Gamma = \lim_{\varepsilon\to 0}\int_{\Gamma_{q-\varepsilon}}\vec{q}u^*\mathrm{d}\Gamma + \lim_{\varepsilon\to 0}\int_{\Gamma_\varepsilon}\vec{q}u^*\mathrm{d}\Gamma$$

代入(10.9)式计算上式的第二项,得到

$$\lim_{\varepsilon\to 0}\int_{\Gamma_\varepsilon}\vec{q}u^*\mathrm{d}\Gamma = \lim_{\varepsilon\to 0}\int_0^\pi\vec{q}\frac{1}{2\pi}\ln\frac{1}{\varepsilon}(\varepsilon\,\mathrm{d}\theta) = \vec{q}\lim_{\varepsilon\to 0}\frac{\varepsilon}{2\pi}\ln\frac{1}{\varepsilon}\cdot\pi = 0$$

所以有

$$\lim_{\varepsilon \to 0} \int_{\Gamma_q} \vec{q} u^* \mathrm{d}\Gamma = \int_{\Gamma_q} \vec{q} u^* \mathrm{d}\Gamma \tag{10.11}$$

把(10.10)和(10.11)式代入(10.8a)式得到

$$\frac{1}{2} u^i + \int_{\Gamma_q} u \frac{\partial u^*}{\partial n} \mathrm{d}\Gamma + \int_{\Gamma_u} \bar{u} \frac{\partial u^*}{\partial n} \mathrm{d}\Gamma = \int_{\Gamma_q} \vec{q} u^* \mathrm{d}\Gamma + \int_{\Gamma_u} \frac{\partial u}{\partial n} u^* \mathrm{d}\Gamma \tag{10.12a}$$

或写成

$$\frac{1}{2} u^i + \int_{\Gamma} u q^* \mathrm{d}\Gamma = \int_{\Gamma} \vec{q} u^* \mathrm{d}\Gamma \tag{10.12}$$

可以证明,如果 i 是边界 Γ_u 上的一点,同样能够得到与(10.12)式相同的结果.这就是与微分方程(10.3)所描述的问题等价的边界积分方程.显然,方程(10.12a)把求解区域 D 中的微分方程(10.3)问题化为求解其边界 Γ 上的积分方程问题,把求解二维区域中未知函数 u 的问题化为求解其边界上的函数 u 和 q 的问题,把求解原来的二维问题化为求解一维问题.求出边界上的函数 u 和 q 后,可用(10.8)式求出区域内任一点未知函数 u 的值,如果需要还可以由相应的求导公式求得区域内任一点 q 的值.建立边界积分方程的关键问题,也是最困难的问题,是寻求相应的基本解.

10.1.2　边界积分方程离散(边单元和边界元方程)

(10.12)式是关于连续函数 u 和 q 的边界积分方程,不能进行数值计算,必须建立相应的离散形式.

考虑如图10.2所示的求解区域 D,其边界为 Γ.在边界上选 n 个点,用直线段把这些节点连接起来,近似表示整个区域的边界,这样形成的每一个线段称为边界元.假设每个边界元内的 u,q 都是常数,取边界元的中点作为节点.整个边界写成所有边界元之和,又因为采用常数边界元,对每一个边界元积分时 u_j 和 q_j 可以从积分符号下提出来.(10.12)式可写成如下的离散形式

$$\frac{1}{2} u^i + \sum_{j=1}^{n} u_j \int_{\Gamma_j} q^* \mathrm{d}\Gamma = \sum_{j=1}^{n} q_j \int_{\Gamma_j} u^* \mathrm{d}\Gamma \tag{10.13a}$$

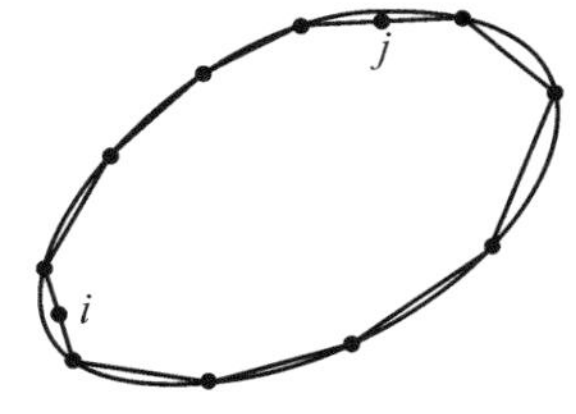

图10.2　常边界元离散

即

$$\frac{1}{2}u^i + \sum_{j=1}^{n} u_j \hat{H}_{ij} = \sum_{j=1}^{n} q_j G_{ij} \tag{10.13}$$

对于每一个边界元都可以写出一个上面的方程，得到一个线性方程组，写成矩阵形式为

$$\frac{1}{2}\boldsymbol{u} + \hat{\boldsymbol{H}}\boldsymbol{u} = \boldsymbol{G}\boldsymbol{q} \tag{10.14a}$$

把上式左端的有关项合并，得到

$$\boldsymbol{H}\boldsymbol{u} = \boldsymbol{G}\boldsymbol{q} \tag{10.14}$$

其中 $\hat{H}_{ij} = \int_{\Gamma_j} \frac{\partial u^*(r_{ij})}{\partial n} \mathrm{d}\Gamma$, $G_{ij} = \int_{\Gamma_j} u^*(r_{ij}) \mathrm{d}\Gamma$, $H_{ij} = \begin{cases} \hat{H}_{ij} & i = j \\ \frac{1}{2} + \hat{H}_{ij} & i \neq j. \end{cases}$

(10.14)式是一个 n 阶的代数方程组，有 $2n$ 个参数 u_j 和 q_j，但在边界 Γ_u 和边界 Γ_q 上分别有 n_1 个 u 值和 n_2 个 q 值是指定的值，且有 $n_1 + n_2 = n$，所以实际上只有 n 个未知参数 u 和 q. 将(10.14)中的未知参数全部移到等式左边，已知参数移到右边，得到

$$\boldsymbol{A}\boldsymbol{X} = \boldsymbol{F} \tag{10.15}$$

其中 $\boldsymbol{X}$ 表示未知的 n 个 u 和 q 值. 求解(10.15)式就能得到边界上所有节点的 u 和 q 值. 区域内任一点 i 的 u 值可由(10.8)求得，其相应的离散形式为

$$u_i = -\sum_{j=1}^{n} \hat{H}_{ij} u_j + \sum_{j=1}^{n} G_{ij} q_j \tag{10.16}$$

区域内任一点 i 的 q 值可由对(10.8)求导得到，即

$$\begin{aligned} q_x^i &= \int_{\Gamma} q \frac{\partial u^*}{\partial x} \mathrm{d}\Gamma - \int_{\Gamma} u \frac{\partial q^*}{\partial x} \mathrm{d}\Gamma \\ q_y^i &= \int_{\Gamma} q \frac{\partial u^*}{\partial y} \mathrm{d}\Gamma - \int_{\Gamma} u \frac{\partial q^*}{\partial y} \mathrm{d}\Gamma \end{aligned} \tag{10.17a}$$

其相应的离散形式为

$$
\begin{aligned}
q_x^i &= \sum_{j=1}^n q_j \int_{\Gamma_j} \frac{\partial u^*}{\partial x} \mathrm{d}\Gamma - \sum_{j=1}^n u_j \int_{\Gamma_j} \frac{\partial q^*}{\partial x} \mathrm{d}\Gamma \\
q_y^i &= \sum_{j=1}^n q_j \int_{\Gamma_j} \frac{\partial u^*}{\partial y} \mathrm{d}\Gamma - \sum_{j=1}^n u_j \int_{\Gamma_j} \frac{\partial q^*}{\partial y} \mathrm{d}\Gamma
\end{aligned} \tag{10.17}
$$

以上各式中的积分通常都是采用数值方法近似计算.

下面考虑线性边界元,仍然在边界上选 n 个点,用直线段把这些节点连接起来,近似表示整个区域的边界,但每个边界元内的 u 和 q 不再是常数,而是线性变化的.

对边界上一点 i,(10.12)式可以写成如下一般离散形式

$$
C^i u^i + \sum_{j=1}^n \int_{\Gamma_j} u q^* \, \mathrm{d}\Gamma = \sum_{j=1}^n \int_{\Gamma_j} q u^* \, \mathrm{d}\Gamma \tag{10.18}
$$

在上式中 u 和 q 不能从积分符号下提出来,因为在每一个边界元内 u 和 q 都是变化的.另外,在点 i 处如果边界是光滑的,则 $C_i = \frac{1}{2}$;如果在该点处边界是不光滑的,系数 $C_i = \frac{\theta}{2\pi}$,$\theta$ 是与该节点相连的两个线性边界元的内夹角.但后面我们将看到,实际上不需要 C_i 的显式表达式.

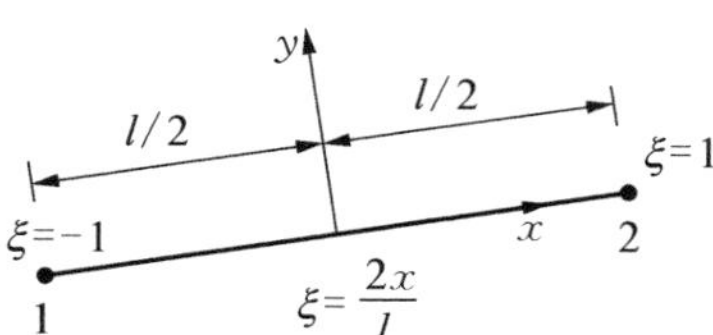

图 10.3 线性边界元

考虑边界上任一个边界元,如图 10.3 所示.在边界元内任一点的 u 和 q 值可由它的两端点的值和线性插值函数表示,即

$$
u = N_1 u_1 + N_2 u_2 = [N_1 \quad N_2] \begin{Bmatrix} u_1 \\ u_2 \end{Bmatrix} \tag{10.19}
$$

$$
q = N_1 q_1 + N_2 q_2 = [N_1 \quad N_2] \begin{Bmatrix} q_1 \\ q_2 \end{Bmatrix} \tag{10.20}
$$

其中 N_1, N_2 都用自然坐标表示的形函数,表达式为

$$
N_1 = \frac{1}{2}(1 - \xi), \quad N_2 = \frac{1}{2}(1 + \xi) \tag{10.21}
$$

把(10.19),(10.20),(10.21)代入(10.18)式,关于边界元 j 的积分有如下表达式

$$\int_{\Gamma_j} uq^* \mathrm{d}\Gamma = \left(\int_{\Gamma_j} [N_1 \quad N_2] q^* \mathrm{d}\Gamma\right) \begin{Bmatrix} u_1 \\ u_2 \end{Bmatrix} = [h_{i1} \quad h_{i2}] \begin{Bmatrix} u_1 \\ u_2 \end{Bmatrix} \tag{10.22}$$

$$\int_{\Gamma_j} qu^* \mathrm{d}\Gamma = \left(\int_{\Gamma_j} [N_1 \quad N_2] u^* \mathrm{d}\Gamma\right) \begin{Bmatrix} q_1 \\ q_2 \end{Bmatrix} = [g_{i1} \quad g_{i2}] \begin{Bmatrix} q_1 \\ q_2 \end{Bmatrix} \tag{10.23}$$

其中

$$\left.\begin{aligned} h_{i1} &= \int_{\Gamma_j} N_1 q^* \mathrm{d}\Gamma, \quad h_{i2} = \int_{\Gamma_j} N_2 q^* \mathrm{d}\Gamma \\ g_{i1} &= \int_{\Gamma_j} N_1 u^* \mathrm{d}\Gamma, \quad g_{i2} = \int_{\Gamma_j} N_2 u^* \mathrm{d}\Gamma \end{aligned}\right\} \tag{10.24}$$

在上面的积分中，N_1，N_2 是在局部坐标系中用自然坐标表示的，而基本解的量 q^*，u^* 都是在总体坐标系中表示的，为了进行积分运算，这些量必须在局部坐标系中用自然坐标表示出来，如图 10.4 所示. 这样(10.24)式中的被积函数都写成了 ξ 的函数，积分上，下限分别为 +1 和 -1. 可以用 Gauss 积分进行数值计算.

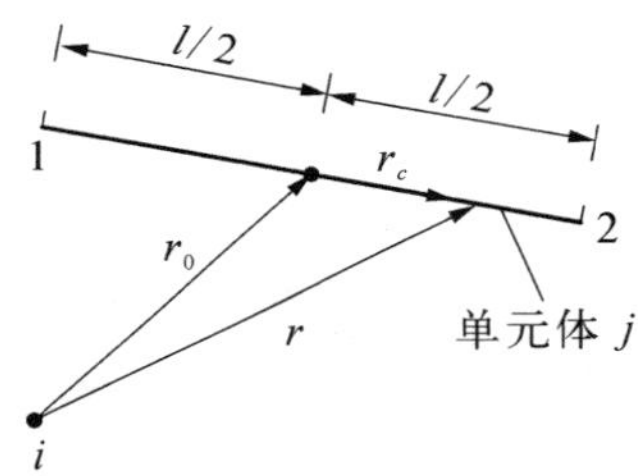

图 10.4　线性边界元的总体坐标和局部坐标

与前面几章中有限元法对照可以发现，边界元法是分片选取试函数的边界积分方程法.

把(10.24)式代入(10.22)和(10.23)式，再代入(10.18)式得到

$$C^i u^i + [\hat{H}_{i1} \quad \hat{H}_{i2} \quad \cdots \quad \hat{H}_{in}] \begin{Bmatrix} u_1 \\ u_2 \\ \vdots \\ u_n \end{Bmatrix} = [G_{i1} \quad G_{i2} \quad \cdots \quad G_{in}] \begin{Bmatrix} q_1 \\ q_2 \\ \vdots \\ q_n \end{Bmatrix} \tag{10.25}$$

其中，第 j 项 $\hat{H}_{ij}$ 是第 j 边界元的 h_{i1} 和第$(j-1)$边界元的 h_{i2} 之和，G_{ij} 是第 j 边界元的 g_{i1} 和第$(j-1)$边界元的 g_{i2} 之和，如图 10.5 所示.
式(10.25)可写成

$$C^i u^i + \sum_{j=1}^{n} \hat{H}_{ij} u_j = \sum_{j=1}^{n} G_{ij} q_j \tag{10.26}$$

其中，节点 j 代表边界元 j 和边界元$(j-1)$的交点. 与前相似，上式可写成

$$\sum_{j=1}^{n} H_{ij}u_j = \sum_{j=1}^{n} G_{ij}q_j \tag{10.27a}$$

或矩阵形式

$$\boldsymbol{Hu} = \boldsymbol{GQ} \tag{10.27}$$

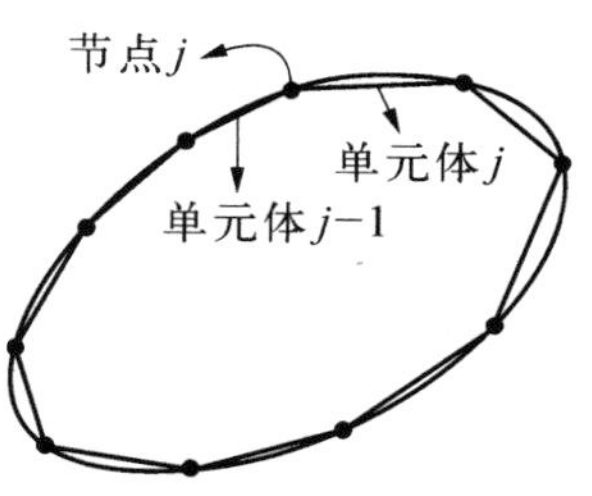

图 10.5 线性边界元离散

下面讨论怎样确定 $\boldsymbol{H}$ 矩阵中主对角线上的项，而避免直接求(10.26)式中的 C^i 值. 如果在整个区域上，从而整个边界上势函数 u 是均匀的，则它们的法向导数必然为 0，(10.27)式变成

$$\boldsymbol{Hu} = 0 \tag{10.28}$$

这表示矩阵 $\boldsymbol{H}$ 每行的所有项之和为 0. 因此，所有非主对角线上的项求出后，可用下式计算主对角线上的项.

$$h_{ii} = -\sum_{j=1,\ j\neq i}^{n} h_{ij} \tag{10.29}$$

对于无穷域，对角线上的系数为

$$h_{ii} = 1 - \sum_{j=1,\ j\neq i}^{n} h_{ij} \tag{10.29a}$$

因此不需要显式地求系数 C^i 的值.

对于边界不光滑的情况，用线性边界元离散时，要慎重处理节点两侧边界条件不相同的角点问题. 第$(j-1)$边界元的第二节点是第 j 边界元的第一节点. 角点位势唯一，位势梯度值可能突变，可定义同一节点的位势梯度值在前后单元分别为 q^- 和 q^+. 则(10.25)式可改写为如下一般形式

$$C^iu^i + [\hat{H}_{i1} \quad \hat{H}_{i2} \quad \cdots \quad \hat{H}_{in}]\begin{Bmatrix} u_1 \\ u_2 \\ \vdots \\ u_n \end{Bmatrix} = [G_{i1} \quad G_{i2} \quad \cdots \quad G_{i2n}]\begin{Bmatrix} q_1 \\ q_2 \\ \vdots \\ q_{2n} \end{Bmatrix} \tag{10.25a}$$

由此可得到如下的边界元方程

$$C^iu^i + \sum_{j=1}^{n} \hat{H}_{ij}u_j = \sum_{j=1}^{2n} G_{ij}q_j \tag{10.26a}$$

与有限元法类似,可以用等参元的概念推导出二次或更高阶的边界元,从而用较少的边界元数目就能更好的近似复杂边界形状,提高计算精度.

10.1.3 例题

例题 10.1 考虑如图 10.6 所示的尺寸为 6×6 的正方形区域热传导问题.已知边界条件为 $u=300$, $x=0$; $u=0$, $x=6$; $q_n=0$, $y=0$ 和 6.这个问题的精确解为 $u=300-50x$, $q_x=-50$, $q_y=0$.在边界上均匀划分 24 个线性元,如图 10.6 所示.若干边界点和区域内点的计算结果列在表 10.1 和表 10.2 中.显然,对这个问题边界元法能给出精度很高的结果.

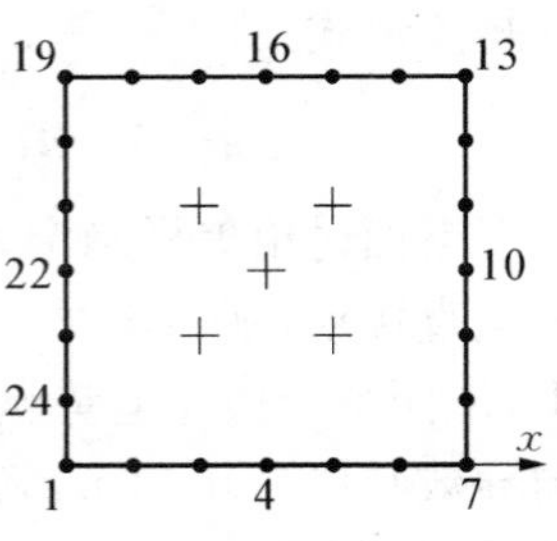

图 10.6 方形区域热传导

表 10.1 边界点位势和位势梯度计算结果

边界节点坐标		U		q^-		q^+	
x	y	精确解	边界元解	精确解	边界元解	精确解	边界元解
.000 00	.000 00	—	—	50.000 00	49.999 91	—	—
3.000 00	.000 00	150.000 00	150.000 00	—	—	—	—
6.000 00	.000 00	—	—	—	—	−50.000 00	−49.999 91
6.000 00	3.000 00	—	—	−50.000 00	−50.000 00	−50.000 00	−50.000 00
6.000 00	6.000 00	—	—	−50.000 00	−49.999 91	—	—
3.000 00	6.000 00	150.000 00	150.000 00	—	—	—	—
.000 00	6.000 00	—	—	—	—	50.000 00	49.999 91
.000 00	3.000 00	—	—	50.000 00	50.000 00	50.000 00	50.000 00

表 10.2 内点位势和位势梯度计算结果

内 点 坐 标		u		q_x		q_y	
x	y	精确解	边界元解	精确解	边界元解	精确解	边界元解
2.000 00	2.000 00	200.000 00	200.000 02	−50.000 00	−50.000 01	.000 00	−.0000 1
2.000 00	4.000 00	200.000 00	200.000 02	−50.000 00	−50.000 01	.000 00	.000 01
4.000 00	2.000 00	100.000 00	100.000 00	−50.000 00	−50.000 01	.000 00	.000 00
4.000 00	4.000 00	100.000 00	100.000 00	−50.000 00	−50.000 01	.000 00	.000 00
3.000 00	3.000 00	150.000 00	150.000 01	−50.000 00	−50.000 01	.000 00	.000 00

例题 10.2 考虑如图 10.7 所示的椭圆截面直杆的圣维南扭转问题.椭圆的长、短半轴分别为 $a=10$ 和 $b=5$.以翘曲函数 ψ 为基本未知函数求解,精确解的表达式为

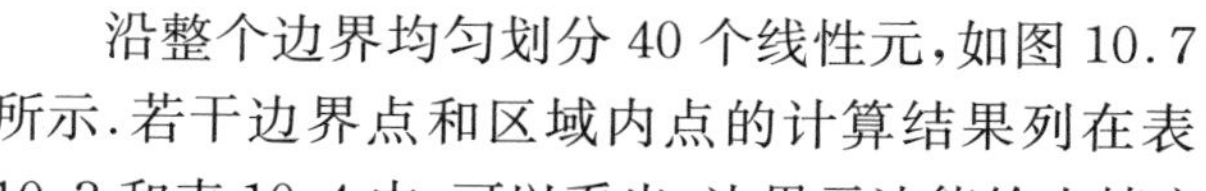

$$\psi = \left(\frac{b^2 - a^2}{b^2 + a^2}\right)xy = -0.6xy.$$

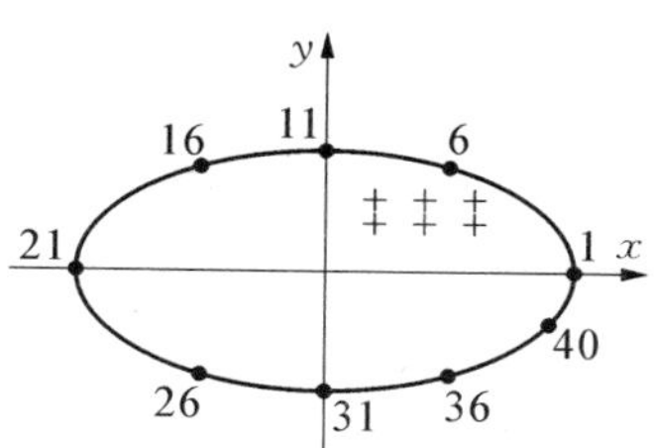

图 10.7 椭圆截面直杆圣维南扭转问题

沿整个边界均匀划分 40 个线性元,如图 10.7 所示.若干边界点和区域内点的计算结果列在表 10.3 和表 10.4 中.可以看出,边界元法能给出精度很高的结果.

表 10.3 边界点翘曲函数计算结果

边界点坐标		ψ	
x	y	精确解	边界元解
10.000 00	0.000 00	0.000 00	0.000 00
5.000 00	4.330 13	−12.990 38	−12.965 68
0.000 00	5.000 00	0.000 00	0.000 00
−5.000 00	4.330 13	12.990 38	12.965 68
−10.000 00	.000 00	.000 00	.000 00
−5.000 00	−4.330 13	−12.990 38	−12.965 68
0.000 00	−5.000 00	0.000 00	0.000 00
5.000 00	−4.330 13	12.990 38	12.965 68

表 10.4 内点翘曲函数及其导数计算结果

内点坐标		ψ		q_x		q_y	
x	y	精确解	边界元解	精确解	边界元解	精确解	边界元解
2.000 00	2.000 00	−2.400 00	−2.392 91	−1.200 00	−1.196 16	−1.200 00	−1.196 77
2.000 00	3.000 00	−3.600 00	−3.589 93	−1.800 00	−1.794 56	−1.200 00	−1.197 32
4.000 00	2.000 00	−4.800 00	−4.783 93	−1.200 00	−1.194 66	−2.400 00	−2.392 73
4.000 00	3.000 00	−7.200 00	−7.177 26	−1.800 00	−1.792 48	−2.400 00	−2.394 00
6.000 00	2.000 00	−7.200 00	−7.170 66	−1.200 00	−1.191 96	−3.600 00	−3.587 33
6.000 00	3.000 00	−10.800 00	−10.758 49	−1.800 00	−1.787 39	−3.600 00	−3.588 57

10.1.4 非齐次方程情况

前面讨论了二维 Laplace 方程的边界积分方程和边界元法求解列式，下面用 Poisson 方程来讨论非齐次方程的情况. Poisson 方程可写成

$$\nabla^2 u - P = 0 \qquad \text{在区域 } D \text{ 内} \tag{10.30a}$$

边界条件为

$$u = \vec{u} \qquad \text{在 } \Gamma_u \text{ 上} \tag{10.30b}$$

$$\frac{\partial u}{\partial n} = \vec{q} \qquad \text{在 } \Gamma_q \text{ 上} \tag{10.30c}$$

相应的加权余量公式是

$$\int_D (\nabla^2 u - P) u^* \mathrm{d}D = \int_{\Gamma_q} \left(\frac{\partial u}{\partial n} - \vec{q}\right) u^* \mathrm{d}\Gamma - \int_{\Gamma_u} (u - \vec{u}) \frac{\partial u^*}{\partial n} \mathrm{d}\Gamma \tag{10.31}$$

对上式左端的积分进行二次 Green 定理运算后得到

$$\begin{aligned} &\int_D u \nabla^2 u^* \mathrm{d}D - \int_D P u^* \mathrm{d}D \\ &= -\int_{\Gamma_q} \vec{q} u^* \mathrm{d}\Gamma - \int_{\Gamma_u} \frac{\partial u}{\partial n} u^* \mathrm{d}\Gamma + \int_{\Gamma_q} u \frac{\partial u^*}{\partial n} \mathrm{d}\Gamma + \int_{\Gamma_u} \vec{u} \frac{\partial u^*}{\partial n} \mathrm{d}\Gamma \end{aligned} \tag{10.32}$$

如果找到了满足相应的齐次方程的基本解，即

$$\nabla^2 u^* + \delta^i = 0 \quad \text{在区域 } D \text{ 内} \tag{10.33}$$

则(10.32)式可写成

$$u^i + \int_D P u^* \mathrm{d}D + \int_{\Gamma_q} u q^* \mathrm{d}\Gamma + \int_{\Gamma_u} \vec{u} q^* \mathrm{d}\Gamma = \int_{\Gamma_q} \vec{q} u^* \mathrm{d}\Gamma + \int_{\Gamma_u} q u^* \mathrm{d}\Gamma \tag{10.34}$$

上式中 u^i 是区域内的一点. 对于边界上的一点，用与前面相似的方法(10.34)式可写成

$$C^i u^i + \int_D P u^* \mathrm{d}D + \int_{\Gamma_q} u q^* \mathrm{d}\Gamma + \int_{\Gamma_u} \vec{u} q^* \mathrm{d}\Gamma = \int_{\Gamma_q} \vec{q} u^* \mathrm{d}\Gamma + \int_{\Gamma_u} q u^* \mathrm{d}\Gamma \tag{10.35}$$

对上面的积分方程采用常边界元离散，得到

$$C^i u^i + B_i + \sum_{j=1}^{n} u_j \int_{\Gamma_j} q^* \mathrm{d}\Gamma = \sum_{j=1}^{n} q_j \int_{\Gamma_j} u^* \mathrm{d}\Gamma \tag{10.36}$$

其中 $B_i = \int_D Pu^* \mathrm{d}D$ 也必须写成离散形式，这是在整个区域内的积分，为了写出它的离散形式，需要把整个区域划分为若干小块(cell)或也可叫做单元，如图10.8所示(但必须注意，它们在概念上与有限元法中的单元完全不一样.这里把整个区域划分成若干小块(单元)只是为了更方便地用数值积分的方法求 $\int_D Pu^* \mathrm{d}D$). B_i 可写成如下形式

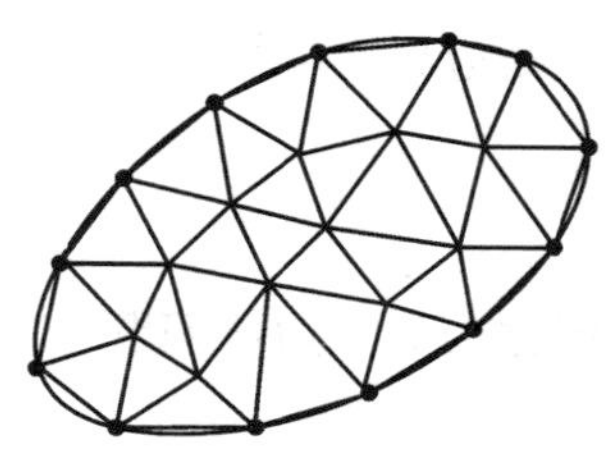

图10.8 边界元方程中非齐次项的区域离散

$$B_i = \sum_{n_e} \left(\sum_{j=1}^{k} w_j (Pu^*)_j \right) \tag{10.37}$$

其中 w_j 是加权系数，k 是在每一个单元中积分点的个数，n_e 是区域 D 中划分的单数目.

(10.35)可写成如下矩阵形式

$$\boldsymbol{B} + \boldsymbol{HU} = \boldsymbol{GQ} \tag{10.38}$$

把所有未知参数都移到方程的左端，上式可写成

$$\boldsymbol{AX} = \boldsymbol{F} \tag{10.39}$$

求出整个边界上所有节点的 u_j, q_j 值后，与(10.16)式类似，可用下式求区域内任意一点的 u 值

$$u^i = \sum_{j=1}^{n} G_{ij} q_j - \sum_{j=1}^{n} \hat{H}_{ij} u_j - B_i \tag{10.40}$$

可以看出，对于非齐次方程情况，在(10.35)式中含有对整个区域的积分项，为了用数值的方法计算这些项，必须把整个区域划分成若干单元.这通常是不方便的.另一种方法是先求一个特解(不考虑边界条件)，然后由特解在边界上的值，对边界条件进行修改，求一个满足修改后边界条件的齐次方程的解.在例题4.8中讨论过这种方法.例如，考虑如下问题

$$\frac{\partial^2 u}{\partial x^2} + \frac{\partial^2 u}{\partial y^2} - P = 0 \qquad \text{在区域 } D \text{ 内}$$

$$u = 0 \qquad\qquad 在\ x = \pm 1\ 和\ y = \pm 1\ 上$$

这个问题的特解是

$$v = \frac{P}{4}(x^2 + y^2) \qquad\qquad 在区域\ D\ 内$$

它在边界上应该满足如下条件

$$v|_\Gamma = \frac{P}{4}(x^2 + y^2)|_\Gamma$$

即化为如下边值问题

$$\frac{\partial^2 v}{\partial x^2} + \frac{\partial^2 v}{\partial y^2} = 0 \qquad\qquad 在区域\ D\ 内$$

$$v|_\Gamma = \frac{P}{4}(x^2 + y^2)|_\Gamma \qquad 在边界\ \Gamma\ 上$$

用边界元法解这一齐次方程时，最后的方程中只包含有边界上的积分，而不包含在区域内的积分. 问题最后的解是一个特解和齐次方程通解之和.

10.1.5 正交各向异性介质问题

如果是介质正交各项异性的，并假设两个主轴方向分别与坐标轴一致，基本微分方程可写成如下形式：

$$\nabla_0^2 u = 0 \qquad\qquad 在\ D\ 内 \tag{10.41}$$

其中

$$\nabla_0^2 = k_1 \frac{\partial^2}{\partial x_1^2} + k_2 \frac{\partial^2}{\partial x_2^2} \tag{10.42}$$

k_1, k_2 表示两个主轴方向上的材料性质.

首先需要找到满足如下方程的基本解

$$\nabla_0^2 u^* + \delta^i = 0 \tag{10.43}$$

式中 δ^i 是 Dirac Delta 函数，可写成 $\delta^i = \delta(x_1 - x_1^i)\delta(x_2 - x_2^i)$.

为了求这个问题的基本解，做如下变换

$$z_i = \frac{x_i}{\sqrt{k_i}} \quad (i = 1,2) \tag{10.44}$$

把上式代入(10.43)式，得到

$$\nabla^2 u^* + \delta^i = 0 \tag{10.45}$$

其中

$$\nabla^2 = \frac{\partial^2}{\partial z_1^2} + \frac{\partial^2}{\partial z_2^2} \tag{10.46}$$

$$\delta^i = \delta(\sqrt{k_1}(z_1 - z_1^i))\delta(\sqrt{k_2}(z_2 - z_2^i)) \tag{10.47}$$

与前面相同，方程(10.45)的解可写成

$$u^* = \frac{1}{4\pi r} \tag{10.48}$$

其中

$$r = (z_1^2 + z_2^2)^{\frac{1}{2}} = \left(\frac{x_1^2}{k_1} + \frac{x_2^2}{k_2}\right)^{\frac{1}{2}} \tag{10.49}$$

由(10.45)式可以得到

$$\int_D u(\nabla^2 u^* + \delta^i)\mathrm{d}D = \int_D u\,\nabla^2 u^*\,\mathrm{d}D + \int_D u\delta^i\,\mathrm{d}D = 0 \tag{10.50}$$

考虑上式左端的第二项积分

$$\int_D u\delta^i\,\mathrm{d}D = \iint u\delta^i\,\mathrm{d}z_1\mathrm{d}z_2 \tag{10.51}$$

为了方便对变量 z_1 积分，引入变换 $\xi = \sqrt{k_1}z_1$，有

$$\begin{aligned}\int_{z_1-\varepsilon}^{z_1^i+\varepsilon} u\delta(\sqrt{k_1}(z_1 - z_1^i))\mathrm{d}z_1 &= \int_{\frac{1}{\sqrt{k_1}}(\xi^i-\varepsilon)}^{\frac{1}{\sqrt{k_1}}(\xi^i+\varepsilon)} u\left(\frac{\xi}{\sqrt{k_1}}\right)\delta\left(\frac{(\xi-\xi^i)}{\sqrt{k_1}}\right)\frac{\mathrm{d}\xi}{\sqrt{k_1}} \\ &= \frac{1}{\sqrt{k_1}}u(z_i)\end{aligned} \tag{10.52}$$

对于变量 z_2 的积分有类似的结果，由(10.50)式得到

$$\int_D \nabla_0^2 u^*\,\mathrm{d}D = \int_D \nabla^2 u^*\,\mathrm{d}D = -\frac{1}{\sqrt{k_1 k_2}}u^i \tag{10.53}$$

对于区域内任一点，有

$$u^i + \sqrt{k_1 k_2}\left(\int_{\Gamma_q} u q^* \mathrm{d}\Gamma + \int_{\Gamma_u} \vec{u}\, q^* \mathrm{d}\Gamma\right) = \sqrt{k_1 k_2}\left(\int_{\Gamma_q} \vec{q}\, u^* \mathrm{d}\Gamma + \int_{\Gamma_u} q u^* \mathrm{d}\Gamma\right) \tag{10.54}$$

接下来的求解过程与各向同性介质问题完全相同.

10.1.6 非均匀介质问题

如果在一个区域内介质的性质是非均匀的，则把这个区域划分成若干子区域，在每一个子区域内介质性质是均匀的，对每一个子区域建立边界元方程，然后利用在各子区域交界上势函数 u 和通量 q 的连续性把各子区域合在一起.

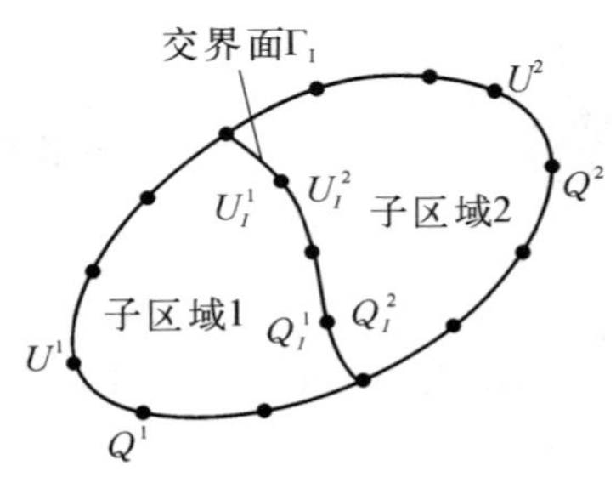

图 10.9 非均匀介质边界元离散

为简单起见，考虑如图 10.9 所示的区域，由两个子区域组成. 对于每一个子区域，它们在边界上的势函数值和通量值分成两部分：在外边界上的值，在公共交界面上的值. 例如，$\boldsymbol{U}^1$ 和 $\boldsymbol{U}^2$ 分别表示子区域 1 和子区域 2 外边界节点上的势函数值向量，$\boldsymbol{Q}^1$ 和 $\boldsymbol{Q}^2$ 分别表示子区域 1 和子区域 2 外边界节点上的通量值向量；$\boldsymbol{U}_I^1$ 和 $\boldsymbol{U}_I^2$ 分别表示子区域 1 和子区域 2 在公共交面节点上的势函数值向量，$\boldsymbol{Q}_I^1$ 和 $\boldsymbol{Q}_I^2$ 分别表示子区域 1 和子区域 2 公共交面节点上的通量值向量.

对子区域 1,2 分别有如下的边界元方程

$$\begin{bmatrix}\boldsymbol{G}^1 & \boldsymbol{G}_I^1\end{bmatrix}\begin{Bmatrix}\boldsymbol{Q}^1\\ \boldsymbol{Q}_I^1\end{Bmatrix} = \begin{bmatrix}\boldsymbol{H}^1 & \boldsymbol{H}_I^1\end{bmatrix}\begin{Bmatrix}\boldsymbol{U}^1\\ \boldsymbol{U}_I^1\end{Bmatrix} \tag{10.55a}$$

$$\begin{bmatrix}\boldsymbol{G}^2 & \boldsymbol{G}_I^2\end{bmatrix}\begin{Bmatrix}\boldsymbol{Q}^2\\ \boldsymbol{Q}_I^2\end{Bmatrix} = \begin{bmatrix}\boldsymbol{H}^2 & \boldsymbol{H}_I^2\end{bmatrix}\begin{Bmatrix}\boldsymbol{U}^2\\ \boldsymbol{U}_I^2\end{Bmatrix} \tag{10.55b}$$

在公共交界面上的连续条件为

$$\boldsymbol{U}_I^1 = \boldsymbol{U}_I^2 = \boldsymbol{U}_I\text{（协调条件）} \tag{10.56a}$$

$$\boldsymbol{Q}_I^1 = -\boldsymbol{Q}_I^2 = \boldsymbol{Q}_I\text{（平衡条件）} \tag{10.56b}$$

把(10.56)代入(10.55)得到

$$
\begin{bmatrix} \boldsymbol{G}^1 & \boldsymbol{G}_I^1 & -\boldsymbol{H}_I^1 \end{bmatrix} \begin{Bmatrix} \boldsymbol{Q}^1 \\ \boldsymbol{Q}_I \\ \boldsymbol{U}_I \end{Bmatrix} = \boldsymbol{H}^1 \boldsymbol{U}^1 \tag{10.57a}
$$

$$
\begin{bmatrix} -\boldsymbol{G}_I^2 & -\boldsymbol{H}_I^2 & \boldsymbol{G}^2 \end{bmatrix} \begin{Bmatrix} \boldsymbol{Q}_I \\ \boldsymbol{U}_I \\ \boldsymbol{Q}^2 \end{Bmatrix} = \boldsymbol{H}^2 \boldsymbol{U}^2 \tag{10.57b}
$$

把以上二式合在一起得

$$
\begin{bmatrix} \boldsymbol{G}^1 & \boldsymbol{G}_I^1 & -\boldsymbol{H}_I^1 & 0 \\ 0 & -\boldsymbol{G}_I^2 & -\boldsymbol{H}_I^2 & \boldsymbol{G}^2 \end{bmatrix} \begin{Bmatrix} \boldsymbol{Q}^1 \\ \boldsymbol{Q}_I \\ \boldsymbol{U}_I \\ \boldsymbol{Q}^2 \end{Bmatrix} = \begin{bmatrix} \boldsymbol{H}^1 & 0 \\ 0 & \boldsymbol{H}^2 \end{bmatrix} \begin{Bmatrix} \boldsymbol{U}^1 \\ \boldsymbol{U}^2 \end{Bmatrix} \tag{10.58}
$$

这种把整个区域分块的方法还可用于不规则的区域,比如把一个狭长的区域划分成若干子区域,这样可使总的边界元方程的系数矩阵变成带状.

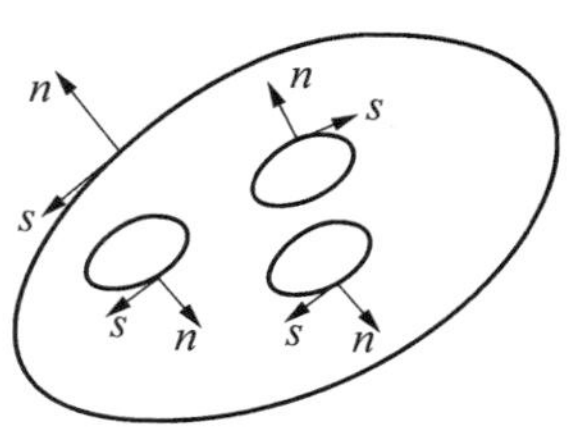

图 10.10 带孔问题的边界元离散

最后,提一下带孔的区域.如图 10.10 所示区域带有若干孔.这个区域有若干表面.首先我们区分区域的外表面和内表面(外边界,内边界).在外边界上,边界元的节点按反时针方向编号.在内边界上,边界元节点按顺时针方向编号.这样就使所有边界上外法线方向有了明确的定义.接下来就可用与前面所述相同的步骤建立边界元方程.

10.2 弹性力学问题边界元法

10.2.1 基本关系式和边界积分方程

边界元法应用于弹性力学,解题步骤与第一节中的有势场问题完全相同,只是公式更加复杂.

弹性力学问题加权余量表达式的指标形式如下

$$\int_D (\sigma_{ik,i} + b_k) u_k^* \mathrm{d}D = \int_{\Gamma\sigma} (P_k - \vec{P}_k) u_k^* \mathrm{d}\Gamma + \int_{\Gamma u} (\vec{u}_k - u_k) P_k^* \mathrm{d}\Gamma \quad (10.59)$$

其中式中 $P_k^* = n_j \sigma_{jk}^*$ 是与加权函数u_k^* 对应的边界力,其他符号的意义都很明显,不再重述.(10.59)式左端有

$$\int_D (\sigma_{ik,i} + b_k) u_k^* \mathrm{d}D = \int_D b_k u_k^* \mathrm{d}D + \int_D \sigma_{ik,i} u_k^* \mathrm{d}D$$

对上式右端第二项积分使用 Green 定理,并注意到 $n_i \sigma_{ik} = P_k$ 和$\dfrac{\partial u_k^*}{\partial x_i} = \varepsilon_{ki}^*$ 得到

$$\begin{aligned}\int_D \sigma_{ik,i} u_k^* \mathrm{d}D &= -\int_D \frac{\partial u_k^*}{\partial x_i} \sigma_{ik} \mathrm{d}D + \int_\Gamma \sigma_{ik} u_k^* n_i \mathrm{d}\Gamma \\ &= -\int_D \varepsilon_{ki}^* \sigma_{ik} \mathrm{d}D + \int_\Gamma P_k u_k^* \mathrm{d}\Gamma \end{aligned} \quad (10.60)$$

把关系式 $\sigma_{ik} = D_{iklj} \varepsilon_{lj}$ 代入上式中的第一项,并注意到 $D_{kilj} = D_{ljki}$ 得到

$$-\int_D \varepsilon_{ki}^* \sigma_{ik} \mathrm{d}D = -\int_D \varepsilon_{ki}^* D_{kilj} \varepsilon_{li} \mathrm{d}D = -\int_D \sigma_{lj}^* \varepsilon_{lj} \mathrm{d}D \quad (10.61)$$

对上式再次使用 Green 定理,并注意到 $n_l \sigma_{lj}^* = P_l^*$ 得到

$$-\int_D \sigma_{lj}^* \varepsilon_{lj} \mathrm{d}D = \int_D u_l \sigma_{lj,j}^* \mathrm{d}D - \int_\Gamma u_l n_j \sigma_{lj}^* \mathrm{d}\Gamma = \int_D u_l \sigma_{lj,j}^* \mathrm{d}D - \int_\Gamma u_l P_l^* \mathrm{d}\Gamma \quad (10.62)$$

将上式依次代入(10.61),(10.60),再代入 (10.59)式,可以得到

$$\begin{aligned} &\int_D u_k \sigma_{jk,j}^* \mathrm{d}D - \int_\Gamma u_k P_k^* \mathrm{d}\Gamma + \int_\Gamma P_k u_k^* \mathrm{d}\Gamma + \int_D b_k u_k^* \mathrm{d}D \\ &= \int_{\Gamma_\sigma} (P_k - \vec{P}_k) u_k^* \mathrm{d}\Gamma + \int_{\Gamma_u} (\vec{u}_k - u_k) P_k^* \mathrm{d}\Gamma \end{aligned} \quad (10.63\text{a})$$

或写成

$$\int_D b_k u_k^* \mathrm{d}D + \int_D u_k \sigma_{jk,j}^* \mathrm{d}D = -\int_{\Gamma_u} P_k u_k^* \mathrm{d}\Gamma - \int_{\Gamma_\sigma} \vec{P}_k u_k^* \mathrm{d}\Gamma + \int_{\Gamma_u} \vec{u}_k P_k^* \mathrm{d}\Gamma + \int_{\Gamma_\sigma} u_k P_k^* \mathrm{d}\Gamma \quad (10.63)$$

如果我们能找到一组基本解满足如下带奇异点的平衡方程

$$\sigma_{jl,j}^{*} + \delta_{l}^{i} = 0 \tag{10.64}$$

则有

$$\int_{D}(\sigma_{jl,j}^{*} + \delta_{l}^{i})u_{l}\mathrm{d}D = 0 \tag{10.65}$$

得到

$$\int_{D}\sigma_{jl,j}^{*}u_{l}\mathrm{d}D = -u_{l}^{i} \tag{10.66}$$

把(10.66)式代入(10.63)式,得到

$$u_{l}^{i} + \int_{\Gamma_{u}}\vec{u}_{k}P_{k}^{*}\mathrm{d}\Gamma + \int_{\Gamma_{\sigma}}u_{k}P_{k}^{*}\mathrm{d}\Gamma = \int_{D}b_{k}u_{k}^{*}\mathrm{d}D + \int_{\Gamma_{u}}P_{k}u_{k}^{*}\mathrm{d}\Gamma + \int_{\Gamma_{\sigma}}\vec{P}_{k}u_{k}^{*}\mathrm{d}\Gamma \tag{10.67a}$$

或写成

$$u_{l}^{i} + \int_{\Gamma}u_{k}P_{k}^{*}\mathrm{d}\Gamma = \int_{D}b_{k}u_{k}^{*}\mathrm{d}D + \int_{\Gamma}P_{k}u_{k}^{*}\mathrm{d}\Gamma \tag{10.67}$$

在以上诸式中应该注意如下几点:

1) δ_{l}^{i} 表示在点 i 点处施加的 l 方向的一个集中载荷;

2) σ_{jl}^{*} 表示对应于上面的集中载荷的基本解的应力分布;

3) u_{l}^{i} 表示在区域内 i 点处在 l 方向的位移分量;

4) u_{k}^{*} 是由于这一(在 i 点施加的 l 方向的)集中载荷(在 i 点 l 方向)引起的 k 方向的位移分量,所以更准确地它应该记为 u_{lk}^{*}. 同样的道理,P_{k}^{*} 更准确地应记为 P_{lk}^{*}.

因此(10.67a)式和(10.67)式应写成

$$u_{l}^{i} + \int_{\Gamma_{u}}\vec{u}_{k}P_{lk}^{*}\mathrm{d}\Gamma + \int_{\Gamma_{\sigma}}u_{k}P_{lk}^{*}\mathrm{d}\Gamma = \int_{D}b_{k}u_{lk}^{*}\mathrm{d}D + \int_{\Gamma_{u}}P_{k}u_{lk}^{*}\mathrm{d}\Gamma + \int_{\Gamma_{\sigma}}\vec{P}_{k}u_{lk}^{*}\mathrm{d}\Gamma \tag{10.68a}$$

或写成

$$u_{l}^{i} + \int_{\Gamma}u_{k}P_{lk}^{*}\mathrm{d}\Gamma = \int_{D}b_{k}u_{lk}^{*}\mathrm{d}D + \int_{\Gamma}P_{k}u_{lk}^{*}\mathrm{d}\Gamma \tag{10.68}$$

对于二维各向同性弹性力学问题(平面应力状态)满足(10.64)式的基本解是

$$u_{lk}^* = \frac{1}{8\pi G(1-v)}\left[(3-4v)\ln\left(\frac{1}{r}\right)\delta_{lk} + \frac{\partial r}{\partial x_l}\frac{\partial r}{\partial x_k}\right] \quad l, k = 1, 2 \tag{10.69a}$$

$$P_{lk}^* = -\frac{1}{4\pi(1-v)r}\left[\frac{\partial r}{\partial n}\left\{(1-2v)\delta_{kl} + 2\frac{\partial r}{\partial x_k}\frac{\partial r}{\partial x_l}\right\} - (1-2v)\left\{\frac{\partial r}{\partial x_l}n_k - \frac{\partial r}{\partial x_k}n_l\right\}\right] \quad l, k = 1, 2 \tag{10.69b}$$

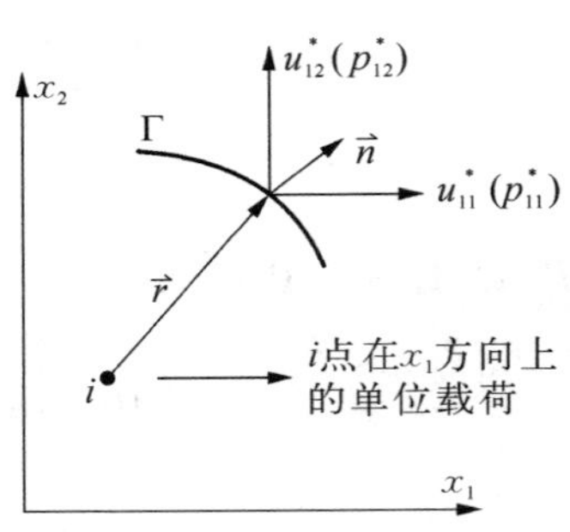

图 10.11 边界上各量之间的关系

其中 r 是集中载荷作用点与所考虑的边界表面上一点之间的距离,n 是边界表面上一点的外法线方向的单位向量,n_l 是边界表面上一点的外法线方向的方向余弦向量分量,如图 10.11 所示. δ_{lk} 是 Kronecker Delta 函数,即

$$\delta_{lk} = \begin{cases} 1 & l = k \\ 0 & l \neq k \end{cases}$$

考虑点 i 是在边界 Γ_σ 上的一个点. 与在第一节中处理势场问题的方法类似,以点 i 为中心,以小量 ε 为半径从 Γ_σ 的外部扣上一个半圆,如图 10.1 所示,则 i 点变成区域内的一个内部点. 则方程(10.68)适用,但需要重新计算积分

$$\int_{\Gamma_\sigma} u_k P_{lk}^* \mathrm{d}\Gamma \quad 和 \quad \int_{\Gamma_\sigma} P_k u_{lk}^* \mathrm{d}\Gamma$$

首先考虑

$$\int_{\Gamma_\sigma} u_k P_{lk}^* \mathrm{d}\Gamma = \int_{\Gamma_{\sigma-\varepsilon}} u_k P_{lk}^* \mathrm{d}\Gamma + \int_{\Gamma_\varepsilon} u_k P_{lk}^* \mathrm{d}\Gamma \tag{10.70}$$

将(10.69b)代入上式中的第二项积分,并取极限 $\varepsilon \to 0$,有

$$\begin{aligned} I &= \lim_{\varepsilon \to 0} \int_{\Gamma_\varepsilon} u_k P_{lk}^* \mathrm{d}\Gamma \\ &= \lim_{\varepsilon \to 0} \int_{\Gamma_\varepsilon} u_k \left\{ -\frac{1}{4\pi(1-v)r} \begin{bmatrix} \dfrac{\partial r}{\partial n}\left\{(1-2v)\delta_{kl} + 2\dfrac{\partial r}{\partial x_k}\dfrac{\partial r}{\partial x_l}\right\} \\ -(1-2v)\left\{\dfrac{\partial r}{\partial x_l}n_k - \dfrac{\partial r}{\partial x_k}n_l\right\} \end{bmatrix} \right\} \mathrm{d}\Gamma \end{aligned} \tag{10.71}$$

因为在一个半圆上，径向 r 和外法线方向一致，所以有 $n_k = \partial r/\partial x_k, n_l = \partial r/\partial x_l$. 因此，上式中方括号内的第二项等于0，又注意到 $\partial r/\partial n = 1$，(10.71)式可写成

$$I = \lim_{\varepsilon\to 0}\left\{\int_{\Gamma_\varepsilon} - u_k\left[(1-2v)\delta_{lk} + 2\frac{\partial r}{\partial x_l}\frac{\partial r}{\partial x_k}\right]\frac{d\Gamma}{4\pi(1-v)r}\right\} \tag{10.72}$$

由图10.12很容易求出如下表达式

$$\left.\begin{aligned}\frac{\partial r}{\partial x_1} &= \frac{r_1}{r} = \sin\theta = e_1\\ \frac{\partial r}{\partial x_2} &= \frac{r_2}{r} = \cos\theta = e_2\end{aligned}\right\} \tag{10.73}$$

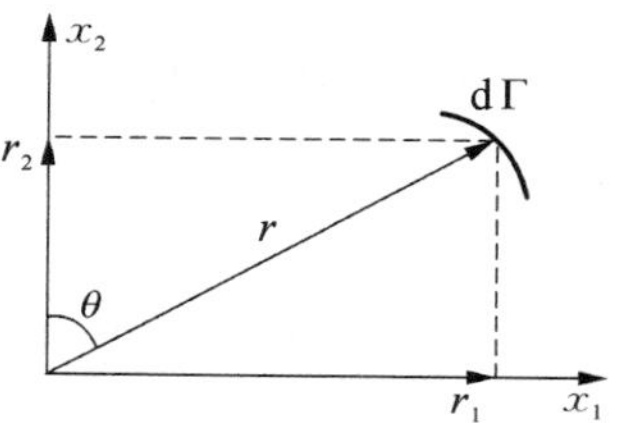

图10.12 ε半圆面上一点的几何关系

取(10.72)式中 $l=1$，把(10.73)式代入(10.72)，并注意到 $d\Gamma = r d\theta$，则有

$$\begin{aligned}I &= \lim_{\varepsilon\to 0}\left\{-\int_0^\pi[u_1(1-2v) + 2u_1e_1e_1 + 2u_1e_1e_2]\frac{r d\theta}{4\pi(1-v)r}\right\}\\ &= \lim_{\varepsilon\to 0}\left\{-\int_0^\pi[u_1(1-2v) + 2u_1\sin^2\theta + 2u_1\sin\theta\cos\theta]\frac{r d\theta}{4\pi(1-v)r}\right\}\end{aligned}$$

注意到利用下面的关系式

$$\int_0^\pi \sin\theta\cos\theta d\theta = -\int_0^\pi \sin\theta d\sin\theta = -\frac{1}{2}\sin^2\theta\Big|_0^\pi = 0$$

$$\int_0^{2\pi}\cos\varphi d\varphi = \sin\varphi\Big|_0^{2\pi} = 0$$

$$\int_0^\pi \sin^2\theta d\theta = \left(\frac{1}{2}\theta + \frac{1}{4}\sin 2\theta\right)\Big|_0^\pi = \frac{\pi}{2}$$

则得到

$$I = -[u_1(1-2v)\pi + u_1\pi]\frac{1}{4\pi(1-v)} = \frac{-2\pi(1-v)}{4\pi(1-v)} = -\frac{1}{2}u_1^i \tag{10.74}$$

当对于 $l=2$ 时的情况，可以得到相同的结果. 因此，有如下一般形式

$$\lim_{\varepsilon \to 0}\left\{\int_{\Gamma_\varepsilon} u_k P_{lk}^* \mathrm{d}\Gamma\right\} = -\frac{1}{2}u_l^i \tag{10.75}$$

所以,对于 $\varepsilon \to 0$ 的极限情况 (10.70)式左端变为

$$\int_{\Gamma_\sigma} u_k P_{lk}^* \mathrm{d}\Gamma - \frac{1}{2}u_l^i \tag{10.76}$$

同样对积分 $\int_{\Gamma_\sigma} P_k u_k^* \mathrm{d}\Gamma$ 作类似的处理,即

$$\int_{\Gamma_\sigma} P_k u_k^* \mathrm{d}\Gamma = \int_{\Gamma_{\sigma-\varepsilon}} P_k u_k^* \mathrm{d}\Gamma + \int_{\Gamma_\varepsilon} P_k u_k^* \mathrm{d}\Gamma \tag{10.77}$$

很容易证明

$$\lim_{\varepsilon \to 0}\int_{\Gamma_\varepsilon} P_k u_k^* \mathrm{d}\Gamma = 0 \tag{10.77a}$$

考虑(10.76),(10.77)和(10.77a)式,对边界 Γ_σ 上的一点 i,(10.68a) 式可写成

$$\frac{1}{2}u_l^i + \int_{\Gamma_u} \vec{u}_k P_{lk}^* \mathrm{d}\Gamma + \int_{\Gamma_\sigma} u_k P_{lk}^* \mathrm{d}\Gamma = \int_D b_k u_{lk}^* \mathrm{d}D + \int_{\Gamma_u} P_k u_{lk}^* \mathrm{d}\Gamma + \int_{\Gamma_\sigma} \vec{P}_k u_{lk}^* \mathrm{d}\Gamma \tag{10.78a}$$

即

$$\frac{1}{2}u_l^i + \int_{\Gamma} u_k P_{lk}^* \mathrm{d}\Gamma = \int_D b_k u_{lk}^* \mathrm{d}D + \int_{\Gamma} P_k u_{lk}^* \mathrm{d}\Gamma \tag{10.78}$$

如果边界表面在点 i 处不光滑,则上式应写成

$$C^i u_l^i + \int_{\Gamma_u} \vec{u}_k P_{lk}^* \mathrm{d}\Gamma + \int_{\Gamma_\sigma} u_k P_{lk}^* \mathrm{d}\Gamma = \int_D b_k u_{lk}^* \mathrm{d}D + \int_{\Gamma_u} P_k u_{lk}^* \mathrm{d}\Gamma + \int_{\Gamma_\sigma} \vec{P}_k u_{lk}^* \mathrm{d}\Gamma \tag{10.79a}$$

即

$$C^i u_l^i + \int_{\Gamma} u_k P_{lk}^* \mathrm{d}\Gamma = \int_D b_k u_{lk}^* \mathrm{d}D + \int_{\Gamma} P_k u_{lk}^* \mathrm{d}\Gamma \tag{10.79}$$

如果点 i 在 Γ_u 边界上,可以证明有同样的结果.(10.79)式就是二维弹性力学问题的边界积分方程.

10.2.2 边界积分方程的离散形式(边界元法)

为讨论方便起见把积分方程(10.79a)式写成矩阵形式，即

$$C^i\boldsymbol{u}^i + \int_{\Gamma_u}\boldsymbol{P}^*\ \vec{\boldsymbol{u}}\,\mathrm{d}\Gamma + \int_{\Gamma_\sigma}\boldsymbol{P}^*\boldsymbol{u}\,\mathrm{d}\Gamma = \int_D\boldsymbol{u}^*\boldsymbol{b}\,\mathrm{d}D + \int_{\Gamma_u}\boldsymbol{u}^*\boldsymbol{P}\,\mathrm{d}\Gamma + \int_{\Gamma_\sigma}\boldsymbol{u}^*\ \vec{\boldsymbol{P}}\,\mathrm{d}\Gamma \tag{10.80a}$$

或

$$C^i\boldsymbol{u}^i + \int_{\Gamma}\boldsymbol{P}^*\boldsymbol{u}\,\mathrm{d}\Gamma = \int_D\boldsymbol{u}^*\boldsymbol{b}\,\mathrm{d}D + \int_{\Gamma}\boldsymbol{u}^*\boldsymbol{P}\,\mathrm{d}\Gamma \tag{10.80}$$

其中$\boldsymbol{u}^i$表示在边界上点i处的位移向量，$\boldsymbol{u}$表示在边界上任一点的位移向量，$\boldsymbol{P}$表示在边界上任一点的边界力向量，$\boldsymbol{b}$表示在区域内任一点的体积力向量，$\boldsymbol{P}^*$ 中的每一个系数 P^*_{lk} 表示i点受l方向的单位载荷在k方向上的边界力在边界上的分布，$\boldsymbol{u}^*$ 中的每一个系数 u^*_{lk} 表示i点受l方向的单位载荷在k方向上引起的位移在边界上的分布.

把整个区域的边界离散成若干 n 个相互连接的边界元，如图 10.3 所示. 对每一个边界元 j，位移 $\boldsymbol{u}$ 和边界力 $\boldsymbol{P}$ 向量可写成如下的插值形函数形式

$$\boldsymbol{u} = \sum\boldsymbol{N}_i\boldsymbol{u}_i = \boldsymbol{N}\boldsymbol{u}_j \tag{10.81a}$$

$$\boldsymbol{P} = \sum\boldsymbol{N}_i\boldsymbol{P}_i = \boldsymbol{N}\boldsymbol{P}_j \tag{10.81b}$$

其中 $\boldsymbol{u}_j$，$\boldsymbol{P}_j$ 分别是边界元j的节点位移向量和节点边界力向量. 代入(10.80)式得到

$$C^i\boldsymbol{u}^i + \sum_{j=1}^{n}\Big(\int_{\Gamma_j}\boldsymbol{P}^*\boldsymbol{N}\,\mathrm{d}\Gamma\Big)\boldsymbol{u}_j = \sum_{j=1}^{n}\Big(\int\boldsymbol{u}^*\boldsymbol{N}\,\mathrm{d}\Gamma\Big)\boldsymbol{q}_j + \sum_{s=1}^{m}\int_{D_s}\boldsymbol{u}^*\boldsymbol{b}\,\mathrm{d}D \tag{10.82}$$

注意，上式右端中最后一项表示把整个区域划分为 m 个单元，这只是为了把积分区域划分得简单一些，便于数值积分.

(10.82)式是对边界上的一个节点列出的边界元方程，它表示边界上一点 i 的位移与边界上其他各节点的位移和边界力之间的关系. 对边界上每一个节点都可

列出一组方程.所以有

$$\boldsymbol{CU} + \hat{\boldsymbol{H}}\boldsymbol{U} = \boldsymbol{GP} + \boldsymbol{B} \tag{10.83a}$$

$\boldsymbol{C}$ 是一个对角线矩阵. $\hat{\boldsymbol{H}}$, $\boldsymbol{G}$ 都是由边界上各边界元的量进行数值积分得到.上式可写成

$$\boldsymbol{HU} = \boldsymbol{GP} + \boldsymbol{B} \tag{10.83}$$

矩阵 $\boldsymbol{H}$ 中主对角线上的项可由刚体运动位移条件求得.即如果在边界各点上加一均匀的单位位移,则各节点的边界力必然为 0,即

$$\boldsymbol{HI} = 0 \tag{10.84a}$$

则得

$$h_{ii} = -\sum_{j=1,\ j\neq i}^{n} h_{ij} \tag{10.84}$$

对于无穷域

$$h_{ii} = \boldsymbol{I} - \sum_{j=1,\ i\neq j}^{n} h_{ij} \tag{10.84a}$$

考虑适当的边界条件,并把未知参数全部移至方程的左端,得到

$$\boldsymbol{AX} = \boldsymbol{F} \tag{10.85}$$

求解上面的线性代数方程组,得到边界上各节点的位移和边界力后,可用下式求区域内部任一点的位移

$$\boldsymbol{u}^i = \sum_{j=1}^{n}\Big(\int_{\Gamma_j}\boldsymbol{u}^*\boldsymbol{N}\mathrm{d}\Gamma\Big)\boldsymbol{P}_j - \sum_{j=1}^{n}\Big(\int_{\Gamma_j}\boldsymbol{P}^*\boldsymbol{N}\mathrm{d}\Gamma\Big)\boldsymbol{u}_j + \sum_{s=1}^{m}\int_{D_s}\boldsymbol{u}^*\boldsymbol{b}\,\mathrm{d}D \tag{10.86}$$

通过一定的微分运算可以求区域内任一点的应力.

10.2.3 例题

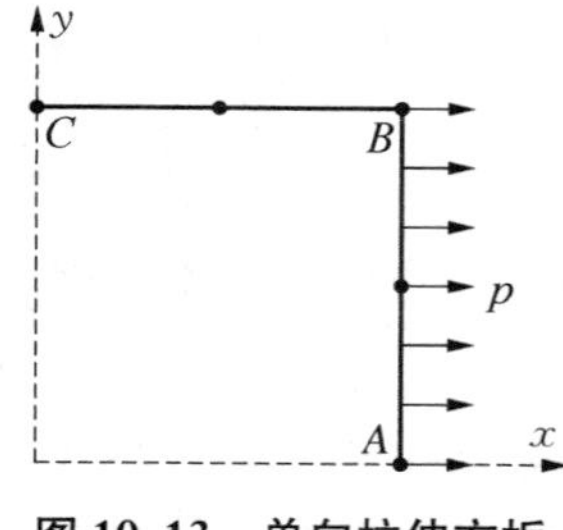

图 10.13 单向拉伸方板

例题 10.3 考虑受单向拉伸的方板,方板边长 4 m,杨氏模量 $E = 200$ GPa,泊松比 $v = 0.3$,载荷强度 $p = 2$ MPa.在四分之一边界 $A - B - C$ 上均匀划分 4 个线性边界元,如图 10.13 所示.若干内点处的位移和应力计算结果列于表 10.5 和表 10.6 中.该例计算的内点位移与精确解吻合,某些近边界内点的应力 σ_{yy} 误差较大,细分单元可以提高其精确度,也可以采取几乎

奇异积分正则化算法处理.

表 10.5 内点位移计算结果

内点坐标		位移 $u(10^{-5}\ \mathrm{m})$		位移 $v(10^{-5}\ \mathrm{m})$	
x	y	BEM	解析解	BEM	解析解
0.0	0.0	0.000 00	0.000 0	0.000 00	0.000 00
0.5	0.5	0.500 00	0.500 00	−0.150 00	−0.150 00
0.5	1.0	0.500 00	0.500 00	−0.300 00	−0.300 00
0.5	1.5	0.500 00	0.500 00	−0.449 99	−0.450 00
1.0	0.5	1.000 00	1.000 00	−0.150 00	−0.150 00
1.0	1.0	1.000 00	1.000 00	−0.300 00	−0.300 00
1.0	1.5	1.000 00	1.000 00	−0.450 00	−0.450 00
1.5	0.5	1.499 99	1.500 00	−0.150 00	−0.150 00
1.5	1.0	1.500 00	1.500 00	−0.300 00	−0.300 00
1.5	1.5	1.500 00	1.500 00	−0.449 99	−0.450 00

表 10.6 内点应力计算结果

内点坐标		应力 σ_{xx}(MPa)		应力 σ_{yy}(Pa)	
x	y	BEM	解析解	BEM	解析解
0.0	0.0	2.000 00	2.000 00	0.024 78	0.000 00
0.5	0.5	2.000 00	2.000 00	0.021 62	0.000 00
0.5	1.0	2.000 00	2.000 00	0.027 17	0.000 00
0.5	1.5	1.999 92	2.000 00	—	0.000 00
1.0	0.5	2.000 00	2.000 00	0.027 31	0.000 00
1.0	1.0	2.000 00	2.000 00	0.007 22	0.000 00
1.0	1.5	1.999 99	2.000 00	—	0.000 00
1.5	0.5	1.999 78	2.000 00	—	0.000 00
1.5	1.0	1.999 98	2.000 00	—	0.000 00
1.5	1.5	1.999 70	2.000 00	—	0.000 00

例题 10.4 考虑受内压的厚壁圆筒,杨氏模量 $E=200$ GPa,泊松比 $v=0.25$,内外半径分别为 $r_1=10$ m,$r_2=25$ m,内壁受压载荷为 $p=100$ MPa.这是一个平面应变问题.考虑对称性,取厚壁筒的四分之一部分作为计算模型,如图 10.14 所示.在外圆弧上均匀划分 14 个线性边界元,内圆弧上均匀划分 10 个线性边界元,两条直线段上各均匀划分 4 个线性边界元.这个问题的解析解通常是在极坐标中给出,如第 9 章中(9.10)式所示.边界元法在图 10.14 所示的直角坐标中求解.表 10.7 和表 10.8 列出了在 $\theta=\pi/4$ 线上若干内点的位移和应力,表中的精确解是由极坐标中的值转换得到的.可以看出,边界元法得到的数值结果具有较高的精度.

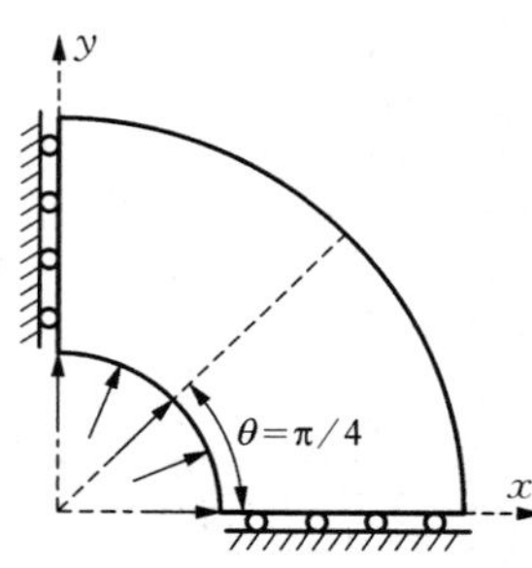

图 10.14 受内压厚壁圆筒的计算模型

表 10.7 内点位移计算结果

内点坐标		位移 $u(=v)$ (m)	
x	y	精确解	边界元解
8.838 83	8.838 83	0.004 74	0.004 69
10.606 60	10.606 60	0.004 14	0.004 10
12.374 37	12.374 37	0.003 74	0.003 71
14.142 14	14.142 14	0.003 47	0.003 44
15.909 90	15.909 90	0.003 29	0.003 26

表 10.8 内点应力计算结果

内点坐标		应力 $\sigma_{xx}(=\sigma_{yy})$(MPa)		应力 τ_{xy}(MPa)	
x	y	精确解	边界元解	精确解	边界元解
8.838 83	8.838 83	19.047 62	19.236 83	76.190 48	75.705 85
10.606 60	10.606 60	19.047 62	19.084 92	52.910 05	52.472 48
12.374 37	12.374 37	19.047 62	18.987 96	38.872 69	38.516 82
14.142 14	14.142 14	19.047 62	18.922 51	29.761 90	29.476 06
15.909 90	15.909 90	19.047 62	18.870 00	23.515 58	23.269 69

第 11 章　有限差分法

11.1　一维抛物线型偏微分方程的有限差分法

11.1.1　问题描述

许多科学和工程问题,例如瞬态热传导问题,可以用如下线性抛物线型偏微分方程来描述

$$e(x,\ t)\frac{\partial u}{\partial t} = \frac{\partial}{\partial x}\left(a(x,\ t)\frac{\partial u}{\partial x}\right) + b(x,\ t)\frac{\partial u}{\partial x} + c(x,\ t)u + d(x,\ t) \tag{11.1}$$

其中 $u(x,\ t)$为未知场变量,$e(x,\ t)$和 $a(x,\ t)$在求解域内为正值函数.需要给定 $t=0$ 时场变量的值,即初始条件,可表示为

$$u(x,\ 0) = u^0(x) \tag{11.2}$$

求解的空间域通常是实空间的一个闭域,即 $0 \leqslant x \leqslant 1$. 在求解域的边界上需要满足指定的边界条件,线性边界条件的一般表达式可写成

$$\alpha_0(t)u + \alpha_1(t)\frac{\partial u}{\partial x} = \alpha_2(t) \quad 在\ x = 0\ 处 \tag{11.3}$$

$$\beta_0(t)u + \beta_1(t)\frac{\partial u}{\partial x} = \beta_2(t) \quad 在当\ x = 1\ 处 \tag{11.4}$$

其中 $\alpha_0 \geqslant 0, \alpha_1 \leqslant 0, \alpha_0 - \alpha_1 > 0, \beta_0 \geqslant 0, \beta_1 \geqslant 0, \beta_0 + \beta_1 > 0$. 此处符号不同表示前者法向导数指向域内而后者指向域外.

考虑更简单的一维瞬态无热源热传导问题.无量纲化后,其偏微分方程,边界

条件和初始条件可表达为

$$u_t = u_{xx} \qquad (t > 0, 0 < x < 1) \tag{11.5}$$

$$u(0,\ t) = u(1,\ t) = 0 \quad (t > 0) \tag{11.6}$$

$$u(x,\ 0) = \bar{u}(x) \qquad (0 \leqslant x \leqslant 1) \tag{11.7}$$

下面讨论这类问题的有限差分算法,其中的边界条件称为齐次 Dirichlet 边界条件,这就是前面讲的基本边界条件.

11.1.2 分离变量法级数解

对于上述问题,先用分离变量法求解,以便与差分法数值解比较.采用分离变量法,即假设 $u(x,\ t) = f(x)g(t)$,代入(11.5)式,得到

$$\frac{g'}{g} = \frac{f''}{f} \tag{11.8}$$

方程(11.8)的左端仅是 t 的函数,而右端仅是 x 的函数,所以方程左右两端必须等于同一常数.实际热传导问题的解,也就是温度场的值一定是有限的,因此这个常数一定是负数,记为 $-k^2$.很容易求解,得到

$$u(x,\ t) = \mathrm{e}^{-k^2 t}\sin(kx) \tag{11.9}$$

显然,对任意的 k,(11.9)式满足偏微分方程(11.5)式.如果限制 $k = m\pi$(m 是正整数),则(11.9)能满足边界条件(11.6)式.于是满足偏微分方程和边界条件的解可以写成如下线性组合形式

$$u(x,\ t) = \sum_{m=1}^{\infty} a_m \mathrm{e}^{-(m\pi)^2 t}\sin(m\pi x) \tag{11.10}$$

用初始条件(11.7 式)可以确定系数 a_m,即

$$u(x,\ 0) = \sum_{m=1}^{\infty} a_m \sin(m\pi x) = \bar{u}(x) \tag{11.11}$$

上式将 $\bar{u}(x)$ 按正弦级数展开,可以得到系数 a_m 的表达式为

$$a_m = 2\int_0^1 \bar{u}(x)\sin(m\pi x)\mathrm{d}x \tag{11.12}$$

将上式代入(11.10)式,得到这个问题如下形式的解

$$u(x,\ t)=\sum_{m=1}^{\infty}\left(2\int_0^1\bar{u}(x)\sin(m\pi x)\mathrm{d}x\right)\mathrm{e}^{-(m\pi)^2t}\sin(m\pi x) \tag{11.13}$$

(11.13)式可以看做是问题的解析解，但在实际数值运算中还是不可避免引入误差，比如实际累加的只能是有限项而不可能是无限多项，积分有时无法解析计算而只能采用数值积分，等等.但总的来说，对于上述简单问题，这仍是一个非常有效的方法，级数收敛很快，结果精度很高，可用来作为参照检验其他数值方法的准确性.

例题 11.1　在上述问题中，假设如下形式的初始条件

$$\bar{u}(x)=\begin{cases}2x & 0\leqslant x\leqslant\dfrac{1}{2}\\[2ex] 2-2x & \dfrac{1}{2}<x\leqslant 1\end{cases}$$

取前五项，得到(11.3)式中的系数为 $a_1=8/\pi^2$，$a_2=0$，$a_3=-8/9\pi^2$，$a_4=0$，$a_5=8/25\pi^2$，则有

$$\begin{aligned}u(x,\ t)&=\sum_{m=1}^{\infty}a_m\mathrm{e}^{-(m\pi)^2t}\sin(m\pi x)\approx\sum_{m=1}^{5}a_m\mathrm{e}^{-(m\pi)^2t}\sin(m\pi x)\\&=\frac{8}{\pi^2}\mathrm{e}^{-\pi^2t}\sin(\pi x)-\frac{8}{9\pi^2}\mathrm{e}^{-(3\pi)^2t}\sin(3\pi x)+\frac{8}{25\pi^2}\mathrm{e}^{-(5\pi)^2t}\sin(5\pi x)\end{aligned} \tag{11.14}$$

温度场随时间演化情况如图 11.1 所示.

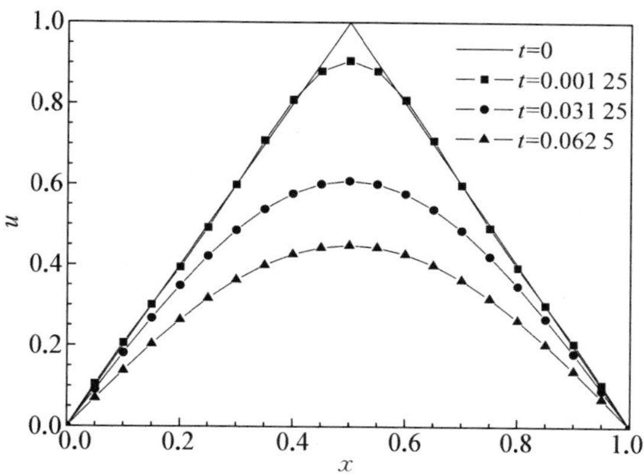

图 11.1　分离变量级数法求得温度场随时间演化图

11.1.3 显式差分格式

对于上述问题，为了用有限差分法求解偏微分方程(11.5)，需要把求解区域离散化. 求解区域包括时间域和空间域，定义为 $[0, 1]\times[0, t_F]$，其中 t_F 为任意给定的有限时间，也就是我们所关心的温度场随时间演化的最终时刻. 在空间上划分为 J 等份，在时间上划分为 N 等份，如图 11.2 所示. 空间步长为 $\Delta x = \frac{1}{J}$，时间步长为 $\Delta t = \frac{t_F}{N}$. 任意网格点坐标为

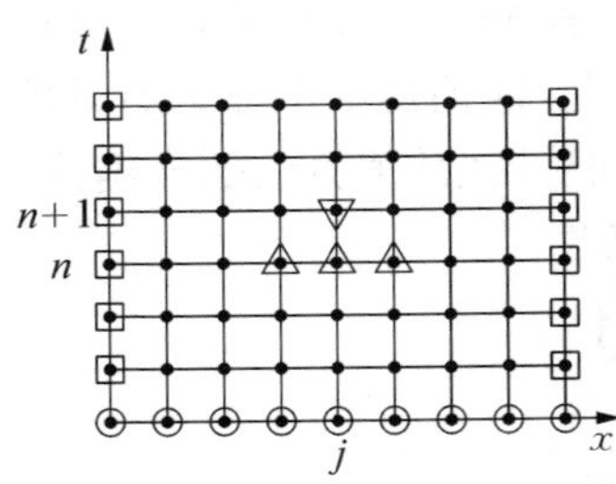

图 11.2 显式差分格式

$$(x_j = j\Delta x,\ t_n = n\Delta t),\ j = 0,1,\cdots,\ J,\ n = 0,1,\cdots,\ N$$

有限差分法的目的是计算偏微分方程中未知函数在这些网格点上的近似数值解，记为 $U_j^n \approx u(x_j,\ t_n)$. 有限差分法的基本思想是把对未知函数在这些网格点上的偏微分运算用差分运算近似表示出来，从而把连续的偏微分方程转换为离散的差分格式，把微分运算转换为代数运算，便于进行数值求解. 对这一简单问题，在网格点 $(x_j,\ t_n)$ 上，对时间一阶偏微分和空间二阶偏微分分别采用向前差分格式和中心差分格式近似，即

$$\frac{u(x_j,\ t_{n+1}) - u(x_j,\ t_n)}{\Delta t} \approx \frac{\partial u}{\partial t}(x_j,\ t_n) \tag{11.15}$$

$$\frac{u(x_{j+1},\ t_n) - 2u(x_j,\ t_n) + u(x_{j-1},\ t_n)}{(\Delta x)^2} \approx \frac{\partial^2 u}{\partial x^2}(x_j,\ t_n) \tag{11.16}$$

将以上二式代入偏微分方程(11.5)，得到如下差分方程

$$\frac{U_j^{n+1} - U_j^n}{\Delta t} = \frac{U_{j+1}^n - 2U_j^n + U_{j-1}^n}{(\Delta x)^2} \tag{11.17}$$

整理后可以写成

$$U_j^{n+1} = U_j^n + v(U_{j+1}^n - 2U_j^n + U_{j-1}^n) \tag{11.18}$$

其中 $v = \Delta t/(\Delta x)^2$，差分方程(11.18)中所涉及的网格点如图 11.2 所示，图中带△符号的点表示已知的函数值，带▽符号的点表示待求的函数值. 可以看出 t_{n+1}

时间步网格点的函数值完全由 t_n 时间步网格点的函数值确定，这种差分格式被称为显式差分格式.初始条件(在图 11.2 中带○符号的点)和边界条件(在图 11.2 中带□符号的点)在差分网格点上的离散表达形式为

$$U_j^0 = \bar{u}(x_j), \quad j = 1, 2, \cdots, J-1$$

$$U_0^n = U_J^n = 0, \quad n = 0, 1, 2, \cdots, N$$

根据显式差分格式，结合初始条件和边界条件，沿时间步推进可以逐步求出所有内部网格点的函数值 U_j^n，得到问题的有限差分数值解.

用有限差分法求解例题 11.1，设定 $\Delta x = 0.05$，分别选取 $\Delta t = 0.0012$($v = 0.48$)和 $\Delta t = 0.0013$($v = 0.52$)，进行有限差分计算.计算结果如图 11.3 所示，图中左右两列分别对应于 $v = 0.48$ 和 $v = 0.52$.可以看出，当 $v = 0.48$ 时，能给出非常准确的结果；而当 $v = 0.52$ 时，随着时间推进振荡加剧，偏离真实解较大.显然，这种显式有限差分格式的数值解与 v 密切相关，当 $v = 0.48$ 时，称解稳定的；当 $v = 0.52$时，称解是不稳定的.后面将详细讨论相关问题，例如有限差分格式是否稳定，稳定的条件是什么，如何得到无条件稳定的差分格式，等等.

11.1.4 显式差分格式的截断误差

在第 4.1 节已经讨论了有限差分的三种格式，即向前差分、向后差分和中心差分，为了后面讨论方便起见，采用如下差分算子符号

向前差分

$$\left.\begin{aligned} \Delta_{+t}u(x, t) &= u(x, t+\Delta t) - u(x, t) \\ \Delta_{+x}u(x, t) &= u(x+\Delta x, t) - u(x, t) \end{aligned}\right\} \tag{11.19}$$

向后差分

$$\left.\begin{aligned} \Delta_{-t}u(x, t) &= u(x, t) - u(x, t-\Delta t) \\ \Delta_{-x}u(x, t) &= u(x, t) - u(x-\Delta x, t) \end{aligned}\right\} \tag{11.20}$$

中心差分

$$\left.\begin{aligned} \delta_t u(x, t) &= u\left(x, t+\frac{1}{2}\Delta t\right) - u\left(x, t-\frac{1}{2}\Delta t\right) \\ \delta_x u(x, t) &= u\left(x+\frac{1}{2}\Delta x, t\right) - u\left(x-\frac{1}{2}\Delta x, t\right) \end{aligned}\right\} \tag{11.21}$$

以上都是一阶差分格式，中心差分格式算子(δ)运用两次就可以得到对空间的二阶中心差分格式的表达式

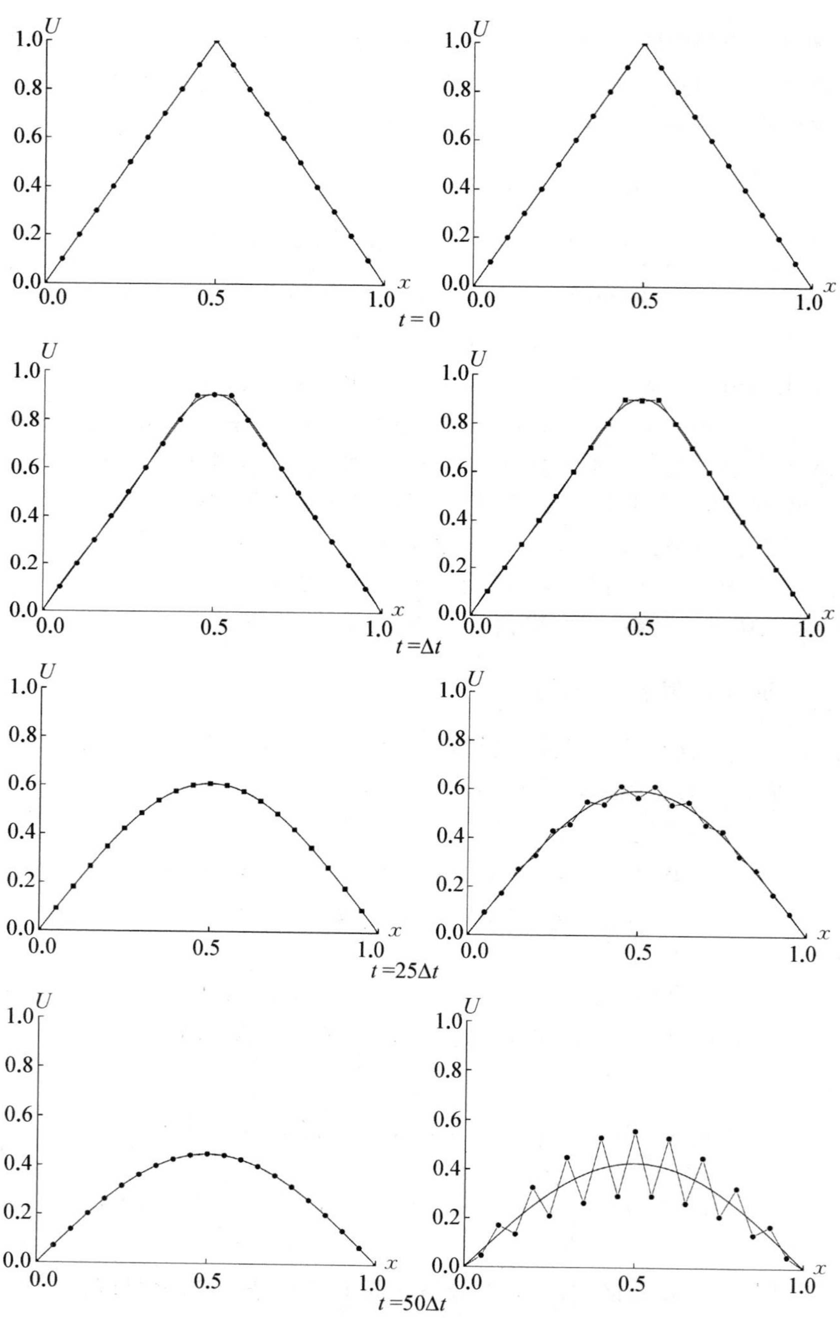

图 11.3 模型问题的显式差分格式数值计算结果

$$\delta_x^2 u(x,t) = \delta_x(\delta_x u(x,t)) = \delta_x\left(u\left(x+\frac{1}{2}\Delta x,t\right) - u\left(x-\frac{1}{2}\Delta x,t\right)\right)$$
$$= \delta_x u(x+\frac{1}{2}\Delta x,t) - \delta_x u(x-\frac{1}{2}\Delta x,t)$$
$$= [u(x+\Delta x,t)-u(x,t)] - [u(x,t)-u(x-\Delta x,t)]$$
$$= u(x+\Delta x,t) - 2u(x,t) + u(x-\Delta x,t) \tag{11.22}$$

同样地有对时间的二阶中心差分格式的表达式

$$\delta_t^2 u(x,t) = u(x,t+\Delta t) - 2u(x,t) + u(x,t-\Delta t) \tag{11.23}$$

常用的差分方法还有两倍步长的一阶中心差分格式

$$\Delta_{0x}u(x,t) = \frac{1}{2}(\Delta_{+x}+\Delta_{-x})u(x,t)$$
$$= \frac{1}{2}[u(x+\Delta x,t) - u(x-\Delta x,t)] \tag{11.24}$$

对时间向前差分和空间二阶中心差分在(x,t)处运用 Taylor 展开,可以得到

$$\Delta_{+t}u(x,t) = u(x,t+\Delta t) - u(x,t)$$
$$= u_t\Delta t + \frac{1}{2}u_{tt}(\Delta t)^2 + \frac{1}{6}u_{ttt}(\Delta t)^3 + \cdots \tag{11.25}$$

$$\delta_x^2 u(x,t) = [u(x+\Delta x,t)-u(x,t)] + [u(x-\Delta x,t)-u(x,t)]$$
$$= u_{xx}(\Delta x)^2 + \frac{1}{12}u_{xxxx}(\Delta x)^4 + \cdots \tag{11.26}$$

为了定义截断误差,我们采用差分格式(11.17)的形式

$$\frac{U_j^{n+1}-U_j^n}{\Delta t} = \frac{U_{j+1}^n - 2U_j^n + U_{j-1}^n}{(\Delta x)^2}$$

近似解 U_j^n 是由上述差分格式求得的,也就是说近似解是满足差分格式的,而精确解 $u(x_j,t_n)$ 满足偏微分方程.精确解一般不能满足差分格式,把精确解代入上述差分格式,等式左右两边的差项定义为截断误差

$$T(x,t) := \frac{u(x,t+\Delta t)-u(x,t)}{\Delta t} - \frac{u(x+\Delta x,t)-2u(x,t)+u(x-\Delta x,t)}{(\Delta x)^2}$$
$$= \frac{\Delta_{+t}u(x,t)}{\Delta t} - \frac{\delta_x^2 u(x,t)}{(\Delta x)^2} \tag{11.27}$$

把 Taylor 展开式(11.25)和(11.26)代入上面的截断误差公式,并考虑到精确解满足方程(11.5),可以得到

$$\begin{aligned} T(x,\ t) &= (u_t - u_{xx}) + \left[\frac{1}{2}u_{tt}\Delta t - \frac{1}{12}u_{xxxx}(\Delta x)^2\right] + \cdots \\ &= \frac{1}{2}u_{tt}\Delta t - \frac{1}{12}u_{xxxx}(\Delta x)^2 + \cdots \end{aligned} \tag{11.28}$$

运用微分中值定理,可以把上面无穷多项展开的截断误差公式写成仅包含主项的形式,即

$$T(x,\ t) = \frac{1}{2}u_{tt}(x,\ \eta)\Delta t - \frac{1}{12}u_{xxxx}(\xi,\ t)(\Delta x)^2 \tag{11.29}$$

其中 $t < \eta < t + \Delta t, x - \Delta x < \xi < x + \Delta x$.

如果在求解域内 ($[0,\ 1] \times [0,\ t_F]$), $|u_{tt}|$ 存在上限 M_{tt}, $|u_{xxxx}|$ 存在上限 M_{xxxx}, 则可以得到截断误差的上限如下表达式

$$\begin{aligned} |T(x,\ t)| &\leqslant \frac{1}{2}M_{tt}\Delta t + \frac{1}{12}M_{xxxx}(\Delta x)^2 \\ &= \frac{1}{2}\Delta t\left[M_{tt} + \frac{1}{6v}M_{xxxx}\right] \end{aligned} \tag{11.30}$$

上式表明对于显式差分格式(11.17),无论 v 取何值,当 $\Delta x,\ \Delta t \to 0$ 时, $T(x,\ t) \to 0$,即所采用的差分格式和对应的微分方程是无条件相容的.对于给定的 v, $T \sim O(\Delta t)$,称该差分格式具有一阶精度.

11.1.5 显式差分格式的收敛性

保持 $v = \dfrac{\Delta t}{(\Delta x)^2}$ 不变,随着网格无限加密(即 $\Delta x, \Delta t \to 0$),如果有限差分解能趋于精确解,即对任意的网格点(j, n), $U_j^n \to u(x_j, t_n)$,则称差分格式是收敛的.

把网格点上数值解和精确解的差定义为误差,即

$$e_j^n := U_j^n - u(x_j,\ t_n) \tag{11.31}$$

如前所述,数值解满足差分格式,而精确解代入差分格式得到截断误差,即

$$\frac{U_j^{n+1}-U_j^n}{\Delta t}=\frac{U_{j+1}^n-2U_j^n+U_{j-1}^n}{(\Delta x)^2}$$

$$\frac{u(x_j,\ t_{n+1})-u(x_j,\ t_n)}{\Delta t}-\frac{u(x_{j+1},\ t_n)-2u(x_j,\ t_n)+u(x_{j-1},\ t_n)}{(\Delta x)^2}$$
$$=T(x_j,\ t_n) \tag{11.32}$$

把 $T(x_j,t_n)$ 记作 T_j^n，以上两式相减，依据误差的定义(11.31)式做适当的整理后可以得到

$$e_j^{n+1}=(1-2v)e_j^n+ve_{j+1}^n+ve_{j-1}^n-T_j^n\Delta t \tag{11.33}$$

定义第 n 时间步各网格点的误差绝对值的上限为E^n，即

$$E^n := \max\{|e_j^n|,\ j=0,\ 1,\ \cdots,\ J\} \tag{11.34}$$

当 $v\leqslant\dfrac{1}{2}$ 时，式(11.33)右端前三项系数均为非负的，有下列不等式

$$|e_j^{n+1}|\leqslant(1-2v)E^n+vE^n+vE^n+|T_j^n|\Delta t=E^n+\overline{T}\Delta t \tag{11.35}$$

此不等式对于所有的 j 成立，其中$\overline{T}$是 T_j^n 的上限，于是得到

$$E^{n+1}\leqslant E^n+\overline{T}\Delta t \tag{11.36}$$

初始条件给定，故 $E^0=0$，简单递推得到

$$E^n\leqslant\overline{T}n\Delta t=\frac{1}{2}\Delta t\left[M_{tt}+\frac{1}{6v}M_{xxxx}\right]t_F \tag{11.37}$$

当 $\Delta t\to 0$ 时，$E^n\to 0$. 由此证明：当 $v\leqslant 1/2$ 时，差分格式是收敛的.

也可以用 Fourier 方法分析有限差分格式的误差和收敛性. 如前面的分离变量法所述，偏微分方程的解析解可以用 Fourier 级数表达. 如下的 Fourier 模式在一定条件下也能精确满足差分格式

$$U_j^n=(\lambda)^n\mathrm{e}^{\mathrm{i}k(j\Delta x)} \tag{11.38}$$

把(11.38)式代入差分格式(11.18)，注意到 $U_j^{n+1}=\lambda U_j^n$，$U_{j+1}^n=U_j^n\mathrm{e}^{\mathrm{i}k\Delta x}$，$U_{j-1}^n=U_j^n\mathrm{e}^{-\mathrm{i}k\Delta x}$，上述 Fourier 模式满足差分格式的条件是

$$\lambda=\lambda(k)=1+v(\mathrm{e}^{\mathrm{i}k\Delta x}-2+\mathrm{e}^{-\mathrm{i}k\Delta x})=1-4v\sin^2\left(\frac{1}{2}k\Delta x\right) \tag{11.39}$$

$\lambda(k)$称作 Fourier 模式的放大因子. 与前面的分离变量法类似，取 $k=m\pi$，差分格

式的解可以写作

$$U_j^n = \sum_{m=-\infty}^{\infty} A_m e^{im\pi(j\Delta x)} \lambda^n \tag{11.40}$$

由上式可以看出，差分格式的收敛条件是$|\lambda| \leqslant 1$. 对于任意的 k，由(11.39) 式满足收敛条件可写成$|\lambda = 1 - 4v\sin^2(k\Delta x/2)| \leqslant 1$，经推导后可以得到 $0 < v \leqslant 1/2$，这就是显式差分格式的收敛性条件. 这就解释了为什么在例题 11.1 中，取 $\Delta t = 0.0012 (v = 0.48)$ 时，能够得到较好的数值结果；而取 $\Delta t = 0.0013 (v = 0.52)$ 时，数值计算不收敛. 用 Fourier 模式分析有限差分格式的收敛性简便易行，是后面的讨论中经常采用的方法.

11.1.6 隐式差分格式

显示差分格式是有条件稳定(收敛)的，其条件是 $\Delta t \leqslant (\Delta x)^2/2$. 在实际应用中这常常是一个非常严苛的要求，尤其是为了提高空间精度需要减小空间步长 Δx 的时候，时间步长 Δt 必须足够小，因而导致计算量急剧增加.

如果把差分格式(11.17)中对时间偏导数的差分格式由向前差分改为向后差分，将得到如下差分格式

$$\frac{U_j^n - U_j^{n-1}}{\Delta t} = \frac{U_{j+1}^n - 2U_j^n + U_{j-1}^n}{(\Delta x)^2} \tag{11.41}$$

也可以写作

$$\frac{U_j^{n+1} - U_j^n}{\Delta t} = \frac{U_{j+1}^{n+1} - 2U_j^{n+1} + U_{j-1}^{n+1}}{(\Delta x)^2} \tag{11.42}$$

采用差分算子记号，有

$$\Delta_{-t} U_j^{n+1} = v\delta_x^2 U_j^{n+1} \tag{11.43}$$

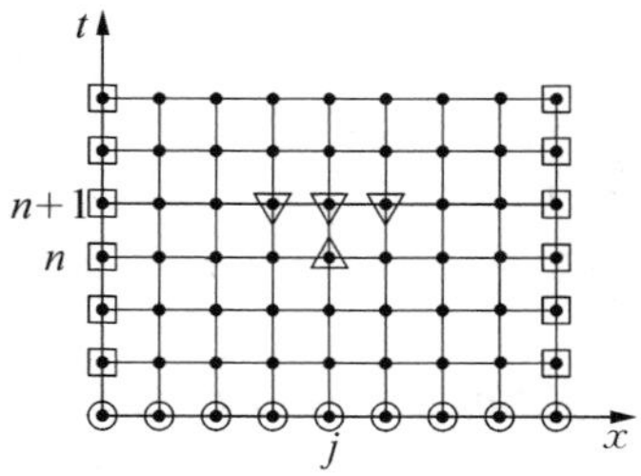

差分格式(11.42)所涉及网格点如图 11.4 所示，图中带△符号的点表示已知的函数值，带▽符号的点表示待求的函数值. 由图可以看出，与前面的显式差分格式不同，t_{n+1}时间步的网格点函数值不能直接由 t_n 时间步网格点函数值求出，而与同一时间步相邻网格点函数值有关，这种差分格式被称为隐式差分格式.

图 11.4　隐式差分格式网格图

把方程(11.42)中 t_{n+1}时间步的量写到等号左边,把 t_n 时间步的量写到等号右边,得到如下形式

$$-vU_{j-1}^{n+1}+(1+2v)U_j^{n+1}-vU_{j+1}^{n+1}=U_j^n \tag{11.44}$$

在 t_{n+1} 时间步,$j=1, 2, \cdots, J-1$,得到了一个$(J-1)$ 阶的线性代数方程组,求解后得到$(J-1)$ 个未知量 $U_j^{n+1}(j=1, 2, \cdots, J-1)$.应该注意到,上式求解时需要用到边界条件($U_0^{n+1}$ 和 U_J^{n+1},在图 11.4 中带□符号的点)以及初始条件(U_j^0,在图 11.4 中带 ○ 符号的点). 显然,所形成的线性代数方程组的系数矩阵是一个三对角线矩阵,可以写成如下一般形式

$$-a_jU_{j-1}+b_jU_j-c_jU_{j+1}=d_j \quad (j=1, 2, \cdots, J-1) \tag{11.45}$$

系数满足如下条件

$$a_j>0,\ b_j>0,\ c_j>0,\ b_j>a_j+c_j \tag{11.46}$$

这种系数矩阵被称为对角占优(Diagonally dominant)矩阵,可以用 Thomas 算法求解这类线性代数方程组.

Thomas 算法的思想是通过消元法削去 U_{j-1}项,将系数矩阵转化为上三角矩阵,然后回代递推求解.假设前面的 k 行已经消元,其形式为

$$U_j-e_jU_{j+1}=f_j \quad (j=1, 2, \cdots, k) \tag{11.47}$$

此时第 k 行的形式为

$$U_k-e_kU_{k+1}=f_k \tag{11.48}$$

下一个待消元行的形式为

$$-a_{k+1}U_k+b_{k+1}U_{k+1}-c_{k+1}U_{k+2}=d_{k+1} \tag{11.49}$$

用式(11.48)消去式(11.49)中的 U_k 得到

$$U_{k+1}-\frac{c_{k+1}}{b_{k+1}-a_{k+1}e_k}U_{k+2}=\frac{d_{k+1}+a_{k+1}e_k}{b_{k+1}-a_{k+1}e_k} \tag{11.50}$$

对照式(11.50)和式(11.47),可以得到式(11.47)中系数的递推计算公式

$$e_j=\frac{c_j}{b_j-a_je_{j-1}},\ f_j=\frac{d_j+a_je_{j-1}}{b_j-a_je_{j-1}} \quad (j=1, 2, \cdots, J-1) \tag{11.51}$$

其中 $e_0=f_0=0$.

利用上面的递推公式把系数矩阵化为上三角阵后，由于 U_J 已知，可通过式(11.47)逐次回代求出 U_{J-1}，U_{J-2}，U_{J-3}，…，直到 U_1. 隐式格式算法在每个时间步都要重复这一过程，每个时间步的计算量大约是显式算法的三倍.

下面用 Fourier 方法分析隐式差分格式的稳定性. 将 Fourier 模式 $U_j^n = (\lambda)^n e^{ik(j\Delta x)}$ 代入差分格式(11.42)或(11.44)都能得到

$$\lambda - 1 = v\lambda(e^{ik\Delta x} - 2 + e^{-ik\Delta x}) = -4v\lambda\sin^2\left(\frac{1}{2}k\Delta x\right) \tag{11.52}$$

对 λ 求解后得到

$$\lambda = \frac{1}{1 + 4v\sin^2\left(\frac{1}{2}k\Delta x\right)} \tag{11.53}$$

显然，对于任意的 v，都有 $0 < \lambda < 1$. 所以，隐式差分格式是无条件稳定的，或称做是无条件收敛的. 尽管隐式差分格式每个时间步的计算量比显式格式多两倍，但由于其时间步长可以选得比显式格式大得多，总的计算时间还是会大为减少.

11.1.7 六点差分格式——θ 方法

前面讨论的显式格式和隐式格式之间的差别仅在于对时间的偏微分采用向前差分还是向后差分. 从差分网格图来看，前者在空间差分网格上使用 t_n 时间步的三个网格点，而后者使用 t_{n+1} 时间步的三个网格点，一个很自然的想法是将两个差分格式以某种加权平均的方式结合起来，得到如下差分格式

$$U_j^{n+1} - U_j^n = v[\theta\delta_x^2 U_j^{n+1} + (1-\theta)\delta_x^2 U_j^n] \tag{11.54}$$

其中 $0 \leqslant \theta \leqslant 1$，其网格点示意图如图 11.5 所示，差分格式涉及六个点，所以也称做六点格式. 当 $\theta = 0$ 时，就是显式格式；当 $\theta = 1$ 时，就是完全隐式格式. 当 $\theta \neq 0$ 时，(11.54)式所示的差分格式也是隐式格式，与完全隐式格式类似，在 t_{n+1} 时间步需要求解如下三对角线系数矩阵线性方程组

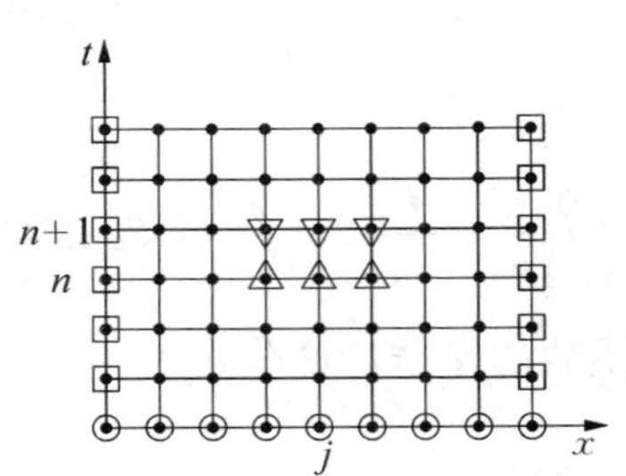

图 11.5　θ 方法差分格式网格图

$$-\theta v U_{j-1}^{n+1} + (1 + 2\theta v)U_j^{n+1} - \theta v U_{j+1}^{n+1} = [1 + (1-\theta)v\delta_x^2]U_j^n \tag{11.55}$$

根据系数矩阵的特点，可以与完全隐式格式类似，采用 Thomas 算法，并结合边界条件和初始条件

进行求解.

将 Fourier 模式解代入(11.55)式,分析六点差分格式的稳定性,可以得到

$$\begin{aligned}\lambda-1&=v[\theta\lambda+(1-\theta)](e^{ik\Delta x}-2+e^{-ik\Delta x})\\&=-4v[\theta\lambda+(1-\theta)]\sin^2\left(\frac{1}{2}k\Delta x\right)\end{aligned}\tag{11.56}$$

$$\lambda=\frac{1-4(1-\theta)v\sin^2\left(\frac{1}{2}k\Delta x\right)}{1+4\theta v\sin^2\left(\frac{1}{2}k\Delta x\right)}\tag{11.57}$$

显然 $\lambda\leqslant1$,故稳定要求 $\lambda\geqslant-1$,即

$$v(1-2\theta)\sin^2\left(\frac{1}{2}k\Delta x\right)\leqslant\frac{1}{2}\tag{11.58}$$

如果 $1/2\leqslant\theta\leqslant1$,式(11.58)对任意的正数 v 恒成立;如果 $0\leqslant\theta<1/2$,上式成立则要求 $v(1-2\theta)\leqslant1/2$. 综合起来,六点格式的稳定性可表达为

$$\begin{cases}\text{当}\dfrac{1}{2}\leqslant\theta\leqslant1\text{ 时,无条件稳定}\\[2mm]\text{当 }0\leqslant\theta<\dfrac{1}{2}\text{ 时,有条件稳定,稳定条件是 }v\leqslant\dfrac{1}{2(1-2\theta)}\end{cases}\tag{11.59}$$

当 $\theta=0$ 或 $\theta=1$ 时,上述稳定性判别结论和前面对应差分格式稳定结论是一致的.

前面没有讨论隐式格式的截断误差,下面分析更具一般性的六点格式的截断误差. 为方便起见,将 Taylor 级数展开点选在六点的中心,即 $(x_j,t_{n+\frac{1}{2}})$,截断误差记为 $T_j^{n+\frac{1}{2}}$,则有

$$T_j^{n+\frac{1}{2}}:=\frac{\delta_t u_j^{n+\frac{1}{2}}}{\Delta t}-\frac{\theta\delta_x^2u_j^{n+1}+(1-\theta)\delta_x^2u_j^n}{(\Delta x)^2}\tag{11.60}$$

将 u_j^{n+1} 和 u_j^n 分别在网格点 $(x_j,t_{n+\frac{1}{2}})$ 进行 Taylor 展开,得到

$$u_j^{n+1}=\left[u+\left(\frac{1}{2}\Delta t\right)u_t+\frac{1}{2}\left(\frac{1}{2}\Delta t\right)^2u_{tt}+\frac{1}{6}\left(\frac{1}{2}\Delta t\right)^3u_{ttt}+\cdots\right]_j^{n+\frac{1}{2}}\tag{11.61}$$

$$u_j^n = \left[u - \left(\frac{1}{2}\Delta t\right)u_t + \frac{1}{2}\left(\frac{1}{2}\Delta t\right)^2 u_{tt} - \frac{1}{6}\left(\frac{1}{2}\Delta t\right)^3 u_{ttt} + \cdots\right]_j^{n+\frac{1}{2}} \tag{11.62}$$

以上二式相减，得到

$$\delta_t u_j^{n+\frac{1}{2}} = u_j^{n+1} - u_j^n = \left[(\Delta t)u_t + \frac{1}{24}(\Delta t)^3 u_{ttt} + \cdots\right]_j^{n+1/2} \tag{11.63}$$

$\delta_x^2 u_j^{n+1}$ 项先基于(x_j, t_{n+1})Taylor 展开，然后将展开后的每一项再基于$(x_j, t_{n+\frac{1}{2}})$进行 Taylor 展开，可以得到

$$\delta_x^2 u_j^{n+1} = \left[(\Delta x)^2 u_{xx} + \frac{1}{12}(\Delta x)^4 u_{xxxx} + \frac{1}{360}(\Delta x)^6 u_{xxxxxx} + \cdots\right]_j^{n+1} \tag{11.64}$$

$$\begin{aligned}\delta_x^2 u_j^{n+1} = & \left[(\Delta x)^2 u_{xx} + \frac{1}{12}(\Delta x)^4 u_{xxxx} + \frac{1}{360}(\Delta x)^6 u_{xxxxxx} + \cdots\right]_j^{n+\frac{1}{2}} \\ & + \left(\frac{1}{2}\Delta t\right)\left[(\Delta x)^2 u_{xxt} + \frac{1}{12}(\Delta x)^4 u_{xxxxt} + \frac{1}{360}(\Delta x)^6 u_{xxxxxxt} + \cdots\right]_j^{n+\frac{1}{2}} \\ & + \frac{1}{2}\left(\frac{1}{2}\Delta t\right)^2\left[(\Delta x)^2 u_{xxtt} + \frac{1}{12}(\Delta x)^4 u_{xxxxtt} + \frac{1}{360}(\Delta x)^6 u_{xxxxxxtt} + \cdots\right]_j^{n+\frac{1}{2}} \\ & + \cdots\end{aligned} \tag{11.65}$$

同样地有

$$\begin{aligned}\delta_x^2 u_j^{n} = & \left[(\Delta x)^2 u_{xx} + \frac{1}{12}(\Delta x)^4 u_{xxxx} + \frac{1}{360}(\Delta x)^6 u_{xxxxxx} + \cdots\right]_j^{n+\frac{1}{2}} \\ & - \left(\frac{1}{2}\Delta t\right)\left[(\Delta x)^2 u_{xxt} + \frac{1}{12}(\Delta x)^4 u_{xxxxt} + \frac{1}{360}(\Delta x)^6 u_{xxxxxxt} + \cdots\right]_j^{n+\frac{1}{2}} \\ & + \frac{1}{2}\left(\frac{1}{2}\Delta t\right)^2\left[(\Delta x)^2 u_{xxtt} + \frac{1}{12}(\Delta x)^4 u_{xxxxtt} + \frac{1}{360}(\Delta x)^6 u_{xxxxxxtt} + \cdots\right]_j^{n+\frac{1}{2}} \\ & - \cdots\end{aligned} \tag{11.66}$$

将以上两式代入截断误差公式(11.60)，经整理后得到

$$\begin{aligned}T_j^{n+\frac{1}{2}} = & \frac{\delta_t u_j^{n+\frac{1}{2}}}{\Delta t} - \frac{\theta\delta_x^2 u_j^{n+1} + (1-\theta)\delta_x^2 u_j^n}{(\Delta x)^2} \\ = & [u_t - u_{xx}]_j^{n+\frac{1}{2}} + \left[\left(\frac{1}{2}-\theta\right)\Delta t u_{xxt} - \frac{1}{12}(\Delta x)^2 u_{xxxx}\right]_j^{n+\frac{1}{2}} \\ & + \left[\frac{1}{24}(\Delta t)^2 u_{ttt} - \frac{1}{8}(\Delta t)^2 u_{xxtt}\right]_j^{n+\frac{1}{2}}\end{aligned}$$

$$+\left[\frac{1}{12}\left(\frac{1}{2}-\theta\right)\Delta t(\Delta x)^2 u_{xxxxt}-\frac{1}{360}(\Delta x)^4 u_{xxxxxx}\right]_j^{n+\frac{1}{2}}+\cdots \tag{11.67}$$

由于精确解满足偏微分方程，上式中的第一项等于 0. 分析式中的第二项和第三项，可以看出，一般情况下，截断误差是一阶精度($O(\Delta t)$). 当 $\theta = 1/2$ 时，利用等式 $u_{xx} = u_t$，可得到

$$T_j^{n+\frac{1}{2}} = -\frac{1}{12}\left[(\Delta x)^2 u_{xxxx}+(\Delta t)^2 u_{ttt}\right]_j^{n+\frac{1}{2}}+\cdots \tag{11.68}$$

$\theta=\dfrac{1}{2}$的六点格式也称作 Crank-Nicolson 格式，其截断误差是二阶精度的. 由前面六点格式的稳定性分析可知，它是无条件稳定的.

对于给定的$0\leqslant\theta<1/2$，选取合适的 v，有可能消去(11.67)式中截断误差的第二项，条件是

$$v=\frac{\Delta t}{(\Delta x)^2}=\frac{1}{6(1-2\theta)} \tag{11.69}$$

将上式代入(11.67)式，得到

$$T_j^{n+\frac{1}{2}} = -\frac{1}{12}\left[(\Delta t)^2 u_{ttt}+\frac{1}{20}(\Delta x)^4 u_{xxxxxx}\right]_j^{n+\frac{1}{2}}+\cdots \tag{11.70}$$

其精度是 $O((\Delta t)^2+(\Delta x)^4)$. 由于 $v = 1/6(1-2\theta) < 1/2(1-2\theta)$，由前面六点格式的稳定性可以知道此时差分格式也是稳定的，所以这种差分格式可以取较大的时间和空间步长而能保持较高的计算精度.

11.1.8 更一般的一维抛物线型偏微分方程的差分格式

前面讨论的控制方程和边界条件都是最简单的情况，实际情况通常要复杂得多. 但是，通过适当的处理，仍然可以导出相应的有限差分格式. 例如，对上面讨论的问题在 $x=0$ 处的边界条件改为导数边界条件(也就是我们前面讲的自然边界条件)，其他情况不变，即

$$\frac{\partial u}{\partial x}=\alpha(t)u+g(t),\quad \alpha(t)\geqslant 0 \tag{11.71}$$

在 t_{n+1} 时间步对空间导数采用向前差分，在 $x = 0$ 处的边界条件化为如下差分

格式

$$\frac{U_1^{n+1} - U_0^{n+1}}{\Delta x} = \alpha^{n+1} U_0^{n+1} + g^{n+1} \tag{11.72}$$

由上式可以算出边界上的值

$$U_0^{n+1} = \frac{1}{1 + \alpha^{n+1}\Delta x}U_1^{n+1} - \frac{g^{n+1}\Delta x}{1 + \alpha^{n+1}\Delta x} \tag{11.73}$$

如果偏微分方程采用显式差分格式，则在 t_{n+1} 时间步，都可以先直接由 t_n 时间步的量算出 U_1^{n+1}，然后由上式算出 U_0^{n+1}. 如果偏微分方程采用隐式差分格式，则在 t_{n+1} 时间步，相当于多出一个线性方程，由求解 $(J-1)$ 阶三对角线线性方程组变为求解 J 阶三对角线线性方程组，同样可以用 Thomas 算法，联立求出 $U_0^{n+1}, U_1^{n+1}, U_2^{n+1}, \cdots, U_{J-1}^{n+1}$.

有时偏微分方程不像(11.5)式那么简单，例如，考虑如下偏微分方程

$$\frac{\partial u}{\partial t} = a(x,\ t)\frac{\partial^2 u}{\partial x^2},\ a(x,\ t) > 0 \tag{11.74}$$

其显式差分格式为

$$U_j^{n+1} = U_j^n + va_j^n(U_{j+1}^n - 2U_j^n + U_{j-1}^n) \tag{11.75}$$

其中 $a_j^n = a(x_j,\ t_n)$. 通过简单推导可以得到稳定性条件为

$$v \cdot a(x,\ t) \leqslant \frac{1}{2} \tag{11.76}$$

记 $a(x,\ t)$ 在求解域内的最大值为 A，为保证差分格式收敛，要求 $v \leqslant 1/2A$. 实际计算中，这常常是非常严格的条件. 这个方程的隐式差分格式为

$$U_j^{n+1} - U_j^n = va_j^{n+\frac{1}{2}}[\theta\delta_x^2 U_j^{n+1} + (1-\theta)\delta_x^2 U_j^n] \tag{11.77}$$

可以用与前面的六点格式完全类似的方法，求出上式差分格式的截断误差，并判别稳定性条件.

一维线性抛物线型偏微分方程的一般形式如下

$$\frac{\partial u}{\partial t} = a(x,\ t)\frac{\partial^2 u}{\partial x^2} + b(x,\ t)\frac{\partial u}{\partial x} + c(x,\ t)u + d(x,\ t) \qquad a(x,\ t) > 0 \tag{11.78}$$

可以用显式差分格式进行离散，一阶时间偏微分采用向前差分，二阶空间偏微分采

用中心差分,对新增加的一阶空间偏微分也采用中心差分,得到如下差分格式

$$\frac{U_j^{n+1}-U_j^n}{\Delta t}=\frac{a_j^n}{(\Delta x)^2}(U_{j+1}^n-2U_j^n+U_{j-1}^n)+\frac{b_j^n}{2\Delta x}(U_{j+1}^n-U_{j-1}^n)+c_j^nU_j^n+d_j^n \tag{11.79}$$

其误差和稳定性分析方法与前述类似,但推导和形式更加复杂,这里不做详细讨论.

11.2 二维抛物线型偏微分方程的有限差分法

11.2.1 二维抛物线型偏微分方程的显式有限差分格式

把一维问题推广到二维情况,微分方程、边界条件和初始条件如下

$$\left.\begin{aligned}&u_t=\sigma(u_{xx}+u_{yy})\qquad \sigma>0\\&u(x,y,t)|_\Gamma=0\\&u(x,y,0)|_D=\bar{u}(x,y)\end{aligned}\right\} \tag{11.80}$$

求解空间区域 $D=[0,X]\times[0,Y]$,Γ 为长方形空间区域的边界.将空间区域均匀划分成 $J_x\times J_y$ 网格,即空间网格步长为 $\Delta x=X/J_x$, $\Delta y=Y/J_y$,时间步长为 Δt,计算的最终时刻为 $t_F=N\Delta t$.

网格点(x_r, y_s)在 t_n 时间步对应的有限差分解记作 $U_{r,s}^n$,

$$U_{r,s}^n\approx u(x_r,y_s,t_n)\quad r=0,1,\cdots,J_x,\quad s=0,1,\cdots,J_y,\quad n=0,1,\cdots,N \tag{11.81}$$

一维问题的显式差分格式可以直接推广到二维情况,方程(11.80)的差分格式为

$$\frac{U_{r,s}^{n+1}-U_{r,s}^n}{\Delta t}=\sigma\left[\frac{U_{r+1,s}^n-2U_{r,s}^n+U_{r-1,s}^n}{(\Delta x)^2}+\frac{U_{r,s+1}^n-2U_{r,s}^n+U_{r,s-1}^n}{(\Delta y)^2}\right] \tag{11.82}$$

用差分算子符号可表示如下

$$\frac{\Delta_{+t}U_{r,s}^{n}}{\Delta t}=\sigma\left[\frac{\delta_{x}^{2}U_{r,s}^{n}}{(\Delta x)^{2}}+\frac{\delta_{y}^{2}U_{r,s}^{n}}{(\Delta y)^{2}}\right] \tag{11.83}$$

对于二维问题的显式差分格式,其截断误差和收敛性等的分析都可以由一维问题的方法直接推广得到.其截断误差为

$$T(x,t)=\frac{1}{2}\Delta t u_{tt}-\frac{1}{12}\sigma\left[(\Delta x)^{2}u_{xxxx}+(\Delta y)^{2}u_{yyyy}\right]+\cdots \tag{11.84}$$

同样可以用 Fourier 模式分析方法判别其稳定性条件,将 $U_{r,s}^{n}=(\lambda)^{n}\mathrm{e}^{\mathrm{i}(k_{x}r\Delta x+k_{y}s\Delta y)}$ 代入(11.82)式,得到放大因子

$$\lambda=1-4\left[v_{x}\sin^{2}\left(\frac{1}{2}k_{x}\Delta x\right)+v_{y}\sin^{2}\left(\frac{1}{2}k_{y}\Delta y\right)\right] \tag{11.85}$$

有限差分格式稳定要求 $|\lambda|\leqslant 1$,于是可以得到二维显式差分格式的稳定性(收敛性)条件是

$$v_{x}+v_{y}\leqslant\frac{1}{2} \tag{11.86}$$

其中 $v_{x}=\frac{\sigma\Delta t}{(\Delta x)^{2}}$, $v_{y}=\frac{\sigma\Delta t}{(\Delta y)^{2}}$.

在满足收敛条件下,与前面类似地引入偏导数上限记号 M_{tt}, M_{xxxx}, M_{yyyy},可以得到有限差分解误差上限为

$$E^{n}\leqslant\left[\frac{1}{2}\Delta t M_{tt}+\frac{1}{12}\sigma\left((\Delta x)^{2}M_{xxxx}+(\Delta y)^{2}M_{yyyy}\right)\right]t_{F} \tag{11.87}$$

利用显式差分格式(11.82),结合初始条件和边界条件,可以得到二维抛物线型偏微分方程的有限差分解.但是,由于显式格式是有条件收敛的,收敛条件(11.86)比一维情况更为苛刻.尤其是当 σ 是局部较大时,导致全局 Δt 必须足够小.对于二维和三维问题,显式格式实用性不强,需要发展隐式格式,放松或消除收敛条件,从而提高计算效率.

11.2.2 二维抛物线型偏微分方程的隐式有限差分格式

把一维问题的隐式差分格式推广到二维情况,并适当处理实现过程中出现的一些问题,可以得到二维抛物线型偏微分方程的隐式有限差分格式.

把一维的 Crank-Nicolson 隐式格式直接推广到二维情况,有

$$\left(1-\frac{1}{2}v_x\delta_x^2-\frac{1}{2}v_y\delta_y^2\right)U_{r,s}^{n+1}=\left(1+\frac{1}{2}v_x\delta_x^2+\frac{1}{2}v_y\delta_y^2\right)U_{r,s}^{n} \qquad (11.88)$$

一维的 Crank-Nicolson 格式是无条件稳定的,其时间步长可以比显式格式大得多. t_{n+1}时间步的量需要求解线性方程组,但由于线性方程组的系数矩阵是三对角线矩阵,可以用 Thomas 算法进行快速求解,单时间步运算量大约只是显示格式的两倍.

运用 Fourier 稳定性分析方法,容易判别上述二维 Crank-Nicolson 差分格式也是无条件稳定的. t_{n+1}时间步的量需要求解线性方程组,该线性方程组的阶数是$(J_x-1)(J_y-1)$. 方程组中的每个方程含有五个未知量,也就是说线性方程组的系数矩阵包括大量的零元素,但与一维情况不同的是,系数矩阵不是三对角线矩阵. 显然,当空间网格较密时,每个时间步都要求解一个大规模的线性方程组,这将非常消耗计算资源. 下面讨论的改进的隐式格式能够提高计算效率.

先考虑只在 x 方向采用隐式格式,通常被称为单方向隐式格式,表达式如下

$$\left(1-\frac{1}{2}v_x\delta_x^2\right)U_{r,s}^{n+1}=\left(1+\frac{1}{2}v_x\delta_x^2+v_y\delta_y^2\right)U_{r,s}^{n} \qquad (11.89)$$

如网格图 11.6 所示,在 t_{n+1}时间步可以采取逐行求解的策略. 对于任意一行,差分格式(11.89)式需要求解一个(J_x-1)阶线性方程组,其系数矩阵是三对角线矩阵,可以用 Thomas 算法快速求解.

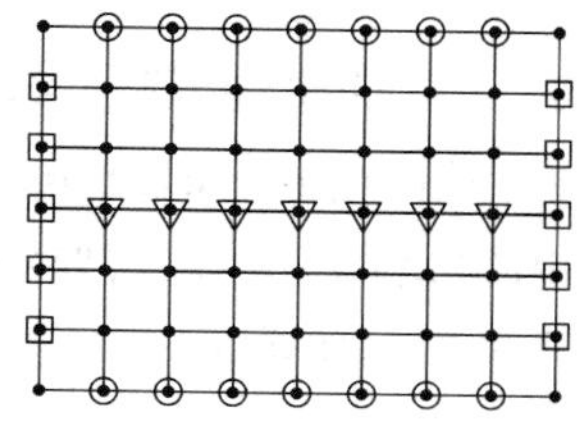

图 11.6 隐式格式网格图

将 Fourier 模式 $U_{r,s}^n=(\lambda)^n e^{i(k_x r\Delta x+k_y s\Delta y)}$ 代入单方向隐式格式,得到放大因子

$$\lambda=\frac{1-2v_x\sin^2\left(\frac{1}{2}k_x\Delta x\right)-4v_y\sin^2\left(\frac{1}{2}k_y\Delta y\right)}{1+2v_x\sin^2\left(\frac{1}{2}k_x\Delta x\right)} \qquad (11.90)$$

稳定性要求 $v_y\leqslant 1/2$,但是对 v_x 没有限制.

可以设想将构造二维问题的隐式差分格式分成两步,即分别在两个方向上采用隐式格式. 这样每一时间步都只需要求解三对角线方程组,同时又消除了稳定性对时间步长的苛刻限制. 把差分格式(11.88)改写为

$$\left(1-\frac{1}{2}v_x\delta_x^2\right)\left(1-\frac{1}{2}v_y\delta_y^2\right)U_{r,s}^{n+1}=\left(1+\frac{1}{2}v_x\delta_x^2\right)\left(1+\frac{1}{2}v_y\delta_y^2\right)U_{r,s}^{n} \tag{11.91}$$

注意到差分算子符号有如下运算规则

$$\left(1-\frac{1}{2}v_x\delta_x^2\right)\left(1-\frac{1}{2}v_y\delta_y^2\right)=1-\frac{1}{2}v_x\delta_x^2-\frac{1}{2}v_y\delta_y^2+\frac{1}{4}v_xv_y\delta_x^2\delta_y^2 \tag{11.92}$$

$$\left(1+\frac{1}{2}v_x\delta_x^2\right)\left(1+\frac{1}{2}v_y\delta_y^2\right)=1+\frac{1}{2}v_x\delta_x^2+\frac{1}{2}v_y\delta_y^2+\frac{1}{4}v_xv_y\delta_x^2\delta_y^2 \tag{11.93}$$

将差分格式(11.91)按上式展开,并与差分格式(11.88)比较,有附加项为 $v_xv_y\delta_x^2\delta_y^2(U_{r,s}^{n+1}-U_{r,s}^{n})/4$,该项是与截断误差同量级的小量,所以改写的差分格式(11.91)与(11.88)式具有相同量级的精度,是合理的.引入一个中间时间步 $U_{r,s}^{n+\frac{1}{2}}$,把差分格式(11.91)写成如下等价的两步形式

$$\left.\begin{aligned}\left(1-\frac{1}{2}v_x\delta_x^2\right)U_{r,s}^{n+\frac{1}{2}}&=\left(1+\frac{1}{2}v_y\delta_y^2\right)U_{r,s}^{n}\\ \left(1-\frac{1}{2}v_y\delta_y^2\right)U_{r,s}^{n+1}&=\left(1+\frac{1}{2}v_x\delta_x^2\right)U_{r,s}^{n+\frac{1}{2}}\end{aligned}\right\} \tag{11.94}$$

在 $t_{n+\frac{1}{2}}$ 时间步,逐行求解,需要求解(J_y-1)个(J_x-1)阶的三对角线系数矩阵线性方程组.在 t_{n+1} 时间步,逐列求解,需要求解(J_x-1)个(J_y-1)阶的三对角线系数矩阵线性方程组.需要注意的是,求解的时候需要用到中间步的边界条件.总的计算量显然比求解一个阶数为$(J_x-1)(J_y-1)$的线性方程组要小得多.

公式(11.94)组成的差分格式称做交替方向隐式差分格式(Alternating-Direction Implicit,ADI).将 Fourier 模式 $U_{r,s}^{n}=(\lambda)^n\mathrm{e}^{\mathrm{i}(k_xr\Delta x+k_ys\Delta y)}$ 代入(11.91)式,得到

$$\lambda=\frac{\left[1-2v_x\sin^2\left(\frac{1}{2}k_x\Delta x\right)\right]\left[1-2v_y\sin^2\left(\frac{1}{2}k_y\Delta y\right)\right]}{\left[1+2v_x\sin^2\left(\frac{1}{2}k_x\Delta x\right)\right]\left[1+2v_y\sin^2\left(\frac{1}{2}k_y\Delta y\right)\right]} \tag{11.95}$$

可以看出,$|\lambda|\leqslant1$.所以,差分格式(11.91)或者(11.94)是无条件稳定的.截断误差为

$$T^{n+\frac{1}{2}}=\frac{1}{24}(\Delta t)^2u_{ttt}-\frac{1}{12}(\Delta x)^2u_{xxxx}-\frac{1}{12}(\Delta y)^2u_{yyyy}$$

$$-\frac{1}{8}(\Delta t)^2 u_{xxtt}-\frac{1}{8}(\Delta t)^2 u_{yytt}+\frac{1}{4}(\Delta t)^2 u_{xxyyt}+\cdots$$
$$=O((\Delta t)^2+(\Delta x)^2+(\Delta y)^2) \tag{11.96}$$

有多种交替方向隐式差分格式，这类格式保持了隐式格式的无条件稳定性，而且每次计算只需要求解三对角线线性方程组，提高了计算效率.各种格式之间的差别在于中间步选择的不同，例如 Douglas 和 Rachford 提出的二维交替方向隐式差分格式如下

$$\left.\begin{aligned}(1-v_x\delta_x^2)U_{r,s}^{n+*}&=(1+v_y\delta_y^2)U_{r,s}^n\\(1-v_y\delta_y^2)U_{r,s}^{n+1}&=U_{r,s}^{n+*}-v_y\delta_y^2U_{r,s}^n\end{aligned}\right\} \tag{11.97}$$

消除中间步 $U_{r,s}^{n+*}$，得到与其等价的形式

$$(1-v_x\delta_x^2)(1-v_y\delta_y^2)U_{r,s}^{n+1}=(1+v_xv_y\delta_x^2\delta_y^2)U_{r,s}^n \tag{11.98}$$

对比可以发现，二维差分格式(11.91)是由一维的 Crank-Nicolson 差分格式推广得到，二维差分格式(11.98)则是由一维的完全隐式差分格式推广得到.其截断误差量级是 $O(\Delta t+(\Delta x)^2)$，保证了差分格式与偏微分方程之间的相容性.由 Frourier 方法分析可以得到差分格式(11.97)或(11.98)是无条件稳定的.

11.2.3 曲线边界

在实际应用中，问题的边界一般都比较复杂，边界形状可能是曲线(二维问题)或曲面(三维问题).下面以二维曲线边界为例讨论相应的处理方法.

如图 11.7 所示，二维瞬态热传导问题，先考虑在曲线边界上的 Dirichlet 条件，即 $u(x, y, t)=\bar{u}$.虚线是虚拟的网格，曲线边界上的网格点由边界条件给定，不需要求解.需要特别注意的是求解区域内靠近边界的点，其偏微分方程差分格式会有所变化.例如 P 点，因其左邻(W 点)和右邻(E 点)网格点都是内部网格点，所以 u_{xx} 的差分运算与内部网格点完全一样，但是 u_{yy} 的差分运算则不同，因为其下邻(S 点)不是真实的网格点，只能借助 N、P、B 三点计算.

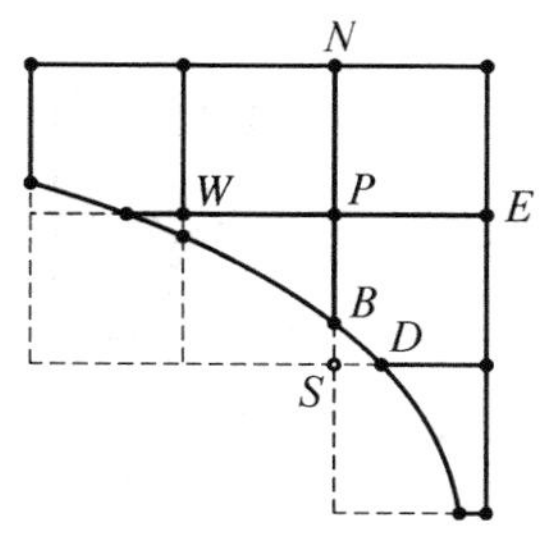

图 11.7 曲线边界条件

对 P 点，二阶偏导数 u_{yy} 的差分计算可先用中心差分分别算出 NP 中点和 PB 中点的一阶导数，然后用这两个点的一阶导数进行中心差分，即

$$u_{yy}(P) \approx \frac{1}{\frac{y_N - y_B}{2}}\left(\frac{u_N - u_P}{y_N - y_P} - \frac{u_P - u_B}{y_P - y_B}\right) \tag{11.99}$$

记 $y_N - y_P = \Delta y, y_P - y_B = \alpha\Delta y (0 < \alpha < 1)$，则上式可以写为

$$u_{yy}(P) \approx \frac{2}{(\alpha+1)(\Delta y)^2}u_N - \frac{2}{\alpha(\Delta y)^2}u_P + \frac{2}{\alpha(\alpha+1)(\Delta y)^2}u_B \tag{11.100}$$

另一种计算 P 点 u_{yy} 差分的方法是先通过 N、P、B 三点进行二次插值求出虚拟网格点 S 的值 u_S

$$u_S \approx \frac{\alpha(1-\alpha)u_N + 2(\alpha^2 - 1)u_P + 2u_B}{\alpha(\alpha+1)} \tag{11.101}$$

然后列出 P 点的 u_{yy} 二阶中心差分格式

$$\begin{aligned} u_{yy}(P) &\approx \frac{u_N - 2u_P + u_S}{(\Delta y)^2} \\ &= \frac{2}{(\alpha+1)(\Delta y)^2}u_N - \frac{2}{\alpha(\Delta y)^2}u_P + \frac{2}{\alpha(\alpha+1)(\Delta y)^2}u_B \end{aligned} \tag{11.102}$$

显然，上式与(11.100)式相同.

对于同一个问题，考虑热流边界条件情况，即 $\partial u/\partial n = \bar{q}(x,y)$，如图 11.8 所示. 可以采取上面的方法列出 P 点 u_{yy} 的差分格式，但是此时边界点 B 的 u_B 值是未知的，需要先计算其近似值.

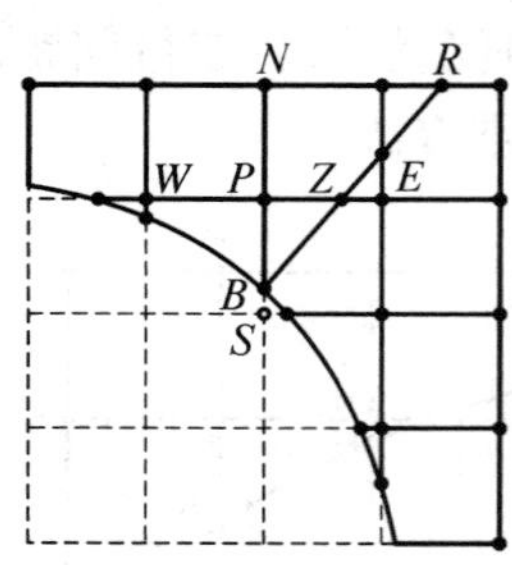

图 11.8　曲线导数边界条件

记 $y_P - y_B = \alpha\Delta y, x_Z - x_P = \beta\Delta x, BZ = \sqrt{(\alpha\Delta y)^2 + (\beta\Delta x)^2} = \gamma\Delta y$，$B$ 点的法向导数可近似用差分计算

$$\frac{u_Z - u_B}{\gamma\Delta y} \approx \frac{\partial u}{\partial n} = q(B) \tag{11.103}$$

而 u_Z 可以由 u_P 和 u_E 线性组合得到

$$u_Z \approx (1-\beta)u_P + \beta u_E \tag{11.104}$$

代入(11.103)式得到

$$u_B = (1-\beta)u_P + \beta u_E - \bar{q}_B \gamma \Delta y \tag{11.105}$$

其他更复杂的曲线边界条件都可以类似处理,需要指出的是,曲线边界条件处的差分格式不同于正常网格点的差分格式,而前面介绍的误差和稳定性分析等等都是针对正常网格点,所以实际应用的时候要特别注意.

11.3 双曲线型偏微分方程的有限差分法

11.3.1 特征线法

一维波动方程是一个二阶的双曲线型偏微分方程,形式为

$$\frac{\partial^2 u}{\partial t^2} = c^2 \frac{\partial^2 u}{\partial x^2} \tag{11.106}$$

方程表征波在一维均匀介质中以速度 c 传播,它可由如下一维一阶波动方程推导得到

$$\frac{\partial u}{\partial t} + c\frac{\partial u}{\partial x} = 0 \tag{11.107D}$$

其中 $c = c(x, t) > 0$. 初始条件表示为

$$u(x, 0) = \bar{u}(x) \tag{11.108}$$

在讨论方程(11.107)的差分格式之前,先介绍特征线法.未知函数 u 对时间的全微分表达式为

$$\frac{\mathrm{d}u}{\mathrm{d}t} = \frac{\partial u}{\partial t} + \frac{\partial u}{\partial x}\frac{\mathrm{d}x}{\mathrm{d}t} \tag{11.109}$$

方程(11.107)在(x, t)平面的曲线

$$\frac{\mathrm{d}x}{\mathrm{d}t} = c(x, t) \tag{11.110}$$

上,有

$$\frac{\mathrm{d}u}{\mathrm{d}t} = \frac{\partial u}{\partial t} + c\frac{\partial u}{\partial x} = 0 \tag{11.111}$$

这表明，在方程(11.110)定义的曲线上，未知函数 u 等于常数，满足(11.110)式的曲线称为方程(11.107)的特征线. 特征线不只一条，而是一个系列，如图 11.9 所示.

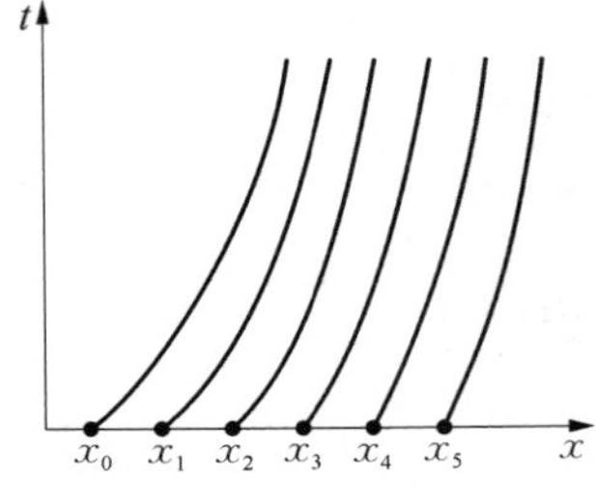

图 11.9　特征线示意图

由图 11.9 可以知道，空间中的任意一点(x, t)都必定有某条特征线经过，而这条特征线也必与 x 轴相交，记其交点为 x^*. 由特征线的定义和初始条件，有

$$u(x,\ t) = u(x^*,\ 0) = \bar{u}(x^*) \tag{11.112}$$

这就是求解偏微分方程(11.107)初值问题的特征线法. 例如，当 c 是常数时，特征线为一系列的平行直线 $x - ct = \text{constant}$，对于空间任意给定一点$(x_i,\ t_i)$，通过该点的特征线为 $x - ct = x_i - ct_i$，该特征线与 x 轴的交点为$x^* = x_i - ct_i$. 沿特征线 u 为常数，因此有

$$u(x_i,\ t_i) = u(x^*,\ 0) = \bar{u}(x^*) = \bar{u}(x_i - ct_i) \tag{11.113}$$

11.3.2　迎风格式(Upwind Scheme)

对方程(11.107)进行差分离散，最简单的方法是 FTFS(Forward-Time Forward-Space，时间向前差分，空间向前差分)显式差分格式，即

$$\frac{U_j^{n+1} - U_j^n}{\Delta t} + c\frac{U_{j+1}^n - U_j^n}{\Delta x} = 0 \tag{11.114}$$

该差分格式与偏微分方程相容，其截断误差精度为 $O(\Delta t,\ \Delta x)$. 将 Fourier 模式解 $U_j^n = \lambda^n \mathrm{e}^{\mathrm{i}k(j\Delta x)}$ 代入(11.114)式，可以求得

$$\begin{aligned} &\lambda = 1 + v[1 - \cos(k\Delta x)] - \mathrm{i}v\sin(k\Delta x) \\ &|\lambda|^2 = \left[1 + 2v\sin^2\left(\frac{1}{2}k\Delta x\right)\right]^2 + [v\sin(k\Delta x)]^2 \end{aligned} \tag{11.115}$$

其中 $v = c\Delta t/\Delta x$. 显然，当 $c>0$ 时，一般情况下有$|\lambda|>1$，所以 FTFS 格式是恒不稳定的.

如果对方程(11.107)采用 FTBS(Forward-Time Backward-Space)差分离散，即

$$\frac{U_j^{n+1} - U_j^n}{\Delta t} + c\,\frac{U_j^n - U_{j-1}^n}{\Delta x} = 0 \tag{11.116}$$

该差分格式同样与偏微分方程相容,其截断误差精度为 $O(\Delta t, \Delta x)$.将 Fourier 模式解 $U_j^n = \lambda^n e^{ik(j\Delta x)}$ 代入(11.116)式,可以求得

$$\lambda = 1 - v[1 - \cos(k\Delta x)] - iv\sin(k\Delta x) \tag{11.117}$$

$$|\lambda|^2 = 1 - 2v(1 - v)[1 - \cos(k\Delta x)] \tag{11.118}$$

可以得到 FTBS 格式是有条件稳定的,稳定条件是 $0 < v \leqslant 1$.

Courant、Friedrichs 和 Lewy 基于依赖区域的思想给出了偏微分方程稳定的必要条件,即著名的 CFL 条件.FTBS 差分格式网格如图 11.10 所示,虚线 PQ 为偏微分方程特征线.由特征线的性质可知,$u_p = u_Q$,即对于偏微分方程而言,P 点对初始条件的依赖区域是 Q 点.采用 FTBS 差分格式(11.116)式,对照图 11.10 可以看出,P 点的函数值由其下方和左下方网格点的函数值确定,而下方和左下方网格点的值又由该点下方和左下方网格点的函数值确定,最后递推到 P 点的依赖区域是阴影三角形区域落在 x 轴(初始条件)上一条边.CFL 条件可表述为,偏微分方程的依赖区域落在差分格式的依赖区域内部是差分格式收敛的必要条件,也即特征线 PQ 必须落在图 11.10 所示的阴影三角形区域内.

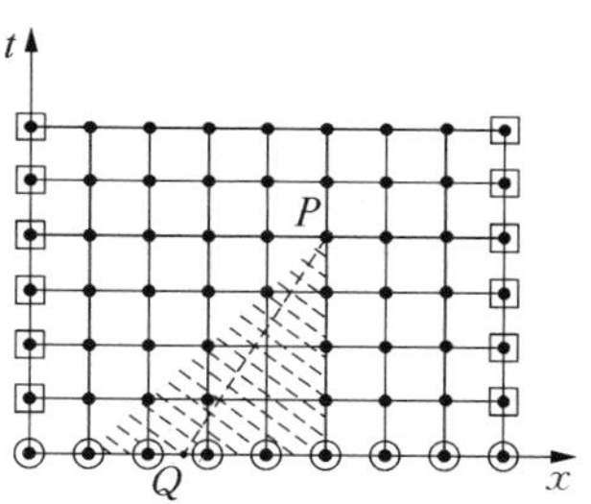

图 11.10 微分方程和差分格式依赖区域示意图

图 11.11 给出了两种不满足 CFL 条件的情况.如果方程(11.107)中,$c(x, t) < 0$,采取 FTBS 差分格式,从图可以看出特征线(PS,斜率为负)落在阴影三角形区域外面,在这种情况下 FTBS 差分格式是不收敛的.同样,如果 $c(x, t) > 0$,FTFS 差分格式是不收敛的,这在前面已经得到证实.即使 $c(x, t) > 0$,FTBS 差分格式的特征线斜率为正,但如果特征线(PR)落在阴影三角形区域外面,差分求解也是不收敛的.阴影三角形斜边的斜率是 $\Delta t/\Delta x$,特征线的斜率是 $1/c$,所以当 $c(x, t) > 0$ 时,特征线落在 FTBS 阴影三角形内部的条件是立 $\Delta t/\Delta x \leqslant 1/c$,即 $0 < v = c\Delta t/\Delta x \leqslant 1$, 这与前面得到的结果一致.

考虑特征线不落在阴影三角形区域内部的情况,例如图 11.11 中的 PR,设想有两组初始条件,它们的差别仅在 R 点及附近不同,根据偏微分方程特征线理论,方程在 P 点的解因初始条件在 R 点的变化而变化,而差分格式的依

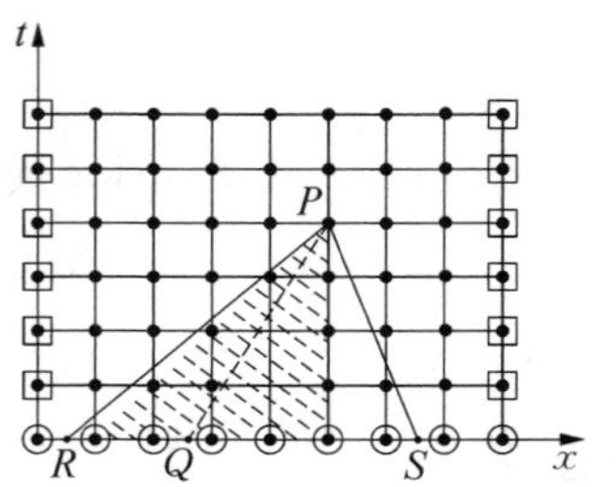

图 11.11　不满足 CFL 条件的差分格式不收敛

赖区域是阴影三角形区域，只要阴影三角形区域中的初始条件没有变化，则 P 点的值就不会变化，很显然这样的差分格式是不收敛的，因为网格再细分也不能接近真实解.这样我们就能理解 CFL 条件的必要性.

需要指出的是，CFL 只是一个必要条件.对于方程(11.107)，无论 $c(x,\ t)>0$ 还是 $c(x,\ t)<0$，采用 FTCS(Forward-Time Central-Space)差分格式，即

$$\frac{U_j^{n+1}-U_j^n}{\Delta t}+c\,\frac{U_{j+1}^n-U_{j-1}^n}{2\Delta x}=0 \qquad (11.119)$$

其差分网格如图 11.12 所示.采用中心差分能兼顾到特征线斜率为正和为负两种情况.CFL 条件要求特征线落在图中大阴影三角形内，即 $-1\leqslant v=c\Delta t/\Delta x\leqslant 1$.将 Fourier 模式解 $U_j^n=\lambda^n\mathrm{e}^{\mathrm{i}k(j\Delta x)}$ 代入(11.119)式，可以求得

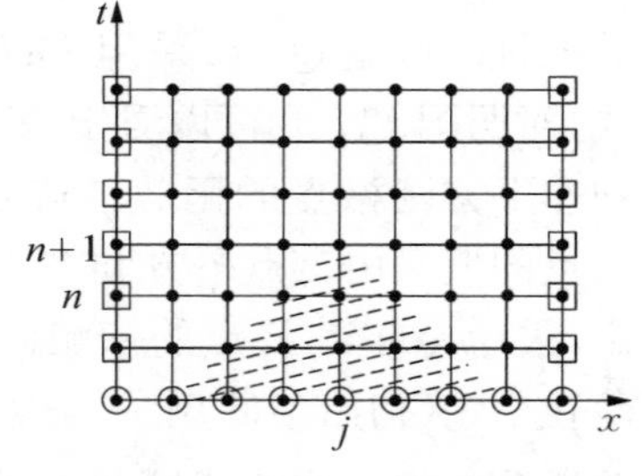

图 11.12　FTCS 格式网格点图

$$\lambda=1-\mathrm{i}v\sin(k\Delta x) \qquad (11.120)$$

$$|\lambda|^2=1+v^2\sin^2(k\Delta x)$$

一般情况下有 $|\lambda|>1$.显然，这个满足 CFL 条件，并看似能“两全”的 FTCS 格式是恒不稳定的.

迎风格式(Upwind Scheme)根据 $c(x,\ t)$ 的正负号选取不同的求解策略，当 $c(x,\ t)>0$ 时采用 FTBS 格式，当 $c(x,\ t)<0$ 时采用 FTFS 格式.迎风格式是一种显式差分格式，其形式为

$$U_j^{n+1}=\begin{cases}U_j^n-v\Delta_{+x}U_j^n & c<0 \qquad (11.121\text{a})\\ U_j^n-v\Delta_{-x}U_j^n & c>0 \qquad (11.121\text{b})\end{cases}$$

当 $-1\leqslant v=c\Delta t/\Delta x\leqslant 1$ 时，上述迎风格式满足 CFL 条件.可以用 Fourier 方法分析迎风格式的收敛性.先考虑 $c>0$ 的情况，将 $U_j^n=\lambda^n\mathrm{e}^{\mathrm{i}k(j\Delta x)}$ 代入(11.121b)式，得到

$$\lambda=1-v[1-\cos(k\Delta x)]-\mathrm{i}v\sin(k\Delta x) \qquad (11.122)$$

$$|\lambda|^2=1-2v(1-v)[1-\cos(k\Delta x)] \qquad (11.123)$$

$|\lambda|\leqslant 1$ 要求 $0\leqslant v\leqslant 1$. 对 $c<0$ 的情况,即(11.121a)式,同样可以得到, $|\lambda|\leqslant 1$ 要求 $-1\leqslant v\leqslant 0$. 综合起来,稳定性条件是 $-1\leqslant v=c\Delta t/\Delta x\leqslant 1$, 即 CFL 条件是迎风差分格式稳定的必要充分条件.

迎风格式也可以写成如下形式,

$$U_j^{n+1}=\begin{cases}(1+v)U_j^n-vU_{j+1}^n & c<0\\(1-v)U_j^n+vU_{j-1}^n & c>0\end{cases}\tag{11.124}$$

迎风格式差分网格如图 11.13 所示. 当 $c>0$ 时,特征线斜率为正, P 点由 A、B 点计算;当 $c<0$ 时,特征线斜率为负, P 点由 A、C 点计算.

假设求解的空间区域是 $0\leqslant x\leqslant X$. 对于前面讨论的一维抛物线型偏微分方程,需要同时给出空间区域两端的边界条件,对于双曲线型偏微分方程情况不同. 由图 11.13 可以看出,当 $c>0$ 时,特征线可能与 x 轴(初始条件)相交或与 t 轴($x=0$ 处边界条件)相交;当 $c<0$ 时,特征线可能与 x 轴(初始条件)相交或与 $x=X$ 直线($x=X$ 处边界条件)相交. 当 $c>0$ 时,对应的差分格式可能只用到 $x=0$ 处边界条件;当 $c<0$ 时,对应的差分格式可能只用到 $x=X$ 处边界条件.

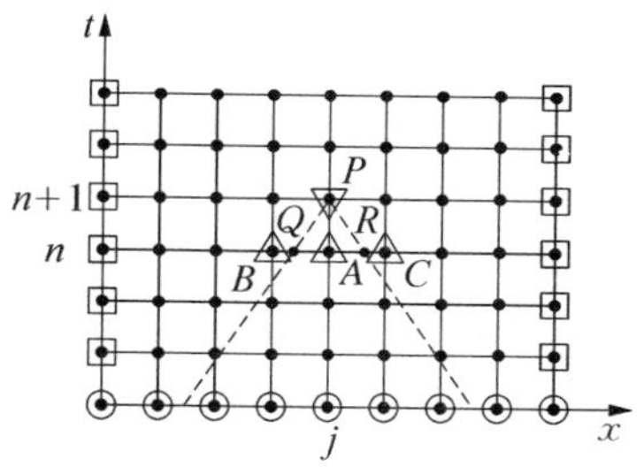

图 11.13　迎风格式网格点示意图

如图 11.13 所示,当 $c>0$ 时, $u_P=u_Q$, 而 Q 点的值可由 A、B 点线性插值计算,又有 $QA=v\Delta x$ 和 $QB=(1-v)\Delta x$, 线性插值得到 $u_P=u_Q=(1-v)u_A+vu_B$;同样有 $RA=-v\Delta x$ 和 $RC=(1+v)\Delta x$, 线性插值得到 $u_P=u_R=(1+v)u_A-vu_C$. 显然,得到了与迎风格式相同的结果.

下面讨论迎风格式的截断误差. 先考虑 $c>0$ 的情况,求解区域为 $[0,\ X]\times[0,\ t_F]$.

$$\begin{aligned}T_j^n &:= \frac{u_j^{n+1}-u_j^n}{\Delta t}+c_j^n\frac{u_j^n-u_{j-1}^n}{\Delta x}\\ &\sim\left[u_t+\frac{1}{2}\Delta t u_{tt}+\cdots\right]_j^n+\left[c\left(u_x-\frac{1}{2}\Delta x u_{xx}+\cdots\right)\right]_j^n\\ &=\frac{1}{2}(\Delta t u_{tt}-c\Delta x u_{xx})+\cdots\\ &=-\frac{1}{2}(1-v)c\Delta x u_{xx}+\cdots\end{aligned}\tag{11.125}$$

可以看出,迎风格式截断误差精度为一阶.第 n 时间步的边界条件和误差分别记为 $U_0^n = \bar{u}(0, t_n)$ 和 $e_j^n = U_j^n - u_j^n$,又有 $c > 0$ 和 $0 \leqslant v \leqslant 1$,由迎风格式及截断误差计算可以得到第$(n+1)$时间步的误差.

$$U_j^{n+1} = (1-v)U_j^n + vU_{j-1}^n \tag{11.126a}$$

$$u_j^{n+1} = (1-v)u_j^n + vu_{j-1}^n + T_j^n \Delta t \tag{11.126b}$$

两式相减,得到

$$e_j^{n+1} = (1-v)e_j^n + ve_{j-1}^n - \Delta t T_j^n \tag{11.126c}$$

将 $|e_j^n|(j = 0, 1, \cdots, J)$ 和 $T_j^n(j = 0, 1, \cdots, J;\ n = 0, 1, \cdots)$ 的上限分别记作 E^n 和 T,由上式可以得到

$$E^{n+1} \leqslant E^n + \Delta t T \tag{11.127}$$

初始条件 $U_j^0 = \bar{u}(x_j)$,故 $e_j^0 = 0$,从而有 $E^0 = 0$,所以得到

$$E^n \leqslant n\Delta t T \leqslant t_F T \tag{11.128}$$

对于 $c<0$ 的情况,可以用同样的方法进行误差计算和分析,不再重述.

Fourier 模式分析方法不仅可以讨论差分格式的稳定性,还可以用于讨论其数值精度.假定 c 为正常数,将如下 Fourier 模式

$$u(x, t) = \mathrm{e}^{\mathrm{i}(kx+\omega t)} \tag{11.129}$$

代入偏微分方程 $u_t + cu_x = 0$,得到(11.129)式是该方程解的条件如下

$$\omega = -ck \tag{11.130}$$

Fourier 模式解(11.129),其幅值为常数 1,表明该模式是完全无耗散的,每个时间步的相位变化是 $-ck\Delta t$.(11.130)式称作色散关系方程.相应的差分格式的 Fourier 模式是 $U_j^n = \lambda^n \mathrm{e}^{\mathrm{i}k(j\Delta x)}$,其中 $\lambda(k)$是放大因子,其幅值描述差分解的耗散情况,其幅角描述差分解的色散情况.当 $c>0$ 时,将 Fourier 模式代入迎风差分格式(11.124)式,得到放大因子的表达式为

$$\lambda = 1 - v[1-\cos(k\Delta x)] - \mathrm{i}v\sin(k\Delta x) \tag{11.131}$$

$$|\lambda|^2 = 1 - 4v(1-v)\sin^2\left(\frac{1}{2}k\Delta k\right) \tag{11.132}$$

除特定情况($v=1$)外,一般有$|\lambda|<1$,所以该差分格式存在耗散.放大因子 λ 的幅角为

$$\arg\lambda = -\arctan\left[\frac{v\sin(k\Delta x)}{(1-v)+v\cos(k\Delta x)}\right] \tag{11.133}$$

当 $\xi=k\Delta x$ 为小量时,可以通过数学运算把(11.132),(11.133)展开为如下形式

$$|\lambda| \cong 1-\frac{1}{2}v(1-v)\xi^2 \tag{11.134}$$

$$\arg\lambda \cong -v\xi\left[1-\frac{1}{6}(1-v)(1-2v)\xi^2+\cdots\right] \tag{11.135}$$

Fourier 模式精确解(11.129)每个时间步放大因子为1(幅值无变化),每个时间步相位变化为 $-ck\Delta t=-v\xi$.对比差分解的放大因子与偏微分方程精确解模式可以得到,差分解的幅值误差量级为 $O(\xi^2)$,相位误差量级为 $O(\xi^2)$.

例题 11.2 考虑如下偏微分方程初值问题

$$u_t+c(x,t)u_x=0 \qquad x\in[0,2],\ t\in[0,4] \tag{11.136}$$

$$u(0,t)=0 \tag{11.137}$$

$$u(x,0)=\bar{u}(x)=\begin{cases}1 & 0.2\leqslant x\leqslant 0.4\\ 0 & \text{otherwise}\end{cases} \tag{11.138}$$

其中 $c(x,t)=\dfrac{1+x^2}{1+2xt+2x^2+x^4}$.

问题的精确解为

$$u(x,t)=\bar{u}\left(x-\frac{t}{1+x^2}\right) \tag{11.139}$$

该偏微分方程初值问题描述的是一个矩形的脉冲波沿 x 轴正方向传播,其传播速度随时间和空间变化,精确解表明这个问题的波高不变,而波宽逐渐变窄.

用迎风有限差分格式近似求解.因为 $c(x,t)>0$,采用 FTBS 格式.该格式是有条件收敛的,为保证收敛,考虑到 $c(x,t)\leqslant 1$,计算中取 $\Delta t=\Delta x$.图 11.14 给出了 $\Delta x=0.02$ 和 $\Delta x=0.01$ 的结果,图中的虚线表示精确解.由图可以看出,由于耗散效应,差分解在矩形波的边界变得平滑,并且幅值也有所降低,相位误差很小,波

的传播速度基本正确.减小空间和时间步长后,解的精度有所提高,但耗散现象依然较为显著.

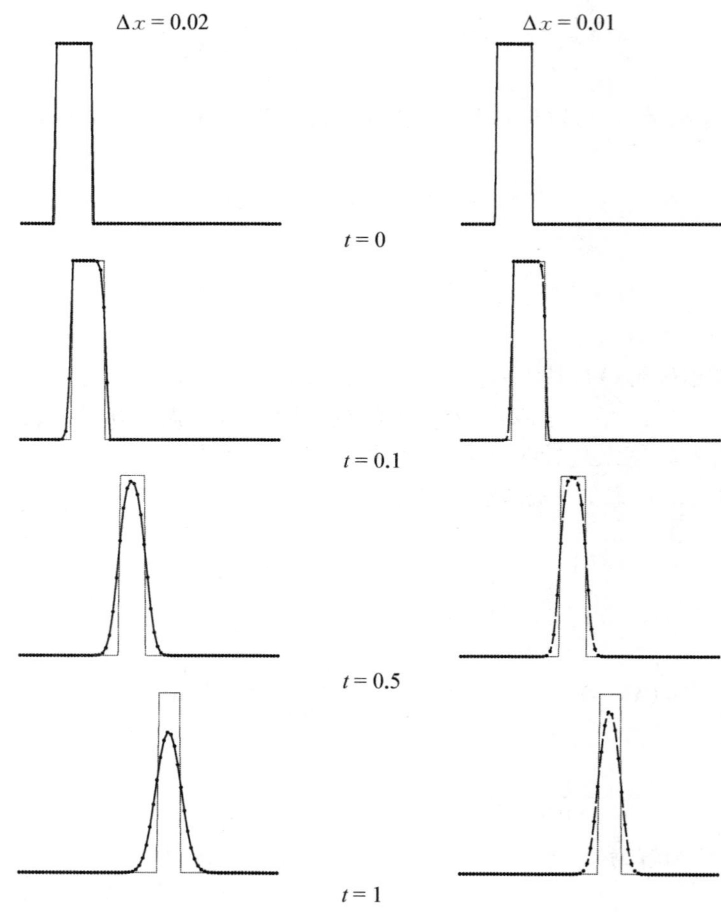

图 11.14　矩形波传播问题的迎风格式差分解

11.3.3　Lax-Wendroff 格式

例题 11.2 的计算结果表明迎风格式的相位误差较小,而耗散比较明显,本节讨论减小耗散误差的差分格式.如图 11.15 所示,$c>0$,$u_P = u_Q$,Q 点由 A、B 两点线性插值,得到的就是迎风格式.也可以用 A、B、C 三点的二次插值计算 Q 点的值.记 $QA = v\Delta x$,$BA = \Delta x$,$AC = \Delta x$,以 A 为坐标原点,以 Δx 为单位,三点之间的二次插值表达式为 $u(x)=\alpha x^2+\beta x+\gamma$，记 $u(-1)=u_B$，$u(0)=u_A$，$u(1)=u_C$，可以求出式中的系数为 $\alpha=(u_B+u_C-2u_A)/2$，$\beta=(u_C-u_B)/2$，$\gamma=u_A$．$u_Q=u(-v)=\alpha v^2-\beta v+\gamma$．

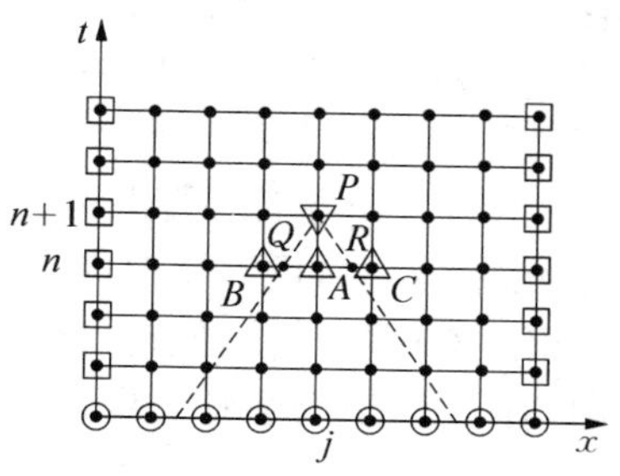

图 11.15　二次插值方法推导差分格式示意图

将 Q 点的坐标和上面的系数表达式代入二次插值式，得到

$$u_Q=\frac{1}{2}v(1+v)u_B+(1-v^2)u_A-\frac{1}{2}v(1-v)u_C$$

由此式可以写出如下差分格式

$$U_j^{n+1}=\frac{1}{2}v(1+v)U_{j-1}^n+(1-v^2)U_j^n-\frac{1}{2}v(1-v)U_{j+1}^n \quad (11.140)$$

这就是著名的 Lax-Wendroff 显式差分格式.

同样地，可以用 Fourier 分析方法讨论 Lax-Wendroff 显式差分格式的稳定性和误差精度．将 Fourier 模式解 $U_j^n=\lambda^n\mathrm{e}^{\mathrm{i}k(j\Delta x)}$ 代入(11.140)式，得到

$$\lambda=1-2v^2\sin^2\left(\frac{1}{2}k\Delta x\right)-\mathrm{i}v\sin(k\Delta x) \quad (11.141)$$

$$|\lambda|^2=1-4v^2(1-v^2)\sin^4\left(\frac{1}{2}k\Delta x\right) \quad (11.142)$$

Lax-Wendroff 差分格式稳定的条件是 $|v|\leqslant 1$，这与 CFL 格式得到的稳定必要条件相同．在此条件下，假定 $\xi=k\Delta x$ 是小量，可以推导出放大因子幅值和相位的误差量级.

$$|\lambda|\cong 1-\frac{1}{8}v^2(1-v^2)\xi^4 \quad (11.143)$$

$$\arg\lambda=-\arctan\left[\frac{v\sin(k\Delta x)}{1-2v^2\sin^2\left(\frac{1}{2}k\Delta x\right)}\right]$$

$$\cong -v\xi\left[1-\frac{1}{6}(1-v^2)\xi^2\right] \quad (11.144)$$

与迎风格式比较，Lax-Wendroff 差分格式依然存在耗散效应，因为一般情况

下$|\lambda|<1$.但是,其幅值误差量级是$O(\xi^4)$,与迎风格式幅值误差量级$O(\xi^2)$相比,耗散效应有显著的改善.两种格式的相位误差量级相同,均为$O(\xi^2)$量级.由(11.144)式可以看出,Lax-Wendroff 差分格式相位总是滞后,而(11.135)式表明,迎风差分格式的相位则与v有关,可能超前或滞后.

图 11.16 给出了矩形波传播问题的 Lax-Wendroff 格式差分解.比较两种差分格式的结果,可以发现,Lax-Wendroff 格式解在保持波的高度和宽度方面比迎风格式有明显改善.但是,Lax-Wendroff 格式解在波形突变处的后方(相对传播方向)有一定的震荡,这主要是初始条件的不连续造成的.

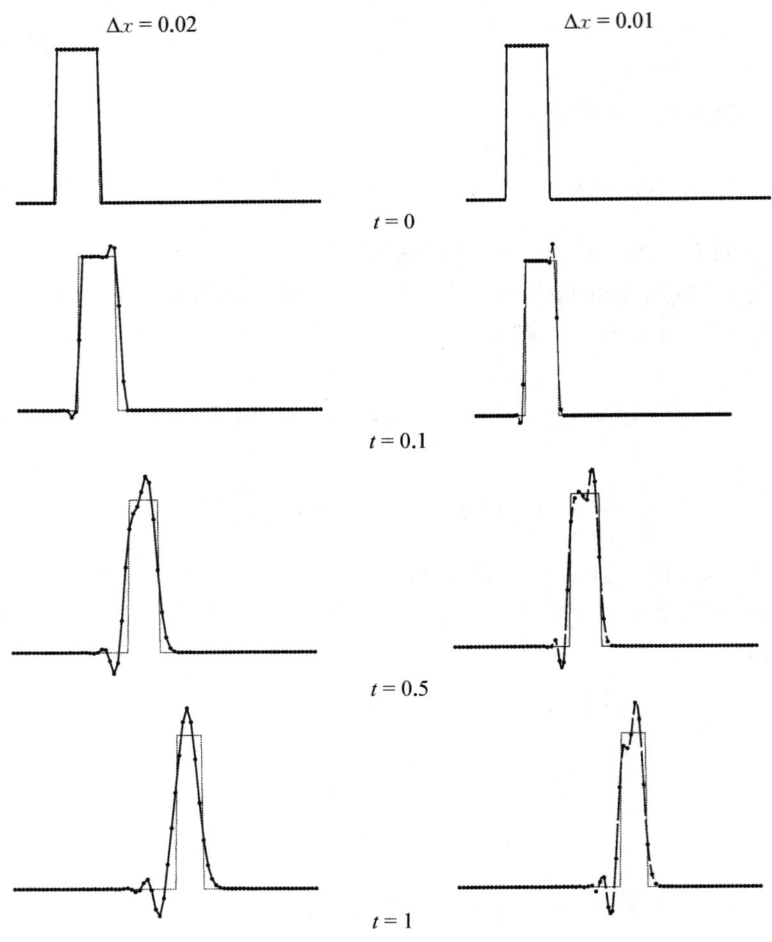

图 11.16　矩形波传播问题的 Lax-Wendroff 格式差分解

对于方程(11.136)描述的问题,把初始条件改为如下光滑的波形.

$$u(x,\ 0)\ =\ e^{-10(4x-1)^2} \tag{11.145}$$

图 11.17a 和图 11.17b 给出了迎风差分格式和 Lax-Wendroff 差分格式的计算结果.

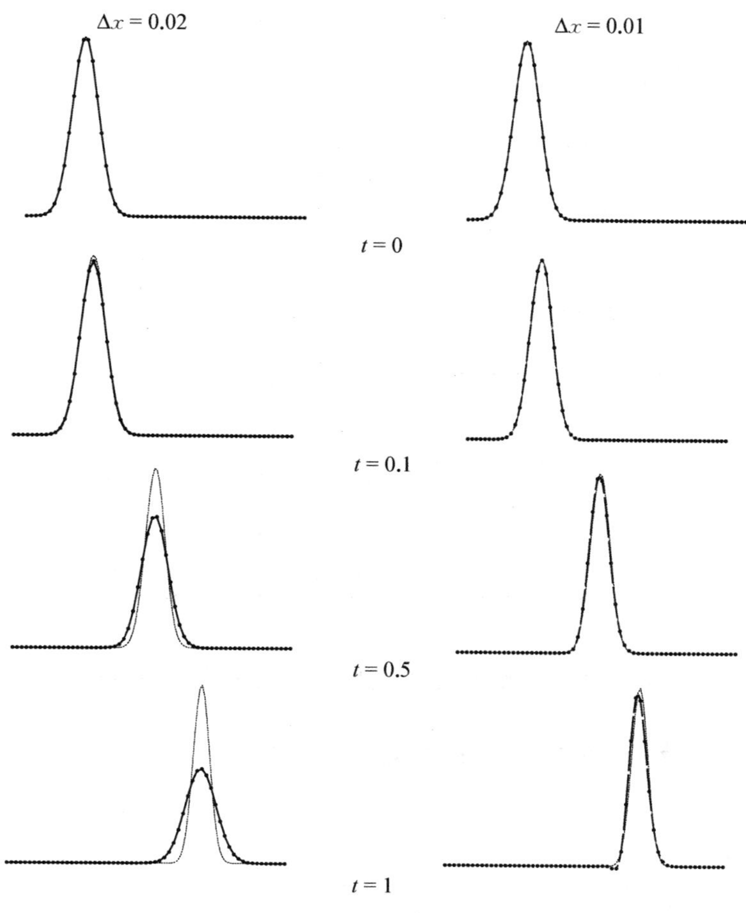

图 11.17a 平滑波传播问题的 Upwind 格式差分解

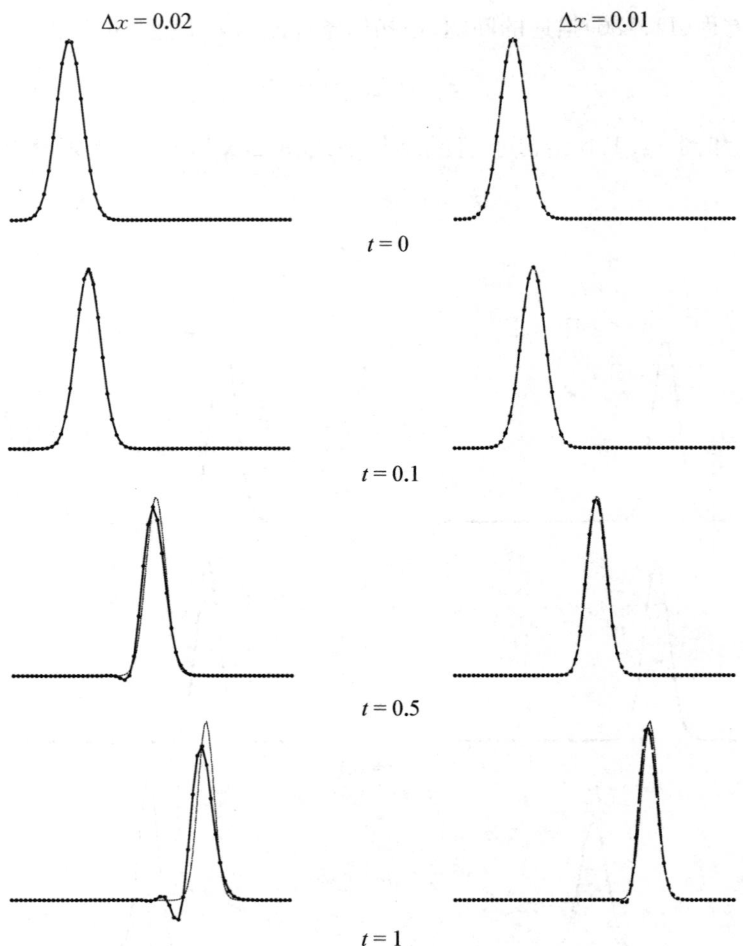

图 11.17b　平滑波传播问题的 Lax-Wendroff 格式差分解

11.3.4　Box 差分格式和 Leap-frog 差分格式

Box 格式和蛙跳(Leap-frog)格式是另外两种常用于求解波动方程 $u_t + cu_x = 0$ 的差分格式.

Box 差分格式为

$$\frac{\delta_t(U_j^{n+1/2} + U_{j+1}^{n+1/2})}{2\Delta t} + \frac{c\delta_x(U_{j+1/2}^{n} + U_{j+1/2}^{n+1})}{2\Delta x} = 0 \qquad (11.146)$$

其差分网格如图 11.18 所示，图中带▽符号的点是待求函数值，带△符号的点是已知函数值. 上式也可以写成如下形式

$$U_{j+1}^{n+1} = U_j^n + (U_{j+1}^n - U_j^{n+1})\frac{(1 - v_{j+1/2}^{n+1/2})}{(1 + v_{j+1/2}^{n+1/2})} \tag{11.147}$$

其中 $v_{j+1/2}^{n+1/2} = c_{j+1/2}^{n+1/2}\dfrac{\Delta t}{\Delta x}$.

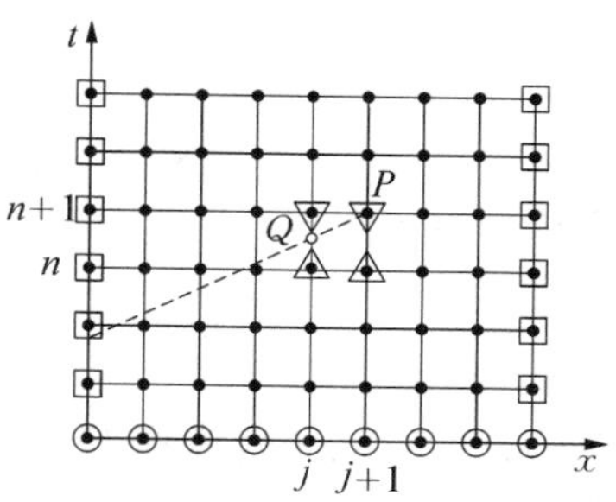

图 11.18 *Box* 隐式差分格式网格点示意图

Box 差分格式虽然形式上是隐式差分格式，但由(11.147)式看出，若 $x=0$ 边界条件已知，则可以显式求解，不需要求解线性方程组.

将 Fourier 模式解 $U_j^n = \lambda^n e^{ik(j\Delta x)}$ 代入 Box 隐式差分格式(11.147)，可以得到放大因子

$$\lambda = \frac{\cos\left(\dfrac{1}{2}k\Delta x\right) - \mathrm{i}v\sin\left(\dfrac{1}{2}k\Delta x\right)}{\cos\left(\dfrac{1}{2}k\Delta x\right) + \mathrm{i}v\sin\left(\dfrac{1}{2}k\Delta x\right)} \tag{11.148}$$

上式中分子和分母为共轭复数，显然 $|\lambda| = 1$，所以该格式是无条件稳定的，并且没有耗散效应. 假定 $\xi = k\Delta x$ 是小量，可以得到相位误差为

$$\arg\lambda = -2\arctan\left[v\tan\left(\frac{1}{2}k\Delta x\right)\right] \cong -v\xi\left[1 + \frac{1}{12}(1 - v^2)\xi^2 + \cdots\right] \tag{11.149}$$

由于该格式是无条件稳定的，在计算时可以尽量取 $|v|$ 接近 1，从而减小相对相位误差. 用 Taylor 展开的方法，选取展开点为 $(x_{j+1/2},\ t_{n+1/2})$，由于对称性，展开式中的奇次项可以消去，因此 Box 差分格式的误差量级是二阶精度.

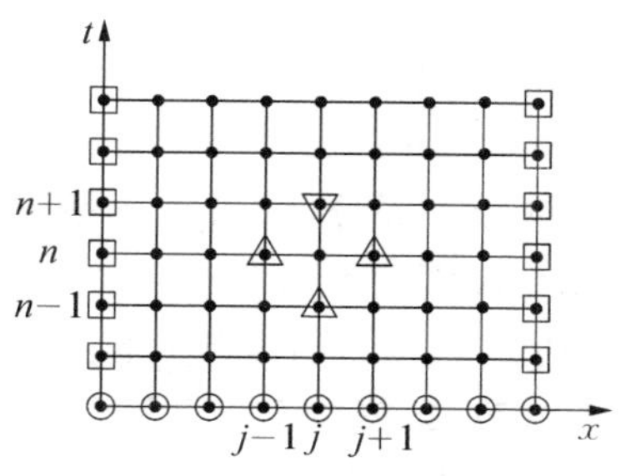

图 11.19 Leap-frog 隐式差分格式网格点示意图

另一种重要的差分格式是蛙跳格式，在时间和空间上均采用中心差分格式，形式如下

$$U_j^{n+1} = U_j^{n-1} - v(U_{j+1}^n - U_{j-1}^n) \tag{11.150}$$

蛙跳格式差分网格如图 11.19 所示. CFL 稳定

性条件要求$|v|\leqslant 1$.将 Fourier 模式解 $U_j^n=\lambda^n e^{ik(j\Delta x)}$ 代入蛙跳隐式差分格式，得到放大因子满足如下方程

$$\lambda^2 + 2iv\lambda\sin(k\Delta x) - 1 = 0 \tag{11.151}$$

上式的两个根为

$$\lambda = -iv\sin(k\Delta x) \pm [1 - v^2\sin^2(k\Delta x)]^{1/2} \tag{11.152}$$

稳定性要求两者的模都不大于 1. 由于两个根的积等于 -1，所以只能是共轭复数根，条件是$|v|\leqslant 1$，这一结果与 CFL 必要性条件相同. 当稳定性条件满足的时候，蛙跳格式无耗散效应.

由蛙跳格式网格图可以看到，在时间域上涉及三个时间步（t_{n-1}，t_n，t_{n+1}），这就存在差分格式如何启动的问题，即已知 t_0 时刻的值，如何求 t_1 时刻的值. 可以先用前面讨论的其他差分格式计算求得 t_1 时刻的结果，然后用蛙跳格式从 t_2 时刻开始递推计算.

11.4 椭圆型偏微分方程的有限差分法

椭圆型偏微分方程边值问题的一般形式为

$$u_{xx} + u_{yy} + f(x, y) = 0 \tag{11.153}$$

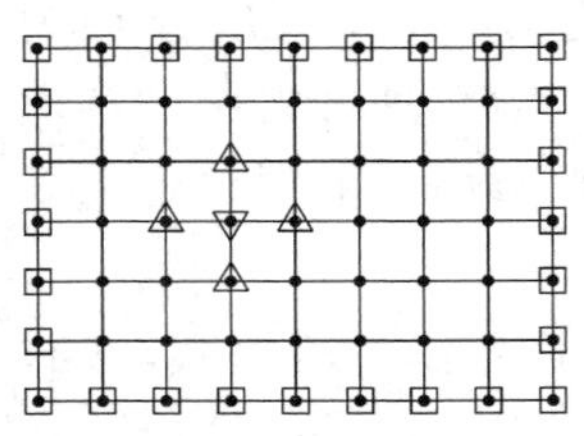

图 11.20 椭圆型偏微分方程有限差分网格示意图(五点格式)

求解区域为单位矩形$[0, 1]\times[0, 1]$，在矩形边界上 $u=0$.

将单位矩形的两个方向都 J 等分，对求解区域进行离散化. 差分网格如图 11.20 所示，网格尺寸为 $\Delta x=\Delta y=1/J$，网格点标记为(r, s)，网格点上的函数值记作 $U_{r,s}$，其中 $r, s=0, 1, 2, \cdots, J$.

将方程中的二阶偏导数用中心差分近似表示，得到如下差分格式

$$\frac{U_{r+1,s}+U_{r-1,s}+U_{r,s+1}+U_{r,s-1}-4U_{r,s}}{(\Delta x)^2}+f_{r,s}=0 \qquad (11.154)$$

差分方程(11.154)不能显式求解,需要联立求解线性方程组,线性方程组的阶数为$(J-1)^2$.

利用 Taylor 展开方法,容易得到差分格式(11.154)的截断误差为

$$T_{r,s}=\frac{1}{12}(\Delta x)^2(u_{xxxx}+u_{yyyy})_{r,s}+O((\Delta x)^2) \qquad (11.155)$$

将其上限记作 T,有

$$|T_{r,s}|\leqslant T:=\frac{1}{12}(\Delta x)^2(M_{xxxx}+M_{yyyy}) \qquad (11.156)$$

其中,M_{xxxx}和M_{yyyy}分别为$|u_{xxxx}|$和$|u_{yyyy}|$的上限,所以此差分格式是相容的.下面我们应用最大值原理并结合适当的运算技巧,以证明上述差分格式是收敛的.

首先,定义如下线性算子 $\boldsymbol{L}_h$

$$\boldsymbol{L}_hU_{r,s}:=\frac{1}{(\Delta x)^2}(U_{r+1,s}+U_{r-1,s}+U_{r,s+1}+U_{r,s-1}-4U_{r,s}) \qquad (11.157)$$

其中 $r,\ s=1,\ 2,\ \cdots,\ J-1$,差分格式(11.154)可以写成如下形式

$$\boldsymbol{L}_hU_{r,s}+f_{r,s}=0 \qquad (11.158)$$

由截断误差定义,对精确解 $u_{r,s}$有

$$\boldsymbol{L}_hu_{r,s}+f_{r,s}=T_{r,s} \qquad (11.159)$$

定义误差 $e_{r,s}:=U_{r,s}-u_{r,s}$,(11.158)式减去 (11.159) 式,得到

$$\boldsymbol{L}_he_{r,s}=-T_{r,s} \qquad (11.160)$$

引入两个辅助函数 Φ 和 Ψ,

$$\Phi_{r,s}:=\left(x_r-\frac{1}{2}\right)^2+\left(y_s-\frac{1}{2}\right)^2 \qquad (11.161)$$

$$\Psi_{r,s}:=e_{r,s}+\frac{1}{4}T\Phi_{r,s} \qquad (11.162)$$

由线性算子 $\boldsymbol{L}_h$ 定义得到

$$\boldsymbol{L}_h\Phi_{r,s} = 4 \tag{11.163}$$

$$\boldsymbol{L}_h\Psi_{r,s} = \boldsymbol{L}_h e_{r,s} + \frac{1}{4}T\boldsymbol{L}_h\Phi_{r,s} = -T_{r,s} + T \geqslant 0 \tag{11.164}$$

由(11.164)式得到

$$\Psi_{r,s} \leqslant \frac{1}{4}(\Psi_{r+1,s} + \Psi_{r-1,s} + \Psi_{r,s+1} + \Psi_{r,s-1}) \tag{11.165}$$

由式(11.165)推出,$\Psi_{r,s}$的最大值一定出现在边界上(如果最大值出现在内部某点,意味着该点的值比其上下左右四个相邻点的值都大,这与(11.165)式矛盾).而在边界上 $e_{r,s} = 0$,$\Phi_{r,s} \leqslant 1/2$, 所以有

$$\Psi_{r,s} \leqslant \frac{1}{8}T \tag{11.166}$$

$$e_{r,s} \leqslant \Psi_{r,s} \leqslant \frac{1}{8}T = \frac{1}{96}(\Delta x)^2(M_{xxxx} + M_{yyyy}) \tag{11.167}$$

如果引入的辅助函数改写为如下形式

$$\Psi_{r,s} := -e_{r,s} + \frac{1}{4}T\Phi_{r,s} \tag{11.168}$$

重复上面的步骤,可以得到

$$-e_{r,s} \leqslant \frac{1}{96}(\Delta x)^2(M_{xxxx} + M_{yyyy}) \tag{11.169}$$

综合公式(11.167)和(11.169)可以得到

$$|e_{r,s}| \leqslant \frac{1}{96}(\Delta x)^2(M_{xxxx} + M_{yyyy}) \tag{11.170}$$

这样,就证明了差分格式(11.154)的收敛性.

椭圆型偏微分方程的差分格式可以推广到如下一般形式的扩散方程

$$\nabla \cdot (a \nabla u) + f = 0 \tag{11.171}$$

其中 $a(x, y) \geqslant a_0 > 0$. 边界条件一般形式为

$$\alpha_0 u + \alpha_1 \frac{\partial u}{\partial n} = \bar{g} \tag{11.172}$$

其中$\alpha_0 \geqslant 0, \alpha_1 \geqslant 0, \alpha_0 + \alpha_1 > 0$.假定函数$a(x, y)$连续可导,并且令$b = \partial a/\partial x$, $c = \partial a/\partial y$,方程(11.171)可以写成如下形式

$$a \nabla^2 u + bu_x + cu_y + f = 0 \tag{11.173}$$

对一阶和二阶偏导数都用中心差分近似,得到(11.173)式的如下差分格式

$$a_{r,s}\left[\frac{\delta_x^2 U_{r,s}}{(\Delta x)^2} + \frac{\delta_y^2 U_{r,s}}{(\Delta y)^2}\right] + b_{r,s}\left[\frac{\Delta_{0x} U_{r,s}}{\Delta x}\right] + c_{r,s}\left[\frac{\Delta_{0y} U_{r,s}}{\Delta y}\right] + f_{r,s} = 0 \tag{11.174}$$

这是与差分格式(11.154)类似的五点差分格式,截断误差由 Taylor 展开可以得到其精度是$O((\Delta x)^2,(\Delta y)^2)$. 可以将差分格式(11.174)展开得到

$$\left[\frac{a_{r,s}}{(\Delta x)^2} - \frac{b_{r,s}}{2\Delta x}\right]U_{r-1,s} + \left[\frac{a_{r,s}}{(\Delta x)^2} + \frac{b_{r,s}}{2\Delta x}\right]U_{r+1,s} + \left[\frac{a_{r,s}}{(\Delta y)^2} - \frac{c_{r,s}}{2\Delta y}\right]U_{r,s-1}$$
$$+ \left[\frac{a_{r,s}}{(\Delta y)^2} + \frac{c_{r,s}}{2\Delta y}\right]U_{r,s+1} - \left[\frac{2a_{r,s}}{(\Delta x)^2} + \frac{2a_{r,s}}{(\Delta y)^2}\right]U_{r,s} + f_{r,s} = 0 \tag{11.175}$$

前面我们应用了最大值原理分析差分格式的误差,这里应用最大值原理的条件是(r, s)相邻网格点的系数非负,即

$$|b_{r,s}|\Delta x \leqslant 2a_{r,s}, \quad |c_{r,s}|\Delta y \leqslant 2a_{r,s} \tag{11.176}$$

这意味着当系数$a(x, y)$较小的时候,我们必须使用更密的网格.由最大值原理容易证明当上式满足时,差分格式(11.174)是收敛的.

对于如图11.21所示的曲线边界问题,下面讨论一种与前面不同的处理方法,用 Taylor 展开法推导差分格式.令$PA = \theta\Delta x$,将A点和W点函数值在P点分别作 Taylor 展开,有

$$u_A = \left[u + \theta\Delta x u_x + \frac{1}{2}(\theta\Delta x)^2 u_{xx} + \cdots\right]_P \tag{11.177}$$

$$u_W = \left[u - \Delta x u_x + \frac{1}{2}(\Delta x)^2 u_{xx} - \cdots\right]_P \tag{11.178}$$

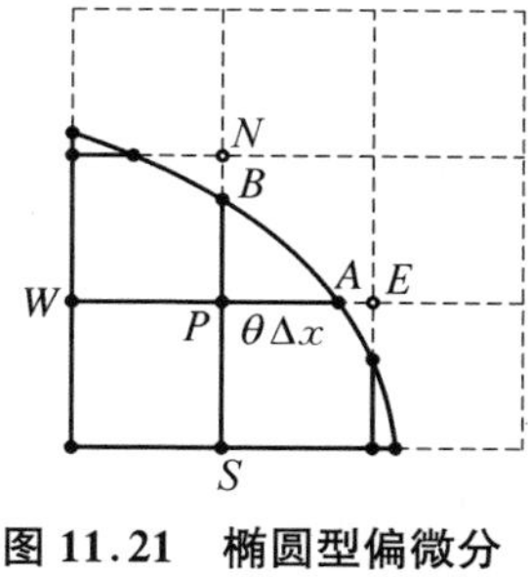

图 11.21 椭圆型偏微分方程曲线边界

由(11.177)式－(11.178)式×θ^2,忽略高阶项，消去$[u_{xx}]_P$，可以得到

$$[u_x]_P \cong \frac{-\theta^2 u_W - (1-\theta^2)u_P + u_A}{\theta(1+\theta)\Delta x} \tag{11.179}$$

由(11.177)式＋(11.178)式×θ,忽略高阶项，消去$[u_x]_P$，可以得到

$$[u_{xx}]_P \cong \frac{\theta u_W - (1+\theta)u_P + u_A}{\frac{1}{2}\theta(1+\theta)(\Delta x)^2} \tag{11.180}$$

式(11.179)和(11.180)是针对曲线边界修正后的有限差分格式,偏导数u_y，u_{yy}可用同样的方法得到相应的差分格式.

例题 11.3 考虑 Poisson 方程 $u_{xx}+u_{yy}+f(x,\ y)=0$,定义区域为单位圆的第一象限,边界条件为 $u(x,\ 0)=\bar{p}(x)$，$u_x(0,\ y)=\bar{q}(y)$，$u(x,\ \sqrt{1-x^2})=\bar{r}(x)$,其中 f，$\bar{p}$，$\bar{q}$，$\bar{r}$ 均为已知函数.采用均匀差分网格 $\Delta x=\Delta y=1/3$，用有限差分法进行求解.

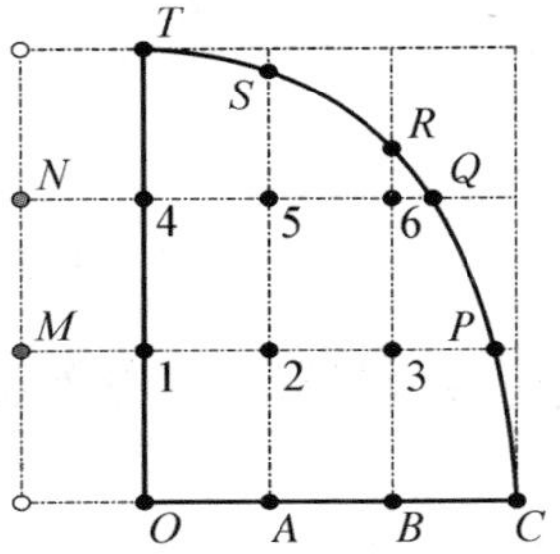

图 11.22　曲线边界网格图

求解的差分网格如图 11.22 所示,除正常网格点和边界点外,引入了辅助网格点 N 和 M.一般情况下的差分格式为

$$\frac{U_{r+1,\ s}+U_{r-1,\ s}+U_{r,\ s+1}+U_{r,\ s-1}-4U_{r,\ s}}{(\Delta x)^2}+f_{r,\ s}=0 \tag{11.181}$$

未知量共有 6 个,即图中编号 1—6 的网格点的函数值,记为 U_1，U_2，…，U_6,其他网格点的函数值类似标记.左边界是导数边界条件,我们用中心差分格式,有

$$\frac{U_2-U_M}{2\Delta x}=\bar{q}\left(\frac{1}{3}\right),\quad \frac{U_5-U_N}{2\Delta x}=\bar{q}\left(\frac{2}{3}\right) \tag{11.182}$$

于是可以算出辅助网格点上的函数值，$U_M=U_2-2\bar{q}(1/3)/3$,$U_N=U_5-2\bar{q}(2/3)/3$. 对于网格点 1,由差分格式(11.181)可以得到

$$\frac{U_2+U_4+U_M+U_O-4U_1}{(\Delta x)^2}+f_{r,\ s}=0 \tag{11.183}$$

代入相应的已知网格点的值,得到如下线性方程

$$\frac{U_2+U_4+\left[U_2-\frac{2}{3}\bar{q}\left(\frac{1}{3}\right)\right]+\bar{p}(0)-4U_1}{\frac{1}{9}}+f\left(0,\frac{1}{3}\right)=0 \quad (11.184)$$

对于网格点 2 和 4,同样可以得到

$$\frac{U_1+U_3+U_5+\bar{p}\left(\frac{1}{3}\right)-4U_2}{\frac{1}{9}}+f\left(\frac{1}{3},\frac{1}{3}\right)=0 \quad (11.185)$$

$$\frac{U_1+U_5+\bar{r}(0)+\left[U_5-\frac{2}{3}\bar{q}\left(\frac{2}{3}\right)\right]-4U_4}{\frac{1}{9}}+f(0,\frac{2}{3})=0 \quad (11.186)$$

对于网格点 3,5,6,需要使用 (11.180)式所示的曲线边界修正差分格式. $3P=\theta\Delta x$,这里 $\theta=2(\sqrt{2}-1)$. 由 (11.180) 式有

$$[u_{xx}]_3 \cong \frac{\theta u_2-(1+\theta)u_3+u_P}{\frac{1}{2}\theta(1+\theta)(\Delta x)^2}$$

于是,可以写出网格点 3 的差分格式

$$\frac{2(\sqrt{2}-1)U_2-(2\sqrt{2}-1)U_3+\bar{r}\left(\frac{2\sqrt{2}}{3}\right)}{\frac{5-3\sqrt{2}}{9}}+\frac{U_6+\bar{p}\left(\frac{2}{3}\right)-2U_3}{\frac{1}{9}}+f\left(\frac{2}{3},\frac{1}{3}\right)=0$$

(11.187)

同理也可以写出网格点 5 和 6 的差分格式

$$\frac{U_4+U_6-2U_5}{\frac{1}{9}}+\frac{2(\sqrt{2}-1)U_2-(2\sqrt{2}-1)U_5+\bar{r}\left(\frac{1}{3}\right)}{\frac{5-3\sqrt{2}}{9}}+f\left(\frac{1}{3},\frac{2}{3}\right)=0$$

(11.188)

$$\frac{(\sqrt{5}-2)U_5+\bar{r}\left(\frac{\sqrt{5}}{3}\right)+(\sqrt{5}-2)U_3+\bar{r}\left(\frac{2}{3}\right)-2(\sqrt{5}-1)U_6}{\frac{7-3\sqrt{5}}{18}}+f\left(\frac{2}{3},\frac{2}{3}\right)=0$$

(11.189)

联立(11.184)—(11.189)六个线性方程,可以求出6个未知量,从而得到问题的有限差分解.

由上面的讨论可以看出,椭圆型偏微分方程的五点差分格式最终归结为求解线性方程组.线性方程组的求解有很多方法,比如第3章中介绍的高斯消元法.但是问题规模较大时,消元法的计算量将非常庞大.下面简单介绍迭代法求解线性方程组的步骤.

五点差分格式可写作如下形式

$$c_P U_P - [c_E U_E + c_W U_W + c_S U_S + c_N U_N] = b_P \tag{11.190}$$

其中 P 点是中心点,相邻的东、西、南、北相邻点分别记为 E、W、S、N,显然系数 $c_P \neq 0$.迭代方法的思想是先给五个点都赋予一个初始估计值($U_P^{(0)}$, $U_E^{(0)}$, $U_W^{(0)}$, $U_S^{(0)}$, $U_N^{(0)}$),然后根据特定的迭代公式,求出下一迭代步各个点新的值,当各个点的值收敛到指定的精度时,即分为得到了线性方程组的解.

最简单的迭代方法是Jacobi迭代,其迭代公式为

$$U_P^{(n+1)} = \frac{1}{c_P}[c_E U_E^{(n)} + c_W U_W^{(n)} + c_S U_S^{(n)} + c_N U_N^{(n)} + b_P] \tag{11.191}$$

当五个点的系数都为正,并且满足 $c_P \geqslant c_E + c_W + c_S + c_N$ 时,可以推导出迭代公式是收敛的.该格式在 $(n+1)$ 迭代步 P 点值计算时,其相邻点的值都采用 n 迭代步的值.其实五点差分格式在实际计算的时候,P 点某些相邻点(比如下方 S 点和左方 W 点)在 $n+1$ 迭代步的值已经算出,采用新的值将可以加快迭代收敛的速度,这就是Gauss-Seidel迭代方法,形式如下

$$U_P^{(n+1)} = \frac{1}{c_P}[c_E U_E^{(n)} + c_W U_W^{(n+1)} + c_S U_S^{(n+1)} + c_N U_N^{(n)} + b_P] \tag{11.192}$$

式(11.192)也可以改写作如下形式

$$U_P^{(n+1)} = U_P^{(n)} + \frac{1}{c_P}[c_E U_E^{(n)} + c_W U_W^{(n+1)} + c_S U_S^{(n+1)} + c_N U_N^{(n)} + b_P - c_P U_P^{(n)}] \tag{11.193}$$

令 $r_P^{(n)} = \frac{1}{c_P}[c_P U_P^{(n)} - c_E U_E^{(n)} - c_W U_W^{(n+1)} - c_S U_S^{(n+1)} - c_N U_N^{(n)} - b_P]$,式(11.193)变为

$$U_P^{(n+1)} = U_P^{(n)} - r_P^{(n)} \tag{11.194}$$

其中 $r_P^{(n)}$ 表示 P 点当前步不满足差分格式所得到的余量.

式(11.194)可以看做是修正因子为 1,如果修正因子取为 ω,就得到如下松弛迭代算法.

$$U_P^{(n+1)} = (1-\omega)U_P^{(n)} + \omega\frac{1}{c_P}[c_E U_E^{(n)} + c_W U_W^{(n+1)} + c_S U_S^{(n+1)} + c_N U_N^{(n)} + b_P] \tag{11.195}$$

当 $\omega=1$ 时,松弛迭代算法还原为 Gauss-Seidel 迭代. $0<\omega<1$ 称为亚松弛迭代, $1<\omega<2$ 称为超松弛迭代.

第 12 章　分子动力学方法初步

12.1　引　　言

1959 年 12 月 20 日，美国物理学会年会在加州理工学院召开，著名物理学家费曼发表了题为“There’s Plenty of Room at the Bottom”的经典演讲，阐述了基于原子、分子层次制造材料和器件的构想．纳米科技是研究由尺寸在 0.1—100 nm 之间的物质组成的体系的运动规律和相互作用，以及可能的实际应用中的技术问题，其基本含义是：在纳米尺寸范围内认识和改造自然，通过直接操作和安排原子、分子，构造新的材料和器件等．

人们很早就知道材料的力学行为随尺寸发生变化．在微米电机系统（MEMS）中，尺度效应和表面效应对器件的力学性能有显著的影响．毋庸置疑，当尺度接近纳米量级时，经典连续介质力学不能解释出现的新现象，必须从基本的原子、分子运动过程来探讨体系的力学行为机理．纳米力学主要研究原子尺度下材料的结构力学特征、及其变形与运动过程，是传统力学在纳米尺度领域的延伸．纳米科技的发展为纳米力学开辟了广阔的研究领域，使纳米力学研究具有重大的理论意义和现实的应用价值．

计算机模拟是研究纳米力学的一个有力工具，是独立于理论分析和实验研究的第三种研究手段，是沟通理论与实验的桥梁，不仅可以辅助实验，而且可能实现用实验方法很难或根本无法完成的研究．原子层次模拟材料力学行为的基本步骤是：根据物理学原理建立原子间相互作用的模型；针对具体的问题建立简化的原子模型；根据实际问题的需要，选取模拟的算法；计算并对模拟结果进行分析，探索所研究问题的内在机理和遵循的规律．分子动力学方法是目前发展比较成熟的原子模拟方法，可以提供材料变形过程中原子运动的细节，深入揭示纳米尺度材料和器件的复杂力学机制．

分子动力学方法的基本思想是通过原子间的相互作用势，求出每一个原子所受的力，在选定的时间步长、边界条件、初始位置和初始速度下，对有限数目的原子(分子)建立其牛顿动力学方程组，用数值方法求解，得到这些粒子经典运动轨迹和速度分布，然后对足够长时间的结构求统计平均，从而得到所需要的宏观物理性质和力学性质.

分子动力学方法有两个基本假设，一是所有粒子的运动都遵循经典牛顿运动定律，二是粒子间的相互作用满足叠加原理.这意味着分子动力学虽然是在原子层次研究问题，但它忽略了量子效应，仍然是一种近似计算模型.

12.2　微正则系综分子动力学方法

微正则系综研究孤立系统的性能，既不与外界发生物质交换，也不与外界发生能量交换.假设模拟系统共有 N 个原子，第 i 个原子的质量为m_i，位置是 $\boldsymbol{r}_i$，速度为 $v_i = \dot{\boldsymbol{r}}_i$，加速度为 $\boldsymbol{a}_i = \ddot{\boldsymbol{r}}_i$，受到的作用力为 $\boldsymbol{F}_i$，原子 i 与原子j 之间的距离为 $r_{ij} = |\boldsymbol{r}_i - \boldsymbol{r}_j|$，原子 j 对原子i 的作用力为$\boldsymbol{f}_{ij}$，原子 i 和原子j 相互作用势能为 $\Phi(r_{ij})$，系统总的势能为 $V(\boldsymbol{r}_1, \boldsymbol{r}_2, \cdots, \boldsymbol{r}_N) = \sum_{i=1}^{N} \sum_{j \neq i} \Phi(r_{ij})$. 控制方程如下

$$m_i \ddot{\boldsymbol{r}}_i = \boldsymbol{F}_i = \sum_{j \neq i} \boldsymbol{f}_{ij} \qquad i = 1, 2, \cdots, N \tag{12.1}$$

$$\boldsymbol{F}_i = -\nabla_{r_i} V(\boldsymbol{r}_1, \boldsymbol{r}_2, \cdots, \boldsymbol{r}_N) \qquad i = 1,2,\cdots, N \tag{12.2}$$

给定初始位置和速度后，上面的线性常微分方程组是封闭的，可以得到确定的解，即任意时刻所有原子的位置和速度.

分子动力学方法通过原子间的相互作用势，按照经典牛顿运动定律求出原子运动轨迹及其演化过程，有助于我们在原子尺度下了解物质运动变形的细节.分子动力学计算的一个关键问题是原子势函数的选取，它直接影响到模拟结果的成功与否.

早期的分子动力学方法主要采用对势模型，即只考虑原子对之间的相互作用.其中应用非常普遍的是 Lennard-Jones 势，其形式如下

$$\Phi(r_{ij}) = 4\varepsilon\left[\left(\frac{\sigma}{r_{ij}}\right)^{12} - \left(\frac{\sigma}{r_{ij}}\right)^{6}\right] \tag{12.3}$$

其中，ε，σ 分别为能量参数和长度参数. 对于液氩分子（单原子分子），相应的参数为 $\varepsilon \cong 120K \cdot k_B$，$\sigma \cong 0.34$ nm，玻尔兹曼常数 $k_B = 1.38 \times 10^{-23}$ J/K. 上式中第一项表示短程排斥力项，第二项表示远程吸引力项. 幂次高的在 r_{ij} 小的时候起主导作用，幂次低的在 r_{ij} 大的时候起主导作用；前一项对 r_{ij} 的负导数为正，即为排斥，后一项对 r_{ij} 的负导数为负，即为吸引. 典型的 Lennard-Jones 势能曲线如图 12.1 所示.

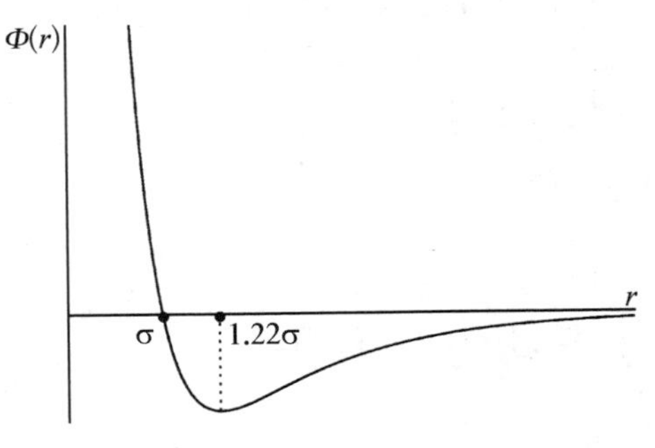

图 12.1　Lennard-Jones 势能曲线

虽然对势能够较好地模拟惰性气体的凝聚态性能，但无法正确地模拟金属力学性能. 金属晶体中电子云发生相互作用，金属键具有多体性质（即两原子之间的相互作用与这两原子附近的其他原子有关），只简单地考虑原子对的作用必然无法正确计算金属系统的能量.

镶嵌原子法（Embedded Atom Method，简记为 EAM）是针对金属考虑多体相互作用的势能模型，考虑了原子在局域背景电子云密度环境下的结合能，它们均将系统总能量分解为如下统一的形式

$$\left.\begin{aligned} E_{tot} &= \sum_i F(\rho_i) + \frac{1}{2}\sum_i \sum_{j \neq i} \Phi(r_{ij}) \\ \rho_i &= \sum_{j \neq i} f(r_{ij}) \end{aligned}\right\} \tag{12.4}$$

其中 E_{tot} 是系统的总势能；ρ_i 为第 i 个原子处的电子云密度，即周围原子的电子云密度在 i 原子处的线性叠加；$f(r_{ij})$ 是原子 j 在距离 r_{ij} 处产生的电子云密度；镶嵌能函数 F 代表了将原子 i 嵌入到密度为 ρ_i 的背景电子云中的嵌入能；函数 Φ 采用中心对势形式；r_{ij} 为原子 i，j 间的距离. 式中 $\frac{1}{2}$ 表示结合能为两原子共同所有，避免重复计算.

目前基于 EAM 多体势框架（12.4）式，已经发展出了许多适合不同材料的原子势函数. 需要注意，每种势函数都存在一定的适用范围. EAM 原子势虽然比传统对势复杂，但计算量并没有显著增加.

构造金属镶嵌原子势的一般方法是：选择适当的简单的函数形式来描述 F、f

和Φ,这些函数中包含的若干参数通过实验数据拟合得到,实验的可测物理量包括结合能(Cohesive energy)、玻恩稳定性(Born stability)、弹性常数(Elastic constants)、空位形成能(Formation energy of a vacancy)、堆垛能(Stacking fault energy)等. 例如,对于面心立方金属,Masao Doyama 将式(12.4)中的三个函数F、f和Φ写成如下形式

$$\left.\begin{aligned} \Phi(r_{ij}) &= A_1(r_{c1} - r_{ij})^2\exp(-c_1 r_{ij}) \\ f(r_{ij}) &= A_2(r_{c2} - r_{ij})^2\exp(-c_2 r_{ij}) \\ F(\rho_i) &= D\rho_i \ln \rho_i \\ \rho_i &= \sum_{j\neq i} f(r_{ij}) \end{aligned}\right\} \tag{12.5}$$

其中r_{c1}和r_{c2}分别为计算对势项和电子密度项的截断半径,即认为当两原子间距离大于相应的截断半径时,对势部分和电子密度贡献部分可以忽略不计. 采用截断半径能大大减小计算量而只造成可以忽略的截断误差,这是一个提高计算效率的技术. 面心立方铜晶格常数$a = 0.361$ nm,最近邻原子间距离$d = \frac{a}{\sqrt{2}}$,次近邻原子间距离为$\sqrt{2}d$,第三近邻为$\sqrt{3}d$,第四近邻为$2d$. r_{c1}取为$1.65d$,即次近邻和第三近邻之间;r_{c2}取为$1.95d$,即第三近邻和第四近邻之间. 通过实验数据拟合确定参数A_1、A_2、c_1、c_2和D后,代入(12.5)就得到了完全确定原子势的表达式. 对面心立方金属铜,拟合得到其镶嵌原子势参数为$A_1 = 8\,289.46$,$A_2 = 0.018\,325\,1$,$c_1 = 10.727\,3$,$c_2 = 0.319\,759$,$D = 13.079\,2$. 图12.2是金属铜两个原子间相互作用势能曲线,包括对势部分、镶嵌能部分和总的曲线. 注意到对势曲线和镶嵌势曲线分别在r_{c1}和r_{c2}处光滑截断.

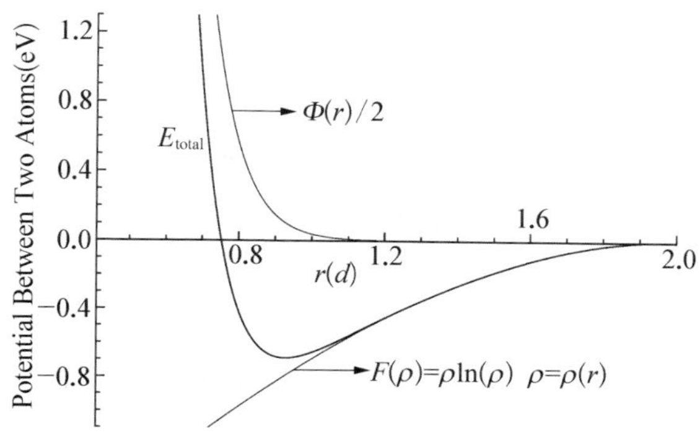

图12.2　两原子相互作用能随距离变化曲线

可以看出，分子动力学方法是一个初值问题，主要用有限差分方法求解. 目前被广泛采用的是 Verlet 算法及其速度形式.

Verlet 算法基于如下 Taylor 展开

$$
\begin{aligned}
\boldsymbol{r}(t+\Delta t) &= \boldsymbol{r}(t)+\boldsymbol{v}(t)\Delta t+\frac{1}{2}\boldsymbol{a}(t)\Delta t^{2}+\frac{1}{6}\boldsymbol{b}(t)\Delta t^{3}+O(\Delta t^{4}) \\
\boldsymbol{r}(t-\Delta t) &= \boldsymbol{r}(t)-\boldsymbol{v}(t)\Delta t+\frac{1}{2}\boldsymbol{a}(t)\Delta t^{2}-\frac{1}{6}\boldsymbol{b}(t)\Delta t^{3}+O(\Delta t^{4})
\end{aligned}
\tag{12.6}
$$

以上两式相加，得到 Verlet 算法的基本形式如下

$$
\boldsymbol{r}(t+\Delta t)=2\boldsymbol{r}(t)-\boldsymbol{r}(t-\Delta t)+\boldsymbol{a}(t)\Delta t^{2}+O(\Delta t^{4}) \tag{12.7}
$$

由(12.1)式和(12.2)式可知，加速度 $\boldsymbol{a}(t)=-\left(\frac{1}{m}\right)\nabla V(\boldsymbol{r}(t))$. 式中不出现速度 $\boldsymbol{v}(t)$，速度可以用下式计算

$$
\boldsymbol{v}(t)=\frac{\boldsymbol{r}(t+\Delta t)-\boldsymbol{r}(t-\Delta t)}{2\Delta t} \tag{12.8}
$$

后来发展了 Verlet 算法的速度形式(velocity Verlet scheme)，形式如下

$$
\left.
\begin{aligned}
\boldsymbol{r}(t+\Delta t) &= \boldsymbol{r}(t)+\boldsymbol{v}(t)\Delta t+\boldsymbol{a}(t)\Delta t^{2}/2 \\
\boldsymbol{v}(t+\Delta t/2) &= \boldsymbol{v}(t)+\boldsymbol{a}(t)\Delta t/2 \\
\boldsymbol{a}(t+\Delta t) &= -\nabla V(\boldsymbol{r}(t+\Delta t))/m \\
\boldsymbol{v}(t+\Delta t) &= \boldsymbol{v}(t+\Delta t/2)+\boldsymbol{a}(t+\Delta t)\Delta t/2
\end{aligned}
\right\}
\tag{12.9}
$$

Verlet 算法的速度形式还有另一个重要的优点是内存中只需要存储一个时刻的变量(坐标、速度、加速度).

就目前的计算硬件和软件能力而言，分子动力学方法能计算的模型规模非常有限，在空间和时间尺度上分别在纳米和纳秒量级. 超大规模的并行计算机也只能达到 10^9 量级的原子数目. 比如金属单晶铜，可以粗略计算一下这么多的原子数目相当于多大体积. 一个面心立方晶胞体积为 $(0.361\times10^{-3})^3$ 立方微米，一个晶胞包含四个原子. 计算得到包含 10^9 个原子的单晶铜体积为 0.012 立方微米左右. 因此，从微观原子角度用分子动力学方法模拟宏观材料的力学行为时，不可能模拟实际宏观尺寸材料，而只能选取一个分子动力学元胞进行模拟.

假设计算元胞为长方体，存在六个表面，这些表面是模拟方法本身引入的，是

我们并不想要的.特别是对于粒子数目相对较少的系统,这些表面对其物理性质会有重大影响.为了减小表面效应,引入周期边界条件(Period Boundary Condition,简记为 PBC),即令基本元胞在三个方向完全等同地重复无穷多次.

图 12.3 是二维问题周期边界条件的示意图,图中阴影部分为计算元胞,周围的方块为计算元胞的影像.PBC 在计算上是这样实现的:如果有一个粒子穿过基本元胞的一个表面离开该元胞,则有一个相同的粒子以相同的速度穿过对面的墙(表面)从影像元胞进入基本元胞.同时在计算原子间相互作用时,影像元胞中的影像粒子是"存在"的,即如果一个原子与另一个原子间距离大于截断半径,但这个原子与另一个原子的某个影像原子间距离小于截断半径,则考虑这个原子与另一个原子的影像原子间的相互作用.PBC 要求元胞的尺寸必须大于两倍的原子截断半径,这样在实际模拟时只需要考虑元胞紧邻的镜像元胞.有了周期边界条件,就消除了不应有的表面影响,并且建造出一个准无穷大体积,以便更精确地表征宏观系统.

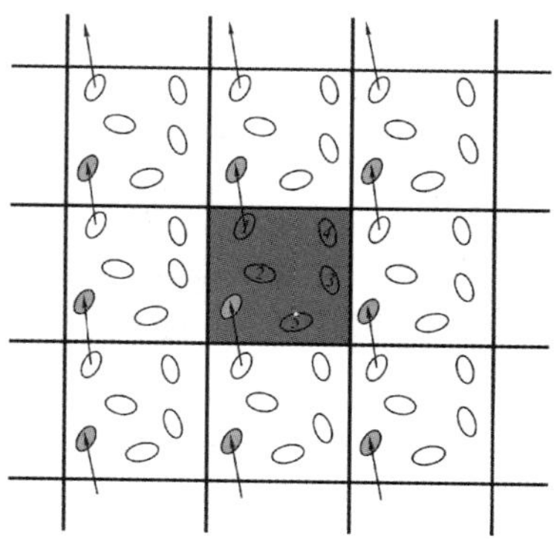

图 12.3　周期性边界条件示意图

模拟纳米尺度的器件时,模型的一维或几维就是实际器件和材料的尺寸,也即并非是从一个宏观材料中抽取一个小元胞,这时在一个或者几个方向上不需要施加周期边界条件,因为表面是客观存在的,应该考虑其影响.例如,模拟大尺寸块体材料时,选取一个元胞,在三个方向都采用周期边界条件;模拟纳米薄膜时,一般在厚度方向不采用周期边界条件,模拟实际厚度,而在其他两个方向采用周期边界条件;模拟纳米丝时,一般仅在长度方向采用周期边界条件,以模拟长细比非常大的情况;模拟一般长细比的纳米杆和纳米棒时,在三个方向都不采用周期边界条件,直接模拟实际材料.

分子动力学方法本质上是求解初值问题,需要给出模拟粒子系统的初始位置和初始速度.初始位置根据研究对象的几何构型给出,粒子的初始速度服从 Maxwell-Boltzmann 分布,并且保证初始温度为给定的值 T_0.

$$f(v_{x,y,z}) = \sqrt{\frac{m}{2\pi k_B T_0}} \exp\left(-\frac{m v_{x,y,z}^2}{2k_B T_0}\right) \tag{12.10}$$

式中,$v_{x,y,z}$,m,k_B分别表示x,y,z三个方向上的速度分量,原子质量和玻尔兹曼常数.为保证系统初始总动量为 0,可做如下处理

$$\boldsymbol{v}_i^{\text{new}} = \boldsymbol{v}_i^{\text{old}} - \frac{1}{N}\sum_{i=1}^{N}\boldsymbol{v}_i^{\text{old}} \tag{12.11}$$

有效的分子动力学计算依赖于适当的分子动力学时间步长.时间步长取的太小,系统演化太慢,非常浪费机时;时间步长取的太大,模拟误差随$(\Delta t)^4$增大,并且计算可能出现不稳定的现象.时间步长的选择与模拟系统的性质、模拟的温度等因素有关,一般需要根据试算和经验得到.可以做一个算例测试时间步长对分子动力学计算的影响.例如,计算单晶铜的结合能,初始时间步长为 0.1 fs,每计算 100 步时间步长加倍,观察势能变化情况,计算三个温度 0 K、1 K、300 K.结果显示,0 K时,当时间步长达到 $0.1\ \text{fs} * 2^7 = 12.8\ \text{fs}$ 时,势能依然稳定;当时间步长增至25.6 fs时,势能突然急剧变化,这表明由于时间步长过大而导致计算失败.这意味着即便是模拟 0 K 的情况,10 fs 已经是时间步长的上限.随着模拟温度的上升,时间步长相应需要减小.

分子动力学计算最终得到的是系统各个时刻的相空间轨迹(the phase-space trajectory),包括任意时刻所有原子的坐标和速度,这些都是微观原子层次的物理量.一般来说,在探讨其力学行为时,需要研究一些宏观力学概念的物理量,比如温度、能量、压强、应力状态等,这就需要对由分子动力学计算得到的粒子数据进行分析.统计力学是连接微观层次的物理量与宏观概念物理量的桥梁,利用统计力学原理可以从系统中单个粒子的运动学状态得到整个粒子系统的一些性质.

系统的物理性质是系统中粒子坐标和速度的函数,对于任意一个时刻宏观概念物理量 $\boldsymbol{A}$,定义为

$$\boldsymbol{A}(t) = f(\boldsymbol{r}_1(t), \cdots, \boldsymbol{r}_N(t), \boldsymbol{v}_1(t), \cdots, \boldsymbol{v}_N(t)) \tag{12.12}$$

其平均值为

$$\langle \boldsymbol{A} \rangle = \frac{1}{N_T}\sum_{t=1}^{N_T}\boldsymbol{A}(t) \tag{12.13}$$

模拟系统的能量分为原子间相互作用势能和原子热运动动能两部分.势能按照原子间相互作用势(例如对势(12.3)式和镶嵌原子势(12.4)式)计算,动能的计算公式为

$$K(t) = \frac{1}{2}\sum_{i=1}^{n} m_i \,|\, \boldsymbol{v}_i(t) \,|^2, \quad K = \langle K(t) \rangle \tag{12.14}$$

模拟系统的宏观温度 T 直接与粒子动能相关,即著名的均匀分布公式,每个自由

度赋予 $k_BT/2$ 的能量，三维问题 N 个粒子的总自由度为 $3N$，故动能与温度关系为

$$K = \frac{3N}{2}k_BT \tag{12.15}$$

计算不同热力学状态的总能 E 和温度，可以得到内能－温度曲线 $E(T)$. 这对于监测相变的发生非常有用，相变发生时，该曲线会有跳跃.

分子动力学中压力的计算是基于如下形式的 Clausius virial 函数

$$W(\boldsymbol{r}_1, \cdots, \boldsymbol{r}_N) = \sum_{i=1}^{N} \boldsymbol{r}_i \cdot \boldsymbol{F}_i^{\text{tot}} \tag{12.16}$$

其中 $\boldsymbol{F}_i^{\text{tot}}$ 是作用在原子 i 上的合力，W 为外力功. 运用牛顿定律和统计平均，可以得到

$$\langle W \rangle = \lim_{t\to\infty} \frac{1}{t}\int_0^t \mathrm{d}\tau \sum_{i=1}^{N} \boldsymbol{r}_i(\tau) \cdot m_i \ddot{\boldsymbol{r}}_i(\tau) \tag{12.17}$$

采用分部积分，并注意到 $t\to\infty$ 时分部积分后第一项等于 0，得到

$$\langle W \rangle = -\lim_{t\to\infty} \frac{1}{t}\int_0^t \mathrm{d}\tau \sum_{i=1}^{N} m_i \mid \dot{\boldsymbol{r}}_i(\tau) \mid^2 \tag{12.18}$$

注意到动能的表达式(12.14)和(12.15)，由上式得到

$$\langle W \rangle = -3Nk_BT \tag{12.19}$$

其中 N 是系统的粒子总数，k_B 为 Boltzmann 常数，T 为系统温度. 将原子所受到的合力分解为内力(原子间相互作用产生的力)和外力(外界作用在元胞上的力)，即

$$\boldsymbol{F}_i^{\text{tot}} = \boldsymbol{F}_i + \boldsymbol{F}_i^{\text{ext}} \tag{12.20a}$$

(12.16)式可以写成

$$W = W^{\text{in}} + W^{\text{ext}} = \sum_{i=1}^{N} \boldsymbol{r}_i \cdot \boldsymbol{F}_i + \sum_{i=1}^{N} \boldsymbol{r}_i \cdot \boldsymbol{F}_i^{\text{ext}} \tag{12.20b}$$

假设模拟的晶胞为正交六面体 $L_x \times L_y \times L_z$，外界压力为 P，则式(12.16)中外力贡献为

$$\langle W^{\text{ext}} \rangle = L_x(-PL_yL_z) + L_y(-PL_xL_z) + L_z(-PL_xL_y) = -3PV \tag{12.21}$$

其中 V 为元胞体积.将(12.19)式、(12.20b)式、(12.21)式整理得到

$$\left\langle \sum_{i=1}^{N} \boldsymbol{r}_i \cdot \boldsymbol{F}_i \right\rangle - 3PV = -3Nk_BT \tag{12.22}$$

即

$$PV = Nk_BT + \frac{1}{3}\left\langle \sum_{i=1}^{N} \boldsymbol{r}_i \cdot \boldsymbol{F}_i \right\rangle \tag{12.23}$$

这就是 Virial 压力方程.对于理想气体,原子间距离较大,其相互作用可以忽略不计,(12.23)式即退化为到经典的理想气体状态方程.式(12.23)中的 $\boldsymbol{F}_i$ 和 $\boldsymbol{r}_i$ 可以由分子动力学计算得到,宏观概念的压强 P 即可以由原子计算得到.

12.3 温度和压力控制方法

早期的分子动力学方法主要是研究微正则系综,即系统不与外界发生物质和能量的交换,也就是孤立系统.实际上,各种物理现象都与外界存在一定的联系,如受外界温度和压力的影响.针对不同的模拟现象,通过改变状态变量(压力 P、温度 T、体积 V、粒子数 N 等)可以产生不同的系综,如正则系综(NVT)、等温等压(NPT)系综等.相对于微正则系综,模拟这些系综的核心问题是对温度和(或)压力进行控制.

对于温度的控制,目前常用的方法有两种,即直接速度标定法(direct velocity scaling)和 Nose-Hoover 方法,其目的都是使得模拟系统的温度保持在一个给定的值.

含 N 个单原子全同粒子的孤立系统,原子 i 的质量为 m,动量和位置分别为 $\boldsymbol{p}_i$ 和 $\boldsymbol{q}_i$.总势能为 E_{tot},系统的哈密顿量为

$$H(\{\boldsymbol{p}_i, \boldsymbol{q}_i\}) = \frac{1}{2}\sum_{i=1}^{N} \frac{\boldsymbol{p}_i \boldsymbol{p}_i}{m} + E_{tot}(\boldsymbol{q}_1, \boldsymbol{q}_2, \cdots, \boldsymbol{q}_N) \tag{12.24}$$

其中第一项为系统的总动能.由上式可以得到系统的牛顿运动方程为

$$\left.\begin{aligned} \dot{\boldsymbol{q}}_i &= \frac{\partial H}{\partial \boldsymbol{p}_i} = \frac{\boldsymbol{p}_i}{m} \\ \dot{\boldsymbol{p}}_i &= -\frac{\partial H}{\partial \boldsymbol{q}_i} = \boldsymbol{F}_i \end{aligned}\right\} \tag{12.25}$$

温度控制到给定温度 T_0 最简单的办法是每一步对所有原子的速度都重新标定，即

$$\dot{\boldsymbol{q}}_i \cdot \beta \rightarrow \dot{\boldsymbol{q}}_i \tag{12.26}$$

β 值可用下式计算

$$\beta = \left[\frac{gk_B T_0}{\sum_{i=1}^{N} m\dot{\boldsymbol{q}}_i \cdot \dot{\boldsymbol{q}}_i}\right]^{1/2} \tag{12.27}$$

其中 g 为系统自由度数目，标度后得到 $\frac{1}{2}\sum_{i=1}^{N} m\dot{\boldsymbol{q}}_i \cdot \dot{\boldsymbol{q}}_i = g \cdot \frac{1}{2}k_B T_0$，从而达到保持给定温度 T_0 的目的. 当系统温度趋于给定温度时时，β 趋于 1.

Nosé-Hoover 温度控制方法设想系统与一个恒温 T_0 的热浴连在一起，由热浴来调节系统的温度使之保持恒定. 其基本思想是引入一个反映真实系统与外界热浴相互作用的广义变量 s，将真实系统与热浴作为统一的扩展系统来考虑. 扩展系统的哈密顿函数为

$$H^*(\boldsymbol{p}, \boldsymbol{q}, s, \boldsymbol{p}_s) = \sum_{i=1}^{N} \frac{\tilde{\boldsymbol{p}}_i^2}{2m_i s^2} + E_{tot}(\boldsymbol{q}_1, \boldsymbol{q}_2, \cdots, \boldsymbol{q}_N) + \frac{\boldsymbol{p}_s^2}{2Q} + gk_B T_0 \ln s \tag{12.28}$$

其中 Q 为参数，可理解为广义变量 s 对应的“质量”，T_0 是给定的温度，g 为系统的自由度总数，真实系统的坐标、动量、时间与扩展系统的相应变量(带～的量)存在如下关系

$$\boldsymbol{p}_i = \frac{1}{s}\tilde{\boldsymbol{p}}_i, \quad \boldsymbol{q}_i = \tilde{\boldsymbol{q}}_i, \quad \mathrm{d}t = \frac{1}{s}\mathrm{d}\tilde{t} \tag{12.29}$$

由(12.28)得到扩展系统的运动方程为

$$\left.\begin{aligned}
\frac{\mathrm{d}\tilde{\boldsymbol{q}}_i}{\mathrm{d}\tilde{t}} &= \frac{\partial H^*}{\partial \tilde{\boldsymbol{p}}_i} = \frac{\tilde{\boldsymbol{p}}_i}{ms^2} \\
\frac{\mathrm{d}\tilde{\boldsymbol{p}}_i}{\mathrm{d}\tilde{t}} &= -\frac{\partial H^*}{\partial \tilde{\boldsymbol{q}}_i} = -\frac{\partial E}{\partial \boldsymbol{q}_i} = \boldsymbol{F}_i \\
\frac{\mathrm{d}s}{\mathrm{d}\tilde{t}} &= \frac{\partial H^*}{\partial \boldsymbol{p}_s} = \frac{\boldsymbol{p}_s}{Q} \\
\frac{\mathrm{d}\boldsymbol{p}_s}{\mathrm{d}\tilde{t}} &= -\frac{\partial H^*}{\partial s} = \frac{\sum_{i=1}^{N}\frac{\tilde{\boldsymbol{p}}_i^2}{ms^2} - gk_B T_0}{s}
\end{aligned}\right\} \tag{12.30}$$

转换到真实系统,有

$$\left.\begin{aligned}
&\frac{\mathrm{d}\boldsymbol{q}_i}{s\mathrm{d}t}=\frac{s\boldsymbol{p}_i}{ms^2}\Leftrightarrow\frac{\mathrm{d}\boldsymbol{q}_i}{\mathrm{d}t}=\frac{\boldsymbol{p}_i}{m}\\
&\frac{\mathrm{d}(s\boldsymbol{p}_i)}{s\mathrm{d}t}=\frac{\mathrm{d}\boldsymbol{p}_i}{\mathrm{d}t}+\boldsymbol{p}_i\frac{\mathrm{d}s}{s\mathrm{d}t}=\boldsymbol{F}_i\Leftrightarrow\frac{\mathrm{d}\boldsymbol{p}_i}{\mathrm{d}t}=\boldsymbol{F}_i-\frac{\mathrm{d}s}{s\mathrm{d}t}\boldsymbol{p}_i\\
&\frac{\mathrm{d}s}{s\mathrm{d}t}=\frac{\boldsymbol{p}_s}{Q}\\
&\frac{\mathrm{d}\boldsymbol{p}_s}{s\mathrm{d}t}=\frac{\sum_{i=1}^{N}\frac{\boldsymbol{p}_i^2}{m}-gk_BT_0}{s}\Leftrightarrow\frac{\mathrm{d}\boldsymbol{p}_s}{\mathrm{d}t}=gk_B(T-T_0)
\end{aligned}\right\}\tag{12.31}$$

为了方便,令 $\eta=\boldsymbol{p}_s/Q$,得到恒温模拟的运动方程为

$$\left.\begin{aligned}
&\dot{\boldsymbol{q}}_i=\frac{\boldsymbol{p}_i}{m}\\
&\dot{\boldsymbol{p}}_i=\boldsymbol{F}_i-\eta\boldsymbol{p}_i\\
&\frac{\mathrm{d}\eta}{\mathrm{d}t}=\frac{1}{\tau^2}\frac{T(t)-T_0}{T_0}
\end{aligned}\right\}\tag{12.32}$$

其中热浴弛豫时间 $\tau=\sqrt{\frac{Q}{gk_BT_0}}$,$T(t)=\frac{1}{gk_B}\sum_{i=1}^{N}(m\dot{\boldsymbol{q}}_i\cdot\dot{\boldsymbol{q}}_i)$,这样恒温模拟的运动方程中除了我们关心的变量$\{\boldsymbol{p}_i,\ \boldsymbol{q}_i\}$之外,引入变量 η,用来调节系统温度以保持恒定,τ 是热浴的弛豫时间,表征调节温度趋于恒定的快慢,一般取为与分子动力学模拟时间步大小相当的值.

用 Verlet 速度形式求解运动方程(12.32),差分格式如下

$$\left.\begin{aligned}
&\boldsymbol{q}_i(t+\mathrm{d}t)=\boldsymbol{q}_i(t)+\dot{\boldsymbol{q}}_i(t)\mathrm{d}t+\frac{1}{2}\mathrm{d}t^2(\ddot{\boldsymbol{q}}_i(t)-\eta(t)\dot{\boldsymbol{q}}_i(t))\\
&\eta(t+\frac{1}{2}\mathrm{d}t)=\eta(t)+\frac{1}{2}\mathrm{d}t\,\frac{1}{\tau^2}\,\frac{T(t)-T_0}{T_0}\\
&\dot{\boldsymbol{q}}_i(t+\frac{1}{2}\mathrm{d}t)=\dot{\boldsymbol{q}}_i(t)+\frac{1}{2}\mathrm{d}t(\ddot{\boldsymbol{q}}_i(t)-\eta(t)\dot{\boldsymbol{q}}_i(t))\\
&\eta(t+\mathrm{d}t)=\eta(t+\frac{1}{2}\mathrm{d}t)+\frac{1}{2}\mathrm{d}t\,\frac{1}{\tau^2}\,\frac{T(t+\frac{1}{2}\mathrm{d}t)-T_0}{T_0}\\
&\dot{\boldsymbol{q}}_i(t+\mathrm{d}t)=\frac{1}{1+\frac{1}{2}\mathrm{d}t\eta(t+\mathrm{d}t)}\left[\dot{\boldsymbol{q}}_i(t+\frac{1}{2}\mathrm{d}t)+\frac{1}{2}\mathrm{d}t\ddot{\boldsymbol{q}}_i(t+\mathrm{d}t)\right]
\end{aligned}\right\}\tag{12.33}$$

η称为热浴的摩擦系数，初始时刻可以设为0，但这个系数不是常量，可正可负，形成一个负反馈机制(negative feedback mechanism). 式(12.32)中，当系统瞬时温度 $T(t)$高于 T_0 时，能起到降低粒子速度从而降低系统温度的作用；当系统瞬时温度 $T(t)$低于 T_0 时，能起到提高粒子速度从而提高系统温度的作用.

定压分子动力学方法不只是在理论上令人感兴趣，某些量的计算以及与实验观测值相比较有时要求这样一个系综，例如定压比热容 C_P 就是这种量的一个例子. 在外界压力作用下，系统内部的压力也将随之发生变化，可以通过调节计算元胞的体积来实现内部压力的变化. 达到力学平衡时，外部压强和内部压强相等. Andersen 方法假设系统与外界"活塞"耦合，当外部压强 P_0 不能补偿系统内部产生的压强时，"活塞"将使系统(元胞)均匀的膨胀或者收缩，使得内部压强等于外部压强 P_0. 系统的体积 $V=L^3$，其中 L 为计算元胞的边长. 粒子位置和速度记为

$$\boldsymbol{q}_i = L\tilde{\boldsymbol{q}}_i, \quad \dot{\boldsymbol{q}}_i = L\dot{\tilde{\boldsymbol{q}}}_i \quad (0 \leqslant |\tilde{\boldsymbol{q}}_i| \leqslant 1) \tag{12.34}$$

系统的 Lagrange 函数为

$$L_A(\tilde{\boldsymbol{q}}, \dot{\tilde{\boldsymbol{q}}}, V, \dot{V}) = \sum_{i=1}^{N} \frac{mL^2}{2}\dot{\tilde{\boldsymbol{q}}}_i^2 - E(L\tilde{\boldsymbol{q}}_i) + \frac{1}{2}Q\dot{V}^2 - P_0 V \tag{12.35}$$

由上式得到

$$\tilde{\boldsymbol{p}}_i = \frac{\partial L_A}{\partial \dot{\tilde{\boldsymbol{q}}}_i} = mL^2\dot{\tilde{\boldsymbol{q}}}_i \tag{12.36}$$

可以得到系统的 Hamilton 函数为

$$H_A(\tilde{\boldsymbol{q}}, \tilde{\boldsymbol{p}}, V, p_V) = \sum_{i=1}^{N} \frac{\tilde{\boldsymbol{p}}_i^2}{2mL^2} + E(L\tilde{\boldsymbol{q}}_i) + \frac{p_V^2}{2Q} + P_0 V \tag{12.37}$$

其中 Q 是"活塞"的"质量"，由 Hamilton 函数(12.37)可以得到运动方程

$$\left.\begin{aligned}
\frac{\mathrm{d}\tilde{\boldsymbol{q}}_i}{\mathrm{d}t} &= \frac{\partial H_A}{\partial \tilde{\boldsymbol{p}}_i} = \frac{\tilde{\boldsymbol{p}}_i}{mL^2} \\
\frac{\mathrm{d}\tilde{\boldsymbol{p}}_i}{\mathrm{d}t} &= -\frac{\partial H_A}{\partial \tilde{\boldsymbol{q}}_i} = -L\frac{\partial E(L\tilde{\boldsymbol{q}})}{\partial (L\tilde{\boldsymbol{q}}_i)} \\
\frac{\mathrm{d}V}{\mathrm{d}t} &= \frac{\partial H_A}{\partial p_V} = \frac{p_V}{Q} \\
\frac{\mathrm{d}p_V}{\mathrm{d}t} &= -\frac{\partial H_A}{\partial V} = -P_0 - \sum_{i=1}^{N}\frac{\tilde{\boldsymbol{p}}_i^2}{2m}\left(-\frac{2}{3}V^{-\frac{5}{3}}\right) - \frac{\partial E(L\tilde{\boldsymbol{q}})}{\partial (L\tilde{\boldsymbol{q}}_i)}\tilde{\boldsymbol{q}}_i\left(\frac{1}{3}V^{-\frac{2}{3}}\right)
\end{aligned}\right\} \tag{12.38}$$

利用(12.34)和(12.36)式可以得到 $\boldsymbol{q}_i = L\tilde{\boldsymbol{q}}_i$， $\boldsymbol{p}_i = \dfrac{\tilde{\boldsymbol{p}}_i}{L}$，转换到真实系统，有

$$\left.\begin{aligned}
&\frac{\mathrm{d}\boldsymbol{q}_i}{\mathrm{d}t} = \frac{\boldsymbol{p}_i}{m} + \frac{1}{3}\boldsymbol{q}_i\frac{\mathrm{d}\ln V}{\mathrm{d}t}\\
&\frac{\mathrm{d}\boldsymbol{p}_i}{\mathrm{d}t} = -\frac{\partial E(\boldsymbol{q})}{\partial \boldsymbol{q}_i} - \frac{1}{3}\boldsymbol{p}_i\frac{\mathrm{d}\ln V}{\mathrm{d}t}\\
&Q\frac{\mathrm{d}^2 V}{\mathrm{d}t^2} = -P_0 + \frac{1}{V}\left(\frac{2}{3}\sum_{i=1}^{N}\frac{\boldsymbol{p}_i^2}{2m} - \frac{1}{3}\sum_{i=1}^{N}\frac{\partial E(\boldsymbol{q})}{\partial \boldsymbol{q}_i}\boldsymbol{q}_i\right)
\end{aligned}\right\} \tag{12.39}$$

这就是定压模拟的运动方程.

Andersen 方法具有重要的意义，后来发展的各种方法大多是基于 Andersen 方法的基本思想.

12.4 分子动力学计算实例

在宏观尺度下，一个金属杆件的拉伸模量是材料性能，不随截面尺寸变化而变化. 但是，如果截面尺寸小到纳米尺度，由于表面原子比例变得不可忽略，表面效应将导致金属纳米杆的拉伸模量不是一个材料常数，而是随截面尺寸变化而变化. 作为一个简单例题，下面用分子动力学方法计算金属铜纳米杆的拉伸模量.

计算模型为方形截面纳米杆，初始构型按照理想晶格点阵排列，X、Y 和 Z 坐标轴分别对应面心立方晶体的[1 0 0]、[0 1 0]和[0 0 1]晶向. 模拟有限长度的纳米杆的力学行为，故在三个方向均不采用周期边界条件. 温度控制在 1 K，以避免数值模拟中热激活引起的复杂影响，对于分子动力学数值模拟方法而言不会改变模拟现象的本质规律. 模拟纳米杆尺寸为 $1.62\times1.62\times26.71\ \mathrm{nm}^3$，模型横截面是中心对称的.

模拟过程为先对理想的初始构型进行自由弛豫，达到能量最低的稳定构型，得到自由态的金属纳米杆，然后固定一端的最外层原子的 Z 方向位移，对另一端的一层原子(共 81 个)施加轴向拉力，轴向拉力逐步增加，每步载荷增量为 20.0 pN/(atom · step)，每一步都要进行足够充分的弛豫(1.0 ns)以模拟准静态拉伸性能，分子动力学时间步长取为 0.01 ps. 应力－应变关系的算法是根据受力端截面在外

载作用下的位移来计算应变,根据每个载荷步稳定构型外载及截面积来计算应力.

表面原子弛豫的最终目的在于使纳米结构总能量趋于最低,而不仅仅是实现局部能量最低.图 12.4 是纳米杆自由弛豫后截面上的能量分布,可以看出,角部能量高达 −2.50 ev,中部能量为 −3.54 ev,与理想晶体结合能相同,影响区范围大约为 2—3 层原子.

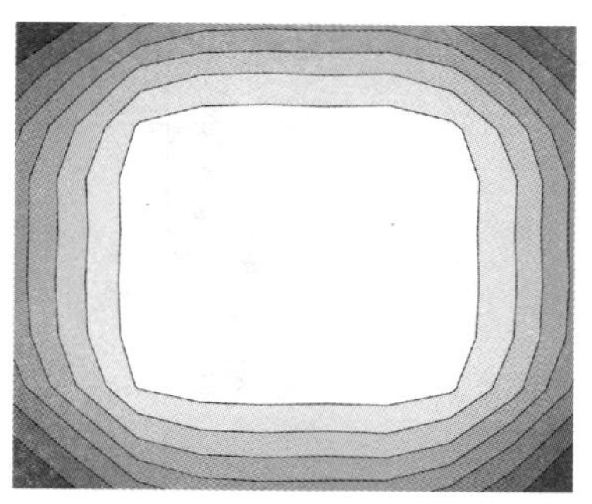

图 12.4　金属铜纳米杆弛豫态截面能量分布

计算过程中,记录受力端截面中心原子位移随载荷步变化情况,如图 12.5 所示.在第 11 个载荷增量步时,金属铜纳米杆被拉断.

从图 12.5 可以看出,在拉断前的每个载荷步内,金属铜纳米杆的端部位移在 0.3—0.5 ns 内都收敛,结构达到稳定的力学平衡态构型,加载过程可以认为是准静态加载.每个载荷增量步产生的应变约为 0.01,算出加载速率 20.0 pN/(atom · 1.0 ns)对应的拉伸应变率为 10^7/s.

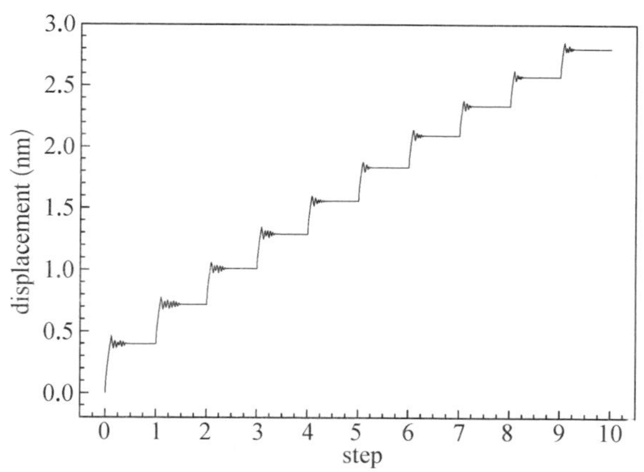

图 12.5　端部位移随载荷步变化曲线

为考察纳米杆受拉过程中沿长度方向是否产生均匀变形,取出纳米杆中心线上沿长度方向的所有原子,观察其 Z 方向晶格常数是否同样变化.发现沿杆长度方向变形是均匀的,对于计算变形来说,考虑长度方向晶格常数的变化与考虑受力端位移的结果是一样的.在第 10 个载荷步结束后撤去轴向拉力进行卸载,让金属铜纳米杆进行自由弛豫,纳米杆回到零应变状态,表明这一阶段的变形是弹性变形.

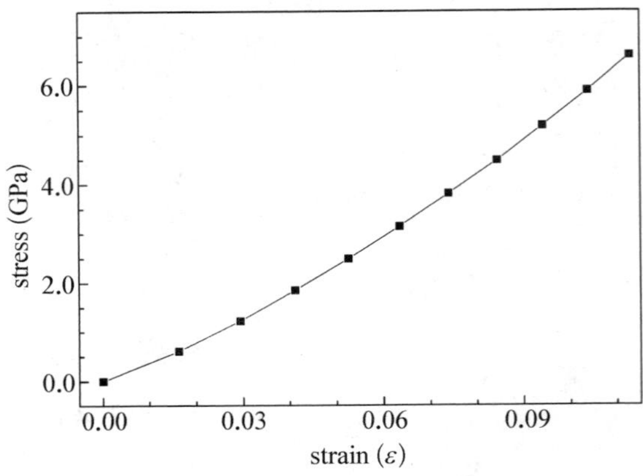

图 12.6　金属铜纳米杆弹性段应力-应变曲线

由图 12.6 可以看出,应力应变关系不是线性的,初始弹性模量较小,随着应变增加,弹性模量不断增大.初始弹性模量为 37.2 GPa,当应变达到 11%(极限应变前)时弹性模量提高到 78.0 GPa.初始弹性模量与宏观单晶(84 GPa)比较明显要小,这是小尺寸下表面效应造成的结果.

主要参考书目

[1] Zienkiewicz O C, Tayllor R L. The Finite Element Method: its basis and fundamentals[M]. Singapore: Elsevier Pte Ltd., 2005.

[2] Zienkiewicz O C, Morgan K. Finite Elements and Approximation[M]. New York: JohnWiley & Sons, 1983.

[3] Bathe K J. Finite Element Procedures[M]. Upper Saddle River, NJ: Prentice-Hall Inc., 1996.

[4] 王勖成.有限单元法[M].北京:清华大学出版社,2003.

[5] Brebbia C B, Walker S. Boundary Element Techniques in Enginnering[M]. London: Newnes-Butterworths, 1980.

[6] 杜庆华,边界积分方程方法[M].北京:高等教育出版社,1989.

[7] Morton K W, Mayers D F. Numerical Solution of Partial Differential Equations[M]. Singapore: Cambridge University Press, 2005.

[8] Tannehill J C, Anderson D A, Pletcher R H. Computational Fluid Mechanics and Heat Transfer[M]. Washington D C: Taylor & Francis Ltd., 1997.

[9] 忻孝康,刘儒勋,蒋伯诚.计算流体动力学[M].长沙:国防科技大学出版社,1988.

[10] Leach A R. Molecular Modeling-Principles and Applications[M]. New York: Pearson Education Ltd., 2001.